提金氰化废水处理理论与方法

宋永辉　兰新哲　何　辉　编著

U0315452

北　京
冶 金 工 业 出 版 社
2015

内 容 提 要

本书共分 9 章，简要阐述了氰化提金的原理及方法，在对提金氰化废水的来源、性质、组成特点进行系统归纳、总结的基础上，对目前已经应用或尚处于研究阶段的各种氰化物的综合利用技术、原理及方法特点等进行了详细的介绍，主要包括酸化法、离子交换法、活性炭吸附法、化学沉淀法、化学氧化法、电化学法及其他方法等。

本书可供黄金提取及环境保护专业领域相关的生产、科研及工程技术人员参考，也可作为高校贵金属冶炼专业的教学用书。

图书在版编目（CIP）数据

提金氰化废水处理理论与方法/宋永辉等编著 . —北京：
冶金工业出版社，2015. 3
ISBN 978-7-5024-6856-9

Ⅰ . ①提…　Ⅱ . ①宋…　Ⅲ . ①金—氰化—废水处理
Ⅳ . ①X758. 03

中国版本图书馆 CIP 数据核字 (2015) 第 055673 号

出 版 人　谭学余
地　　　址　北京市东城区嵩祝院北巷 39 号　邮编　100009　电话　(010)64027926
网　　　址　www. cnmip. com. cn　电子信箱　yjcbs@ cnmip. com. cn
责任编辑　曾　媛　美术编辑　彭子赫　版式设计　孙跃红
责任校对　禹　蕊　责任印制　牛晓波
ISBN 978-7-5024-6856-9
冶金工业出版社出版发行；各地新华书店经销；北京百善印刷厂印刷
2015 年 3 月第 1 版，2015 年 3 月第 1 次印刷
787mm×1092mm　1/16；17.25 印张；418 千字；263 页
59. 00 元

冶金工业出版社　投稿电话　(010)64027932　投稿信箱　tougao@ cnmip. com. cn
冶金工业出版社营销中心　电话　(010)64044283　传真　(010)64027893
冶金书店　地址　北京市东四西大街 46 号(100010)　电话　(010)65289081(兼传真)
冶金工业出版社天猫旗舰店　yjgy. tmall. com
（本书如有印装质量问题，本社营销中心负责退换）

前　　言

目前，黄金生产仍然以氰化法为主。提金过程中，虽然大部分含氰废水可以返回浸出系统循环使用，但是由于系统水平衡的要求以及循环贫液中铜、锌、铁等有价金属离子的不断富集所导致的氰化物溶液疲劳现象会对浸出效果产生一定的影响，因此总有一部分氰化废水需要排放。这种废水若不加处理而直接排放，会对人类的生存环境和身体健康构成巨大的潜在威胁，同时也会造成资源的浪费。

提金氰化废水的处理方法可分为氰化物破坏法和氰化物综合回收法两大类。氰化物破坏法主要包括氯氧化法、二氧化硫—空气法、过氧化氢氧化法、活性炭催化氧化法、臭氧氧化法、电解法、高温分解法、微生物分解法及自然净化法等；氰化物综合回收法主要包括酸化回收法、离子交换法、电渗析法、液膜法及铜盐或锌盐沉淀法等。其中，酸化法、氯化法及沉淀法等虽然已经实现了工业应用，但仍有进一步优化、改进的空间，而其余方法大多仍处于实验室研发阶段。

由此可见，黄金生产与生态环境污染治理及重建之间的矛盾是一个亟待解决的重大问题，而其核心就是氰化物的污染治理与资源综合利用，这对黄金行业科技进步、企业挖潜增效、生态环境保护与治理及可持续发展等具有重要的科学价值和现实意义。

为了适应黄金工业的发展需求，促进提金工艺技术创新及科技进步，作者集思广益，在充分查阅、整理和归纳当前国内外有关科学研究及工程实践的最新成果，并对陕西省黄金与资源重点实验室多年的研究成果进行系统总结后，在此基础上完成了本书的编写。本书共分9章，前两章主要介绍了氰化提金原理、工艺及提金氰化废水的来源与组成特点；后7章重点介绍了国内外现有的各种提金氰化废水综合处理及利用技术的反应原理、工艺特点、研究现状及发展趋势。本书可供从事黄金生产、科学研究和企业管理人员使用，也可供高等院校相关专业师生参考。

本书由西安建筑科技大学贵金属工程研究所、陕西省黄金与资源重点实验室宋永辉、兰新哲及中金嵩县嵩原黄金冶炼有限责任公司何辉编著。田宇红、张晓民、邢相栋、苏婷参与了第1章、第2章、第7章、第8章的编写。周军、张秋利、时明亮、雷思明、李欣、吴春辰、田慧、李银丽、马巧娜、贺文晋、张珊、任焕章、张蕾等参与了部分章节的编写及文献查阅、书稿打印、校对等工作。

本书参考和引用了大量提金氰化废水处理领域的相关文献，在此谨向各位作者致以真诚的谢意。

本书的出版获得国家"863"计划项目（2003AA32X090）、国家自然科学基金青年基金项目（51204130）及陕西省自然科学基金重点项目（2010JK644）的支持，同时也获得了陕西省黄金与资源重点实验室及西安建筑科技大学冶金工程省级重点学科的大力支持，在此一并表示感谢。

由于作者水平所限，书中不妥之处，敬请各位读者批评指正。

作　者

2014 年 10 月

目　　录

1 氰化提金概述

1.1 氰化提金原理

氰化法提金自 1887 年开始使用，至今已有一百多年的历史[1]。氰化法在常温、常压下浸出，具有浸出速度快、浸出率高、氰化物消耗量低、设备材质要求低等特点。氰化物是一种剧毒的化学品，对人体健康和环境的危害极大。因此，人们一直致力于无毒或低毒浸出剂的研究开发。但迄今为止，氰化法仍然作为一种传统的提金方法，在世界范围广泛应用。

氰化法提金就是把经过细磨的含金矿石浸泡在氰化物的碱性溶液中，并向溶液中充入空气供氧，金与氰离子会形成络合物而进入溶液中，随后采用锌粉还原即可得到金粉。氰化过程中，在金溶解的同时，矿石中其他伴生矿也会或多或少地溶入浸出液，导致浸出液的组成变得极其复杂[2]。

1.1.1 金、银的氰化反应理论

1.1.1.1 氧论[3~5]

1846 年，Elsner 提出了氧论，认为金、银在氰化物溶液中溶解时氧是必不可少的，主要反应如式（1-1）、式（1-2）所示：

$$4Au + 8NaCN + O_2 + 2H_2O == 4NaAu(CN)_2 + 4NaOH \tag{1-1}$$
$$4Ag + 8NaCN + O_2 + 2H_2O == 4NaAg(CN)_2 + 4NaOH \tag{1-2}$$

1.1.1.2 氢论[2]

1892 年，Janin 提出了氢论，认为金、银在氰化物溶液中溶解时会有氢放出，反应如式（1-3）、式（1-4）所示：

$$2Au + 4NaCN + 2H_2O == 2NaAu(CN)_2 + 2NaOH + H_2 \tag{1-3}$$
$$2Ag + 4NaCN + 2H_2O == 2NaAg(CN)_2 + 2NaOH + H_2 \tag{1-4}$$

1.1.1.3 过氧化氢论[6,7]

1896 年，Bodlander 提出了过氧化氢论，认为金、银在氰化物溶液中的溶解分两步进行，中间环节会生成过氧化氢，反应如式（1-5）~式（1-8）所示：

$$2Au + 4NaCN + O_2 + 2H_2O == 2NaAu(CN)_2 + 2NaOH + H_2O_2 \tag{1-5}$$
$$2Au + 4NaCN + H_2O_2 == 2NaAu(CN)_2 + 2NaOH \tag{1-6}$$
$$2Ag + 4NaCN + O_2 + 2H_2O == 2NaAg(CN)_2 + 2NaOH + H_2O_2 \tag{1-7}$$
$$2Ag + 4NaCN + H_2O_2 == 2NaAg(CN)_2 + 2NaOH \tag{1-8}$$

1.1.1.4 氰论[2]

1896 年，Christy 提出了氰论，认为有氧存在时，氰化物溶液会释放出氰气，而氰气

对金、银的溶解主要起活化作用，反应如式（1-9）、式（1-10）所示。两年后，Skey 和 Park 证实含氰的水溶液不能溶解金银，否定了 Christy 的氰论。

$$2NaCN + 1/2O_2 + H_2O =\!=\!= (CN)_2 + 2NaOH \qquad (1-9)$$

$$2Au + 2NaCN + (CN)_2 =\!=\!= 2NaAu(CN)_2 \qquad (1-10)$$

1.1.1.5 腐蚀论[2]

1934 年，Thompson 提出的腐蚀论，认为金在氰化物溶液中的溶解类似于金属腐蚀，在该过程中，溶于溶液中的氧被还原为过氧化氢和羟基离子，并进一步指出反应式可分解为以下几步：

$$O_2 + 2H_2O + 2e \longrightarrow H_2O_2 + 2OH^- \qquad (1-11)$$

$$H_2O_2 + 2e \longrightarrow 2OH^- \qquad (1-12)$$

$$Au \longrightarrow Au^+ + e \qquad (1-13)$$

$$Au^+ + CN^- =\!=\!= AuCN \qquad (1-14)$$

$$AuCN + CN^- =\!=\!= AuCN_2^- \qquad (1-15)$$

1.1.1.6 电化学溶解论[2]

1966 年，Habashi 通过浸出动力学研究，提出了电化学溶解论，他认为氰化物溶液溶解金的动力学实质上是电化学溶解过程，反应方式如式（1-16）所示：

$$2Au + 4NaCN + O_2 + 2H_2O =\!=\!= 2NaAu(CN)_2 + 2NaOH + H_2O_2 \qquad (1-16)$$

实验表明，没有氧存在时，金银在氰化物与过氧化氢溶液中的溶解极其缓慢，式（1-17）对应的反应很少发生。过氧化氢会使氰根氧化为氰氧根，增加氰化物的消耗量，反应如式（1-18）所示：

$$2Au + 4NaCN + H_2O_2 =\!=\!= 2NaAu(CN)_2 + 2NaOH \qquad (1-17)$$

$$CN^- + H_2O_2 =\!=\!= CNO^- + H_2O \qquad (1-18)$$

对于诸多氰化反应理论，经过多年的研究和实践，获得普遍认可的是 Bodlander 提出的过氧化氢论。

1.1.2 氰化过程的影响因素

氰化过程的主要影响因素包括氰化物和氧的浓度、矿浆 pH 值、金矿物的原料性质、搅拌、浸出温度、矿泥含量、矿浆浓度、浸出时间、矿浆黏度、金粒的表面薄膜以及金矿的矿物组成等[8~10]：

（1）氰化物和氧的浓度。浸出时氰化物浓度一般为 0.03% ~ 0.08%，金的溶解速度随氰化物浓度的提高而呈直线上升到最大值，然后缓慢上升。当氰化物浓度达 0.15% 时，金的溶解速度和氰化物浓度无关，而且由于氰化物的水解甚至会下降。金的溶解速度随浸出体系中氧浓度的上升而增大，采用富氧溶液或高压充气氰化可以强化金的溶解。氰化试剂溶解金银的能力为：氰化铵 > 氰化钙 > 氰化钠 > 氰化钾。目前多使用氰化钠，氰化物的耗量取决于原料的性质和操作条件，一般为理论量的 20 ~ 200 倍。

（2）矿浆的 pH 值。矿浆 pH 值是一个重要参数。高 pH 值条件（加入 CaO 达到 pH≥11 或加入 NaOH 达到 pH≥13）下金的溶解速率明显下降，一方面是因为形成了不溶性过氧化钙，并沉淀在金颗粒表面上，另一方面是氧的还原速率明显下降。低 pH 值条件下

（pH≤8），金的溶解速度也降低，这是因为低 pH 值条件下 HCN/CN⁻ 之间的平衡向生成 HCN 方向移动，溶液中氰离子的浓度直线下降。低 pH 值导致搅拌反应器上部空间 HCN 浓度增大，既消耗了大量氰根，同时对人体健康有害。然而，目前有使用低 pH 值（pH = 9.5～10）的趋势，使用含镁海水作为过程水的情况下，低 pH 值有利于矿浆吸附，并减少石灰的消耗。

（3）原料性质。氰化法虽是目前提金的主要方法，但某些含金矿物原料不宜直接采用氰化法处理，若矿石中铜、砷、锑、铋、硫、磷、磁铁矿、白铁矿等组分含量高时将大大增加氰化物耗量或消耗矿浆中的氧，降低金的浸出率。矿石中含碳高时，会产生"劫金作用"使已溶金随尾矿损失，预先氧化焙烧或浮选等方法可除去有害杂质的影响。

（4）搅拌。含金矿石浸出研究表明，溶金过程在大多数情况下都具有扩散特征。因此，所有能加速 CN⁻ 和 O₂ 扩散的操作，都应当是强化氰化过程的可能途径。扩散速度随搅拌速度提高而提高，因此，在激烈搅拌时可大大提高溶解速度。

（5）金粒的大小。金粒的大小主要影响氰化时间，粒度大于 74μm 的粗粒金溶解速度较慢，因此氰化以前应采用混汞、重选或浮选预先回收。粒度范围介于 1～74μm 的细粒金，在浸出前经磨矿，一般都能够得到单体分离或从伴生矿物的表面上暴露出来，提高金的浸出率。

（6）金粒的形状。在矿石中，金粒的形状有浑圆状、片状、脉状或树枝状、内孔穴和其他不规则形状。浑圆状的金具有较小的比表面积，浸出速度比较慢。随着浸出作用的不断进行，浑圆体的金粒表面积在不断减少，导致金的浸出速度逐渐降低。其他形状的金粒相比浑圆状的金具有较大的比表面，浸出速度一般较快。片状的金，表面积不随浸出时间延长而降低，所以在浸出过程中金的浸出量接近一致；有内空穴的金粒经过一段时间浸出后，内空穴的表面积增加，金的浸出率逐渐升高。

（7）矿泥含量和矿浆浓度。氰化时矿泥含量和矿浆浓度直接影响组分扩散速度。矿浆浓度应小于 30%～33%，矿泥多时矿浆浓度应小于 22%～25%，但浓度不宜过低，否则增加氰化物的消耗。

（8）氰化时间。氰化时间因物料性质、氰化方法及氰化条件而异。一般搅拌氰化浸出常大于 24h，有时长达 40h 以上，氰化碲化金时需 72h，渗滤氰化浸出需 5d 以上。

（9）矿浆的黏度。氰化矿浆的黏度会直接影响氰化物和氧的扩散速度。矿浆黏度较高，对金粒与溶液间的相对流动会产生阻碍作用，降低金的溶解速度。这类矿石的氰化仅在低矿浆浓度下（<20%）才有可能进行，但提高液固比要求大容积的氰化设备，并增加药剂消耗。矿浆中存在的大量矿泥，会使随后的浓缩、过滤、洗涤作业发生困难。因此，含矿泥高的矿石不宜采用常规的氰化工艺处理。

（10）氧化膜。实际生产中，金粒的表面常形成一层薄膜，妨碍金粒与溶剂接触而降低溶金速度。实验室条件下发现，在氰化物溶液中，S²⁻ 离子浓度只要达到 0.00005%，就使金的溶解速度降低。这可视为形成了一种硫化亚金薄膜，妨碍金的溶解。

用 Ca(OH)₂ 作为保护碱，当 pH > 11.5 时，产生的过氧化钙薄膜会妨碍金的溶解。有人认为是氰化过程产生的 H₂O₂ 与石灰发生式（1-19）的反应，在金粒表面生成 CaO₂ 膜：

$$Ca(OH)_2 + H_2O_2 \rightleftharpoons CaO_2 + 2H_2O \tag{1-19}$$

不溶性氰化物膜，氰化过程中，加入少量铅盐，对溶金有增速效应，这是因为反应生成的铅与金构成原电池，此时金成阳极电化溶解。但过多的铅盐，则在金粒表面形成不溶性 $Pb(CN)_2$ 薄膜。

黄原酸盐薄膜，氰化处理的金矿是来自浮选，必然会把一些浮选药剂（如黄药）带入氰化液中。当氰化液中黄药浓度超过 0.00004% 时，就有可能吸附在金粒上，形成黄原酸金薄膜，阻碍金溶解。因此，为了克服浮选药剂对氰化过程不良影响，最好在氰化前采用浓密机或用过滤机脱药。

（11）金矿的矿物组成。碳质和叶蜡石等具有"劫金"性质的矿物，可能在氰化过程中除去（吸附）溶液中的金氰络离子。氰化铜矿物在氰化钠溶液中快速溶解，消耗氰离子。除黄铜矿外，其他硫化铜矿物的性质与氧化铜相似。矿石中只要存在 0.1% 的碳酸铜都可能使氰化法失去经济效益。其他一些矿物可能引起一些问题，如耗氰，或产生一些像 S^{2-} 这样的有害离子，或使矿浆 pH 值太低。这样的矿物有磁黄铁矿、砷和锑的矿物、锌矿物和氧化铅矿物。

此外，还有其他一些因素能影响金的氰化浸出。例如自然金的元素组成（含银量或含铜量）和粒度都是重要的因素。此外，存在某些金属离子（如铅、铊、铋或汞）、S^{2-}、砷、锑、乙醇和煤油等都可能影响金的浸出速率。金和相关矿物间的原电池作用也可能是一个重要影响因素。

1.1.3 保护碱在氰化过程中的作用

在浸出过程中，一般要加入石灰（CaO）做 pH 值调节药剂，称为保护碱。以此调节浸出液 pH 值在 10～11.5 范围内，保护氰化物不至于大量水解生成氢氰酸而逸入空气，造成氰化物的消耗。金的氰化浸出要求的最佳 pH 值为 9.4，但此时浸出液中氰化钠水解加剧。因此，一般将浸出液 pH 值控制在 10～11.5[11]。

浸出过程需要的氧是通过向浸出液通入空气来提供的，空气中的酸性气体如 CO_2 将使浸出液的 pH 值降低，氰化物就会发生水解，而保护碱存在时，可有效消除这一影响。反应式如下：

$$CO_2 + Ca(OH)_2 =\!=\!= CaCO_3 + H_2O \qquad (1-20)$$

浸出过程中许多伴生矿物的副反应会生成酸性化合物，使浸出液 pH 值降低，必须用保护碱中和：

$$H_2SO_3 + Ca(OH)_2 =\!=\!= CaSO_3 + 2H_2O \qquad (1-21)$$

$$H_2SO_4 + Ca(OH)_2 =\!=\!= CaSO_4 \downarrow + 2H_2O \qquad (1-22)$$

$$MgSO_4 + Ca(OH)_2 =\!=\!= Mg(OH)_2 \downarrow + CaSO_4 \downarrow \qquad (1-23)$$

另外，浸出过程中另一些伴生矿溶解形成的离子对金的浸出液起抑制作用或消耗氰化物，保护碱可与之反应从而消除这一作用：

$$2AsO_4^{3-} + 3Ca^{2+} =\!=\!= Ca_3(AsO_4)_2 \downarrow \qquad (1-24)$$

$$Fe_2(SO_4)_3 + 3Ca(OH)_2 =\!=\!= 2Fe(OH)_3 \downarrow + 3CaSO_4 \downarrow \qquad (1-25)$$

石灰在水溶液中存在如下电离平衡：

$$CaO + H_2O =\!=\!= Ca^{2+} + 2OH^- \qquad (1-26)$$

用石灰作保护碱，具有 pH 值缓冲作用，这是使用石灰作保护碱的又一优点，但钙离子会与碳酸盐等反应生成沉淀物使设备结垢。

1.2 氰化提金过程中氰的消耗分析

1.2.1 金、银浸出的消耗

金的溶解是一个气、固、液三相共存的反应，这种多相反应的一般溶解机理可分为以下四个步骤[12]：

（1）水中的 NaCN 离解产物与溶解氧透过矿物表面的边界层向金的表面扩散；

（2）矿物表面的金表面择优吸附 CN^- 离子和 O_2；

（3）金的表面发生金溶解的电化学反应。

在阳极：

$$Au \longrightarrow Au^+ + e \tag{1-27}$$

$$Au + 2CN^- \longrightarrow AuCN_2^- + e \tag{1-28}$$

在阴极：

$$O_2 + 2H_2O + 2e \longrightarrow H_2O_2 + 2OH^- \tag{1-29}$$

$$H_2O_2 + 2e \longrightarrow 2OH^- \tag{1-30}$$

（4）金溶解生成的 $AuCN_2^-$，在搅拌作用下，离开边界层向溶液内部扩散，新鲜的金表面又重新暴露出来，吸附氰根和氧，继续发生溶解反应。

同样的，银也会发生溶解反应。溶浸槽中强烈的搅拌作用，可强化离子的扩散速度，对金、银的浸出是有益的。金、银的溶解不仅决定了氰化钠的用量，还与浸出的工艺条件、矿石中能与氰化钠起反应的其他伴生成分的种类和含量以及氰化钠的质量等因素有关。

1.2.2 主要贱金属的溶解消耗

金矿石中主要的贱金属矿物为铁矿物、铜矿物、铅锌矿物、砷锑矿物、硒碲矿物及硫酸镁等[9]。

1.2.2.1 铁矿物

金矿石中的铁矿物主要包括黄铁矿（FeS_2）、白铁矿（FeS_2）、磁黄铁矿（$Fe_{1-x}S$）等硫铁矿物及赤铁矿（Fe_2O_3）、磁铁矿（Fe_3O_4）、针铁矿（$FeOOH$）及菱铁矿（$FeCO_3$）等氧化铁矿物。

在氰化浸出过程中，矿石中的赤铁矿、磁铁矿、针铁矿、菱铁矿等氧化铁矿物不被氰化物溶液所溶解。大多数硫铁矿物在新鲜状态下难溶于氰化物溶液中，但将其磨细并在潮湿空气中放置后，就会发生强烈地氧化，并与氰化物反应，使氰化物的消耗量增大。铁矿物发生反应时，其中间产物、最终产物也可与氰化物发生反应：

$$FeS + 2O_2 \longrightarrow FeSO_4 \tag{1-31}$$

$$FeS_2 + 2O_2 \longrightarrow FeSO_4 + S \tag{1-32}$$

$$S + NaCN \longrightarrow NaSCN \tag{1-33}$$

部分 S 氧化成硫代硫酸盐：

$$2S + 2OH^- + O_2 \longrightarrow S_2O_3^{2-} + H_2O \tag{1-34}$$

$$FeSO_4 + 6NaCN \longrightarrow Na_4Fe(CN)_6 + Na_2SO_4 \tag{1-35}$$

在碱性氰化物中，Fe(Ⅱ) 水解：

$$Fe^{2+} + 2OH^- \Longrightarrow Fe(OH)_2 \tag{1-36}$$

$$Fe(OH)_2 + 2CN^- \Longrightarrow Fe(CN)_2 \downarrow + 2OH^- \tag{1-37}$$

白色的 $Fe(CN)_2$ 沉淀溶于过剩的氰化物，生成亚铁氰化盐：

$$Fe(CN)_2 + 4CN^- \Longrightarrow [Fe(CN)_6]^{4-} \tag{1-38}$$

当保护碱不够时，将生成普鲁士蓝：

$$2Na^+ + Fe^{2+} + [Fe(CN)_6]^{4-} \Longrightarrow Na_2Fe[Fe(CN)_6] \tag{1-39}$$

$$4Na_2Fe[Fe(CN)_6] + O_2 + 2H_2O \Longrightarrow Fe_4[Fe(CN)_6]_3 + Fe(CN)_6^{4-} + 4OH^- + 8Na^+ \tag{1-40}$$

或者直接与 Fe^{3+} 反应：

$$4Fe^{3+} + 3[Fe(CN)_6]^{4-} \Longrightarrow Fe_4[Fe(CN)_6]_3 \tag{1-41}$$

当保护碱足够时，蓝色消失：

$$Fe_4[Fe(CN)_6]_3 + 12OH^- \Longrightarrow 3[Fe(CN)_6]^{4-} + 4Fe(OH)_3 \tag{1-42}$$

在碱性氰化物溶液中，铁的硫化物比在水中氧化要剧烈得多，并消耗大量氰化物和氧：

$$4FeS + 3O_2 + 4CN^- + 6H_2O \Longrightarrow 4CNS^- + 4Fe(OH)_3 \tag{1-43}$$

此外，硫化铁可以直接与碱、氰化物作用：

$$FeS_2 + NaCN \longrightarrow FeS + NaSCN \tag{1-44}$$

$$Fe_5S_6 + NaCN \longrightarrow 5FeS + NaSCN \tag{1-45}$$

$$FeS + 6CN^- \Longrightarrow [Fe(CN)_6]^{4-} + S^{2-} \tag{1-46}$$

$$FeS + 2OH^- \Longrightarrow Fe(OH)_2 + S^{2-} \tag{1-47}$$

$$Fe(OH)_2 + 6CN^- \Longrightarrow [Fe(CN)_6]^{4-} + 2OH^- \tag{1-48}$$

造成硫氰酸化合物在溶液中的积累，S^{2-} 阴离子则部分留在溶液中，一部分转化为：

$$2S^{2-} + 2O_2 + H_2O \Longrightarrow S_2O_3^{2-} + 2OH^- \tag{1-49}$$

$$S_2O_3^{2-} + 2O_2 + 2OH^- \Longrightarrow 2SO_4^{2-} + H_2O \tag{1-50}$$

$$2S^{2-} + 2CN^- + O_2 + 2H_2O \Longrightarrow 2CNS^- + 4OH^- \tag{1-51}$$

总之，矿石中的铁矿物在氰化浸出液中发生一定程度的溶解，生成稳定的亚铁氰酸盐和硫氰酸盐而消耗氰化钠。

1.2.2.2 铜矿物

在氰化物溶液中，蓝铜矿（$2CuCO_3 \cdot Cu(OH)_2$）、赤铜矿（Cu_2O）、孔雀石（$CuCO_3 \cdot Cu(OH)_2$）和金属铜等较易被溶解。硫砷铜矿（Cu_3AsS_4）和黝铜矿（$3Cu_2S \cdot Sb_2S_3$）能消耗大量氰化物，砷、锑的溶解还会使氰化浸出液受到污染，导致金的表面上形成一层膜，影响金的继续溶解：

$$2CuSO_4 + 8NaCN \Longrightarrow 2Na_2Cu(CN)_3 + 2Na_2SO_4 + (CN)_2 \uparrow \tag{1-52}$$

$$2Cu(OH)_2 + 8NaCN \Longrightarrow 2Na_2Cu(CN)_3 + 4NaOH + (CN)_2 \uparrow \tag{1-53}$$

$$2CuCO_3 + 8NaCN \Longrightarrow 2Na_2Cu(CN)_3 + 2Na_2CO_3 + (CN)_2 \uparrow \tag{1-54}$$

$(CN)_2$ 和 OH^- 作用生成 CN^- 和 CNO^-：

$$(CN)_2 + 2OH^- \Longrightarrow CN^- + CNO^- + H_2O \tag{1-55}$$

辉铜矿和氰化物作用时形成中间产物铜蓝：

$$2Cu_2S + 6CN^- + H_2O + 1/2O_2 \Longrightarrow 2CuS\downarrow + 2Cu(CN)_3^{2-} + 2OH^- \qquad (1-56)$$

$$CuS + 6CN^- + H_2O + 1/2O_2 \Longrightarrow 2Cu(CN)_3^{2-} + 2OH^- + 2S \qquad (1-57)$$

Cu_2S 将与 CN^- 作用进一步形成 CNS^- 离子:

$$2Cu_2S + 4NaCN + O_2 + 2H_2O \longrightarrow 2CuCN + 2CuSCN + 4NaOH \qquad (1-58)$$

由于氰化物溶液与许多铜矿物之间的反应非常激烈,当有过量的铜矿物(Cu > 0.5%)存在时,就不适合采用氰化法提金。铜矿物的特性是在低浓度氰化物溶液中溶解速度慢,因此,在工业生产时,可采用较低氰化物浓度的浸出液来处理含铜的金矿石。

在浸出过程中,铜矿物会使一部分氰化物转化成双氰,消耗了氰化物,同时,双氰极易逸入空气中对操作环境造成污染。另外,生成的 Cu^+ 离子又会与氰离子形成稳定的络合物离子进入溶液,造成氰化物的大量消耗。因此,金矿的伴生矿物中,铜消耗的氰化物最多,一般全泥氰化厂,废水含铜在 200mg/L 左右。精矿氰化时,废水中铜的浓度大多会达到 1000mg/L 以上。

控制原矿含铜量,不但可以减少由于溶解铜所消耗的氰化钠,而且还可以大幅度地降低浸出液中的氰化钠浓度,故对一般浮选精矿氰化厂,第一次浸出母液含铜量最好不要超过 1000mg/L。对含铜量很高的浮选精矿,最好考虑采用分离浮选方法将泡沫产品金铜精矿送冶炼厂处理而将尾矿用氰化法处理,或者采用焙烧—浸铜—浸金工艺。对于原矿含铜量不稳定的矿山,应考虑将高铜矿石剔出配矿处理,以免由于铜品位突然上升而造成金浸出率的大幅度下降。

1.2.2.3 锌矿物

金矿石中的氧化锌最容易溶解于氰化物溶液,硫化锌溶解很少,但其分解产物和其他硫化物分解产物一样,也可与氰化物发生反应。部分氧化的闪锌矿(ZnS)颇为强烈地与氰化物溶液反应,增加浸出过程中氰化物的耗量。锌矿物在氰化浸出过程中,其溶解率一般在 15% ~ 40%。反应式如下:

$$ZnS + 4NaCN \Longrightarrow Na_2Zn(CN)_4 + Na_2S \qquad (1-59)$$

$$Na_2S + H_2O \Longrightarrow NaHS + NaOH \qquad (1-60)$$

$$2Na_2S + 2NaCN + O_2 + 2H_2O \Longrightarrow 2NaSCN + 4NaOH \qquad (1-61)$$

$$ZnO + 4NaCN + H_2O \Longrightarrow Na_2Zn(CN)_4 + 2NaOH \qquad (1-62)$$

$$ZnCO_3 + 4NaCN \Longrightarrow Na_2Zn(CN)_4 + Na_2CO_3 \qquad (1-63)$$

$$Zn_2SiO_4 + 8NaCN + H_2O \Longrightarrow 2Na_2Zn(CN)_4 + Na_2SiO_3 + 2NaOH \qquad (1-64)$$

$$2Na_2S + 2O_2 + H_2O \Longrightarrow Na_2S_2O_3 + 2NaOH \qquad (1-65)$$

$$2NaHS + 2O_2 \Longrightarrow Na_2S_2O_3 + H_2O \qquad (1-66)$$

由此可见,金矿中伴生的锌矿物在氰化浸出过程中,既消耗溶解氧又消耗氰化物。除了以氰化物做配位体形成锌氰络合物外,闪锌矿中的硫还与氰化物反应生成硫氰酸盐而消耗氰化物。另外,硅锌矿的溶解将使浸出液中含硅酸盐,使矿浆的沉降、过滤受到影响,一般浸出液中含锌不超过每升数十毫克,废水中的锌绝大多数是置换金的过程中锌粉氧化、溶解产生的。

1.2.2.4 铅矿物

铅以硫化物和氧化物形式存在于许多金矿床中,各种铅化合物在氰化物溶液中的行为是不同的。某些方铅矿在浸出液中溶解很慢，但如果反应时间很长，能生成硫氰酸盐和铅酸钠。白铅矿（$PbCO_3$）能被碱溶解成 $CaPbO_2$，随之与可溶性硫化物发生沉淀反应，使影响金溶解的硫化物从溶液中除掉。方铅矿（PbS）也将发生类似反应：

$$3PbS + 2NaCN + 4NaOH + 6O_2 = Pb(CN)_2 \cdot 2PbO + 3Na_2SO_4 + 2H_2O \quad (1-67)$$

铅离子（Pb^{2+}）与氰化物的络合问题说法不一，有文献认为铅离子与氰离子形成络离子 $Pb(CN)_4^{2-}$，络合物稳定常数 $lg\beta_4 = 10.3$，比其他重金属氰络物的稳定常数要小得多，废水中含铅较少。

应该注意，溶液中过量的铅对金的浸出会带来不利的影响，尤其是在用石灰作保护碱时，要控制石灰的用量，金的浸出率会随着石灰用量的增加而明显降低，表 1-1 为不同铅盐在不同石灰用量的条件下对金浸出的影响结果。

表 1-1　铅盐在不同石灰用量下对金溶液的影响

CaO 氧量 /kg·t^{-1}	$PbCO_3$		$PbSO_4$		PbO	
	NaCN 消耗 /kg·t^{-1}	金的溶解 /%	NaCN 消耗 /kg·t^{-1}	金的溶解 /%	NaCN 消耗 /kg·t^{-1}	金的溶解 /%
0	0.28	94	0.68	96.4	0.28	99.4
1	0.06	57.5	0.08	56.2	0.04	61.4
2	0.04	57.4	0.04	49.7	0.04	35.2
4	0.08	65.8	0.04	52.4	0.04	47.8

1.2.2.5　砷、锑矿物

砷、锑矿物对金、银的氰化浸出过程危害极大，用氰化法直接处理含砷、锑高的矿石浸出金是很困难的，有时甚至是不可能的。砷在矿石中常常以雄黄（As_4S_4 或 AsS）、雌黄（As_4S_2 或 AsS）、毒砂（FeAsS）三种硫化物形式存在，前两种矿物易溶于碱性氰化物溶液中：

$$2As_2S_3 + 6Ca(OH)_2 = Ca_3(AsO_3)_2 + Ca_3(AsS_3)_2 + 6H_2O \quad (1-68)$$
$$Ca_3(AsS_3)_2 + 6Ca(OH)_2 = Ca_3(AsO_3)_2 + 6CaS + 6H_2O \quad (1-69)$$
$$2CaS + 2O_2 + H_2O = CaS_2O_3 + Ca(OH)_2 \quad (1-70)$$
$$2CaS + 2NaCN + 2H_2O + O_2 = 2NaSCN + 2Ca(OH)_2 \quad (1-71)$$
$$Ca_3(AsS_3)_2 + 6NaCN + 3O_2 = 6NaSCN + Ca_3(AsO_3)_2 \quad (1-72)$$
$$Ca_3(AsO_3)_2 + 6CaS + 6H_2O = Ca_3(AsS_3)_2 + 6Ca(OH)_2 \quad (1-73)$$
$$2As_2S_3 + 9O_2 = 2As_2O_3 + 6SO_2 \quad (1-74)$$
$$4As_2S_3 + 9O_2 + 12Ca(OH)_2 = 3Ca_3(AsO_3)_2 + Ca_3(AsS_3)_2 + 12H_2O + 6SO_2$$
$$(1-75)$$

毒砂在氰化物溶液中很难溶解，但它与黄铁矿相似，能被氧化生成 $Fe_2(SO_4)_3$、$As(OH)_3$、As_2O_3 等，而 As_2O_3 在缺乏游离碱的情况下，能与氰化物作用生成 HCN：

$$As_2S_3 + 8NaCN + 5H_2O = Na_3AsO_3 + 8HCN\uparrow + 2NaOH + Na_3AsS_3 \quad (1-76)$$

辉锑矿虽然不能直接与氰化物溶液反应，但能很好溶于碱溶液，生成亚锑酸盐及硫代亚锑酸盐。反应式如下：

$$Sb_2S_3 + 6OH^- = SbO_3^{3-} + SbS_3^{3-} + 3H_2O \quad (1-77)$$

生成的 SbS_3^{3-} 一部分与碱反应形成 SbO_3^{3-} 和 S^{2-}：

$$2SbS_3^{3-} + 12OH^- \Longrightarrow 2SbO_3^{3-} + 6S^{2-} + 6H_2O \qquad (1-78)$$

$$Sb_2S_3 + 6NaOH \Longrightarrow Na_3SbS_3 + Na_3SbO_3 + 3H_2O \qquad (1-79)$$

$$4Na_3SbS_3 + 6NaCN + 6H_2O + 3O_2 \Longrightarrow 2Sb_2S_3 + 6NaSCN + 12NaOH \qquad (1-80)$$

另一部分与 CN^-、O_2 反应形成 CNS^-：

$$2SbS_3^{3-} + 6CN^- + 3O_2 \Longrightarrow 6CNS^- + 2SbO_3^{3-} \qquad (1-81)$$

新溶于碱液中的 Na_3SbS_3 进一步吸收氧，直到全部锑的硫化物变成氧化物后，反应才结束。也有可能直接反应：

$$Sb_2S_3 + 6O_2 \Longrightarrow Sb_2(SO_4)_3 \qquad (1-82)$$

生成的硫代锑酸盐将继续被氧化，生成 SO_3^{2-} 和 $S_2O_3^{2-}$，而生成 SO_4^{2-} 的比例较小，这在很大程度上是氧取代 Na_3SbS_3 中的硫而造成的。反应式如下：

$$Na_3SbS_3 + 1.5O_2 \Longrightarrow Na_3SbO_3 + 3S \qquad (1-83)$$

$$Na_3SbS_3 + O_2 \Longrightarrow Na_3SbSO_2 + 3S \qquad (1-84)$$

$$Na_3SbS_3 + 2O_2 \Longrightarrow Na_3SbO_4 + 3S \qquad (1-85)$$

生成的硫与氰化物反应生成硫氰酸盐：

$$S + NaCN \Longrightarrow NaSCN \qquad (1-86)$$

当浸出液中有过量的氧时，析出硫的一部分将发生部分氧化反应生成硫代硫酸盐，后者仍与氰化物反应生成硫氰酸盐。反应式如下：

$$Na_2S_2O_3 + NaCN \Longrightarrow NaSCN + Na_2SO_3 \qquad (1-87)$$

1.2.2.6　硒、碲矿物

单质硒是不溶于氰化物溶液的，但其化合物在常温下却能溶解，并生成硒氰化物，这与硫相似。因此，当硒含量很高时，会增加氰化物的消耗，但不影响金的溶解速度：

$$NaCN + Se \Longrightarrow NaCNSe \qquad (1-88)$$

$$MeSe + 4NaCN + H_2O + 0.5O_2 \Longrightarrow NaMe(CN)_3 + NaCNSe + 2NaOH \qquad (1-89)$$

氢氧化钠能提高硒的溶解度（石灰却不能），在氢氧化钠溶液中形成 Na_2SeO_2：

$$2NaOH + Se + 0.5O_2 \Longrightarrow Na_2SeO_2 + H_2O \qquad (1-90)$$

在金银矿石中，碲矿物主要有碲金矿（$AuTe_2$）和辉碲铋矿（Bi_2TeS），碲矿物在氰化物溶液中很难溶解，但若以微粒形式存在时则较易溶解，这将使氰化物水解并消耗溶解氧，碲化物被氧化成碲酸。

1.2.2.7　硫酸镁

硫酸镁能消耗浸出液中的 OH^-，如果浸出液保护碱加量不足，将使氰化物水解生成氢氰酸逸入空气：

$$MgSO_4 + 2NaCN + 2H_2O \Longrightarrow Mg(OH)_2 \downarrow + Na_2SO_4 + 2HCN \uparrow \qquad (1-91)$$

1.2.3　氰化物的水解

在溶液中，随着 pH 值的变化，氰化物会发生不同程度水解反应，水解生成的氢氰酸与溶液碱度大小有关。为了防止氰化物的水解损失，一般在矿浆中加入一定量的石灰或苛性钠调节。在低 pH 值下，氰化物可以发生水解反应，形成的氰化氢将有一部分挥发，该反应在常温下进行得很缓慢，这导致了在碱性溶液中氰化物的逐渐分解。在高 pH 值下，特别是在高温下可能会发生下列反应[13]：

$$NaCN + H_2O \xrightarrow{\hspace{1cm}} NaOH + HCN\uparrow \qquad (1-92)$$

$$CN^- + 2H_2O \xrightarrow{\hspace{1cm}} HCOO^- + NH_3 \qquad (1-93)$$

氰化物水解一部分生成氢氰酸，一部分氧化水解逐渐生成碳酸和氨，在 100℃ 时，CN^- 损失 50%，在 130℃ 时则损失 85%。在氰化过程中，氢氰酸是剧毒气体，若不处理，一是造成 NaCN 用量加大，生产成本增加，二是污染环境，有损操作人员的健康。HCN 的产生是随溶液中 pH 值而变化的，在 pH = 10.5 时，只有 6.1% 的氢氰酸产生，当 pH = 10 时，有 17% 的氢氰酸产生，pH = 9.5 时就有 39.2%，当 pH = 9.0 时，就有 67.1% 的氢氰酸产生。因此，在炭浆法工艺中通常调整 pH 值在 11 ~ 12，可以控制氰化物的水解。

当矿石成分复杂，含有一些诸如磁黄铁矿之类的矿物时，可在磨矿过程中加入保护碱，使一部分有害元素氧化或生成沉淀除去。保护碱的加入量要适当，一般维持浸出矿浆的 pH = 11。过低用量不利于防止氰化物的水解，但用量过高能促使带负电荷的矿泥絮凝，促使矿浆沉淀，更重要的是会降低金的溶解速度。

1.2.4 溶解氧对氰化物的氧化

提高金的溶解速度，必须有 CN^- 与 O_2 同时参与反应。氧在室温常压下的最大溶解度为 8.2mg/L，相当于 0.27×10^{-3} mol/L，加入强氧化剂时，可以提高溶液中氧的浓度，从而大大加速浸出反应。但氧与氰化物残余的比例不能失调，否则浸出速度反而下降。溶解氧与氰很容易反应生成氰酸盐，它在碱性溶液中是很稳定的，但在 pH < 7 时，水解产生氨和碳酸氢盐，反应如下：

$$1/2O_2 + CN^- \xrightarrow{\hspace{1cm}} CNO^- \qquad (1-94)$$

$$CNO^- + 2H_2O \xrightarrow{\hspace{1cm}} HCO_3^- + NH_3 \qquad (1-95)$$

因此，这个反应可能会在浸出或电积过程中造成氰化物的消耗。用纯氧以气泡形式通过（pH = 10.5）时，在 250μg/mL 的 CN^- 溶液中，氧化温度在大于 50℃ 时才是显著的[14]。

1.2.5 溶液中其他成分对氰化物的氧化

在饱和氧的弱碱性溶液中，黄铁矿和白铁矿第一步氧化的结果，生成亚硫酸盐和硫代硫酸盐，而磁黄铁矿只能氧化为硫代硫酸盐，氧化率比其他铁矿物高。通常磁黄铁矿耗氧最多，而黄铁矿耗氧较少。在碱性溶液中生成的亚硫酸盐和硫代硫酸盐将被氧化为硫酸盐[10]：

$$Na_2S_2O_3 + 0.5O_2 \xrightarrow{\hspace{1cm}} Na_2SO_4 + S \qquad (1-96)$$

$$Na_2S_2O_3 + 2O_2 + 2NaOH \xrightarrow{\hspace{1cm}} 2Na_2SO_4 + H_2O \qquad (1-97)$$

在氰化物溶液中，硫代硫酸盐还与氰化物反应生成硫氰酸盐：

$$Na_2S_2O_3 + NaCN \xrightarrow{\hspace{1cm}} NaSCN + Na_2SO_3 \qquad (1-98)$$

在氰化物溶液中，亚硫酸盐还会与溶解氧协同作用，将氰化物氧化成氰酸盐，当 pH 值小于 10 时，反应速度很快：

$$Na_2SO_3 + NaCN + O_2 \xrightarrow{\hspace{1cm}} NaCNO + Na_2SO_4 \qquad (1-99)$$

但浸出液中缺乏保护碱时，生成的亚硫酸、硫酸将使浸出液的 pH 值降低，使氰化物

生成易挥发的氢氰酸而逸入空气中:

$$H_2SO_3 + 2NaCN = Na_2SO_3 + 2HCN \qquad (1-100)$$

$$H_2SO_4 + 2NaCN = Na_2SO_4 + 2HCN \qquad (1-101)$$

$$HCN(aq) = HCN(g) \qquad (1-102)$$

此外,磨矿过程中因机械磨损而混入矿浆中的金属铁粉一般达 0.5 ~ 5kg/t,也将在浸出过程中或多或少地发生溶解,最终生成亚铁氰酸盐:

$$Fe + 6NaCN + 4H_2O = Na_2Fe(CN)_6 + 4NaOH + 2H_2 \qquad (1-103)$$

另一方面因生成亚硫酸、硫酸而消耗浸出液中的溶解氧和保护碱,当保护碱不足时,将使氰化钠水解生成氢氰酸逸入空气中造成氰化物的额外消耗,并污染操作场所,这些因素对金的浸出极为不利。一般情况下,氰化浸出液中铁以亚铁氰酸盐形式存在,铁含量的增加,对含氰废水的处理效果有较大影响。

在搅拌充入空气时,空气中的 CO_2 也会与氰化物发生反应:

$$2NaCN + CO_2 + H_2O \longrightarrow Na_2CO_3 + 2HCN \qquad (1-104)$$

原矿中黄铁矿中的硫离子与矿浆中溶解的 O_2 反应生成的硫酸盐、亚硫酸盐也会与氰化物发生反应:

$$FeS + 2O_2 = FeSO_4 \qquad (1-105)$$

$$FeSO_4 + 6NaCN = Na_4Fe(CN)_6 + Na_2SO_4 \qquad (1-106)$$

浸出前加入少量的 CaO 或 $Ca(OH)_2$ 可以阻止上述反应的发生。但是,浸出过程 CaO 的加入量必须控制在 0.03% ~ 0.05%,过多会使矿物表面受到污染或生成 $CaCO_3$ 薄膜,阻止金与氰化物、氧的接触:

$$CO_2 + Ca(OH)_2 = CaCO_3 + H_2O \qquad (1-107)$$

$$SO_2 + Ca(OH)_2 = CaSO_3 + H_2O \qquad (1-108)$$

生成硫氰酸盐也是氰化物消耗的主要原因。如某厂贫液含 SCN^- 1400mg/L,每年因硫的溶解消耗氰化钠的量可达到 60 ~ 70t。铁的硫化矿物是金矿石浮选的主要载体矿物,故浮选精矿中含硫一般在 20% ~ 40% 之间,其中大部分为氧化较慢的黄铁矿,亦有少量氧化较快的磁黄铁矿和白铁矿。尽管大部分黄铁矿氧化速度慢,但在强烈充气搅拌情况下也会部分氧化铁的硫化矿物和氰化钠,这类反应十分复杂,典型反应是硫化物氧化时生成的游离硫,或石灰、苛性钠与硫化物作用生成硫代硫酸盐中的硫和氰化物反应均生成硫氰酸盐:

$$S + NaCN = NaSCN \qquad (1-109)$$

$$CaS_2O_3 + NaCN = NaSCN + CaSO_3 \qquad (1-110)$$

另外,硫铁矿及其氧化生成物在碱性氰化物溶液中能生成可溶性碱性硫化物,其与氰化物反应也生成硫氰酸盐:

$$Na_2S + NaCN + 1/2O_2 + H_2O \longrightarrow NaSCN + 2NaOH \qquad (1-111)$$

为了消除硫离子影响,可加入铅盐,使之生成硫化铅沉淀:

$$Na_2S + PbAc_2 = PbS \downarrow + 2NaAc \qquad (1-112)$$

1.2.6 矿泥的吸附

矿石中铁的硫化物在氰化过程中会生成氢氧化铁,矿石的硅酸盐在碱性介质中生成胶体氧化硅,它们对氰化物均有一定的吸附能力,使氰化物随浸渣排出而损失。矿石中的硫化物在氰化过程中生成的氢氧化铁及矿石中的硅酸盐在碱性介质中生成的胶体氧化硅等对氰化物均有一定吸附能力，使氰化物随固体损失于氰化尾矿中[10]。

1.2.7 氰化物溶液的疲劳

氰化物溶液与伴生矿物作用，不仅增加了氰化物的消耗，而且，还导致大量杂质在溶液中积累。在氰化物溶液多次返回使用时，杂质的浓度可达很高的数值。

杂质的积累引起氰化物溶液的活性降低，即溶解金（银）的能力下降的现象，称之为氰化物溶液疲劳。杂质积累到某一极限时，尽管添加游离氰化物，溶液的活性仍不能回复到原来的状态。

脏污的氰化物溶液活性低的主要原因，是在贵金属表面形成各种各样的薄膜，阻碍溶解过程。薄膜形成的原因，除了杂质与贵金属表面的化学作用外，还由于存在溶液中的表面活性物质的吸附。

膜的钝化作用与膜的结构（孔隙度）、厚度有关，而膜的孔隙度和厚度主要取决于形成这种膜的杂质的性质和浓度。比如，在氰化物溶液中的铜、锌和铁的络合阴离子，它们形成膜的机理大致是相同的：带负电荷的 $Cu(CN)_3^{2-}$、$Zn(CN)_4^{2-}$、$Fe(CN)_6^{4-}$ 等金属络阴离子吸附于金（银）表面，形成屏蔽，阻止溶解过程；在低氰浓度下，形成简单氰化物薄膜——$CuCN$、$Zn(CN)_2$、$Fe(CN)_2$。但是，它们形成的膜的空隙度则大不相同：铜化合物形成的膜最致密，氰化物和氧极难渗透过去；相反，铁的化合物形成多孔的膜，很好渗透；锌化合物膜介乎两者之间。与此相应，杂质的钝化程度按铁—锌—铜顺序增大[11]。

前已述及，在氰化物溶液中存在锑、砷化合物时，形成致密的膜，大大降低溶解速度。因此，当矿石中有辉锑矿、雄黄、雌黄时，氰化物溶解液疲劳是特别厉害的。

氰化物溶液中加保护碱时，同样也降低其活性，如图 1-1 所示[11]。

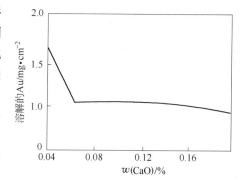

图 1-1 金溶解速度与石灰浓度的关系

随着石灰浓度增加，溶金速度下降。用苛性钠做保护碱时，也有大致相同的效果。产生这一现象的原因，大概也是在金的表面形成了薄膜，此膜的性质还不清楚。为了减弱保护碱的这种"降速效应"，保护碱的浓度应该维持在抑制氰化物水解所必须的最低水平。

在贵金属表面形成的膜，可由于机械的作用而清除（如颗粒彼此之间、颗粒与器壁之间的摩擦），因此，氰化物的疲劳还是与浸出方法有关，疲劳最厉害的是渗滤，最弱的是搅拌，特别是在磨机中浸出。

氰化物疲劳现象是非常复杂的，目前尚未研究清楚，特别是几种杂质同时存在时的钝化机理，需要进一步深入研究。

1.3 氰化提金方法

氰化法提金主要包括氰化浸出与浸出液提金两个步骤[9,15~17]：

（1）氰化浸出。在稀薄的氰化溶液中，在有氧（或氧化剂）存在的条件下，含金矿石中的金与氰化物反应生成一价金的络合物而溶解进入溶液中，得到浸出液。氰化浸出主要有槽浸氰化和堆浸氰化法两大类。槽浸又分为渗滤氰化法和搅拌氰化法两种；堆浸法主要用于低品位氧化矿的处理。

（2）浸出液提金。从氰化浸出液中提取金的方法主要有加锌置换法（锌丝和锌粉）、活性炭吸附法（CIP、CIL）、树脂矿浆法（RIP、RIL）、电解沉积法、磁炭法等。锌粉（丝）置换法是较为传统的提金方法，在黄金矿山应用较多；炭浆法是目前新建金矿的首选方法，其产金量占世界产金量的50%以上；其余方法在黄金矿山也正日渐得到应用。

1.3.1 渗滤氰化法

渗滤氰化法是基于氰化溶液渗透通过矿石层而使含金矿石中的金浸出的方法[15,18]。基于碱性氰化物(如氰化钠)溶液通过安装有过滤假底的氰化槽的矿砂层,在空气参与氧化作用下将金溶解成络合离子,然后用锌丝置换吸附回收金,再经酸化处理和熔炼而得成品金。该法具有回收率高,投资少,见效快,能就地产出金等特点。适用于处理各种微、细粒氧化矿、砂矿、疏松和多孔物料及烧渣等滤渗性好的含金矿石。

渗滤氰化法所用的主要设备是渗滤浸出槽,四面用砖或石砌制而成,内表用水泥衬里。如图1-2所示。浸出槽通常为木槽、铁槽或水泥槽。槽底水平或稍倾斜,呈圆形、长方形或正方形。槽的直径或边长一般为5~12m,高度一般为2~2.5m,容积一般为50~150m³。

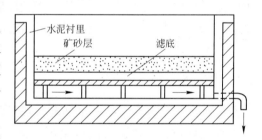

图1-2 渗滤浸出槽示意图

渗滤氰化工艺主要包括矿砂的装入、氰化物溶液的渗滤浸出及氰化尾矿卸出。

1.3.1.1 矿砂的装入

矿砂在渗滤槽内应均匀分布,使粒度分布与疏松程度上达到一致,保证浸液能很好地渗滤通过物料层。装料时应防止矿砂颗粒的析离现象和在物料层中形成缝隙、孔洞；近槽壁处要密封,以防溶液沿槽壁流过。

装矿可分干法和湿法两种。干法装矿适于水分在20%以下的矿砂,可用人工或机械装矿。干法装矿的缺点是干矿砂颗粒易产生析离现象,使装料不均匀,优点是在装料层中存在许多空气,有利于提高金的浸出率。水力装矿是将矿砂用水稀释后,用砂泵扬送或沿槽自流和渗滤到浸出槽内。在槽内,矿砂沉下后,多余的水、泥经溢流沟流出。水力装矿的缺点是矿砂中空气不足,因而在浸出过程中金的溶解速度降低,且槽内水分增加。其优点是矿砂在粒度和疏松程度上基本一致,浸出液能均匀地渗过矿砂层。装矿时可将石灰等碱随矿装入槽内。

1.3.1.2 氰化物溶液的渗滤浸出

氰化物溶液在矿砂中的流动方向有两种:一是自下而上,二是自上而下。前者借助于动力,可避免矿泥堵塞滤底,但由于需要动力设备,增加了动力消耗,所以常采用后一种方法。

单位时间内氰化物溶液在浸出槽矿砂中上升或下降的距离称为渗滤速度。一般渗滤速度保持在50~70mm/h为好,而低于20mm/h,则表明渗滤性不好。渗滤速度取决于矿粒的大小和形状、矿层的均匀程度、装料的高度等因素。

渗滤浸出的氰化物浓度一般为 0.03% ~ 0.2%，浸出初期用高浓度，随后逐渐降低。通过矿砂层的氰化液总量为干矿砂量的 0.8 ~ 2 倍。氰化物的消耗量取决于所处理的矿砂性质，通常为 0.25 ~ 0.75kg/t，消耗石灰为 1 ~ 2kg/t。

渗滤浸出常用间歇方式进行。首先将浸出槽内第一批较浓的含金溶液放净，回收其中金，然后静置 6 ~ 12h，使之为吸入的空气所饱和。随后将中等浓度的氰化物溶液加入槽内，放出含金溶液后，用水洗涤槽内氰化尾矿。每批氰化物溶液浸出矿砂时间均 6 ~ 12h。也可采用连续的方式，即连续不断地将氰化溶液注入槽内，并连续地将渗下的含金溶液放出。氰化溶液在槽内的水平面经常略高于矿砂的上表面。间歇法与连续法相比金的提取率高 25% 左右，这是由于矿砂间歇地被空气所饱和，能供应浸出所需的氧之缘故。

渗滤氰化作业时间决于矿砂性质、渗滤速度、装矿和卸矿时间及氰化溶液的数量等。一批矿砂全部处理时间一般为 4 ~ 8d，当含有矿泥时，有时长达 10 ~ 14d。

1.3.1.3 氰化尾矿卸出

氰化尾矿的卸出可用干法和湿法两种。干法卸矿有几种方法：当浸出槽底有工作门时，可在它的上方用管子打一通口，尾矿即沿此通口被耙落掉入槽下面的小车上；也可将尾矿用人工或用装载机挖出装车运走。湿法即用高压水冲刷氰化尾矿，尾矿浆则沿预先安装的通道流入尾矿沟槽中，再用水稀释自流或用砂泵扬入尾矿库。该法消耗水为 3 ~ 6m³/t，水压为 1.5 ~ 3.0kg/cm²。

1.3.2 搅拌氰化法

搅拌氰化法是将含金矿石细磨和分级后得到的矿浆浓缩至适宜的浓度，置于浸出槽中，添加氰化液，充气搅拌进行浸出。此法适用于粒度小于 0.3 ~ 0.4mm 的物料。目前，世界上采用搅拌氰化浸出法产出的金量已占总产金量的 63.6%。国外搅拌氰化浸出金矿的规模已达到日处理量 1.5 × 10⁴t 矿石，而我国搅拌氰化浸出的最大日处理量也达到千吨级矿石规模。

搅拌氰化浸出的关键设备是搅拌浸出槽。根据搅拌方式的不同，可将浸出槽分为机械搅拌浸出槽、空气搅拌浸出槽、空气与机械混合型搅拌浸出槽等。机械搅拌浸出槽又可以分为螺旋桨式搅拌槽（在国外称为 Devereaux 型搅拌槽，如今它已广泛用于提金厂，如图 1 - 3 所示）、轴流泵式搅拌槽和叶轮式搅拌槽。空气搅拌浸出槽，在国外称为 Pachuca 浸出槽。空气与机械混合型搅拌浸出槽，又称为带有空气提升管的耙式搅拌浸出槽。此外，还有带喷嘴的脉动浸出柱和一种连续逆流浸出的卡默尔浸出塔以及边磨边浸用的塔式磨浸机等。

搅拌氰化浸出终了后，需用洗涤的方法从矿浆中分离出含金溶液。一是采用倾析法，包括间歇法和连

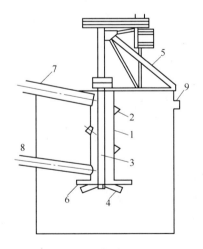

图 1 - 3　螺旋桨式搅拌浸出槽

1—矿浆接收管；2—支管；3—竖轴；
4—螺旋桨；5—支架；6—盖板；
7—溜槽；8—进料管；9—排料管

续法。连续倾析法按逆流原则进行洗涤，即矿浆由前向后依次给入浓缩槽，而洗涤液则由后向前依次返回，这样每次矿浆浓缩所用的洗涤液均用下一次浓缩时的溢流。这种方法可用串联几台单层浓缩机或多层浓缩机实现；二是用过滤机完成分离和洗涤作业。通常用连续式真空过滤机来完成；三是流态化法，洗涤过程是在洗涤柱中完成的。

搅拌氰化法浸金最早使用的是鼓泡空气氧化金，随后出现了富氧浸出和液相氧化剂辅助浸出等各种助浸工艺，如双氧水或高锰酸钾助浸、氨氰助浸、加温加压助浸及硝酸铅助浸等[19~21]，搅拌氰化工艺流程图如图 1-4 所示。近年来，采用合适的 pH 值调整剂对氰化工艺的加强起到了非常重要的作用。在含铅、铜金精矿直接氰化浸金工艺中，用 CaO + NH_4HCO_3 或 $NaOH + NH_4HCO_3$ 代替 CaO 作为调整剂，可以有效地提高金、银的氰化浸出率。这一方法已经在国内黄金冶炼厂推广应用[22,23]。

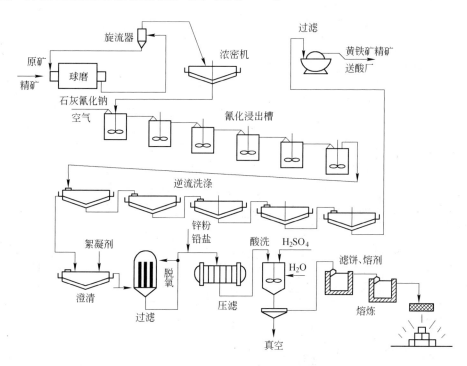

图 1-4 搅拌氰化工艺流程图

搅拌浸出提金主要包括磨矿、浓密、搅拌氰化浸出、固液分离和洗涤、贵液提金等工序[9]：

（1）磨矿。矿石在槽浸以前需要加工准备。应将矿石磨到要求的细度，尽可能使金颗粒完全解离。矿石必须细磨的程度取决于金的粒度，在某些情况下，需磨到 - 0.074mm甚至 - 0.0433mm。

（2）浓密。浓密工序一般采用中心转动的浓缩槽（或称浓密机），矿浆在槽中自由沉降。矿浆的浓缩程度取决于矿粒的粒度、密度和物理化学性质。通常根据矿浆的沉降实验来选用标准的浓缩槽。

（3）浸出（图 1-5）。进入氰化槽的矿浆黏度较大，加上部分硫化物易氧化，因此，强烈搅拌和不断充气具有特别重要的作用。具体药剂制度、最佳液固比要由实验确定。在

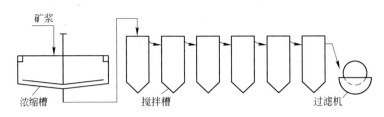

图 1-5　连续浸出

保证溶金速度的前提下，液固比应尽可能小。充气条件下，搅拌时间一般在 24h 以上，以使 95% 以上的金溶解。

（4）洗涤与固液分离。矿石经氰化浸出后，产出由含金溶液和尾矿组成的矿浆。为了使含金溶液与固体尾矿分离，需进行洗涤和过滤（图 1-6）。在固液分离时，需要加入洗涤水，洗涤水一般用置换作业排放的贫液或清水。搅拌氰化法一般采用逆流倾析洗涤、过滤洗涤以及两者联合的洗涤流程。

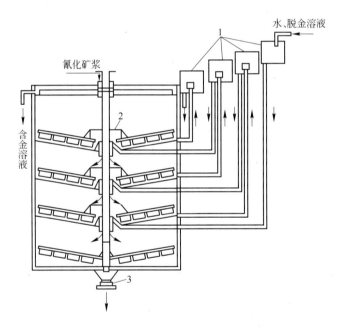

图 1-6　四层洗涤浓缩机

1—洗涤液箱；2—层间闸门；3—排料

逆流倾析洗涤是将浸出后的矿浆通过浓缩进行固液分离，浓缩产品再用脱金溶液或水洗涤并再一次进行固液分离。根据分离方式分为间歇倾析和连续倾析（图 1-7）。

连续式过滤洗涤，是采用圆筒真空过滤机和圆盘真空过滤机对氰化矿浆进行过滤，滤饼再经洗涤后成为氰化尾矿。一般多采用两段过滤洗涤（图 1-8）。

（5）贵液提金。浸出、洗涤后的含金贵液经锌粉置换而得金泥，金泥送炼金室冶炼而出售合质金。置换后贫液经酸化法处理回收其中的氰化物后返回浸出作业，酸化处理后的污水大部分返回洗涤作业，少部分经处理后排放至尾矿库。

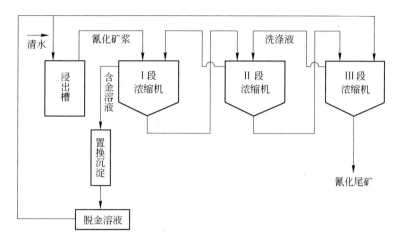

图 1-7　三段连续倾析法洗涤流程

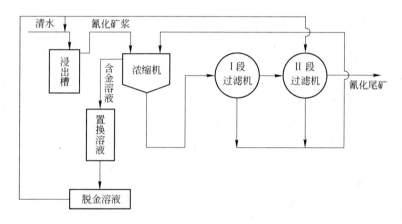

图 1-8　两段过滤洗涤流程

1.3.3　堆浸氰化法

堆浸氰化法，简单地说就是将低品位金矿石堆放在不透水的地面上，并在该地面上预先设置排水沟，然后对矿堆喷淋氰化物溶液进行渗滤浸出，通过排水沟收集含金溶液于贵液池中，再进一步处理回收金。堆浸法提取金属，最早是用于低品位铜矿，随后是用于低品位铀矿的提取[9]。

1971 年，世界上第一家工业规模的金堆浸场在美国内华达州投产，目前工艺技术已日趋成熟。美国、澳大利亚、加拿大是世界上堆浸法提金应用最多的国家。目前，美国用堆浸法生产的黄金已占其产金量的 60% 左右。我国于 1979 年开始研究低品位金矿的堆浸技术，1991 年，在新疆萨尔布拉克金矿建成的 11 万吨级堆浸实验厂获得成功，原矿含金品位为 3.62g/t，金回收率达 87.75%。我国用堆浸法生产的黄金仅占全国产金量的 2% 左右，在金矿堆浸技术方面与国外相比尚有较大差距。

堆浸法包括矿石（或粉矿制粒）筑堆、稀氰化物溶液喷淋、洗堆、拆堆等工序。金矿石堆浸的基本流程如图1-9所示。金矿石堆浸及其浸出液中金银回收的原则流程如图1-10所示。堆浸法流程如下：

（1）矿石准备。将矿石粉碎到要求粒度（一般5~20mm），或将泥状矿石制粒。制粒过程中常加入水泥（3.5~5kg/t矿）作黏结剂，用氰化钠溶液（0.2%~0.5%）润湿，制粒作业一般采用圆盘式或皮带式过滤机，制粒后一般放置3~5d，达到一定强度后运去筑堆。

（2）堆场准备。要求堆浸场有2%~5%的坡度，以利于溶液从浸堆中流出；堆场应具有足够的强度，能承受浸堆重量和筑堆机械的作业。堆场和集液池应具有不透水衬底，保证溶液不渗漏，以避免贵液损失和造成环境污染。堆场四周设置排水沟和排洪道，以防洪水侵害造成环境事件。

（3）筑堆。在堆场衬垫上先铺一层约20cm厚的废矿石或卵石，作为底垫的保护层和排液层。筑堆方式对浸堆的透气性和溶液渗滤性有很大影响，机械筑堆时应尽量避免压实矿堆造成溶液不易渗滤的死区，或粗细矿石偏析而造成沟流。堆的高度依矿石性质而定，一般约3~6m。

（4）预浸。喷淋氰化液前，先用石灰水喷洒矿堆，中和矿石中各种酸性物质，直到达到要求的pH值，通常需要1~2周。

（5）喷淋。氰化物溶液用管道输送到矿堆上，然后通过喷头、滴管等向矿堆提供浸出液。对喷淋的要求是要均匀，使溶液饱和空气中的氧并尽量减少氰化物损失。为此，喷洒的液滴大小应适当，太小的雾状水滴蒸发损失太大，也容易被风吹散，通常喷头的喷孔直径为2~3mm。喷淋的氰化液浓度一般为0.1%~0.15%，喷淋一般间断进行，以利于空气进入矿堆。集液池中富液的含金量达到1~10mg/L时，开始进行回收处理，回收贵金属后的贫液补充氰化物和碱后，返回喷淋系统。喷淋前期氰化钠溶液浓度控制在0.06%~0.08%，中期为0.04%~0.05%，末期为0.02%~0.03%。溶液的喷淋强度一般为5~12L/m²。用石灰调节pH值时，可能引起喷头堵塞，此时可用氢氧

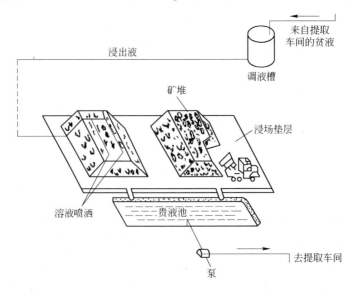

图1-9　金矿石堆浸的基本工艺流程

化钠代替。

（6）洗堆。浸出结束后用新鲜水淋洗矿堆以充分回收已浸出的金和银。洗涤水量取决于蒸发损失及尾渣中的水损失，通常为总液量的15%～30%，而开始浸出时的总液量按50～80L/t矿石配制。

（7）拆堆。洗水排完后拆堆（卸矿），从筑堆到拆堆完成一个循环，需要30～90d，根据浸堆的大小、矿石性质及机械化程度确定。

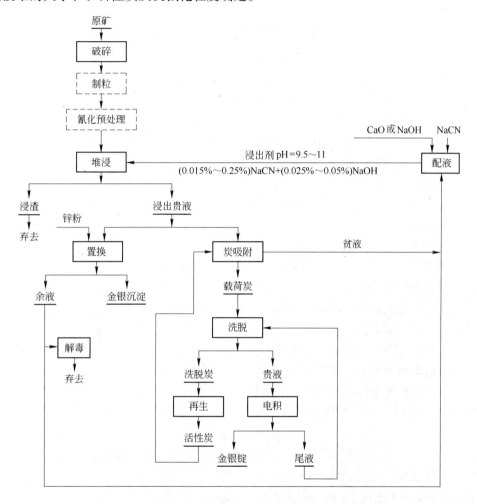

图1-10　金矿石堆浸及其浸出液中金银回收的原则流程

堆浸法设备简单，基建投资少，能耗较低，具有较好的经济效益。堆浸规模可大可小，每堆矿石多可至数万吨，在美国，每堆万吨矿石是标准堆。品位低于0.6g/t的矿石一般不经破碎直接堆浸，0.6～1.0g/t的矿石破碎至一定粒度后堆浸，品位更高者粉碎后制粒堆浸。一般堆浸法基建和设备投资约为搅拌氰化浸金的20%～50%，生产成本约为搅拌氰化浸金的40%。自第一个堆浸厂投产以来，堆浸技术不断改进提高，如制粒堆浸、环形堆浸台的连续堆浸、山谷充填式堆浸场、滴管喷淋技术等。尽管堆浸法的金浸出率较低，但其对金品位低至0.1～0.3g/t的金矿也有很好的浸出效果，而且矿堆规模可达到几十万甚至上百万吨级，金的回收率可达65%以上。同时，也可以通过改进制粒和喷淋方法、强化微生物作用、添加强化试剂等多种措施不断提高其浸出率，因此仍有较好的经济效益。

1.3.4 炭浆法

炭浆法（Carbon in Pulp，简称 CIP）以及后来改进的向矿浆中加活性炭同时进行浸出和吸附金的炭浸法（Carbon in Leach，简称 CIL）提金工艺是氰化提金的新方法之一，主要适用于矿泥含量高的含金氧化矿石[24]。1973 年世界上第一个工业化 CIP 厂在美国霍姆斯塔克金矿投产，其后被迅速推广至世界各国。我国在 20 世纪 80 年代开始引进炭浆提金工艺，已先后在河南灵湖金矿、吉林赤卫沟金矿等建成 20 多座炭浆法提金工厂。目前已经研究开发了包括富氧浸出炭浆法、焙烧氧化预处理炭浆法、边磨边浸浆炭法、超细磨碱预处理炭浆法、氨氰浸出炭浆法、磁性炭吸附炭浆法等各种工艺，根据不同区域的金矿特点选用合适的炭浆工艺，能够极大地提高金的回收率。

现今黄金生产中所使用的活性炭，国外多为椰壳炭，国内多为杏核炭。选择活性炭时，主要应考虑活性炭的强度（即耐磨性）、吸附能力、解吸和再生性能、选择性及价格等，其中以强度最为重要。

炭浆法提金工艺过程主要包括氰化浸出、活性炭吸附、解吸和炭的再生等，其原则工艺流程如图 1 – 11 所示。

炭浆法提金工艺流程如下：

（1）预处理。氰化矿浆在吸附之前要筛分除去粗颗粒物料（如砂粒）和木屑等，以免这些杂质影响吸附及载金活性炭与脱金矿浆的分离，也避免活性炭磨损加速及脱金活性炭再生困难；活性炭在进入吸附槽之前，应预磨去掉尖角和棱边。如不预磨，这些碎屑将进入脱金矿浆中造成金的损失。

（2）吸附。向经过充分浸出的矿浆中加入活性炭，活性炭吸附氰化矿浆中的金而成为载金炭。吸附在吸附槽（炭浆槽）中进行，吸附槽有多种，处理含泥较细的矿浆，宜采用低速中心搅拌的普通多尔型槽；处理粒度较粗的矿浆，宜用巴丘克空气搅拌槽。生产中吸附槽串联使用，吸附完成后，利用炭浆槽上装有的筛子将载金活性炭和脱金矿浆分离。

（3）解吸。对从脱金矿浆中分离出来的载金炭进行脱金处理称解吸。常用的解吸方法有常压解吸法和加压解吸法。解吸在解吸柱中进行，将用清水洗净的载金炭装入解吸柱，再用 4% 的 NaCN 和 2% 的 NaOH 水溶液浸没炭层，在常压或加压条件下加热至 90 ~ 95℃，2 ~ 4h 后开始用水洗涤金，全部解吸时间为 12 ~ 24h。解吸后得到富含金的解吸液和解吸炭。

（4）沉金。从富含金的解吸液中回收金，主要采用电积法。

（5）解吸炭再生活化。解吸金以后的贫炭经再生后，按比例配入新活性炭并在工艺过程中重复使用。

炭浆法的主要优点是省去了矿浆的洗涤和固液分离，直接使用粒状活性炭从矿浆中吸附金，以代替浸出矿浆的洗涤、固液分离和浸出液的澄清、除气和锌置换作业，它使得工业生产过程得以简化，效率明显提高，设备和基建投资大减，生产成本下降。在通常情况下，采用炭浆法可节省投资 25% ~ 50%，生产成本下降 5% ~ 35%。

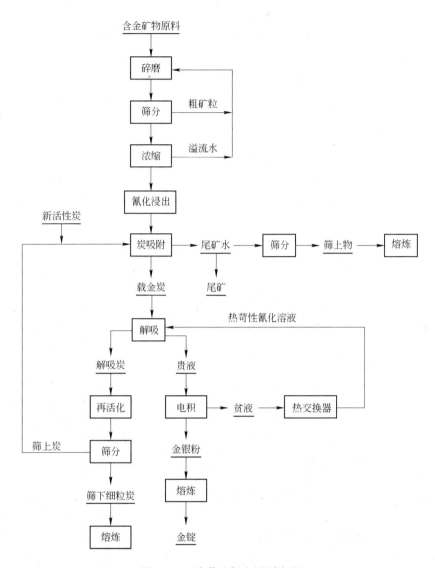

图 1-11 炭浆法提金原则流程

1.3.5 树脂矿浆法

离子交换树脂法是使用离子交换树脂从氰化矿浆中吸附回收金的方法，分为 RIP（Resin in Pulp）和 RIL（Resin in Leach）两种方式。RIP 称为树脂矿浆法，是先浸出后吸附，RIL 是边浸出边吸附。树脂矿浆法于 1969 年首先在苏联用于工业生产。生产实践表明，离子交换树脂在载金能力、解吸过程、耐磨损等方面优于活性炭，而在污水处理、含碳矿石处理等方面，树脂矿浆法均优于炭浆法提金，但离子交换树脂的价格高，吸附选择性差[25,26]。

离子交换树脂在溶液中能解离出两种离子化基团，即不能进行离子交换的固定离子（R）和与固定离子电性相反的可交换离子。按可交换离子所带电荷的正负，离子交换树脂分阳离子交换树脂和阴离子交换树脂。在氰化矿浆中，金以阴离子络合物 $Au(CN)_2^-$ 的形式存在，所以采用离子交换树脂法提金时，必须采用阴离子交换树脂。用离子交换树脂从氰化浸出液中提金所发生的离子交换反应是：

$$R - OH + Au(CN)_2^- \Longrightarrow R - Au(CN)_2 + OH^- \qquad (1-113)$$

目前用于从氰化液中吸附金的离子交换树脂有：强碱性阴离子交换树脂 AM、AB - 17，弱碱性离子交换树脂 AH - 18、704，混合碱性离子交换树脂 AM - 2B、A - 2 等。原苏联生产中较为广泛使用的是 AM - 2B。AM - 2B 是一种大孔结构的双官能团树脂，它兼有比其他树脂好的选择性、机械强度及吸附、解吸性能。

金矿石或金精矿中的金被氰化物浸出后，通过离子交换树脂吸附和解吸获得的含金贵液经电解沉积产出单质金，主要涉及吸附浸出、离子交换树脂再生和电解沉积三个环节：

(1) 吸附浸出。工业上用于吸附金的离子交换树脂是大孔型双功能阴离子交换树脂。它不溶于水及酸、碱的水溶液，具有耐磨损、抗冲击的高机械强度，粒度为 0.5~2mm。含金氰化液通过交换树脂柱时，发生离子交换反应，金负载于树脂之上。

经过细磨的含固体 40%~50% 的矿浆，筛除木屑等杂物后进入预氰化槽。如果氰化从磨矿开始，则可不设预氰化槽而仅设吸附浸出槽。金矿粒中的金在预氰化槽或吸附浸出槽中与氰化物作用，生成金的氰化配位阴离子 $Au(CN)_2^-$。在吸附浸出系统中，矿浆与离子交换树脂通过设在槽上部的筛子实现逆流运动。与此同时，贱金属的氰化配位阴离子、CN^- 也被吸附。从最末吸附浸出槽排出的尾矿经过检查，筛分回收少量细粒载金离子交换树脂。从第一个吸附浸出槽排出的载金离子交换树脂在筛上与矿浆分离后，用水洗涤，然后再经跳汰机和摇床选别使之与粗矿粒分开。离子交换树脂载金量 5~20kg/t，送再生。

(2) 解吸再生。由于离子交换树脂吸附的选择性较差，有大量杂质负载于其上。为了获得较纯净的含金贵液，在解吸金前要先分步分离杂质。离子交换树脂再生的主要作业依次为：水洗除泥；用含 NaCN 4%~5% 的溶液洗去铜、铁；水洗除氰化物；用含 H_2SO_4 20~30g/L 的溶液解吸锌和破坏 CN^-；用含硫脲 9% + 硫酸 3% 的溶液解吸金、银，水洗除硫酸；用含 NaOH 3%~4% 的溶液处理离子交换树脂，使之转变成 OH^- 型；最后水洗除去过剩的碱，经过再生的离子交换树脂返回吸附浸出，含金贵液电解沉积金银。

(3) 回收金。从含金贵液中提取金银有置换沉淀法、电解沉积法等，其中电解沉积法效果较好，能得到较纯的金，硫脲耗量少，且能再生重用。金银的电解沉积在被阳离子交换膜分隔成阳极室和阴极室的电解槽中进行，阴极为炭纤维或石墨片，阳极为钛网。阴极液为含金贵液，阳极液为含 H_2SO_4 2% 的溶液。在电解沉积过程中，金银沉积于阴极上，阳极发生氧化，生成气体氧和 H^+，后者穿过阳离子膜进入阴极液。随着电解沉积的进行，阴极液发生金贫化和硫脲、硫酸的积累，故含金贵液经电解沉积后返回解吸金。阴极自电解槽取出，烧去炭基体即得到粗金粉。

安徽省霍山县东溪金矿与吉林省黄金研究所及南开大学合作，于 1988 年将原炭浆法提金工艺改造为树脂矿浆法提金工艺，并于 1989 年进一步扩大生产能力为 50t/d，生产情况一直良好。其原则流程如图 1 - 12 所示。所用树脂为 NK884 弱碱性阴离子交换树脂 (粒度 0.8~1.2mm)，采用硫氰酸盐一步解吸，酸再生液使树脂再生。

1.3.6　锌粉（丝）置换法

锌粉（丝）加入含金的贵液中，金被锌置换转化为金属状态而析出：

$$2\mathrm{Au(CN)}_2^- + \mathrm{Zn} \Longrightarrow 2\mathrm{Au} + \mathrm{Zn(CN)}_4^{2-} \tag{1-114}$$

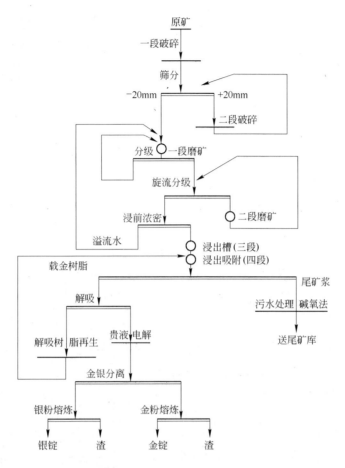

图 1-12 东溪金矿树脂矿浆法提金工艺原则流程

锌粉置换法,就是将锌粉与含金溶液混合,金被锌置换后沉淀,然后过滤,金粉与过剩的锌粉进入滤饼(即氰化金泥),与脱金后液分离[8~10]。锌粉是用升华的方法使锌蒸气在大容积的冷凝器中迅速冷却而制得的,粒度小于0.01mm,很易氧化,因此在运输或储存中必须严格密封。

锌粉置换法是目前从氰化贵液中回收金应用最广的方法。但该方法需澄清过滤浸出贵液,固液分离部分基建设备投资大,沉淀剂锌粉价格昂贵,整个工艺操作过程要求严格。含泥较高矿石由于固液分离困难而不适宜采用该工艺,工艺流程如图1-13所示[27]。

含金贵液经沉淀池沉淀后,可使贵液中的固体悬浮物沉降,然后进入真空吸滤净化槽进行贵液净化。洁净的贵液再进入脱氧塔内进行真空脱氧。脱氧贵液经离心泵并经由锌粉添加皮带运输机、锌粉添加漏斗和锌粉浆位调节桶组成的锌粉添加机构加入锌粉后进入压滤机内进行置换。置换后的金泥留在滤框内,贫液则经流量计计量后排入贫液池,供浸出渣洗涤和酸化法处理。

在生产实践中,含金溶液在置换沉淀之前,通常用脱氧塔脱氧,脱氧塔结构如图

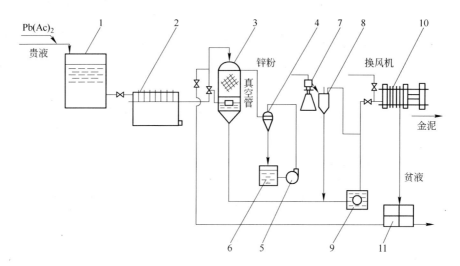

图 1 – 13   锌粉置换流程图

1—贵液贮池；2—澄清槽；3—脱氧塔；4—水力喷射泵；5—水泵；6—水池；7—锌粉加料机；
8—锌粉混合器；9—水封泵；10—板框压滤机；11—贫液池

1 – 14 所示。

锌粉置换的设备连接示意图如图 1 – 15 所示。锌粉和含金脱氧溶液给入混合槽混合，然后通过槽底部的管道自流入锌粉置换沉淀器进行沉淀和过滤，此时在真空泵吸力的作用下金泥沉积于滤布上，而脱金溶液则透过滤布经由支管和总管排出。金泥的卸出是间歇进行的，进行连续置换沉淀时需有 2 ~ 3 个替换用的锌粉置换沉淀器。

锌丝置换法是在锌丝置换沉淀箱（俗称金柜）中进行的。锌丝置换沉淀箱是一用木板、钢板或水泥制成的敞口长方形箱体，如图 1 – 16 所示。箱长 3.5 ~ 7m，宽 0.45 ~ 1m，深 0.75 ~ 0.9m。箱内由横间壁分成若干个（5 ~ 20 个）格，每格内还有一个间壁。第一格一般用作含金溶液的澄清和添加氰化物（以

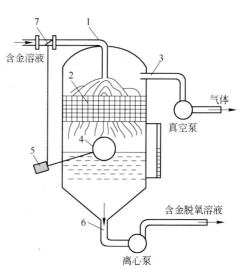

图 1 – 14   脱氧塔结构示意图

1—进液口；2—木格条；3—排气口；
4—浮标；5—平衡锤；6—排液口；7—蝶阀

提高溶液的氰化物浓度）；最后一格用于被溶液带走的金泥；其余各格均放置有带 6 ~ 12 目筛网的铁框，且筛网上装有锌丝。这样的结构是为了使含金溶液由前到后流到每个装有锌丝的格中。手柄是固定于筛网上的，要定期轻轻提起上下抖动使锌丝松动并使金泥脱离锌丝沉积于箱底。金泥一般每月排放 1 ~ 2 次，平时排放口用木箱堵住。

锌丝置换法是从含金氰化液中提取金的传统方法，早在 1888 年就得到工业应用。该法锌丝和 NaCN 消耗量大、所得金泥含锌高及占地面积大，现已基本被广泛使用的锌粉置换法取代。但该法操作简单、不耗动力且箱体容易制造，因此在我国的一些小型金矿和地

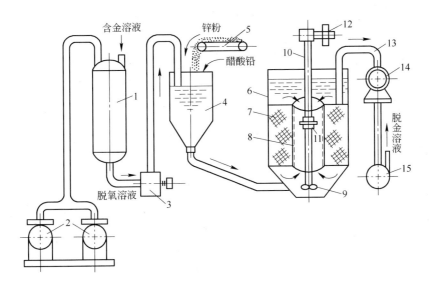

图 1 – 15　锌粉置换设备连接图

1—脱氧塔；2—真空泵；3—浸没式离心泵；4—混合槽；5—锌粉给料器；6—锌粉置换沉淀器；
7—布袋过滤片；8—槽铁架；9—螺旋桨；10—中心轴；11—小叶轮；12—传动装置；
13—支管；14—总管和真空泵；15—离心泵

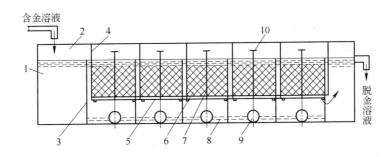

图 1 – 16　锌丝置换箱

1—箱底；2—箱体上缘；3—横间壁；4—间壁；5—筛网；6—铁框；
7—锌丝；8—金泥；9—金泥排放口；10—手柄

方采金中仍有使用。锌粉置换法中金的置换沉淀速度快、效率高，锌粉用量少，因此相对投资和电能消耗大的锌丝法更具有优势，被更多的企业采用。经过多年的发展，该法已变得非常有效，金回收率一般可达到 97.5%，目前仍是广大黄金生产企业回收金的主要手段。

1.3.7　电积法

电沉积技术是近年新发展起来的，在直流电场作用下直接从富含金银的溶液中获得纯金的技术[28,29]。由于稀溶液中的电流效率很低，而且处理量太大需要更大的电解槽，因此电积法一般主要适用于处理金浓度较高的含金贵液。电积工艺流程（图 1 – 17）为：

（1）金精矿再磨。金精矿由搅拌槽搅拌后进塔式磨矿机，采用水力旋流器分级，得到细度为 – 0.04mm 的精矿。

（2）浸出。用双叶轮氰化搅拌槽进行浸出。

（3）固液分离。浸出矿浆经聚丙烯压滤机进行固液分离，贵液经过过滤器进入电积车间。

（4）钢棉电积。分离后的贵液进入串联的电积槽进行电积，贫液返回氰化浸出。

（5）载金钢棉处理。对其用稀酸洗脱，金银分离、分别熔炼，提取合质金。

金的电积一般采用 2 ~ 3 个电解槽串联，电解槽为矩形，由塑料或玻璃纤维制成。电沉积槽用不锈钢作阳极，用钢丝棉作阴极，通入直流电后，在阴极上可获得 80% 左右的纯金。极间距离 35mm，槽内电压 3 ~ 4.5V，阴极电流密度 15 ~ 20A/m^2，电积液流动速度 1.5 ~ 2L/min，电沉积在室温下进行。电积周期 24 ~ 48h，一次可处理电积液（对于槽容积为 0.036m^3）800 ~ 1000L，电积率可达 99% 以上。含金氰化液置入电解槽中。在电解沉积过程中，金银在阴极上沉积，电极反应如下：

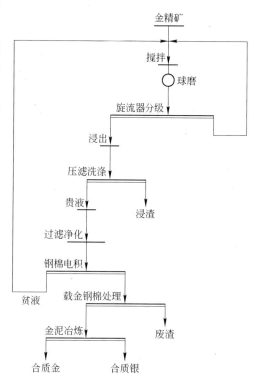

图 1-17 电积法工艺流程

阴极：

$$Au(CN)_2^- + e \longrightarrow Au + 2CN^- \tag{1-115}$$

$$2H^+ + 2e \longrightarrow H_2 \tag{1-116}$$

阳极：

$$CN^- + 2OH^- \longrightarrow CNO^- + H_2O + 2e \tag{1-117}$$

$$2CNO^- + 4OH^- \longrightarrow 2CO_2 + N_2 + 2H_2O + 6e \tag{1-118}$$

$$4OH^- \longrightarrow 2H_2O + O_2 + 4e \tag{1-119}$$

当阴极上沉积金的数量达到阴极钢棉重量的 5 ~ 10 倍时，取出第一个电解槽中的阴极，将第二槽中的阴极置于第一槽内，用新的阴极装入第二槽中，如此循环进行电沉积作业。从第一槽取出的阴极上取下沉积金（含金钢棉，钢棉耗量 0.89g 钢棉/两黄金），用 1:1 的工业盐酸浸泡，以除去不锈钢绵及其杂质。将处理后的金粉烘干后置于坩埚中，加入 8% ~ 25% 的硼砂，5% ~ 30% 的碳酸钠，5% ~ 25% 的二氧化硅，加入适量的硝石在 1200℃ 下熔炼 15 ~ 25min，可获得纯度为 92% ~ 93% 的金锭。

影响电沉积过程的主要因素有：电解液中金的浓度、电解液中氢氧化钠的浓度、电解槽进液速度、阴极表面积、电解液搅拌、槽电压、电解液温度等。近年来，随着工艺的发展，电沉积操作方式已有很大的差别。

我国以碳纤维作为阴极材料取代钢毛电解法，具有明显的优点[30]：

（1）电沉积后只需将槽盖打开用水冲洗即可使金泥从槽底排出；

（2）出金泥时不必拆装阴、阳极，减少了许多操作上的麻烦和金的流失；

（3）阴极使用寿命一般可达 2~3 年，而且取消了阴极盒，降低了材料消耗；

（4）金泥不含钢毛，便于冶炼，合质金成色较高。

1.3.8 其他方法

磁炭法[26]是在炭浆法的基础上发展起来的一种新型提金方法。与炭浆法不同的是，磁炭法使用磁性活性炭吸附金，采用磁选机分离矿浆和炭；而炭浆法使用普通活性炭吸附金，采用细孔筛分离矿浆和炭。磁性活性炭是用硅酸钠作黏结剂将细磨的磁铁粉与炭黏结在一起，经干燥、活化处理而制得。磁性活性炭的耐磨性优于普通活性炭。目前尚未见到工业应用的例子。

金的溶剂萃取[31]只有少数的间接应用，主要在金的化学分析中作为预富集手段，在贵金属精炼中用以使氯化物溶液中 Au（Ⅲ）、Pt（Ⅳ）和 Pd（Ⅱ）的络合物与其他贵金属络合物的分离，而针对大量的含金氰化贵液（或浸出液）的溶剂萃取工业研究进展较为缓慢。在提金工业中，最常用的碱性氰化介质中，金的溶剂萃取虽早有研究，但都远未达到工业应用的阶段。其主要原因是缺乏适当的萃取剂，即使有一些能从碱性氰化液中萃取金的有机溶剂，但因氰化液中金浓度过低、萃取剂损失过高不能实际应用。

A 号斯塔瓦尔特等采用法国 Carbone SA 公司制造的 RVG 2000 型石墨碳毡作为多孔的三维电极，用瑞典 ElectroCell AB 公司工业制造的电化学压滤电解槽进行实验[32]。为了防止电位干扰的离子迁移和扩散，用阳离子隔膜将阳极区和阴极区分开。碳毡（30mm × 35mm × 5mm）放在活性区的中心（金电解时放在阴极区），通过加压板将碳毡与电流集电器连接起来。活性电极区的有效体积为 5m^3，其中可装 45mg 碳毡，实际表面积为 0.1m^2，即比表面积增大 100 倍。当电流为 400A/m^2 时碳毡从稀的金溶液（30mg/L Au）负载了 10kg/m^2（2000kg/m^3）金，典型的法拉第产率为 6%~12%，总回收率高达 90% 以上。被黏附的金均匀负载的碳毡不需添加熔剂就可用电炉熔炼，因为碳毡分解为气体，而不形成灰烬。

热压氧化法是一种氰化浸出前的预处理方法，包括碱性热压氧化和酸性热压氧化[33]。碱性热压氧化适用于碳酸盐含量高、硫化物含量低（<20%）的难浸金矿。酸性热压氧化是指在高温高压的条件下，黄铁矿、毒砂等硫化物在酸性介质中与氧发生一系列反应后，矿物结构发生了变化后使包裹的金暴露出来，利于氰化浸金。热压氧化工艺属于湿法流程，无烟气污染。黄铁矿和毒砂的氧化产物都是可溶解的，所以金的颗粒无论大小都可以解离，金回收率较高，许多难浸金精矿经热压浸出后，浸出率高达 98% 以上。

生物氧化提金工艺是利用自然界中的微生物，经筛选、培养、驯化、优选出嗜砷和嗜硫菌种[34]。在调好的矿浆中，加入优选菌种及培养基、营养物质及其他药剂等，控制矿浆温度、酸度、氧化还原电位、充气量（溶氧量）等，氧化周期 6~7 天。在微生物氧化作用下，包裹在金粒表面的黄铁矿、砷黄铁矿等有害成分被破坏掉，使金粒充分暴露出来，成为易浸金矿。生物氧化过程的主要化学反应如下：

$$2FeAsS + 7O_2 + H_2SO_4 + 2H_2O \Longrightarrow 2H_3AsO_4 + Fe_2(SO_4)_3 \qquad (1-120)$$

$$4FeS_2 + 15O_2 + 2H_2O \Longrightarrow 2Fe_2(SO_4)_3 + 2H_2SO_4 \qquad (1-121)$$

生物氧化结束后，用压滤机等设备进行固液分离。滤液送中和处理工序处理。滤渣即为易选金矿，可采用常规氰化工艺提金。经生化处理后的难浸金矿可脱除 45% ~ 60% 的硫、70% ~ 80% 的砷，氰化金浸出率可从 40% 提高至 90% 以上。此项工艺不产生烟尘和有毒气体，废渣化学性质稳定，易于长期堆放，且设备和工艺条件要求不高。

在氰化前应用磁脉冲预处理可以改善金矿石的氰化过程[35]。在高能磁脉冲作用下，由于矿物组分中晶格之间的键强度减弱，在矿石中形成很多微裂隙，有利于氰化物溶液渗透到被硫化矿物、石英和其他矿物包裹的细粒浸染金粒中。由于这种难处理形式金的暴露和溶解，浸出过程中金的浸出率提高。对于所研究的各种矿物原料，随着矿石的物质组成和金的赋存状态不同，金的浸出提高 0.6% ~ 9.0%。磁脉冲预处理的能耗很低，最多仅为矿石在磨矿机磨碎时所需要能耗的 1%。磁脉冲预处理后，矿石磨碎所需要的能量也降低了 50%。

对于高砷的砷黄铁矿，常包裹有细分散的微粒金，在这种情况下，矿石即使进行超细磨也不能使微粒金完全解离。方兆珩等[36]提出了硝酸氧化浸出—炭浆氰化—氰渣浮选的原则工艺流程。实验室条件下，利用这一流程处理该高砷金精矿，可使金的氰化回收率提高到 96% ~ 99%，砷的浸溶率可达 94% ~ 96%。尾渣长期堆放对环境无污染。

加压氰化[33]是强化浸出的一种方法，通过对反应系统加压，可提高反应温度、活化矿物晶格，利于浸出过程的进行。该工艺特别适用于含锑难浸金矿石的处理。逯艳军[37]进行了加压氰化浸出提取金的工艺实验，通过改变浸出反应系统的压力，增加浸出溶液的氧含量，浸出时间由原来的 24h 缩短到 45min；金浸出率达到了 93.2%，比未加压时提高了 19.6%。

参 考 文 献

[1] 杨天足. 贵金属冶金及产品深加工 [M]. 长沙：中南大学出版社，2005.

[2] 孙戬. 金银冶金 [M]. 北京：冶金工业出版社，2001.

[3] 周绍銮，孙全庆，张晓泓，等. 难处理金矿石的加压浸出技术 [J]. 铀矿冶，1997，16 (4)：237 ~ 244.

[4] 钟平，黄振泉. 富氧浸出机理及其在氰化提金中的应用 [J]. 江西有色金属，1996，10 (4)：28 ~ 34.

[5] 童雄，钱鑫. 供氧体在金氰化过程中的作用研究 [J]. 黄金，1995，15 (12)：29 ~ 31.

[6] 张兴仁. 提金工艺中过氧化氢的应用研究 [J]. 矿产综合利用，1992，(3)：21 ~ 27.

[7] 张兴仁. 过氧试剂在提金工艺中的最新应用 [J]. 国外黄金参考，1995，(4)：33 ~ 35.

[8] 黄金生产工艺指南编委会. 黄金生产工艺指南 [M]. 北京：地质出版社，2000.

[9] 卢宜源，宾万达. 贵金属冶金学 [M]. 长沙：中南大学出版社，2004.

[10] 张兴仁. 硝酸铅对金矿石氰化过程的影响机理研究新进展 [J]. 国外黄金参考，2001，(3 ~ 4)：26 ~ 36.

[11] 黄礼煌. 金银提取技术 [M]. 北京：冶金工业出版社，2001.

[12] 徐天允. 金精矿氰化厂氰化物的消耗与平衡 [J]. 有色金属 (选矿部分)，1991，(5)：10 ~ 14.

[13] 任天忠. 氰化工艺中氰化物消耗分析 [J]. 云南冶金，1994，(3)：23 ~ 28.

[14] P. M. 缪尔，刘清恩. CIP 工艺中氰化物的损失及炭对氰化物氧化的影响 [J]. 黄金，1989，10

（10）：49～52.

［15］简椿林. 黄金冶炼技术综述［J］. 湿法冶金，2008，27（1）：1～6.

［16］Juergen Loroesh, Knorre H, Gritfiths A. Developments in Gold Leaching Using Hydrogen Peroxide［J］. Mining Engineering，1989，（9）：963～965.

［17］Juergen Loroesh, Knorre H, Gritfiths A. Peroxide Assisted Leach：Three Years of Increasing Success［C］. Randol GolForum 90'，Squaw Valley Go，1990：215～219.

［18］潘汉阳. 渗滤氰化法直接提金技术［J］. 企业技术开发，1999，（1）：26～27.

［19］刘玉雷，张清波，文扬思，等. 广西龙头山金矿石富氧浸出工业试验研究［J］. 黄金，1998，19（10）：40～43.

［20］蔡世军，王玲玲. 氨氰浸金技术在老柞山金矿的应用［J］. 黄金，2001，22（1）：45～47.

［21］薛光，吴润身，李克勤. 加压氰化法提取金银的试验研究［J］. 黄金，1999，20（3）：35～37.

［22］梁晓春，薛光. 从高铜、高铅金精矿中氰化提取金、银的试验研究［J］. 黄金，2006，27（8）：36～38.

［23］薛光，任文生，于永江. 金精矿焙烧氰化工艺中新型调整剂的研究［J］. 中国有色冶金，2006，（1）：36～39.

［24］杨坤彬，彭金辉，郭胜惠，等. 提金活性炭的研究现状及其展望［J］. 黄金，2007，28（1）：46～50.

［25］杨玮. 复杂难处理金精矿提取及综合回收的基础研究与应用［D］. 长沙：中南大学，2011.

［26］黎鼎鑫，王永录. 贵金属提取与精炼［M］. 长沙：中南大学出版社，2003.

［27］徐天允. 锌粉置换设计和工业生产实践［J］. 有色矿山，1983，（4）：41～48.

［28］吕文广，郑景宜，吕英平. 氰化贵液直接电积提金新工艺［J］. 矿产与地质，1998，12（2）：137～140.

［29］吕文广. 一步电积提金在金矿中的应用［J］. 江西有色金属，1997，11（1）：44～45.

［30］何烨，拜鹏程，黄冠银，等. 酸浸提高金氰化浸出率的试验研究［J］. 黄金科学技术，2012，20（6）：58～61.

［31］胡秋芬. 固相萃取技术在金提取和分析中的应用研究［D］. 昆明：昆明理工大学，2008.

［32］A. 斯塔瓦尔特. 在金湿法冶金中碳毡应用的可能性［J］. 国外金属矿选矿，2000，（4）：31～36.

［33］刘苏宁. 难浸金矿提金工艺的实验研究［D］. 西安：西安建筑科技大学，2010.

［34］孙成斌. 生物氧化提金工艺及污染防治措施分析［J］. 环境保护与循环经济，2010，（4）：68～69.

［35］克雷诺娃，崔洪山，林森. 采用磁脉冲预处理强化从矿石和精矿中回收金的过程［J］. 国外金属矿选矿，2007，（12）：24～25.

［36］方兆珩，夏光祥. 高砷难处理金矿的提金工艺研究［J］. 黄金科学技术，2004，12（2）：35～40.

［37］逯艳军，聂凤莲. 用加压氰化浸出法提取金和银的工艺试验［J］. 黄金地质，2003，12（4）：13～17.

2 提金氰化废水的来源及组成特点

氰化提金生产过程中会产生大量含氰废水，主要有氰化矿浆和贫液之分，氰化矿浆是活性炭从氰化浸出液中吸附金、银后得到的固体和液体的混合物，其矿物微粒含量为40%~45%，而贫液是对氰化浸出液固液分离，经锌粉置换从贵液中沉淀出金、银后的滤液，它是不含矿物粒子的澄清液[1]。无论是氰化矿浆还是贫液，除含有游离氰化物外，还含有大量的金属氰络合物和氰化物的衍生物如硫氰酸盐等，后两种成分主要是氰化物与氰化原矿中各种脉石矿物相互作用形成的，其种类和浓度取决于所处理氰化原矿的矿石性质、生产工艺和操作条件。

2.1 废水的分类及来源

根据提金氰化废水中总氰的质量浓度一般可将废水分为高浓度、中浓度和低浓度三种[2]。成分复杂的高质量浓度废水 $CN_T > 800mg/L$，也有多种废水中氰的质量浓度在$(1 \sim 10) \times 10^3 mg/L$之间，中质量浓度废水一般含氰在200~800mg/L之间，低质量浓度废水含氰基本在200mg/L以下。

由于原料（精矿或矿石）的特性及所用的氰化工艺不同，氰化废水的组成、性质与排放形式也不相同。就全泥氰化和堆浸而言，外排的主要是含氰尾矿浆，氰化物用量为0.25~1kg/t，废水中氰与SCN^-含量相对较低，氰的质量浓度一般在80~240mg/L。而金精矿氰化所排放的是贫液，氰化物用量为2~6kg/t，废水中氰与SCN^-含量较高，氰的质量浓度一般在800~10000mg/L，同时还含有500~12000mg/L的硫氰酸盐[3]。

2.1.1 高浓度含氰废水

对于以精矿（硫精矿、金精矿、铜精矿）为氰化原料的氰化厂，精矿中伴生矿的含量相对比原矿中伴生矿的含量要高得多，在氰化过程中氰化钠耗量必然大，废水中硫氰化物含量可以达到1000mg/L以上，仅此一项就消耗氰化钠超过1kg/t，而铜等贱金属消耗的氰化物更多。一般精矿氰化物耗量在6~15kg/t，废水中氰化物浓度最高可达2000~3000mg/L，甚至更高。由于从贵液中回收已溶金的方法不同，废水组成尤其是锌离子浓度相差很大[4~6]。

2.1.1.1 精矿氰化—锌粉置换工艺废水

浮选产生的金精矿品位可达20~200g/t，经浓密机脱药或再进行细磨后，矿浆浓度调节到36%~42%，即可达到氰化要求。加入石灰乳和氰化钠溶液进行浸出，浸出时间一般为18~48h，在浸出过程中，保持浸出液pH值在10~11.5范围内，并且向矿浆中鼓入空气以提供浸出必要的溶解氧。浸出作业结束后，利用浓密机（一般用三层浓密机）对浸出矿浆进行逆流洗涤，把已溶金从矿浆中洗出，得到的含金溶液称为贵液，一般大约为浸出液体积的2~3倍，洗出已溶金的矿浆—氰尾送至沉淀池中，沉淀出的氰渣（含水

10%~20%），可作为硫精矿出售给硫酸厂，澄清水返回洗涤工段或氰化工段；也可以用过滤机过滤氰尾，将滤饼出售给硫酸厂，滤液返回洗涤或氰化工段重新使用。贵液经脱氧、加入醋酸铅和锌粉进行锌粉置换，金沉积在锌粉上，用板框过滤机过滤回收单质金，所得贫液含金很低（<0.03mg/L），但锌含量较高。贫液一部分用于洗涤工段，另一部分可用于氰化工段，剩余贫液送废水处理工段处理后排放。

由于大部分氰化厂的精矿来自本厂浮选工段，精矿以50%~60%的矿浆浓度进入氰化工段，浸出过程仅加入少量调浆水，所以贫液用于氰化工段做调浆水的数量很少，只能用于洗涤工段，造成贫液过剩，故贫液必须外排以解决水平衡问题。至少要排出精矿带入水的55%，即精矿带入水与氰渣带出水之差。一个处理精矿55t/d的氰化厂，至少要外排21.7m³/d的贫液才能达到水平衡。

仅从水的平衡考虑，大致如此，实际上由于精矿中伴生矿的不断溶解，锌粉置换过程不断产生锌氰络合物，贫液的多次循环使用，使浸出液、贵液中有害于金溶解和置换的组分浓度越来越高，为了不降低金的总收率，必须把贫液的一部分排放掉，补充一部分新水调浆，以维持金收率的稳定。可见所需外排的废水实际上还要大。根据我国一些氰化厂的实践，日处理55t精矿的氰化厂贫液排放量约60~120m³/d，伴生矿含量越高，排放量越大，这是一个最基本的规律。

为了降低废水的处理量，有的氰化厂采用过滤甚至干燥精矿的办法，以降低精矿带水量，这样水的平衡就得到了解决，当进入氰化工段的精矿含水量降低到15%时，由于氰渣含水量约15%，如果精矿中伴生矿含量较低，影响金收率的杂质较少时，就不必外排废水，这样水全部循环使用，不需要废水处理设施。事实上，由于杂质在系统中不断积累，不可能不影响金的收率，故这种过滤精矿的方法只能把外排水压缩到最低限度，不可能从根本上解决废水外排。

废水外排不仅是为了解决氰化系统水不平衡问题，更重要的是解决影响金收率的杂质（Cu、Zn、As、Sb等）的积累问题，废水外排量大，杂质积累少，金的浸出和置换效果好，但处理废水的费用增加，这一矛盾仍需被很好地解决。

2.1.1.2 精矿氰化—炭浆工艺废水

精矿氰化—炭浆工艺的氰化条件与精矿氰化—锌粉还原工艺相似。只是不采用洗涤/浓密机或过滤机进行浸出矿浆的固液分离，而是采用活性炭逆流吸附已浸出矿浆中的已溶金，然后把载金炭送解吸电解车间解吸再生。含金很低的氰尾经沉淀或过滤机过滤得到氰渣出售。滤液也可循环使用，利用率也由矿石中伴生矿含量和精矿含水量决定，一般也需要处理一部分滤液（或澄清液）。日处理30t精矿的氰化厂，约处理滤液25m³/d。

铜在炭吸附工艺中被吸附较多，硫氰酸盐也有降低，由于该工艺不用锌粉，废水中锌含量较低，故这类废水循环率可适当提高。如果氰渣不能出售，必须送尾矿库存放，那么废水处理工段所要处理的是废矿浆，废水处理难度大些。

2.1.1.3 精矿氰化—贵液直接电积工艺废水

精矿氰化—贵液直接电积工艺的浸出条件与前两种工艺相似，浸出后，用洗涤浓密机或过滤机进行固液分离，得到贵液。贵液直接采用电沉积法回收金，贫液大部分循环使用，少部分经处理后排放，氰渣出售。这种废水中含锌量一般不会太高。由于电积过程会使铜等有害杂质沉积下来，因此，贫液循环使用时，对金的回收率影响较小。

2.1.2 中等浓度含氰废水

原矿（氧化矿、混合矿、硫化矿）以及精矿烧渣（除铜、铅后）一般伴生矿物含量很低，金品位（除烧渣外）也不超过20g/t。因此，浸出过程氰化物的消耗不大，一般在0.6~4kg/t范围，浸出后废水中氰化物浓度较低，一般不超过500mg/L，通常在150~300mg/L的范围[5]。由于回收已溶金的方法不同，废水中杂质含量也不一样，最明显的是锌，如不采用锌粉置换法，锌含量极低。为了降低含氰废水的处理量，在矿石中杂质含量允许的条件下，有的氰化厂采用浓密机把氰尾进行一次洗涤，把含氰化物的澄清水循环使用，底流进行去毒处理。

2.1.2.1 全泥（原矿）氰化—锌粉置换工艺废水

全泥氰化—锌粉置换工艺流程与精矿氰化—锌粉置换工艺大体相同。磨到一定细度的原矿经浓密机浓缩，然后调浆至浸出所需的矿浆浓度（33%~42%）进行氰化浸出，浸出后，利用浓密机进行液固分离，也称逆流洗涤或逆流倾析，得到的含金溶液称贵液，用锌粉置换法回收已溶金，产生的贫液用于洗涤和浸出，剩余部分混入含已溶金很少的氰尾中进行处理。该工艺所需处理的主要是废矿浆—氰尾，由于大部分矿山将氰尾浓度控制在50%左右，故氰尾数量为处理矿石量的一倍。加上混入的贫液量，一座处理能力为50t/d的氰化厂处理废水（以矿浆浆形式）量至少为70m³/d，一般在100~150m³/d的范围。当所处理的矿石组成较简单，影响金收率的杂质较少时，贫液利用率大些，相应废水（浆）处理量就小些。

近年来，对于易过滤的矿石，有的氰化厂采用过滤机过滤氰尾，回收滤液用于浸出的方法，一则可以回收氰化物，二则可使废水处理时氰化物绝对量降低，减少处理费用。至于能利用多少氰尾中的溶液，主要由氰化系统水量平衡情况决定，如果采用在磨矿系统加入氰化物浸出剂的工艺，废水循环率就高；如果采用在浸出槽加氰化浸出剂的工艺，那么过滤氰尾就没有意义，因为此时连贫液都很难被全部利用。

当处理难浸矿石时，也有氰化厂采用两浸两洗工艺[7~9]。精矿烧渣氰化—锌粉置换工艺与原矿氰化—锌粉置换工艺十分相似，氰化钠的耗量也很接近，产生的废水（贫液、废矿浆）氰化物含量也在中等范围内，故将该工艺在此介绍。焙烧的目的有时不仅是除硫，还可除砷、锑等有害于浸出的杂质，烧渣在氰化浸出前，一般要用硫酸溶液浸出铜、用氯化钠溶液浸出铅，然后中和、浓缩，进行氰化浸出，由于铜等杂质均被除去，氰化物的用量从精矿直接浸出（假设可浸性好）的8~15kg/t，降低到3~6kg/t，废水中杂质浓度也与全泥氰化—锌粉置换工艺产生的废水组成相近。烧渣氰化工艺的一个特点是氰尾可以选出铁精矿出售或做熟料售给水泥厂，因此所需处理的废水可能仅是部分贫液，由于贫液含杂质比较低，循环利用率较高，处理量不会大。

2.1.2.2 全泥氰化—炭浆工艺废水[6]

全泥氰化—炭浆工艺（CIP）适用于从含泥量高的矿石中提取金银。全泥氰化—锌粉置换工艺由于必须进行液固分离才能获得贵液，当遇到含泥量高的矿时，由于沉降效果差，液固分离十分困难。炭浆工艺不需要液固分离，直接把活性炭加入矿浆中吸附已溶金。由于工业上均采用矿浆流动与炭流动方向相反的逆流吸附，载金炭的品位较高，尾矿浆—氰尾澄清液含金量一般小于0.1mg/L，金的回收率较高。该工艺不产生贫液，所需处理的废水为氰尾（废矿浆），一般组成较简单，含量也低，一个采用炭浆工艺，处理量为50t/d 矿石的氰化厂，废水（浆）处理量约 70~100m³/d[10]。

为了降低氰化物的总处理量，减少处理成本，有的氰化厂用浓密机对氰尾进行固液分离，澄清液用于氰化浸出，浓密机底流加清水调浆后再处理。炭吸附金的过程对杂质有很好的吸附作用，因此干扰金收率的杂质不会过度积累，这种使一部分废弃氰化物循环使用的方法在技术上、经济上都是可行的。

2.1.2.3 全泥氰化—树脂矿浆工艺废水

不易进行液固分离的矿石，除采用炭浆法外，还可以采用离子交换树脂从矿浆中回收已溶金，称为树脂矿浆工艺（RIP）[10,11]。这种工艺的一个优点是抗有机物污染，如黄药、黑药、2 号油等，这些对活性炭的活性影响较大。另外，无机物可溶性硅酸盐，钙盐对活性炭的活性也有影响，但对树脂的影响很小。这种工艺在我国已有应用，由于从树脂上洗脱金的方法不同，目前有两种工艺。

如果不考虑树脂洗脱金及再生过程产生的废液，该工艺需要处理的也是氰尾—矿浆，与 CIP 工艺是相同的，其澄清液组成含量可能低于 CIP 工艺，这是由树脂的选择吸附性能好坏所决定的。

树脂矿浆法与炭浆法的另一个不同在于，树脂吸附金过程中会向浸出液中释放阴离子，如 OH^-、Cl^-、SO_4^{2-}、SCN^-，而活性炭不能。因此，树脂矿浆法可能不宜采用废水（氰渣过滤液或浓密机逆流）循环使用的工艺。

树脂的洗脱剂有硫脲和硫氰酸盐，不论采用哪种，都不可避免地进入废矿浆处理工段。由于两物质均是还原性物质，而且硫脲可能致病，这给废水处理带来了麻烦。如果这两种物质进入水体，将对水生物产生毒害作用，当硫氰酸盐浓度较高时，饮用时对人也有害，硫脲还会与铜等络合，使尾矿库排水中铜不易达标。

2.1.3 低浓度含氰废水

产生低浓度含氰废水的氰化工艺主要是堆浸工艺，这是一种从 20 世纪 70 年代开始发展起来的技术。堆浸提金大部分采用原矿（一般为低品位氧化矿）堆浸—贵液炭吸附工艺，近几年也有采用原矿堆浸—贵液直接电积工艺。这两种工艺十分相似，含金溶液—贵液经过炭吸附柱或电积后，不但回收了金，还能去除其中的部分杂质，这对于贫液循环使用是极为有利的。又由于堆浸原料—原矿组成一般很简单，因而贫液均一直使用到堆浸工作完成，所产生的废水量一般为堆浸矿石量的 1%~2%，但堆浸后的废渣（石）也必须处理[5,10]。

2.1.3.1 堆浸—炭吸附工艺废水

对含金品位较低（Au < 3g/t）的易浸矿石，可采用堆浸法提取黄金，首先把采出的矿石破碎到一定粒度，然后堆放在铺设有不透水底层的场地上，在矿石堆上部用喷淋方式喷洒浸出液，收集含金的渗出液—贵液，用活性炭吸附柱吸附已溶金，贫液循环使用。

虽然以前，也有用锌丝或锌粉置换法回收金的，但现在普遍采用的是活性炭吸附法。当堆浸完成后，把贫液送废水处理工段处理，处理后的废水再喷淋到堆浸矿堆上，把渗出液再送废水处理工段，这样反复处理，直到氰化物达标。

当处理混合矿或原生矿（硫化矿）时，废水中某些组分含量可能很高，处理这种废水成本较高。

2.1.3.2 原矿堆浸—贵液直接电积工艺废水

当贵液金含量达 10mg/L 以上时，不必用炭吸附，可直接用电积法回收金，贫液返回使用。在电积过程中，铜、锌等杂质也被沉淀一部分，贫液循环对金的浸出无不良影响。这种提金工艺由于不设炭吸附和解吸，电解设施投资小，处理成本低，所产生的废水和废渣与原矿堆浸—炭吸附工艺相同。

除上述两种产生低浓度含氰废水的工艺外，一些全泥氰化厂（包括炭浆厂）由于采用氰尾浓密或过滤，澄清液或滤液返回氰化工段循环使用的工艺，所要处理的废矿浆含氰化物可能也在 30~60mg/L 范围，其他杂质也较少，也可以划归低浓度含氰废水之列。

2.2 废水的特点

金溶解在浸出液中，由于浸出液实际上是 30%~42% 浓度的矿浆，因此，还必须通过某种方法把已溶金从浸出液中回收回来，从浸出液中回收金的方法主要有锌粉置换法、炭吸附法、树脂吸附法、贵液直接电积法[12~16]，不同回收工艺得到的废水组成有所不同。

2.2.1 锌粉置换法

锌粉置换法从 19 世纪末开始应用[5,17]。将含已溶金的浸出矿浆送入洗涤浓密机进行逆流洗涤得到含金贵液。贵液经过澄清除去悬浮物，随后脱氧、加入醋酸铅，然后加入锌粉进行置换，金沉积在锌粉表面。含有锌粉的溶液经过滤机过滤，即得到金泥。实际上当过滤机有一定厚度的锌粉滤层时，也起了置换作用，使金的置换率有很大提高，滤液称为贫液，一般含已溶金 0.03mg/L 以下。贫液可作为洗涤用水，循环率约 30%~80%，甚至有的氰化厂高达 90%。

在置换过程中，除金被还原外，银也全部被还原，铜、汞等也会部分还原，沉积在锌粉表面上，有些物质会沉积下来：

$$2Au(CN)_2^- + Zn \rightleftharpoons 2Au + Zn(CN)_4^{2-} \qquad (2-1)$$

$$2Ag(CN)_2^- + Zn \rightleftharpoons 2Ag + Zn(CN)_4^{2-} \qquad (2-2)$$

$$Hg(CN)_4^{2-} + Zn \rightleftharpoons Hg + Zn(CN)_4^{2-} \qquad (2-3)$$

$$2Cu(CN)_3^{2-} + Zn \rightleftharpoons 2Cu + Zn(CN)_4^{2-} + 2CN^- \qquad (2-4)$$

$$Pb(CN)_4^{2-} + Zn \rightleftharpoons Pb + Zn(CN)_4^{2-} \qquad (2-5)$$

$$2Zn^{2+} + Fe(CN)_6^{4-} \rightleftharpoons Zn_2Fe(CN)_6 \qquad (2-6)$$

$$Zn + 0.5O_2 + 4CN^- + H_2O \rightleftharpoons Zn(CN)_4^{2-} + 2OH^- \qquad (2-7)$$

$$Zn + 4NaCN + 3H_2O + 0.5O_2 \rightleftharpoons Zn(CN)_4^{2-} + 4NaOH + 2H^+ \qquad (2-8)$$

这些反应的发生，均会使贫液中锌浓度增加。一般贫液锌含量在 30~300mg/L 范围内。其中绝大部分是锌粉置换过程进入溶液的。但并不是所有锌粉都溶于贫液中，一般产生的金泥含锌在 50% 左右，大部分是单质锌，进入贫液中的锌一般仅占锌粉耗量的 50% 左右。

2.2.2 活性炭吸附法

炭吸附法从 20 世纪初就用于提金[6,10]。20 世纪 50 年代，炭浆法就已经被广泛应用。

活性炭具有巨大的活性表面，一般约 $500 \sim 2000 m^3/g$，对 $Au(CN)_2^-$ 具有较好的吸附能力。利用活性炭从矿浆中回收已溶金的方法叫做矿浆法（CIP）；利用活性炭从贵液中吸附金称为炭柱法（CLC），另外还有炭浸法（CIL）。金被吸附在活性炭活性表面的同时，浸出液或含金溶液中的其他离子如银、铜、锌、铁的氰络物以及游离氰化物、硫氰酸盐、硅酸盐等也或多或少地被吸附在活性炭上，导致含氰废水中各组分含量减少。不过金的吸附能力强，回收金的过程中以金的回收率为加炭的依据，其他组分的吸附量受到了限制。

载金炭上各组分含量与被吸附溶液或矿浆中组分的含量、溶液的 pH 值密切相关。尤其是当 pH < 10 时，活性炭还会促使氰化物氧化分解，当氧充足时，这一作用增加。一般可使溶液中 5% ~ 20% 的氰化物在 20h 的吸附金过程中因氧化而损失掉。水溶液中这一反应在常温下并不显著，当温度高于 50℃ 时才有明显的反应速度，当在氰化物溶液或矿浆中加入活性炭时，这一反应的速度明显提高。这是因为，每升溶液中 O_2 的浓度仅几毫克。其与氰化物反应的速度缓慢。氧吸附在活性炭的活性表面上时，氧浓度分别达到 10 ~ 40g/kg 活性炭，比水溶液中溶解氧浓度高 1000 倍以上，这时与吸附在活性炭上的氰化物发生氧化反应，速度必然快。

从氰化浸出的角度考虑，不希望发生这种反应，但从废水处理角度考虑，希望发生这类反应（除杂质效果十分显著）。

2.2.3 离子交换树脂吸附法

金在溶液中以阴离子 $Au(CN)_2^-$ 形式存在，可采用阴离子交换树脂回收金。利用树脂从浸出矿浆中回收已溶金的方法称为树脂矿浆法（RIP），从贵液中回收已溶金的方法叫树脂吸附法，但应用很少。无论采用强碱性阴离子树脂还是弱碱性阴离子树脂，无论是凝胶状树脂还是大孔树脂，其吸附金的原理均如下[18~23]：

$$R - Cl + Au(CN)_2^- = R - Au(CN)_2 + Cl^- \tag{2-9}$$

除金外，银、铜、锌等的氰络物也会吸附在树脂上一部分：

$$R - Cl + Ag(CN)_2^- = R - Ag(CN)_2 + Cl^- \tag{2-10}$$

$$2R - Cl + Cu(CN)_3^{2-} = R_2 - Cu(CN)_3 + 2Cl^- \tag{2-11}$$

$$2R - Cl + Zn(CN)_4^{2-} = R_2 - Zn(CN)_4 + 2Cl^- \tag{2-12}$$

$$4R - Cl + Fe(CN)_6^{4-} = R_4 - Fe(CN)_6 + 4Cl^- \tag{2-13}$$

$$2R - Cl + Ni(CN)_4^{2-} = R_2 - Ni(CN)_4 + 2Cl^- \tag{2-14}$$

$$2R - Cl + 2Hg(CN)_4^{2-} = R_2 - Hg(CN)_4 + 2Cl^- \tag{2-15}$$

尽管各种金属氰络合物的吸附能力在不同树脂上有所不同，但由于浓度大小差别较悬殊，浓度高的重金属氰络合物离子在树脂上的吸附量也可能很大。

一些无机阴离子如 CN^-、SCN^-、S^{2-}、AsO_4^{3-} 等也会吸附在离子交换树脂上，而且 SCN^- 的吸附力较强，吸附量较大。

$$R - Cl + CN^- = R - CN + Cl^- \tag{2-16}$$

$$R - Cl + SCN^- = R - SCN + Cl^- \tag{2-17}$$

$$3R - Cl + AsO_4^{3-} = R_3 - AsO_4 + 3Cl^- \tag{2-18}$$

$$2R - Cl + S^{2-} = R_2 - S + 2Cl^- \tag{2-19}$$

$$2R - Cl + SiO_3^{2-} \Longrightarrow R_2 - SiO_3 + 2Cl^- \tag{2-20}$$

上述反应的发生，导致含氰废水中各种组分含量下降，与此同时树脂上原来配位的阴离子（Cl^-）会成比例地进入贫液（有时也用 R_2SO_4 型树脂或 ROH 型树脂）。如果考虑到树脂洗脱再生过程还要产生废水（含 SCN^-、NH_2SNH_2、CN^- 等），树脂吸附法产生的含氰废水更复杂、更难处理。

2.2.4 贵液直接电积法

当贵液含金大于 $10g/m^3$ 时，可采用电积法从贵液中回收已溶金，该方法工艺简单，投资小，处理效果也能满足生产要求，得到的沉积物（阴极脱落物）稍加处理即可熔炼铸锭。因此，最近几年国内外均有报道[11,24]。

在以石墨或不锈钢做阳极、钢棉或碳纤维做阴极的电解池中，在两极间加上 3V 左右的电压，即可使金氰络合物中的金还原并沉积在阴极表面或附近：

$$Au(CN)_2^- + e \Longrightarrow Au + 2CN^- \tag{2-21}$$

在阳极，氰化物被氧化为氰酸盐：

$$CN^- + 2OH^- - 2e \Longrightarrow CNO^- + H_2O \tag{2-22}$$

除了金被还原以外，银、铜等也会以单质或沉淀物形式沉积在阴极附近。使电积后贫液中上述组分浓度明显降低。

表 2-1 列出了采用不同提金原料和工艺所产生的含氰废水的种类及组成[25]。

表 2-1 黄金冶炼厂含氰废水的分类与组成

氰化工艺分类		相应的废水分类		废水组成含量/mg·L⁻¹			
氰化原料	回收金方法	废水种类	浓度分类	CN^-	SCN^-	Cu	Zn
精矿	锌粉置换	贫液	高浓度	500~2300	600~2800	300~1500	50~300
	炭浆法	氰尾澄清水/滤液	高浓度	500~1500	600~1500	300~1000	△
	贵液电积	贫液	高浓度	—	—	—	△
原矿或烧渣	锌粉置换	氰尾及部分贫液	中浓度	约500	50~350	10~200	50~200
	炭浆法	氰尾	低浓度	50~250	30~300	10~150	△
	树脂矿浆法	氰尾	低浓度	约250	—	—	△
尾矿堆浸	炭吸附	贫液、废渣	低浓度	10~100	约1500	约100	△

注：—表示未公开的数据，△表示锌浓度取决于矿石。

2.3 废水的主要组成

在氰化物对金的提取过程中，金矿石中伴生的硫、铁、铜、锌等化合物或者其分解产物会直接或间接地同废水中的 CN^-、O_2、OH^- 发生反应，生成各种杂质阴离子，主要包括游离氰根 CN^-、氢氰酸、铜氰络合物 $Cu(CN)_3^{2-}$、锌氰络合物 $Zn(CN)_4^{2-}$、铁氰络合物 $Fe(CN)_6^{4-}$ 和硫氰酸盐 SCN^- 等，其中也含有少量的金氰络合物 $Au(CN)_2^-$、银氰络合物 $Ag(CN)_2^-$。这些反应不仅会消耗大量氰化物，导致浸金成本大幅提高，使金的浸出率降低，而且这些有害杂质离子导致提金氰化废水的组成更加复杂，不利于综合处理[26]。主要金属氰络合物的稳定常数见表2-2。

表2-2 主要金属氰络合物的稳定常数

络合物	$lg\beta_n$	络合物	$lg\beta_n$
$Co(CN)_6^{3-}$	64.0	$Zn(CN)_4^{2-}$	21.57
$Fe(CN)_6^{3-}$	43.9	$Zn(CN)_3^-$	16.68
$Fe(CN)_6^{4-}$	36.9	$Zn(CN)_2$	11.02
$Au(CN)_2^-$	36.6	$ZnCN^+$	5.34
$Cu(CN)_4^{3-}$	27.9	$Ni(CN)_4^{2-}$	31.1
$Cu(CN)_3^{2-}$	26.8	$Ni(CN)_3^-$	22.0
$Cu(CN)_2^-$	21.7	$Ni(CN)_2$	14.0
$Ag(CN)_3^{2-}$	21.8	$NiCN^+$	7.0
$Ag(CN)_2^-$	20.9		

2.3.1 亚铁氰络合物

在金精矿中,铁的硫化矿主要有黄铁矿、白铁矿、磁黄铁矿[27,28]。大部分黄铁矿因为结构比较致密、晶粒较粗大,在磨矿、氰化过程中基本上不与氰化物溶液起作用,对氰化提金过程影响较小。但是有些细粒的黄铁矿、磁黄铁矿和大部分白铁矿由于其结晶细小,结构比较疏松,因而具有较高的氧化速度。这类金精矿在开采、运输、储存过程中,特别是在磨矿和氰化过程中将会发生显著的氧化作用。

白铁矿和黄铁矿因风化作用或在湿式磨矿时部分分解为FeS和S,FeS氧化生成硫酸亚铁。在碱性提金氰化物溶液中,Fe^{2+}会发生水解:

$$Fe^{2+} + 2OH^- \Longrightarrow Fe(OH)_2 \qquad (2-23)$$

生成的$Fe(OH)_2$和CN^-反应生成不溶于水的氰化亚铁:

$$Fe(OH)_2 + 2CN^- \Longrightarrow Fe(CN)_2 + 2OH^- \qquad (2-24)$$

白色的$Fe(CN)_2$沉淀会溶于过剩的氰化物中,生成亚铁氰酸盐:

$$Fe(CN)_2 + 4CN^- \Longrightarrow Fe(CN)_6^{4-} \qquad (2-25)$$

此外,硫化铁还可以直接与碱、氰化物发生反应生成亚铁氰酸盐:

$$FeS + 6CN^- \Longrightarrow Fe(CN)_6^{4-} + S^{2-} \qquad (2-26)$$

$$FeS + 2OH^- \Longrightarrow Fe(OH)_2 + S^{2-} \qquad (2-27)$$

$$Fe(OH)_2 + 6CN^- \Longrightarrow Fe(CN)_6^{4-} + 2OH^- \qquad (2-28)$$

因此,铁在提金氰化废水中主要以$Fe(CN)_6^{4-}$络离子形式存在。

2.3.2 铜氰络合物

金矿石中通常伴生有大量的铜矿物,除了硅孔雀石、黄铜矿与氰化物作用较弱以外,其余铜矿物几乎都能与氰化物起作用生成铜氰络合物$[Cu(CN)_{n+1}]^{n-}$($n=1,2,3$),而且溶解率比较大,溶解速度很快[27,28]。

辉铜矿与氰化物溶液作用生成中间产物铜蓝:

$$2Cu_2S + 6CN^- + H_2O + 0.5O_2 = 2Cu(CN)_3^{2-} + 2CuS + 2OH^- \qquad (2-29)$$

铜蓝在氰化物溶液中溶解，析出元素硫：

$$2CuS + 6CN^- + H_2O + 0.5O_2 = 2Cu(CN)_3^{2-} + 2S + 2OH^- \qquad (2-30)$$

金属铜在氰化物溶液中的溶解与金、银相似：

$$2Cu + 6CN^- + 2H_2O = 2Cu(CN)_3^{2-} + 2OH^- + H_2\uparrow \qquad (2-31)$$

除了铜矿物直接与氰化物作用外，铜矿物的氧化产物与氰化溶液也会发生作用，主要靠 CN^- 的还原作用将 Cu^{2+} 还原为 Cu^+：

$$Cu(OH)_2 + 2CN^- = CuCN + 2OH^- + 0.5(CN)_2\uparrow \qquad (2-32)$$

$$CuCO_3 + 2CN^- = CuCN + CO_3^{2-} + 0.5(CN)_2\uparrow \qquad (2-33)$$

$$CuSO_4 + 2CN^- = CuCN + SO_4^{2-} + 0.5(CN)_2\uparrow \qquad (2-34)$$

反应生成的 CuCN 易溶于氰化物溶液中，Cu^+ 也会与游离 CN^- 发生反应生成不同的铜氰络离子：

$$CuCN + 2CN^- = Cu(CN)_3^{2-} \qquad (2-35)$$

$$Cu^+ + 2CN^- = Cu(CN)_2^- \qquad (2-36)$$

$$Cu(CN)_2^- + CN^- = Cu(CN)_3^{2-} \qquad (2-37)$$

$$Cu(CN)_3^{2-} + CN^- = Cu(CN)_4^{3-} \qquad (2-38)$$

由此可见，在工业氰化浸出条件下（游离氰化物浓度 0.01% ~ 0.1%），铜主要以 $Cu(CN)_3^{2-}$ 形态存在于矿浆中，其次为 $Cu(CN)_4^{3-}$。

2.3.3 锌氰络合物

金矿石中硅酸锌矿、异极矿、闪锌矿一般含量较少，与氰化物溶液反应较慢，溶解速度较小。因此，金矿石中存在的硅酸锌矿、异极矿、闪锌矿基本上不影响氰化过程[27,28]。

闪锌矿会与氰化溶液发生一定的反应：

$$ZnS + 4CN^- = Zn(CN)_4^{2-} + S^{2-} \qquad (2-39)$$

$$2ZnS + 10CN^- + O_2 + 2H_2O = 2Zn(CN)_4^{2-} + 2SCN^- + 4OH^- \qquad (2-40)$$

金矿石中的氧化矿如水锌矿、红锌矿、菱锌矿含量虽然较少，但溶解速度却相对较快，导致氰化物消耗较大：

$$ZnO + 4CN^- + H_2O = Zn(CN)_4^{2-} + 2OH^- \qquad (2-41)$$

同时金属锌也会与 CN^- 和溶解氧作用，导致氰化物用量增加：

$$2Zn + 8CN^- + O_2 + 2H_2O = 2Zn(CN)_4^{2-} + 4OH^- \qquad (2-42)$$

由此可知，提金氰化废水中的锌主要是 $Zn(CN)_4^{2-}$ 络离子。

2.3.4 硫代硫酸根、亚硫酸根、硫酸根

白铁矿和黄铁矿因风化作用可能在湿式磨矿时会部分分解生成 S，一部分 S 会氧化成 $S_2O_3^{2-}$，生成的 $S_2O_3^{2-}$ 又与氰化物溶液中溶解氧、OH^- 和 CN^- 起反应生成硫酸根和亚硫酸根：

$$2S + 2OH^- + O_2 = S_2O_3^{2-} + H_2O \qquad (2-43)$$

$$S_2O_3^{2-} + 2O_2 + 2OH^- = 2SO_4^{2-} + H_2O \qquad (2-44)$$

$$S_2O_3^{2-} + CN^- \Longrightarrow SO_3^{2-} + SCN^- \tag{2-45}$$

因此，提金氰化废水中一般均含有硫酸根与亚硫酸根离子，当其含量过大时会对浸出过程造成影响。

2.3.5 硫氰酸根

金矿石中的硫化矿物与氰化液中的 CN^-、OH^-、溶解氧起反应生成中间产物 S 和 S^{2-}，S 和 S^{2-} 继续与 CN^- 反应生成 SCN^-。此外，生成的 $S_2O_3^{2-}$ 也可与 CN^- 反应生成 SCN^-。因此，提金氰化废水中一般都有 SCN^- 存在：

$$S + CN^- \Longrightarrow SCN^- \tag{2-46}$$
$$2S^{2-} + 2CN^- + O_2 + 2H_2O \Longrightarrow 2SCN^- + 4OH^- \tag{2-47}$$
$$S_2O_3^{2-} + CN^- \Longrightarrow SO_3^{2-} + SCN^- \tag{2-48}$$

2.4 提金氰化废水的综合处理

2.4.1 含氰废水全循环工艺

就黄金企业而言，含氰废水全循环工艺是一种比较经济、合理的工艺路线，其主要包括贫（滤）液全循环工艺和尾矿库溢流水全循环工艺两种[28]。所谓"全循环"，并不是指氰化工艺按理论计算的全部废水都循环使用，对于金精矿氰化厂（包括用锌粉置换和电积工艺回收金）是指产生的全部贫（滤）液循环使用，但不包括氰渣带走的水；对于全泥氰化厂是指全部贫液（炭浆厂无贫液）和全部尾矿库溢流水循环使用，不包括氰化尾液在尾矿库沉降后所含的水分和在尾矿库内停留时蒸发出的水。废水全循环的基本条件是废水循环后氰化工艺水平衡，另外废水循环不至于使浸出液中各种杂质浓度积累到影响金浸出指标的程度。

含氰废水全循环工艺最大的优点是游离氰化物可循环使用且可综合回收有价金属，其主要包括贫（滤）液全循环工艺和尾矿库澄清液全循环工艺两种。其中，贫（滤）液全循环工艺国外应用得较早，国内最早应用全泥氰化—压滤工艺的是20世纪90年代初在山东省平邑归来庄金矿。氰化贫液在工艺中循环时，杂质离子（铜、铁、锌等）随着时间的延长逐渐积累，当其质量浓度达到某一极限值时，就会影响氰化效果，即在氰化生产工艺流程中积累过多则会严重干扰整个氰化工艺过程。为保证最佳氰化工艺指标，必须把杂质离子质量浓度控制在某一水平上，因此需对循环废水进行净化处理。目前，净化处理方法主要有6种，相应形成6种废水全循环工艺，即尾矿库自然净化—废水全循环工艺、离子交换—（贫液）废水全循环工艺、活性炭吸附—贫液（废水）全循环工艺、酸化—沉淀—碱中和废水全循环工艺、溶剂萃取—贫液全循环工艺及电沉积—贫液全循环工艺等。

废水全循环工艺主要存在的问题有[29]：对于那些尾矿库渗漏或雨量大以及有其他水进入尾矿库的氰化厂，由于其水量难以平衡，因此不能采用以尾矿库为处理设施的废水全循环工艺；在北方由于冬季结冰尾矿库往往无溢流水，而春季融化时水量大，导致其必须外排。因此，需建立外排水应急处理设施；废水全循环后，由于可溶盐浓度增大，影响浓密机运行效率，会在设备、管道内产生结晶体，严重时会堵塞管道。

某全泥氰化炭浆厂（50t/d），采用尾矿库自然净化—溢流水全循环工艺，氰化矿浆浓度 40%，含氰废水产生量 75m³/d（矿浆 125t/d），输送到尾矿库过程中混入一些废水，在尾矿库沉降澄清后，大约 75m³/d 的废水返回氰化厂，达到废水全循环，保证水平衡。为了解决由于废水全循环而产生的杂质元素积累，该氰化厂每年对废水进行一次一个月的碱性氯化法处理，使废水达标外排，减小了废水循环对金回收的不良影响。采用尾矿库自然净化—溢流水全循环工艺，该厂每月可多回收金 200g，节约废水处理费 8900 元，节约 NaCN 10～20kg，节约新鲜水 2250m³。

2.4.2 氰化物溶液的活性下降

氰化物溶液与伴生矿物作用，不仅增加了氰化物的消耗，而且还导致大量杂质在溶液中积累，当氰化贫液多次返回循环利用时，杂质的浓度可达到很高的数值。杂质的积累引起氰化物溶液活性的降低，即溶解金银的能力下降的现象，就称之为氰化物溶液疲劳。这是氰化物溶液需要定时、定量进行综合处理的原因之一。氰化物的疲劳现象是非常复杂的，特别是几种杂质共存时的钝化机理，至今尚未研究明白[26]。

氰化物溶液中的杂质积累到一定程度以后，尽管大量添加氰化物，溶液的活性仍不能恢复到原来的状态。氰化物溶液活性低的主要原因，是在贵金属表面形成了各种各样的薄膜，阻碍贵金属的溶解。薄膜形成的原因，除了杂质与贵金属表面的化学作用以外，还由于溶液中表面活性物质的吸附。膜的钝化作用与膜的孔隙度、厚度有关，而膜的孔隙度与厚度主要取决于形成这种膜的杂质性质和浓度。

氰化物溶液中的铜、锌和铁的络阴离子，其形成膜的机理是大致相同的。带负电荷的 $Cu(CN)_3^{2-}$、$Zn(CN)_4^{2-}$ 和 $Fe(CN)_6^{4-}$ 等离子吸附于金（银）表面，形成屏蔽，阻止金（银）的溶解；当游离氰浓度较低时，形成简单氰化物 $CuCN$、$Zn(CN)_4$ 与 $Fe(CN)_2$ 相同的薄膜。这些薄膜的孔隙度大不相同，铜化合物形成的膜最致密，氰化物与氧极难渗透过去；而铁的化合物形成多孔的膜，很好渗透；锌化合物介于二者之间。另外，氰化物溶液中存在锑、砷化合物时，也会形成致密的膜，大大降低金（银）的溶解速度。氰化物溶液中加保护碱，同样可以降低其活性，随着石灰加入量的增加，溶解速度下降。

2.4.3 含氰废水的综合利用

氰化提金过程中，需要大量水（包括返回贫液）洗涤矿浆、载金炭和金泥等，这些洗液量往往超过氰化作业所需的液量，不可能全部返回浸出系统循环使用；另外，返回循环使用的贫液，经长时间使用，溶液中有害杂质积累至超过允许浓度后，会使金的回收率降低，这些溶液也需要净化处理后排放。一般情况下，当废水中离子浓度较高时考虑氰的回收利用，浓度低时则直接进行无害治理即净化。

据不完全统计，处理提金氰化废水的方法有二十多种[18,29]，如果根据处理后氰化物的产物来分类，可分为氰化物破坏法和氰化物综合回收法两大类。氰化物破坏法主要包括氯氧化法、二氧化硫—空气法、过氧化氢氧化法、活性炭催化氧化法、臭氧氧化法、电解法、高温分解法、吹脱曝气法、微生物分解法及自然净化法等。氰化物综合回收法主要包括酸化回收法、离子交换法、电渗析法、乳化液膜法、铜盐或锌盐沉淀法、废水或贫液循环法等。这些方法有些已经用于工业生产，但大多仍处于工业实验阶段或实验室研究阶段。

参 考 文 献

[1] 邢相栋，兰新哲，宋永辉，等．氰化法提金工艺中"三废"处理技术［J］．黄金，2008，29（12）：55~61．

[2] 薛文平，薛福德，姜莉莉，等．含氰废水处理方法的进展与评述［J］．黄金，2008，29（4）：45~50．

[3] 高大明．氰化物污染及其治理技术（待续）［J］．黄金，1998，19（3）：57~59．

[4] 李瑞忠，张清，邓建民．高浓度含氰废水治理新工艺［J］．河北化工，1994，4：57~58．

[5] 卢宜源，宾万达．贵金属冶金学［M］．长沙：中南大学出版社，2004．

[6] 杜新玲，邢相栋．贵金属冶金技术［M］．长沙：中南大学出版社，2012．

[7] 李亚峰，顾涛．金矿氰废水处理技术［J］．当代化工，2003，32（1）：1~4．

[8] 张文庆，刘巍．含氰废水处理方法介绍［J］．实用药物与临床，2005，8：13~15．

[9] 党晓娥，宋永辉，兰新哲，等．黄金冶炼厂含氰废水中氰化物的分析方法研究［J］．西安建筑科技大学学报，2004，36（2）：156~159．

[10] 杨天足．贵金属冶金及产品深加工［M］．长沙：中南大学出版社，2005．

[11] 黄礼煌．金银提取技术［M］．北京：冶金工业出版社，2001．

[12] 刘杰．黄金生产的环境保护［M］．北京：中国轻工业出版社，1985．

[13] 郑重．微米泥炭处理电镀废水试验研究［J］．科技咨询导报，2007，25：34~37．

[14] Fernando K, Tran T, Laing S, et al. The Use of Ion Exchange Resins for the Treatment of Cyanidation Tailings Part 1—Process Development of Selective Base Metal Elution［J］. Minerals Engineering, 2002, 15: 1163~1171.

[15] Monteagudo J M, Rodriguez L, Villasenor J. Advanced Oxidation Processes for Destruction of Cyanide from Thermoelectric Power Station Waste Waters［J］. Journal of Chemical Technology and Biotechnology, 2004, 79（2）: 117~125.

[16] Ingless J, Scott J S. 金氰化厂废水处理工艺现状［M］. 郭硕朋，译．北京：环境科学出版社，1990．

[17] 高大明．氰化物污染及其治理技术（续四）［J］．黄金，1998，5（19）：57~59．

[18] 兰新哲，宋永辉，廖赞，等．含氰尾液综合回收研究［J］．稀有金属，2005，29（4）：493~497．

[19] Silva A L, Costa R A, HMartins A. Cyanide Regeneration by AVR Process Using Ion Exchange Polymeric Resin［J］. Minerals Engineering, 2003, 16: 555~557.

[20] Ciminelli S T. Ion Exchange Resins in the Gold Industry［J］. Met. Mater. Soc., 2002, 54（10）: 35~36.

[21] 廖赞，朱国才，兰新哲，等．用201×7强碱性阴离子交换树脂回收氰化物［J］．过程工程学报，2005，5（5）：499~503．

[22] 廖赞，朱国才，兰新哲．用强碱性阴离子交换树脂回收氰化物的研究［J］．黄金，2005，3（26）：37~43．

[23] He Min, Lan Xin-zhe, Zhu Guo-cai, et al. The Physical and Chemical Behavior of D296R Strong Basic Anion Exchange Resin to Recovering Cyanide［C］. The 2004's International Conference on Hydrometallurgy, Xi'an, 2004

[24] Mishra R K. Cyanide Destruction and Gold Recovery—A Review［J］. Precious Metals, 2002, 26: 44~65.

[25] 何敏．大孔阴离子交换树脂回收氰化物的应用基础研究［D］．西安：西安建筑科技大学，2005．

[26] 杨永斌. 协同强化浸金的电化学动力学与应用研究 [D]. 长沙：中南大学，2008.

[27] 黎维中. 难处理铅锌银硫化矿物资源综合回收的研究与实践 [D]. 长沙：中南大学，2007.

[28] 杨玮. 复杂难处理金精矿提取及综合回收的基础研究与应用 [D]. 长沙：中南大学，2011.

[29] 高大明. 氰化物污染及其治理技术（续九）[J]. 黄金，1998，5（10）：52~56.

3 酸 化 法

用硫酸调节提金氰化废水（矿浆）的 pH 值至 2 左右，此时氰化物转变为 HCN，由于 HCN 蒸气压较高，向废水（矿浆）中充入空气时，HCN 就会从液相中逸入气相而被气流带走，载有 HCN 的气体与 NaOH 溶液接触，HCN 与 NaOH 反应生成 NaCN，重新用于浸金，这种处理方法被称为酸化回收法[1,2]。

提金氰化废水的酸化回收法已有 80 多年的应用历史了，早在 1930 年左右，国外某金矿就采用这种方法处理其含氰废水，所采用的 HCN 吹脱（或称 HCN 气体发生）设备是填料塔，与现有的设备基本相同，但 HCN 气体吸收设备是隧道式，与现在的吸收塔相比，效果差、能耗高。经过 80 余年的技术改造，酸化回收法工艺及设备已达到了较为完善的程度。我国是采用酸化回收法处理高质量浓度含氰废水历史较长、酸化回收法装置用量最多的国家。1979 年以来，我国陆续建成并投入使用的酸化回收法装置共有几十套。30 多年来，酸化回收法工艺和设备一直在不断的改进和完善之中，现在已达到工业应用水平，取得了较好的经济效益、社会效益和环境效益[3,4]。目前酸化回收法不再局限于处理高浓度的含氰废水，已经开始应用于中等浓度的氰化贫液和矿浆的处理中。

3.1 反应原理

向含氰废水中加入硫酸，使废水呈酸性，废水中的氰根及一些络合氰化物转化为 HCN，利用 HCN 沸点低、易挥发的特点，借助空气的吹脱作用，使 HCN 从液相中吹脱，再用 NaOH 将挥发的 HCN 吸收，循环再利用。酸化过程中，只有 SCN^- 离子和 $Fe(CN)_6^{4-}$ 络离子不能分解，当废水中 SCN^- 离子浓度足够大，即可使废水中几乎全部的 Cu 由 CuCN 沉淀转化为溶度积更小的 CuSCN 沉淀而除去，如 Cu^+ 不足，可加入适量的 $CuSO_4$ 溶液，以除尽 SCN^- 离子。而废水中的 Zn、Pb 足以使几乎全部 $Fe(CN)_6^{4-}$ 络离子生成 $Me_2[Fe(CN)_6]$ 沉淀而除去。HCN 是弱酸，其稳定常数 $K_a = 6.2 \times 10^{-10}$，其沸点仅 26.5℃，极易挥发，这就是酸化回收法的理论基础。一般情况下，酸化回收法可分为废水的酸化、HCN 的吹脱（挥发）、HCN 气体的吸收、沉淀过滤及酸化液的中和五个步骤，其反应原理如下所述[5~8]。

3.1.1 含氰废水的酸化

当向提金氰化废水加入酸时，首先是中和保护碱，然后分解游离氰及金属与氰的配合物，并生成 HCN 气体，生成的 CuCN 与溶液中的硫氰酸根反应，可生成更稳定的硫氰化亚铜沉淀。同时溶液中的铜、铅、锌等离子可与 $Fe(CN)_6^{4-}$ 络离子形成 $Me_2[Fe(CN)_6]$ 沉淀：

$$NaCN + H^+ \xrightarrow{\quad\quad} HCN + Na^+ \tag{3-1}$$

$$Pb(CN)_4^{2-} + 4H^+ \xrightarrow{\quad\quad} 4HCN + Pb^{2+} \tag{3-2}$$

$$Zn(CN)_4^{2-} + 4H^+ \xrightarrow{\quad\quad} 4HCN + Zn^{2+} \tag{3-3}$$

$$Cu(CN)_3^{2-} + 2H^+ = 2HCN + Cu(CN)\downarrow（白色） \tag{3-4}$$

$$2Pb^{2+} + Fe(CN)_6^{4-} = Pb_2Fe(CN)_6\downarrow（灰白） \tag{3-5}$$

$$2Zn^{2+} + Fe(CN)_6^{4-} = Zn_2Fe(CN)_6\downarrow（白色） \tag{3-6}$$

$$CuCN + SCN^- + H^+ = HCN + CuSCN\downarrow（灰白） \tag{3-7}$$

$$4Cu(CN)_3^{2-} + 12H^+ + Fe(CN)_6^{4-} = 12HCN + Cu_4Fe(CN)_6\downarrow（浅红） \tag{3-8}$$

$$4Ag(CN)_2^- + Fe(CN)_6^{4-} + 8H^+ = 8HCN + Ag_4Fe(CN)_6\downarrow（灰白） \tag{3-9}$$

$$Ag(CN)_2^- + SCN^- + 2H^+ = 2HCN + AgSCN\downarrow（灰白） \tag{3-10}$$

$$2Ni^{2+} + Fe(CN)_6^{4-} = Ni_2Fe(CN)_6\downarrow（灰白） \tag{3-11}$$

当处理矿浆时，还有如下反应：

$$CaSO_3 + 2H^+ = Ca^{2+} + SO_2\uparrow + H_2O \tag{3-12}$$

$$CaSO_3 + H^+ = Ca^{2+} + HSO_3^- \tag{3-13}$$

3.1.2 HCN 的吹脱

HCN 易从液相逸入气体，这是 HCN 的性质所决定的，通过向液相通入空气（载气）的办法即可把 HCN 吹脱出来，达到从废水中除去氰化物的目的。由于大部分 HCN 是由氰化物络离子在酸性条件下解离而形成的，故 HCN 的吹脱程度由废水 pH 值和络合物中心离子的性质（络合物稳定常数）决定。吹脱过程是一个旧的解离平衡被打破而形成新的解离平衡的连续过程，其推动力不仅是由于在一定酸度下，氰化物趋于形成 HCN 以及气相中 HCN 的始终处于未达到平衡的状态，使液相中 HCN 不断逸入气相，而且是由于中心离子与废水中的其他组分形成更稳定的沉淀物，这几种推动力共同作用促使反应不断地向右进行。

3.1.3 HCN 气体的吸收

用气体（称载气）吹脱酸化后废水得到的含 HCN 气体，用 NaOH 吸收液接触即发生中和反应，生成 NaCN，该反应是在瞬间完成的。由于 HCN 是弱酸，吸收液必须保持一定的碱度才能保证吸收完全，一般控制 NaOH 吸收液中残余 NaOH 在 1% ~ 2% 范围，吸收反应见式（3-14）和式（3-15）：

$$NaOH + HCN(g) = NaCN(aq) + H_2O \tag{3-14}$$

$$2HCN + Ca(OH)_2 = Ca(CN)_2 + 2H_2O \tag{3-15}$$

NaOH 价格比 CaO 高得多，因此，有采用石灰乳代替 NaOH 的，但是要有防止结垢堵塞吸收塔的措施。

3.1.4 沉淀的过滤

经酸化处理后，废液中会产生乳白色沉淀，主要包括 CuSCN、CuCN 及少量的 AgSCN 等化合物，可采用浓缩、自然沉淀、过滤等方法将沉淀物回收，沉淀后清液进入中和步骤。

3.1.5 酸化液的中和

吹脱吸收后的酸化液在中和槽里与碱液进行中和，去除残酸，保持 pH = 10 ~ 11，便可返回氰化流程使用。

3.2 酸化工艺及设备

3.2.1 工艺流程

3.2.1.1 基本工艺

酸化法的典型工艺即 AVR（Acidification Volatilize Recovery，酸化、挥发、中和）工艺[9]，主要包括废水的预热、酸化、HCN 的吹脱（挥发）与 HCN 气体的吸收、废水中沉淀物的分离、废水的二次处理等。主体工艺流程图如图 3-1 所示。

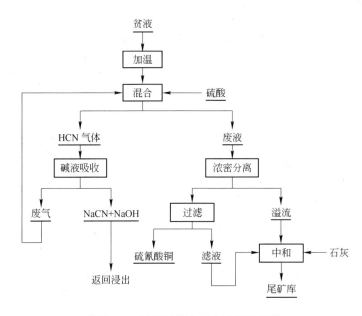

图 3-1 酸化回收法工艺流程示意图

氰化废水（贫液和清洗水、氰渣渗滤水等）首先储于贫液调节池内，由泵输送到加温槽，通过蛇管换热器由蒸汽加热到 30℃ 左右，然后用泵输送到混酸器中，具有一定压力的硫酸经流量计调节后，流入混酸器与废水混合。酸性废水在发生塔顶部，经喷头喷淋到塔内填料上向塔底流动，与此同时加压气体由塔底向上流动，由于填料的作用，气液两相密切接触，氢氰酸从液相逸入气相。气体从塔上部经气液分离器分离掉水分后，流到吸收塔底部，在塔底部向上流动与塔顶上喷淋下来的 30% NaOH 水溶液逆流接触，HCN 被碱液吸收。吸收后气体由风机抽出，经风机加压再送到发生塔。气体是闭路循环的，NaOH 水溶液由泵循环使用，直到残碱接近 1.5% 时，由泵输送到氰化工段，再更换新的 NaOH 水溶液作为吸收剂。

从发生塔底部流出来的废水流入中间池，再从中间池用泵送到浓密机。液相中的铜盐等悬浮物沉淀在浓密机下部，定期排放到泥浆池中，然后用板框压滤机过滤，滤出的滤渣出售给冶炼厂。滤液由立泵送到中和槽，浓密机上清液也送到中和槽，进行二次处理，沉淀后上清液达标排放。也有把沉淀物分离过程放在酸化和 HCN 吹脱工段之间的，其优点是避免沉淀物堵塞 HCN 发生塔的填料，缺点是沉淀物中带有高浓度氰化物酸性溶液，在沉淀物干燥过程中有使人中毒的危险，也降低了氰化物的回收率。另外，沉淀物分离设备必须防腐、密闭，增加了设备的投入成本。

经酸化回收法处理后所得到的酸性废水一般含氰化物 5~50mg/L，远未达到国家规定的排放标准，重金属 Zn、Cu 离子也严重超标。为了保证氰化厂的水量平衡，一般需要对酸化回收法产生的废水进行二次处理。由于废水中硫氰化物等还原性物质质量浓度较大，碱性氯化法不适合处理这种废水，目前使用的二次处理方法主要有二氧化硫—空气法、过氧化氢氧化法、曝气法和自然净化法等。

另外，也可采用酸分解燃烧法处理高浓度的提金氰化废水，第一步是向废水中投加硫酸，使废水中的氰化物产生酸化分解。同时，对废水进行曝气，大量的氰化物形成氢氰酸（HCN）气体，使废水中的氰化物得以大幅度地下降。产生的 HCN 气体具有较强的毒性，也可送入燃烧炉中加以燃烧，使氰化物转换为二氧化碳和氮气，得到彻底的处理。如果经第一阶段的酸化、分解处理后，废水中仍含有一定浓度的氰化物，可继续采用氯碱法进行处理。

3.2.1.2 几种典型工艺

A AVR 工艺

AVR 工艺是由 MillsGrone 矿对酸化工艺中密封塔装置、混合反应器及洗脱塔设备改进后得到的，其主要工艺分为酸化段、挥发段和再中和 3 个阶段[10]。工艺特点是先把游离 CN^- 转化为 HCN，把中和的金属氰化络合物破坏，然后沉淀。转换程度取决于 pH 值的选择，pH 值低时，发生铁氰化络合物沉淀，形成铜铁氰络合物，氰化物回收率可达 92%~99%。

AVR 工艺主要针对难处理含铜氰化液中氰化物的回收。在低 pH 值（pH≤2）、低 HCN 浓度时，与铜络合的氰根的解离反应式如下：

$$Cu(CN)_3^{2-} + SCN^- + 3H^+ \Longrightarrow CuSCN + 3HCN \tag{3-16}$$

该反应与式（3-4）所示的直接酸化反应相比具有以下优势：首先，可多回收 1/3 的氰；其次，铜沉淀物不含氰，做冶炼厂原料更受欢迎；最后，可同时处理氰化废水中的硫氰根，不会因其排放而污染环境。

AVR 工艺最突出优势在于可使处理后废水中总氰的含量降到小于 1mg/L，Cu、Fe 含量降到 1mg/L 以下，基本不用再进行氧化处理。主要缺点是挥发段太慢，处理澄清的尾液与尾矿浆的差别很大，如同一条件下 8h 处理尾液和矿浆的酸用量分别为 $1.4kg/m^3$ 和 $6.6kg/m^3$，氰化物回收率却由 96.5% 降到 54%。

B AFR 工艺

AFR 工艺[11]的化学反应与 AVR 基本相似，不同之处为缺氧时形成的铜沉淀主要为 $Cu_4Fe(CN)_6$，且反应过程中不用通氧。AFR 的工艺流程如图 3-2 所示。AFR 的特点是需要调 pH 值比 AVR 更低，以达到 Cu、Fe、CN^- 和 SCN^- 有效沉淀或平衡；Cu、Fe 能在 5min 内沉淀，而 pH 值为 2 时，SCN^- 则需 30min 以上；沉淀物成分因矿料及工艺不同而不同；控制不好会反溶。

C MNR 和 SART 工艺

MNR 和 SART 工艺[12~15]与 AVR 不同，当溶液中 Cu^+ 远远大于 SCN^- 时，采用 SCN^-

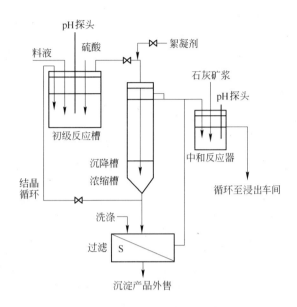

图 3-2 AFR 工艺流程图

沉铜是不可能的，而有可能加入硫离子形成硫化亚铜沉淀，以便释放出络合氰，反应为：

$$2Cu(CN)_3^{2-} + 6H^+ + S^{2-} \Longrightarrow Cu_2S\downarrow + 6HCN \qquad (3-17)$$

当反应 pH < 4 时，该反应是不可逆的，且按化学式计量发生，便于综合回收。AVR 和 AFR 的致命弱点是在处理高铜、铁和 SCN⁻ 溶液时，沉淀物中有 CuCN 和 CuSCN，作为冶炼原料会因有环境污染而影响经济效益，为此提出了与 AVR 相近的方法，即 MNR 法。该法中硫离子和酸同时加入溶液中，其特点是：（1）所有与铜络合氰可解离并回收；（2）反应在 pH 值等于 3~5 范围内，比 AVR 和 AFR 酸耗少；（3）硫化铜产物易于回收且颇受冶炼厂欢迎，效益好，尽管 MNR 法尚未工业化，但很有吸引力。

SART 法与 MNR 法相似，根本不同在于对沉淀物 Cu₂S 的处理方法。MNR 中 Cu₂S 细浆直接经压滤，而 SART 工艺（由加拿大 Lakefield Research 和 Teck Corporation 发明），沉淀物先经浓缩，部分浓缩物返回初级反应器中，这样可使压滤作业量减少 99%，大大降低成本及环境污染可能性，以上两种工艺都已经通过了扩试，但尚未生产应用。

D The Velardena 工艺

The Velardena 工艺[16]与 MNR 相似，主要用于处理富含锌络合物的氰化提金尾液或矿浆，该工艺为墨西哥的 Velardena 矿而设计，该矿所用提金工艺为全泥氰化—锌粉还原工艺（CCD），氰化浸出液采用锌粉还原回收金银。因此，该工艺对目前仍采用氰化—锌粉置换工艺的金矿值得借鉴：

$$Zn(CN)_4^{2-} + S^{2-} \Longrightarrow ZnS\downarrow + 4CN^- \qquad (3-18)$$

E Cotl's 酸法

Cotl's 酸法[17]是基于 Cotl's 酸与硫氰酸盐反应生成 CN⁻ 和 SO₄²⁻，且 Cotl's 酸不与 CN⁻ 反应的原理，达到处理硫氰酸盐、再生氰化物的目的，回收的氰化钠可重新用于氰化提金工艺中。提金工艺回路中，硫氰酸盐的形成会导致"结垢"，最终降低了浸出活性及锌粉置换率。生产实践表明，采用该法处理含硫氰酸盐 5800mg/L 左右的氰化废水，硫氰酸盐的去除率达到 98%，总回收率可达到 80%。

3.2.2 废水的预热

酸化法处理含氰废水，最适宜的温度是接近或大于 HCN 的沸点（26.5℃），因此应根据季节变化对废水进行预加热。一般情况下，废水温度保持在 30℃ 左右即可，因此对预热器的要求较低，可采用自制的蛇管式换热器或选用商品列管式换热器。考虑到被加热介质的一侧容易结垢，实际加热面积可相应大一些，应使被加热介质的流速尽量大，以提高换热系数并减少结垢。如果采用直接加热，则简单得多，只需要一台蒸汽与水混合的设备即可，不能直接把蒸汽管与废水管道连在一起完成混合，那样会在管道内产生水击（水锤），发生较大的震动。

3.2.3 加酸酸化

浓硫酸以一定的流速流入废水中并在混合塔中混合，随后泵入酸化反应塔。为了稳定地向废水中加酸，必须使硫酸具有稳定的压力，可采用流量计或计量泵控制加酸量。硫酸溶液增压一般采用两种方式，即设置加酸高位槽或用气泵控制加酸槽处于恒压。前者设备少、操作简单，后者设备多、投资大而且有噪声，流量计可用耐酸玻璃转子流量计。为了使硫酸均匀地与水混合，可采用水射器加酸，废水进入水射器，产生负压吸入硫酸，选择水射器时应重点考虑耐酸问题。酸化反应塔一般为填料塔，填料采用塑料波纹板（点波填料），运行过程中，由于废水沉淀物的黏附导致塔的阻力增大，风量减小，传质效率降低，因此会影响到除氰效果。如果采用表面积大、阻力小的填料，或采用传质效率更高的其他类型塔器，减小塔的阻力，这样气液比可以有很大提高，处理后废水中残氰的浓度将进一步降低。另外，也可考虑在吸收塔前加文氏管进行预吸收，以提高吸收率。

加酸量对铜的去除影响极大，应定期在实验室做好酸化实验，根据贫液中铜离子浓度高低及杂质离子性质的不同，做出铜离子与酸量的关系曲线，确定最佳加酸量和 pH 值。如果酸量过大，不仅增加成本，而且过量的酸会将已沉淀的白色硫氰化亚铜再溶解，形成蓝色的硫酸铜；但加酸量过小，则会影响铜的去除率。因此生产中要严格控制浓硫酸的加入量。另外，生产中一定要注意卸出硫氰化亚铜的间隔周期。周期过短，易造成硫氰化亚铜浓度过低，用泵打入压滤机后滤饼难以成形；周期过长，易造成硫氰化亚铜在酸化塔中沉积，减少酸化塔的有效容积，影响沉降效果。

3.2.4 HCN 的吹脱

HCN 的吹脱率除与废水温度、酸度、气液比、载气中 HCN 残余浓度以及吹脱设备的结构均有很大关系，这是酸化回收的关键指标。实验表明，HCN 从液相逸入气相的速度受液膜扩散控制，因此吹脱塔的结构应尽可能地增大气液接触表面积，降低液膜厚度即增加废水在塔内的湍流程度，可使 HCN 更快地从液相中逸入气相。为了达到这一目的，大部分酸化回收装置，选择填料塔作为吹脱塔，一般采用 PVC 波纹板状填料或 PVC 环状填料，如鲍尔环、阶梯环等。应尽可能选用阻力小、比表面积大、耐温、强度好的填料，对于环形填料来说，直径越小，比表面积越大。如果处理的是矿浆，填料直径不能太小，否则废水中沉淀物在填料层结垢，矿浆会堵塞填料层（但其直径不应大于塔直径的10%）。

填料塔的塔径决定于气体的流量和空塔速度。在气体流量一定时，气速大则塔径小，传质系数增大，使填料层的总体积减小，设备投资降低，但气速高则阻力大，动力消耗大使操作成本上升。另外，空塔速度受液泛速度的限制，若造成液泛，会使酸性废水进入气液分离器或进入吸收塔，造成事故。我国现有的酸化回收法生产装置，空塔速度一般在 v_0 = 0.3 ~ 0.4m/s。

塔顶部的液体淋洒装置（分布器）也较为重要，应尽量使液体均匀地喷淋在填料表面上，充分地利用填料的表面。对于直径 $D < 1$m 的塔，淋洒点按正方形排列时两点的间距应为 8 ~ 15cm。因液体在填料层中趋于流向塔壁，故淋洒到填料层顶部的液体，落到塔壁附近（距壁面5% ~ 10%塔径处）不得超过10%。常用的淋洒装置有莲蓬式、盘式、溢流堰式等。

也可以采用充气式搅拌槽作 HCN 的吹脱设备，其优点是不易堵塞，而且不必建很高的厂房，减少基建投资，但动力消耗较大，设备防腐较困难，气液比不宜过大。

3.2.5　HCN 气体的吸收

HCN 气体与碱溶液接触进行中和反应是一个快速而完全的反应，因而对吸收设备的要求比较宽松。与吹脱塔相比，吸收塔的高度可以大大降低。由于载气的流量与吹脱塔相同，故其结构尺寸与吹脱塔相近，而且由于液相为 NaOH 溶液，无杂质、沉淀物，故可采用直径较小的填料以降低塔高度，减少设备投资。

HCN 被吸收后，载气可循环使用。载气原本是空气，其中的酸性组分如 CO_2 等会与吸收液中碱发生反应而消耗碱，如循环使用，则不再消耗碱液。循环使用载气时，载气中氧气越来越少，可避免在酸化吹脱过程中氰化物被氧化。如果不循环使用载气，由于载气与液相的接触，其湿度很大而且含少量 HCN，只能排放至室外，但在冬季要引入大量的新鲜空气，而且要达到吹脱要求的温度，必然要额外消耗能量、浪费能源，因此一般都循环使用载气。

3.2.6　铜沉淀物的分离

铜的去除是生成沉淀物 CuSCN 和 $Cu_2Fe(CN)_6$，但在正常情况下，即废水中 Zn、Pb 含量足以使 $Fe(CN)_6^{4-}$ 全部沉淀时，铜不会形成 $Cu_2Fe(CN)_6$。由于废水中 SCN^- 含量一般远大于 Cu 含量（烧渣氰化例外），因此铜几乎全部与 SCN^- 生成 CuSCN 沉淀物而从废水中除去，铜的残余含量仅 2 ~ 10mg/L，去除率极高。而 SCN^- 的去除率受铜离子含量的限制，除了与铜生成沉淀物的部分外，其余部分仍留在溶液中。由于废水含银量有限，银对 SCN^- 的去除所引起的贡献很小。

废水中锌主要靠与 $Fe(CN)_6^{4-}$ 生成 $Zn_2Fe(CN)_6$ 沉淀物而除去，一般采用锌粉置换的氰化厂，废水含锌量远比含 $Fe(CN)_6^{4-}$ 高得多，因此，$Fe(CN)_6^{4-}$ 能全部沉淀并从废水中去除，而大部分锌以 Zn^{2+} 形式存在于酸性废水中。如果把废水中和，则锌一部分将与 CN^- 生成 $Zn(CN)_2$ 沉淀而除去，另一部分形成 $Zn(OH)_2$ 沉淀。废水中的一少部分金能形成沉淀物而与 CuSCN 一起沉淀出来，但去除率不高，一部分仍留在酸性废水中。

废水在酸化后产生大量的沉淀物，一般达 1 ~ 2.5kg/m³。如果在吹脱前沉淀，由于沉淀物絮凝效果较好，易于沉淀，但这种沉淀物难于过滤，只能采用干燥池进行自然干燥，沉淀物浆中含有大量的 HCN，易于挥发逸入空气，有使人中毒的危险。

另外，由于酸化后废水中 HCN 浓度较大，不可能全部转化为 CuSCN，而是生成一定量的 CuCN 沉淀，使氰化物回收率降低，而且建造能使酸性含氰废水沉淀 5h 的全封闭式沉淀池（浓密机）投资也较大。如果在吹脱后进行液固分离，由于在吹脱过程中沉淀物的絮状物被破坏、被乳化，使沉淀较慢，必然要建较大的沉淀池，其沉淀时间不应小于18h，但此时废水酸度较低，采用水泥池即可。由于废水中氰化物含量低，不会使周围工作人员中毒，故国外大多采用吹脱后分离沉淀物，采用多池连续转换使用即可解决沉渣的干燥问题。

3.2.7 废水的二次处理

经酸化回收法处理后所得到的酸性废水一般含氰化物 5~50mg/L，远未达到国家规定的排放标准，其中重金属 Zn、Cu 离子也严重超标，一般应进行二次处理。

采用酸化回收法处理含氰废水的氰化厂往往有大量的碱性浮选废水，其流量大约是含氰废水的 10~30 倍，如果利用这种水能把氰化物稀释到达标，并把废水 pH 值中和至 7~9，使重金属离子沉淀出来，则十分理想，达到了以废治废的目的。如果没有上述条件，但尾矿库不渗漏且比较大，那么废水稀释后尽管 CN^- 不达标，也可以通过在尾矿库内自然净化而保证排水达标。除这两种方法外，还可以用二氧化硫—空气法和氯氧化法处理酸化回收法产生的废水，但后者成本高，处理效果并不十分理想。

从废水组成看，如果在 CN^- 浓度很低，但 SCN^- 浓度却很高的情况下，采用氯氧化法时氯耗很高，实践证明其成本将大大超过酸化回收法的盈利，而且不能使 CN^- 达标，一般残氰浓度在 2~10mg/L 范围。如果用二氧化硫—空气法，由于酸化回收法处理后的废水中铜含量仅 2~10mg/L，必须补加铜盐做催化剂，使成本上升。另外，电耗也较大，其成本虽没有氯氧化法高，但也可能抵消酸化回收法的盈利。另外，二氧化硫—空气法对 SCN^- 去除作用极差。近年来，用活性炭法处理这种废水，效果较好，成本很低；用过氧化氢氧化法作为二次处理方法比二氧化硫—空气法效果好，设备简单，但过氧化氢往往价格较高。

3.3 酸化法的优缺点

酸化回收法使用工业上广泛使用的硫酸、烧碱、石灰为反应药剂，回收了废水中的氰化物等有价物质，处理后废水氰化物浓度低于 50mg/L，最低可达 5mg/L。

优点：操作简单，药剂来源广，适应性强，处理成本受废水组成影响小。可处理澄清液，也可以处理矿浆。除了回收氰化物外，处理澄清液时，亚铁氰化物、绝大部分铜、部分锌、银、金可通过沉淀工序以沉淀物形式从废液中分离出来得到回收。硫氰酸盐会与部分铜离子形成 CuSCN 被去除。

缺点：投资比同样处理规模的碱性氯化法一般高 4~10 倍。经酸化回收法处理的废水还需进行二次处理才能排放。废水中 SCN^- 得不到彻底去除，故 COD 可能较高，对于无其他废水作稀释水的氰化厂，外排水的 COD 可能超标。SO_4^{2-} 离子浓度较高，如果对 SO_4^{2-} 排放有特殊要求，废水还应进一步处理。

3.4 影响因素

酸化回收法的处理效果与废水的组成、酸化程度、吹脱温度、吸收碱液浓度、发生塔的喷淋密度、气液化、发生塔的结构等均有较大的关系，其中，后三项是与设备有关的参数，前四项是由该方法的基本原理所决定的[18~22]。

3.4.1 加酸量的影响

硫酸用量对酸化法的回收效果影响最大。酸化过程硫酸的消耗主要是废水中的氰化物转变成 HCN 所需的酸及使废水达到一定酸度（pH < 2）所需的酸。如果处理矿浆，矿浆中的碳酸盐会与酸反应生成 CO_2 气体，也会消耗酸。废水的总酸耗一般情况下应控制在 4 ~ 10 kg/m^3，硫酸用量越大，氰的回收率越高。酸化过程中，不同的络合物由于其稳定常数不同以及酸化解离时生成的产物不同，其解离起始和达到平衡时的 pH 值也不同，研究表明，$Zn(CN)_4^{2-}$ 的起始解离 pH 值约 4.5，$Cu(CN)_3^{2-}$ 或 $Cu(CN)_2^{-}$ 约为 2.5，而 $Fe(CN)_6^{4-}$ 在常温下即使 pH 值小于 1 时也不会发生解离。生产实践中为了比较彻底地回收氰化物，综合考虑氰的回收率及设备防腐等问题，一般将处理后废水含酸量控制在 0.2% 左右，要求每立方米废水硫酸的添加量为 6kg 左右。

3.4.2 温度的影响

氰的回收率随温度的升高而增加，当贫液温度在 20℃ 以下与 30℃ 以上变化时，回收率的增加幅度较小。当温度达到 30℃ 时，氰化物的回收率明显增加。而继续升温，氰化物的回收率仅增高 1% 左右。物质的蒸气压是温度的函数，如果温度低，则其蒸气压也低，当温度达到该物质的沸点时，其蒸气压叫做饱和蒸气压，提高 HCN 吹脱温度时，由于 HCN 的蒸气压增高，就更容易从液相逸入气相。提高温度的另一个好处是减小了废水的黏度，提高了 HCN 通过液膜扩散到气体的速度，一般把废水加热到 35 ~ 40℃ 再酸化吹脱。随着吹脱温度的提高，氰化物去除率的增加幅度变小，说明过分提高吹脱温度并不合适。

3.4.3 吸收液碱度的影响

HCN 为弱酸，故吸收液必须保持一定的碱度，才能保证 NaCN 不水解。实践表明，当吸收液中 NaOH 残量降低到 1% 以下时，HCN 的吸收率开始降低，载气中 HCN 的残余浓度增高导致处理后废水中残氰浓度增高，理论上吸收液 pH 值应大于 10。工业生产中，要求吸收液中 NaOH 的剩余浓度为 1% ~ 2%。

3.4.4 喷淋密度的影响

喷淋密度是填料塔中单位塔截面积上的液体流量，即单位时间、单位塔截面积上的液体喷淋量，单位为 $m^3/(m^2 \cdot h)$。该参数由多方面因素决定，如塔填料种类、装填形式、填料层高度、载气流的线速度、液体进塔时分布的情况（分散程度）等。喷淋强度达到某一值时 HCN 的吹脱率会达到最高，一般可通过实验来确定最优控制条件。

3.4.5 气液比的影响

单位时间里通过发生塔的气体和液体的体积比，称为气液比，发生塔的气液比决定 HCN 气体从液相向气相扩散的动力学特性。气液比越大，气体中 HCN 浓度越低，液相的 HCN 越容易逸出。HCN 的扩散过程受液膜阻力控制，如果气液比增大，则液膜阻力减小，扩散速度加快，但过大的气液比会造成液泛以及使塔的气阻增加，增加动力消耗，在经济上不合理，从国内外实践情况看，气液比大约在 300~1000 范围较合适。

3.5 应用实例

辽宁省黄金冶炼厂采用箱式压滤机对氰化尾矿浆进行压滤，压滤后的含氰废水采用硫酸酸化—石灰中和沉淀的方法进行处理，具体的工艺流程如图 3-3 所示[23]。

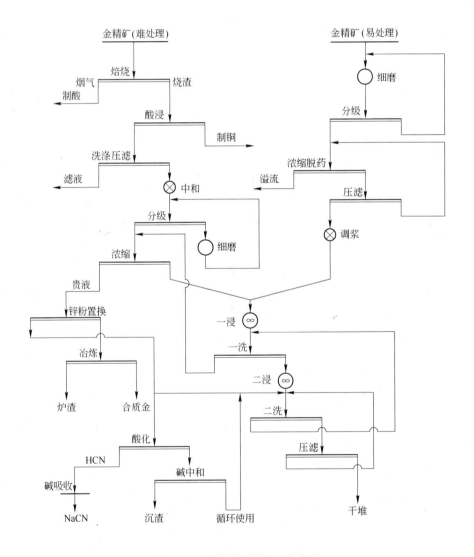

图 3-3 废水循环利用工艺流程

实际运行结果证明，酸化处理后废水中铜含量大幅度降低，铅、锌、铁等杂质也得到了一定程度的控制，完全实现了含氰废水的闭路循环利用。处理结果见表 3 - 1。

表 3 - 1　氰化贫液综合治理前后杂质含量的变化　（mg/L，pH 值除外）

项目名称	总氰	游离氰	铜	铅	锌	铁	pH 值
酸化前	1989.40	900.03	1201.64	300.66	276.81	243.60	10
酸化后	1034.75	450.27	48.24	56.08	87.15	34.77	3
项目名称	总氰	游离氰	铜	铅	锌	铁	pH 值
酸化前	1635.54	809.96	1019.97	415.64	203.01	197.86	10
酸化后	1234.15	459.39	67.08	75.64	63.79	20.58	3
项目名称	总氰	游离氰	铜	铅	锌	铁	pH 值
酸化前	1579.96	904.37	1356.09	279.43	246.72	121.43	10
酸化后	909.44	421.64	30.01	53.48	41.74	18.18	3

薛光等[24,25]采用三步全循环法处理含氰废水，首先采用硫酸酸化处理，沉淀除去铜、铁等重金属离子；然后以氧化钙将酸化溶液中和至 pH 值为 7.5，沉淀溶液中的 SO_4^{2-} 和 AsO_4^{3-} 等阴离子；最后在澄清液中加入研制的 SE 试剂除去溶液中剩余的 Ca。实践证明，该法对处理焙烧—氰化工艺中的含氰废水非常有效，含氰废水经过循环使用可使金的浸出率提高 0.22%，银的浸出率提高 0.79%。该工艺总投资 120 万元，废水处理成本为 18 元/立方米。按年处理 300d、每天处理废水 100t 计算，年处理成本 54 万元，年节约用水 3 万吨，水成本费用 0.45 元/立方米，年节约水费 1.35 万元，回收氰化钠 5.34t（价值 3.36 万元），同时每年回收铜、金、银等有价金属可创收 58.5 万元。该工艺运行后，年可创效益 63.2 万元。

3.6　研究现状与发展趋势

3.6.1　研究现状

李亚峰[26]用硫酸调节含氰废水至强酸性，将各金属离子转化为沉淀而去除，溢出的氰化氢气体经过多次吹脱并用碱液吸收，最终达到综合处理的目的。鲁玉春等[27]所做的两步沉淀处理高铜贫液全循环工业实验，将铜等重金属离子用硫酸沉淀，沉淀后的酸性液体再用氧化钙调回碱性，从而达到全循环工业生产的目的。厚春华[28]研究的三步沉淀全循环法处理含氰废水，是用硫酸沉淀金属离子，然后加氧化钙调节沉淀后液的 pH 值，最后加除钙剂除掉引入的钙离子，从而达到闭路循环的目的。辽宁省黄金冶炼厂通过对含氰废水的简易酸化治理达到除杂净化的目的，既可节省全面污水治理达标排放的高额费用，又可解决尾矿坝浆式堆存厂地的不足，同时还可改善贫液闭路循环后的生产指标，缓解水源缺乏的不利局面，一举多得。采用该简易废水治理工艺可提高金总回收率 1.07%，累计节省污水治理成本 99 万元，综合回收氰化钠 36.2t，节约用水 6 万多立方米，经济效益相当明显[29]。

刘春喜[30]提出了一种膜法和酸化法组合处理回用氰化贫液工艺和方法（CN102311181 A），公开了一种由预处理系统与反渗透/纳滤膜分离系统及酸化工艺等组成，处理、回用有色金属等行业产生的氰化贫液及氰化废液的工艺。其特点是氰化废水经膜系统的分离和浓缩，回收废水中的碱、游离氰化物、金、银、水等有用组分；废水中的铜、锌、铁、钙、镁等对回用有害的组分被浓缩，进行酸化处理回收氰化物、铜、锌后，达标排放。

Mcnamara[31]首先提出的酸化沉淀—再中和法，适用于处理高氰、高铜贫液，适用于老氰化厂酸化法的技术改造，实现贫液的全循环。其原理的前半部分大致与酸化法一样，将贫液酸化至 pH 值为 2 左右，使废水中铜与硫氰根生成 CuSCN 沉淀，$Fe(CN)_6^{4-}$ 与重金属离子生成 $Me_2Fe(CN)_6$ 沉淀，锌以 $Zn(CN)_2$ 沉淀；酸化后不充气吹脱 HCN，使氰留在溶液中；液固分离后，向溶液加石灰中和使之呈碱性，使其中 SO_4^{2-} 与 Ca^{2+} 生成 $CaSO_4$ 沉淀，经再次液固分离后，液相返回氰化系统以利用其中的氰化物，实现贫液的完全循环利用。该工艺的缺点是酸化沉淀有的时候液固分离不好，再中和时会出现铜的反溶现象；中和沉淀后贫液仍会析出 $CaSO_4$ 沉淀，造成管路、阀门堵塞。张胜卓等[32]采用酸化—电解循环工艺处理金矿氰化贫液，通过电解法回收金属铜，酸化法回收部分氰，保持较高的阴极电流效率。研究表明，该工艺可获得含 Cu 97% 以上的合金，电解液含铜由 9.1g/L 降低到 2g/L，阴极电流效率平均 50% 以上，回收的氰化物和处理后的溶液可返回提金工艺循环使用。

3.6.2 发展趋势

酸化回收法是金矿和氰化电镀厂处理含氰废水的传统方法，自诞生之日起，就显示出了较强的生命力。但是，由于氰化废水中金属离子均以 $Zn(CN)_4^{2-}$、$Fe(CN)_6^{4-}$ 或 $Fe(CN)_6^{3-}$、$Cu(CN)_4^{3-}$ 或 $Cu(CN)_3^{2-}$ 等稳定络合物形式存在，使得 pH 值即使降到强酸性也无法使金、铁或铜的氰化物得到完全的分离或沉淀。因此，处理后的废水往往不能直接达到废水的排放标准，一般需要进行二次处理。近年来一些厂家对酸化回收法不断进行技术改造，利用酸化法处理高、中浓度含氰废水的优点，将其与其他新技术（如电渗析法、离子交换法等）组合联用，使其处理工艺日臻完善，氰化物及重金属离子含量能够达到国家排放标准。

参 考 文 献

[1] 薛文平，薛福德，姜莉莉，等. 含氰废水处理方法的进展与评述 [J]. 黄金，2008，29（4）：45～50.
[2] 钱汉卿，左宝昌. 化工水污染防治技术 [M]. 北京：中国石化出版社，2004.
[3] 顾桂松，胡湖生，杨明德. 含氰废水的处理技术最近进展 [J]. 环境保护，2001，（2）：16～19.
[4] 侯雨风，林恒. 试论国内黄金矿山含氰废水的处理 [J]. 黄金，1994，15（9）：46～51.
[5] 赵由才，牛冬杰. 湿法冶金污染控制技术 [M]. 北京：冶金工业出版社，2003.
[6] 周全法，尚通明. 电子废料回收与利用 [M]. 北京：化学工业出版社，2004.
[7] 贵金属生产技术实用手册编委会. 贵金属生产技术实用手册 [M]. 北京：冶金工业出版社，2011.
[8] 寇文胜，陈国民，李倩，等. 含氰废水的综合处理 [J]. 中国有色冶金，2012，（6）：55～58.
[9] Silva A L, Costa R A, Martins A H. Cyanide Regeneration by AVR Process Using Ion Exchange Polymeric Resins [J]. Minerals Engineering, 2003, 16: 555～557.

[10] Bose P, Bose M A, Kumar S. Critical Evaluation of Treatment Strategies Involving Adsorption and Chelation for Wastewater Containing Copper [J]. Zincand Cyanide, Adv. Environ. Res. 2002, 7: 179~195.

[11] Adhoum N, Monser L. Removal of Cyanide from Aqueous Solution Using Impregnated Activated Carbon [J]. Chem. Eng. Process, 2002, 41: 17~21.

[12] Bachiller D, Torre M, Rendueles M. Cyanide Recovery by Ion Exchange from Gold Ore Waste Effluents Containing Copper [J]. Minerals Engineering, 2004, 17: 767~774.

[13] Deveci H, Yazici E Y, Alp I, et al. Removal of Cyanide from Aqueous Solutions by Plain and Metal – Impregnated Granular Activated Carbons [J]. Int. J. Miner. Process, 2006, 79: 198~208.

[14] Ezzi M I, Lynch J M. Biodegradation of Cyanide by Trichoderma Spp. and Fusarium Spp [J]. Enzyme Microb. Tech. , 2005, 36: 849~854.

[15] Akcil A. Destruction of Cyanide in Gold Mill Effluents: Biological Versus Chemical Treatments [J]. Biotechnology Advances, 2003, 21: 501~511.

[16] 兰新哲, 张聪惠, 党晓娥, 等. 提金氰化物回收循环再用技术新进展 [J]. 黄金科学技术, 1999, 7 (3): 40~45.

[17] 杨天足, 等. 贵金属冶金及产品深加工 [M]. 长沙: 中南大学出版社, 2005.

[18] 高大明, 杜淑芬, 徐克贤. 酸化法回收氰化物现状与前景 [J]. 黄金, 1987, 5: 59~63.

[19] Gnena N, Kabasakal O S, Ozdil G. Recovery of Cyanide in Gold Leach Waste Solution by Volatilization and Absorption [J]. Journal of Hazardous Materials, 2004, B113: 231~236.

[20] 刘晓红, 李哲浩. 金精矿浸出含氰废水综合处理的研究与工业实践 [J]. 黄金, 2002, 43 (9): 40~44.

[21] 盛惠敏. 酸化法处理含氰废水 [J]. 新疆有色金属, 2010, (2): 108~110.

[22] 张锦瑞, 贾清梅, 张浩. 提金技术 [M]. 北京: 冶金工业出版社, 2013.

[23] 王绍文, 张宾, 杨景玲, 等. 冶金工业节水减排与废水回用技术指南 [M]. 北京: 冶金工业出版社, 2013.

[24] 薛光, 于永江. 焙烧—氰化工艺中含氰废水处理新方法的研究与应用 [J]. 黄金, 2005, 26 (11): 49~51.

[25] 厚春华. 三步沉淀全循环法处理焙烧—氰化工艺中含氰废水的应用 [J]. 辽宁城乡环境科技, 2007, 27 (3): 49~51.

[26] 李亚峰, 顾涛第. 金矿含氰废水处理技术 [J]. 当代化工, 2003, 3 (1): 1~4.

[27] 鲁玉春, 左玉明, 薛文平. 高铜贫液两步沉淀除杂全循环工业试验的研究 [J]. 黄金, 2000, 21 (3): 45~49.

[28] 厚春华. 三步沉淀全循环法处理焙烧—氰化工艺中含氰废水的应用 [J]. 当代化工, 2007, 27 (3): 49~51.

[29] 杨旭升, 林明国, 童银平. 含氰废水综合治理闭路循环的应用实践 [J]. 黄金, 2001, 22 (7): 40~42.

[30] 刘春喜. 一种膜法和酸化法组合处理回用氰化贫液工艺和方法: 中国, CN102311181 A [P].

[31] 顾桂松, 胡湖生, 杨明德. 含氰废水的处理技术最近进展 [J]. 环境保护, 2001, (2): 16~19.

[32] 胡湖生, 杨明德. 电解—酸化法从高铜氰溶液中回收铜氰锌 [J]. 有色金属, 2000, 52 (3): 61~65.

4 离子交换法

离子交换法（Ion Exchange Process）是液相中的离子和固相中离子间所进行的一种可逆性化学反应，当离子交换固体对液相中某些离子的亲和力较强时，这些离子便会被离子交换固体吸附，为维持水溶液的电中性，离子交换固体必须释出等价离子进入溶液中。离子交换法是一种新型的化学分离过程，也可以说是一种液固体系的传质过程，是从水溶液中提取有用组分的基本单元操作[1]。离子交换介质主要包括离子交换树脂和离子交换纤维，离子交换纤维（Ion Exchange Fiber）是在离子交换树脂产品基础上开发的一种新型纤维状吸附与分离材料。

早在1950年南非就开始研究使用离子交换法处理黄金冶炼行业的含氰废水。1960年苏联开始研究并用离子交换工艺处理了杰良诺夫斯科浮选厂的含氰废水并回收了氰化物和金，1970年投入工业应用并取得了良好的效果。我国用树脂法回收含氰废水中氰化物较为成功的是处理电镀废水。由于电镀废水中氰化物浓度高，金属离子单一，因此选择性好、效率高。而提金氰化废水中所含金属离子种类繁多，体系复杂，很难用单一树脂有效吸附回收，因此目前主要的发展方向是采用多种混合或复合树脂或纤维[2~5]。

西安建筑科技大学贵金属工程研究所、陕西省黄金与资源重点实验室从20世纪90年代起开始离子交换树脂、高分子纤维和碳纤维等高效吸附材料从含氰废水和矿浆中回收氰化物及伴生金属的相关研究[6~11]。根据强碱、弱碱性离子交换树脂的特点，提出了两种离子交换法处理含氰废水的工艺：第一种是用弱碱性阴离子树脂处理高、中浓度含氰废水，如采用南开大学研制的D301弱碱性阴离子树脂，旨在去除废水中的铜、锌，虽废水未达到排放标准，但铜、锌浓度的减少有利于循环使用；第二种是用强碱性树脂处理中、低浓度含氰废水，则以回收氰化物为主，处理后废水循环使用或达标排放，如采用南开大学生产的201×7树脂，D296R、D261等强碱性阴离子交换树脂，对氰化物及有价金属的回收均有较好的效果，此工艺既降低了回收成本，又不易造成二次污染，适宜进一步推广。

本章主要介绍了离子交换树脂的基本知识及其处理提金氰化废水的基本原理、工艺设备及研究进展，并系统总结了西安建筑科技大学贵金属工程研究所多年来在此领域的一些研究结果，以期为离子交换法处理提金氰化废水技术的应用推广提供借鉴。

4.1 离子交换树脂

离子交换树脂是一种具有活性交换基团的不溶性高分子共聚物，其交换基团使用失效后，经过再生恢复交换能力，即可重复使用，它由惰性骨架（母体）、固定基团与活动离子三部分构成。树脂的母体构架（或骨架）由高分子碳链构成，是一种三维多孔性海绵状不规则网状结构，它不溶于一般酸、碱溶液及有机溶剂。在离子交换树脂立体网状结构的惰性骨架上，无规则地连有活性基团（或功能基团），活性基团牢牢地固定在惰性骨架上，不能自由运动，但在发生离子交换行为时，可以进行定向运动[12,13]。

4.1.1　性质及分类

离子交换树脂是具有高分子量的多元酸或多元碱，不溶于大多数的水溶液与非水的介质中。它们的结构可以看作是含有很大的极性交换基团的海绵体，而此种基团是通过三维空间的碳网状结构联合起来的。在离子交换树脂中，有一种离子基团通常是固定于高聚物的网状结构中，所以成为不溶解或不流动的固相。带有相反电荷的离子是流动的，能与周围溶液中其他离子进行交换或"互换"。

离子交换树脂产品种类繁多，按照不同的标准，其分类方法也不同。根据离子交换树脂所带活性基团的性质，可分为强酸性阳离子、弱酸性阳离子、强碱性阴离子、弱碱性阴离子、螯合性、两性及氧化还原树脂。根据离子交换树脂的孔型，可分为凝胶型和大孔型。两者各有优缺点，如凝胶型交换容量大，但孔径小、易污染堵塞，而大孔型具有抗有机物污染的能力。目前我国生产的离子交换树脂以凝胶型为主。根据合成离子交换树脂单体的不同，可分为苯乙烯系、丙烯酸系、环氧系、酚醛系及脲醛系等。其中生产数量最多、应用最为广泛的为苯乙烯系离子交换树脂。另外，根据树脂的特定使用环境和场合，还可以将树脂分为通用型、核级、电子级、食品级、冶金专用树脂等。

离子交换树脂对溶液中的不同离子具有不同的亲和力，对它们的吸附具有选择性。氰化废水中多种金属氰化络合物对阴离子交换树脂有很强的亲和力，所以对废水中氰化物和有价金属的回收一般采用阴离子交换树脂，尤其是强碱性阴离子交换树脂。阴离子交换树脂通常可以分为活性基团为可分离氨基的中等碱性或弱碱性树脂，如伯胺（—NH_2）、仲胺（—$NHCH_3$）和叔胺（—CH_3NCH_3），还有活性基团为季胺盐（—$N(CH_3)_3$）的强碱性树脂。这两种树脂由于其基体的亲水性和离子密度不同决定了对不同阴离子的选择性不同。处理含氰废水时，树脂在水中可电离出阴离子与溶液中的阴离子发生交换。大多强碱性阴离子交换树脂可分为 Cl^- 型和 OH^- 型，OH^- 型强碱性阴离子交换树脂热稳定性较差，限于60℃以下使用。

4.1.2　物理结构

凝胶型树脂的高分子骨架，在干燥的情况下内部没有毛细孔，吸水时溶胀，在大分子链节间形成很微细的孔隙，通常称为显微孔（micro - pore）。湿润树脂的平均孔径为 2 ~ 4nm。这类树脂较适合用于吸附无机离子，而不适合吸附大分子有机物质。无机离子的直径较小，一般为 0.3 ~ 0.6nm，而大分子有机物质的尺寸较大，如蛋白质分子直径为 5 ~ 20nm，不能进入这类树脂的显微孔隙中。

大孔型树脂是在聚合反应时加入致孔剂，形成多孔海绵状构造的骨架，内部有大量永久性的微孔，再导入交换基团制成。它并存有微细孔和大网孔（macro - pore），润湿树脂的孔径达 100 ~ 500nm，其大小和数量都可以在制造时控制，孔道的表面积可以增大到超过 $1000m^2/g$。这不仅为离子交换提供了良好的接触条件，缩短了离子扩散的路程，还增加了许多链节活性中心，通过分子间的范德华力（van de Waals force）产生分子吸附作用，能够像活性炭那样吸附各种非离子性物质，扩大它的功能。一些不带交换功能基团的大孔型树脂也能够吸附、分离多种物质。

大孔树脂内部的孔隙又多又大，表面积很大，活性中心多，离子扩散速度快，离子交换速度也快很多，比凝胶型树脂快约十倍。使用时作用快、效率高，所需处理时间缩短。大孔树脂还有多种优点：耐溶胀、不易碎裂、耐氧化、耐磨损、耐热及耐温度变化，以及对有机大分子物质较易吸附和交换，因而抗污染力强，并且较容易再生。

4.1.3 物理性质

离子交换树脂的颗粒尺寸和有关的物理性质对它的工作性能有很大影响。

4.1.3.1 树脂颗粒尺寸

离子交换树脂通常制成珠状的小颗粒。树脂颗粒较细者，反应速度较大，但细颗粒对液体通过的阻力较大，需要较高的工作压力。因此，树脂颗粒的大小应选择适当。如果树脂粒径在 0.2mm（约为 70 目）以下，会明显增大流体通过的阻力，降低流量和生产能力。

树脂颗粒大小的测定通常用湿筛法，将树脂在充分吸水膨胀后进行筛分，累计其在 20 目、30 目、40 目、50 目……筛网上的留存量，以 90% 粒子可以通过其相对应的筛孔直径，称为树脂的有效粒径。多数通用树脂产品的有效粒径在 0.4 ~ 0.6mm 之间。

树脂颗粒是否均匀以均匀系数表示。它是在测定树脂的有效粒径坐标图上取累计留存量为 40% 的粒子，其相对应的筛孔直径与有效粒径的比例。如一种树脂（IR - 120）的有效粒径为 0.4 ~ 0.6mm，它在 20 目筛、30 目筛及 40 目筛上留存粒子分别为 18.3%、41.1% 及 31.3%，则计算得均匀系数为 2.0。

4.1.3.2 树脂的密度

树脂在干燥时的密度称为真密度。湿树脂每单位体积（含颗粒间空隙）的重量称为视密度。树脂的密度与它的交联度和交换基团的性质有关。通常交联度越高的树脂密度较高，强酸性或强碱性树脂的密度高于弱酸或弱碱性树脂，而大孔型树脂的密度则较低。例如，江苏色可赛思树脂有限公司生产的苯乙烯系凝胶型强酸性阳离子树脂的真密度为 1.26g/mL，视密度为 0.85g/mL；而丙烯酸系凝胶型弱酸性阳离子树脂的真密度为 1.19g/mL，视密度为 0.75g/mL。

4.1.3.3 树脂的溶解性

离子交换树脂应为不溶性物质。但树脂在合成过程中夹杂的聚合度较低的物质，及树脂分解生成的物质，会在工作运行时溶解出来。交联度较低和含活性基团多的树脂，溶解倾向较大。

4.1.3.4 膨胀度

离子交换树脂含有大量亲水基团，与水接触即吸水膨胀。当树脂中的离子变换时，如阳离子树脂由 H^+ 转为 Na^+，阴离子树脂由 Cl^- 转为 OH^-，都因离子直径增大而发生膨胀，增大了树脂的体积。通常交联度低的树脂膨胀度较大。在设计离子交换装置时，必须考虑树脂的膨胀度，以适应生产运行时树脂中离子转换发生的树脂体积变化。

4.1.3.5 耐用性

树脂颗粒使用时有转移、摩擦、膨胀和收缩等变化，长期使用后会有少量损耗和破碎，故树脂要有较高的机械强度和耐磨性。通常，交联度低的树脂较易碎裂，但树脂的耐用性更主要地决定于交联结构的均匀程度及其强度。如大孔树脂，具有较高的交联度者，结构稳定，能耐反复再生。

4.1.4 交换容量

离子交换树脂进行离子交换反应的性能，表现在它的离子交换容量，即每克干树脂或每毫升湿树脂所能交换的离子的摩尔数。对二价或多价离子，离子交换容量为摩尔数乘以离子价数。它又有总交换容量、工作交换容量和再生交换容量三种表示方式[14]：

总交换容量，表示每单位数量（重量或体积）树脂能进行离子交换反应的化学基团的总量。

工作交换容量，表示树脂在某一定条件下的离子交换能力，它与树脂种类和总交换容量以及具体工作条件如溶液的组成、流速、温度等因素有关。

再生交换容量，表示在一定的再生剂用量条件下所取得的再生树脂的交换容量，表明树脂中原有化学基团再生复原的程度。

通常，再生交换容量为总交换容量的50%～90%（一般控制在70%～80%），而工作交换容量为再生交换容量的30%～90%（对再生树脂而言），后一比率也称为树脂的利用率。

在实际使用中，离子交换树脂的交换容量包括了吸附容量，但后者所占的比例因树脂结构不同而异。现仍未能分别进行计算，在具体设计中，需凭经验数据进行修正，并在实际运行时复核之。离子树脂交换容量一般以无机离子为标准进行测定。这些离子尺寸较小，能自由扩散到树脂体内，与它内部的全部交换基团起反应。而在实际应用时，溶液中常含有高分子有机物，它们的尺寸较大，难以进入树脂的显微孔中，因而实际的交换容量会低于用无机离子测出的数值。这种情况与树脂的类型、孔的结构尺寸及所处理的物质有关。

4.1.5 再生方式

离子交换树脂使用一段时间后，吸附的杂质离子接近饱和状态，此时就要进行再生处理。用化学药剂将树脂所吸附的离子和其他杂质洗脱除去，使之恢复原来的组成和性能[15]。在实际运用中，为降低再生费用，要适当控制再生剂用量，使树脂的性能恢复到最经济、最合理的再生水平，通常控制性能恢复程度为70%～80%。如果要达到更高的再生水平，则再生剂用量要大量增加，再生剂的利用率则下降。

树脂的再生应当根据树脂的种类、特性以及运行的经济性，选择适当的再生药剂和工作条件。树脂的再生特性与它的类型和结构有密切的关系。强酸性和强碱性树脂的再生比较困难，需用的再生剂量要比理论值高得多；而弱酸性或弱碱性树脂则比较容易再生，所用再生剂量只需稍多于理论值。此外，大孔型和交联度低的树脂较易再生，而凝胶型和交联度高的树脂则需要较长的再生反应时间。

再生剂的种类应根据树脂的离子类型来选用，并适当地选择价格较低的酸、碱或盐。例如，钠型强酸性阳离子交换树脂可用10% NaCl溶液再生，用药量为其交换容量的2倍（NaCl用量为117g/L树脂）；氢型强酸性阳离子交换树脂用强酸再生，用硫酸时要防止被树脂吸附的钙与硫酸反应生成硫酸钙沉淀物。为此，宜先通入1%～2%的稀硫酸再生。氯型强碱性阴离子交换树脂，主要用NaCl溶液来再生，但加入少量碱有助于将树脂吸附的色素和有机物溶解洗出，故通常使用含 10% NaCl + 0.2% NaOH 的碱盐液再生，常规用量为每升树脂用 150～200g NaCl 及 3～4g NaOH。OH⁻型强碱性阴离子交换树脂则用 4% NaOH 溶液再生。

树脂再生时的化学反应是树脂原先的交换吸附的逆反应。按化学反应平衡原理，提高化学反应某一方物质的浓度，可促进反应向另一方进行。因此，提高再生液浓度可加速再生反应，并达到较高的再生水平。为加速再生化学反应，通常先将再生液加热至 70～80℃。再生液通过树脂的流速一般为每小时溶液量为 1～2 倍的床层体积（BV）。也可采用先快后慢的方法，以充分发挥再生剂的效能。再生时间约为 1h，随后用软水顺流冲洗树脂约 1h（水量约 4BV），待洗水排清之后，再用水反洗，至洗出液无色、无浑浊为止。

污染较严重的树脂，可用酸或碱性食盐溶液反复处理，如先用 10% NaCl + 1% NaOH 碱盐溶液溶解有机物，再用 4% HCl 或分别用 10% NaOH 及 1% HCl 溶解无机物，随后再用 10% NaCl + 1% NaOH 处理，约 70℃条件下进行。如果上述处理的效果未达要求，可用氧化法处理。即用水洗涤树脂后，通入浓度为 0.5% 的次氯酸钠溶液，控制流速为 2～4BV/h，通过量 10～20BV，随即用水洗涤，再用盐水处理。应当注意，氧化处理可能将树脂结构中的大分子连接键氧化，造成树脂的降解，膨胀度增大，容易碎裂，故不宜常用。通常使用 50 周期后才进行一次氧化处理。由于氯型树脂有较强的耐氧化性，故树脂在氧化处理前应用盐水处理，变为氯型，这还可避免处理过程中的 pH 值变化，并使氧化作用比较稳定。

一般情况下，树脂再生可分为顺流再生和逆流再生。顺流再生时原水与再生液流过交换剂层的方向相同，再生液流过交换剂层时首先接触到的是交换剂层上部完全失效的部分，影响交换剂层下部的再生度（离子交换剂层中已再生离子量与全部交换容量的比值），造成处理水质降低、再生剂耗量增加。顺流再生离子交换设备简单，工作可靠，但受原水水质组分影响大，再生后，下部再生度最低。为了提高出水质量和工作交换容量，必须增加再生剂的耗量。逆流再生时原水从交换器上部进入，与再生液的方向相反，再生过程中交换剂层的离子分布状态与顺流再生相比较，提高了再生剂利用率，可降低再生剂耗量 30%～50%。提高了出水质量，可降低清洗水耗量 30%～50%。降低了再生废液排放量与排放浓度，排放再生废液中酸、碱浓度小于 1%。

4.2 氰化物的吸附、解吸原理

离子交换法的基本原理是废水中的吸附能力较强的阴/阳离子在通过离子交换树脂时，与树脂上的可交换的阴/阳离子进行离子交换，最终使废水中的杂质离子吸附在树脂上而树脂上的离子被取代下来进入处理后的废水中。离子交换树脂法处理氰化物就是用阴离子交换树脂（R－Cl 或 R－OH）吸附废水中以阴离子形式存在的各种氰化物，其实质是可逆性化学吸附过程。

4.2.1 吸附过程

提金氰化废水中主要含有游离氰根（CN⁻）、锌氰络合离子 $Zn(CN)_4^{2-}$、铜氰络合离子 $Cu(CN)_4^{3-}$ 或 $Cu(CN)_3^{2-}$、铁氰络合离子 $Fe(CN)_6^{4-}$ 或 $Fe(CN)_6^{3-}$，其中也含有少量的金氰络合离子 $Au(CN)_2^-$、银氰络合离子 $Ag(CN)_2^-$、铅氰络合离子 $Pb(CN)_4^{2-}$ 等。这些金属氰

化络合物对阴离子交换树脂有很强的亲和力，所以对废水中氰化物和有价金属的回收一般采用阴离子交换树脂。

用 R - OH 代表处理后的阴离子交换树脂，其在氰化废水中发生的主要吸附反应如式（4-1）~式（4-4）所示。$Pb(CN)_4^-$、$Ni(CN)_4^-$、$Au(CN)_2^-$、$Ag(CN)_2^-$ 及 $Cu(CN)_2^-$ 等离子的吸附与之类似：

$$R - OH + CN^- \Longrightarrow RCN + OH^- \tag{4-1}$$
$$2R - OH + Zn(CN)_4^{2-} \Longrightarrow R_2Zn(CN)_4 + 2OH^- \tag{4-2}$$
$$2R - OH + Cu(CN)_3^{2-} \Longrightarrow R_2Cu(CN)_3 + 2OH^- \tag{4-3}$$
$$4R - OH + Fe(CN)_6^{4-} \Longrightarrow R_4Fe(CN)_6 + 4OH^- \tag{4-4}$$

硫氰化物的阴离子在树脂上的吸附力比 CN^- 更大，更容易被吸附在树脂上：

$$R - OH + SCN^- \Longrightarrow RSCN + OH^- \tag{4-5}$$

当氰化溶液中游离氰含量较少时，还会发生式（4-6）、式（4-7）的反应：

$$2Zn(CN)_4^{2-} + 2Au + H_2O + 0.5O_2 \Longrightarrow 2Au(CN)_2^- + 2Zn(CN)_2 + 2OH^- \tag{4-6}$$
$$4Cu(CN)_2^- + 2Au + H_2O + 0.5O_2 \Longrightarrow 2Au(CN)_2^- + 4CuCN + 2OH^- \tag{4-7}$$

在强碱性阴离子交换树脂上，提金氰化废水中几种主要阴离子的吸附能力依次为：$Zn(CN)_4^{2-} > Cu(CN)_3^{2-} > SCN^- > CN^- > SO_4^{2-}$。

4.2.2　解吸过程

在吸附槽中，浸出液里的络离子被树脂上的活性基团吸附时，极化力起着决定性作用，由于诱导偶极子的作用，所有氰化络离子都被吸附。若要实现解吸就必须使解吸剂的极化性超过被吸附离子的极化性，或者使用极性有机溶剂，使树脂上的络合阴离子生成不被阴离子树脂吸附的阳离子络合物，从而实现络合阴离子从阴离子树脂上的解吸。

4.2.2.1　酸性硫脲解吸法

树脂能强烈地吸附硫脲分子（物理吸附），即硫脲分子可以竞争树脂上的活性基团取代 CN^-；CN^- 进入溶液中，硫脲与金形成稳定的 $Au[SC(NH_2)_2]_2^+$ 络合阳离子，不再被阴离子交换树脂所吸附，从而得到解吸[16]。其反应如式（4-8）所示：

$$R - Au(CN)_2 + 2SC(NH_2)_2 + 2H_2SO_4 \Longrightarrow R - HSO_4 +$$
$$Au[SC(NH_2)_2]_2^+ + HSO_4^- + 2HCN \tag{4-8}$$

Ag、Cu 等也能与硫脲生成较稳定的络合阳离子而得到解吸，Pb、Zn、Ni、Co、Fe 等虽也能与硫脲反应生成络合阳离子，但它们的稳定性差，所以硫脲对它们的解吸率很低。如南非研究者曾用 1mol/L $SC(NH_2)_2$ 和 1mol/L H_2SO_4 混合液进行无选择性解吸，但解吸效果不是很好，硫脲也很快发生分解。

为了除去硫脲难以解吸的杂质金属和 Ca、Si 等，最大限度恢复树脂吸附容量，研究人员经过大量实验后，在酸性硫脲解吸过程中叠加了一些作业，使之成为分步选择性解吸工艺，它包括：

（1）在硫脲解吸金前，先用无机酸解吸稳定性较差的杂质金属络合物。如对 АП - 2 弱碱性载金树脂实验时，通过 35 倍树脂体积的 0.02mol/L HNO_3 或 0.4mol/L H_2SO_4 溶液，锌的解吸率接近 100%。而使用 HCl 溶液，锌的解吸率只有 50% 左右。当用强碱性 IRA -

400 载金树脂时，Ni 的解吸率接近 100%，Zn 的约 80%，Cu 则不到 10%。

（2）用无机酸洗脱树脂时，金、银等会在树脂上沉淀。如用盐酸时，Ag 会生成 AgCl，Cu 也会因生成 CuCl 沉淀或生成 $CuCl_2$ 而再被树脂吸附，不能实现解吸，Fe 也易生成不溶的蓝色亚铁氰化物沉淀。所以用硫脲解吸前，采用 2mol/L NaCN 预先处理 IRA - 400 载金树脂，Cu、Fe、Ag 的预先洗脱率分别达 95%、65% 和 35%。1972 年 Б. Н. 拉斯科林在硫脲解吸金前，采用浓 NaCN（40g/L）溶液预先处理 AM - 2B 载金树脂，结果 Fe、Cu 的洗脱率近 100%，并同时使 Co 大于 60%、Zn 大于 40%、Ni 约 10% 被洗脱除去。

Б. Н. 拉斯科林于 1979 年发表了他的分步选择性解吸法，该法分四步，即：

（1）用 40g/L 的 NaCN 溶液解吸载金树脂中的 Fe、Cu：

$$R_2 - Cu(CN)_3^{2-} + CN^- \Longrightarrow 2R - CN^- + Cu(CN)_2^- \tag{4-9}$$

$$R_4 - Fe(CN)_6^{4-} + 2CN^- \Longrightarrow 4R - CN^- + Fe(CN)_6^{4-} \tag{4-10}$$

（2）用 20～30g/L 的 H_2SO_4 溶液解吸 Zn、Ni，并使载金树脂中的反离子 CN^- 转变为 SO_4^{2-} 型：

$$R_2 - Zn(CN)_4^{2-} + 2H_2SO_4 \Longrightarrow R_2 - SO_4^{2-} + ZnSO_4 + 4HCN\uparrow \tag{4-11}$$

$$2R - CN^- + H_2SO_4 \Longrightarrow R_2 - SO_4^{2-} + 2HCN\uparrow \tag{4-12}$$

（3）用 80～90g/L 的 $SC(NH_2)_2$ 和 20～30 g/L 的 H_2SO_4 混合液解吸金；

（4）用 30g/L 的 NaOH 溶液处理，使树脂中的 SO_4^{2-} 型转变为 OH^- 型，并可同时除去 AsO_4^{3-}、$S_2O_3^{2-}$、SiO_3^{2-} 及少量残留锌等阴离子。

4.2.2.2　锌氰络合物解吸法

锌氰络合物解吸法是南非提出用于强碱性树脂或含强碱基团的弱碱性双官能团树脂中解吸金的方案[17]。它是先用含锌 30～45g/L 的 $Zn(CN)_4^{2-}$ 络离子将树脂中的金及其他杂质交换出来，再用硫酸和氢氧化钠分步洗脱 Zn 和硫酸，其化学反应如式（4-13）~式（4-15）所示：

$$2R - Au(CN)_2^- + Zn(CN)_4^{2-} \Longrightarrow R_2 - Zn(CN)_4^{2-} + 2Au(CN)_2^- \tag{4-13}$$

$$R_2 - Zn(CN)_4^{2-} + 3H_2SO_4 \Longrightarrow 2R - HSO_4^- + ZnSO_4 + 4HCN\uparrow \tag{4-14}$$

$$2R - HSO_4^- + 2OH^- \Longrightarrow R_2 - SO_4^{2-} + SO_4^{2-} + 2H_2O \tag{4-15}$$

4.2.2.3　硫酸酸化解吸

在吸附氰化物的树脂相中加入硫酸，CN^- 很容易被解吸下来[18]。溶液中发生如下化学反应：

$$R - CN^- + H_2SO_4 \Longrightarrow R - HSO_4^- + HCN\uparrow \tag{4-16}$$

生成的 HCN 气体经鼓风吹脱后，用碱液吸收，反应如下：

$$HCN + NaOH \Longrightarrow NaCN + H_2O \tag{4-17}$$

同时酸还能解吸树脂上负载的 $Zn(CN)_4^{2-}$，并使树脂转化为 SO_4^{2-} 型：

$$R_2 - Zn(CN)_4^{2-} + 2H_2SO_4 \Longrightarrow R_2 - SO_4 + ZnSO_4^{2-} + 4HCN\uparrow \tag{4-18}$$

$$R_2 - Ni(CN)_4^{2-} + 2H_2SO_4 \Longrightarrow R_2 - SO_4 + NiSO_4^{2-} + 4HCN\uparrow \tag{4-19}$$

生成的锌阳离子不被树脂吸附从而得到解吸。铜氰络合物的解吸与其类似，但由于 Cu 离子会以 CuCN 的形式沉积在树脂的内表面，不能全部进入溶液，因此 Cu 离子相对比较难解吸：

$$R_2 - Cu(CN)_3^{2-} + H_2SO_4 \longrightarrow R_2 - SO_4^{2-} + CuCN(S) + 2HCN\uparrow \qquad (4-20)$$

但是，当溶液中的氰以硫氰化物（SCN^-）或铁氰络合物 $Fe(CN)_6^{4-}$ 存在时，轻微的酸化不能使氰化物全部回收。这时的酸化会发生许多副反应，生成 CuSCN 以及其他一些铁氰络合物，如 $Cu_4Fe(CN)_6$ 等。这些物质是很稳定的，经转化不能生成 HCN，然而可以生成 H_2S，但是过程中生成的 H_2S 气体可在吸附器内与碱液作用生成 Na_2S，大大降低氰化物的回收再利用率。

4.2.2.4 高浓度 NaCl 溶液解吸法

G. C. Lukey 等[19]研究表明，采用高浓度盐溶液可从含不同季胺官能团的各种离子交换树脂上选择性淋洗铜和铁的氰化配合物。用含有 200mg/L 游离氰的 KCl 和 $MgCl_2$ 溶液，就可以使铜的解吸率高于 80%，铁的解吸率高于 99%，而金氰化物和锌氰化物几乎不被淋洗。氯离子能与铜铁氰化物竞争树脂上的活性基团，而且这些氰化物的空间位阻和极性使得高浓度盐溶液可以顺利地选择性解吸铜和铁。对强碱性树脂来说，要形成一种简单而有效的从强碱性离子交换树脂上选择性回收金属氰化物的解吸步骤，需要用浓盐溶液淋洗之后，再用常规的硫氰酸盐或氰化锌进行淋洗（即两步淋洗法）。选择性淋洗可使与铜和铁结合的氰化物循环使用，这将显著地降低试剂费用。

4.2.3 吸附过程热力学

4.2.3.1 吸附平衡和吸附热

吸附平衡是指在一定的温度和压力下，气固（或液固）两相充分接触，吸附质将被吸附剂所吸附，随之单位质量吸附剂的吸附量将不断增加，吸附质浓度不断下降。经过一段时间后，吸附量将不随时间而变，流体相和固相间建立了平衡关系[20]。吸附平衡是动态平衡，吸附发生在两相的界面上。

一般说来，吸附可以分为化学吸附和物理吸附。化学吸附是指吸附分子和吸附剂表面的原子反应生成表面络合物，吸附热接近化学反应热，需要一定的活化能。其吸附或解吸速度都要比物理吸附慢。物理吸附即是由范德华力产生的吸附，溶质分子和吸附剂表面分子的吸引力相当于气体液化和蒸汽冷凝时分子之间的引力，其吸附热较低，接近其液体的汽化热或冷凝热，吸附和解吸的速度都很快。对于物理吸附来说，没有选择性，吸附质并不固定在吸附剂表面的特定位置上，而多少能在界面范围内自由移动。影响物理吸附的主要因素是吸附剂的比表面积和细孔分布。事实上，物理吸附和化学吸附之间并没有严格的界限，低温下是物理吸附，高温下可能就是化学吸附了[21]。

吸附通常也可分为气相吸附和液相吸附两大类，因为使用离子交换树脂吸附氰化物，大多是在水溶液中进行的，所以这里着重介绍液相吸附的理论。

A 液相吸附平衡和吸附等温线

液相吸附的机理比气相吸附要复杂，除温度和溶质浓度外，吸附剂和溶质不同都会影响吸附等温线的形状。液相吸附中，除吸附剂对溶质和溶剂的吸附外，溶质的溶解度和离子化，各种溶质之间互相的作用以及共吸附现象都对吸附作用产生不同程度的影响。

关于液相吸附等温线[14]，根据等温吸附曲线初始部分的斜率，可分成四种类型，即 S、L、H、C 型。S 型曲线指吸附分子在吸附剂表面上是垂直定向吸附的；L 型就是 Langmuir 型吸附等温线，被吸附的分子吸附于吸附剂表面为平行状态构成平面，有些时候在被吸附的离子之间有特别强的互相作用力，这些离子互相垂直，当从稀溶液中吸附时，多半是 L 型；H 型则是指吸附剂与吸附质之间有很强的亲和力；C 型是指被吸附组分在溶液和吸附剂表面之间按照一定的分配率进行分配的，所以吸附量与溶液浓度呈线性关系。另外，把等温线初始段对吸附量坐标方向凸出的等温线称为优惠等温线，这种吸附过程称为优惠吸附。

B　等温吸附方程式

表达等温吸附曲线的数学公式，称为等温吸附方程式。在液相吸附过程中，符合的等温方程式有 Langmuir 公式、Freundlich 公式、BET 公式等[22,23]。

Langmuir 公式的假设条件是一个吸附位置只吸附一个分子的被吸附组分，即只形成单分子层，而且被吸附组分分子之间没有相互作用。它的通常表达式见式（4 – 21）：

$$q = \frac{aq_{m}x}{1 + ax} \quad \text{或} \quad \frac{x}{q} = \frac{x}{q_{m}} + \frac{1}{aq_{m}} \tag{4 – 21}$$

式中，q 为某一时间树脂的吸附量，mg/mL；q_{m} 为树脂的饱和吸附量，mg/mL；a 为 Langmuir 常数。

以 x/q 对 x 作图，便可得一条直线，从其斜率（$1/q_{m}$）可以求出形成单分子层的吸附量，从而可计算出吸附剂的比表面积。

Freundlich 公式是指在等温条件下吸附热随着吸附量的增加成对数下降的吸附平衡，这种类型等温吸附的表达式见式（4 – 22）：

$$Q = KC_{e}^{1/n} \quad \text{或} \quad \ln Q = (1/n)\ln C_{e} + \ln K \tag{4 – 22}$$

式中，Q 为某一时间树脂的吸附量，mg/mL；C_{e} 为平衡时溶液残余氰化物浓度，mg/L；$1/n$、K 分别为 Freundlich 常数，通常通过实验确定。Freundlich 等温方程式是经验公式，适用于低浓度的溶液。

Langmuir 公式的前提假设是吸附剂表面上只形成单分子层，若扩展到多分子层的吸附，假定每一层都符合 Langmuir 公式，便可得到 BET 公式，因此 BET 公式称为多层等温吸附曲线。其表达式见式（4 – 23）：

$$q = \frac{q_{m}C\dfrac{x}{x_{0}}}{\left(1 - \dfrac{x}{x_{0}}\right)\left(1 - \dfrac{x}{x_{0}} + C\dfrac{x}{x_{0}}\right)} \tag{4 – 23}$$

式中，q 为某一时间树脂的吸附量，mg/mL；q_{m} 为树脂的饱和吸附量，mg/mL；C 为常数，x_{0} 为被吸附物质的溶解度，g/L。

C　吸附热

气体或液体混合物和吸附剂相接触时，吸附质为吸附剂吸附，伴随着吸附过程会发生能量效应，是吸附质进入吸附剂表面和毛细孔的重要特征。吸附热可以准确的表示吸附现象的物理或化学本质以及吸附剂的活性，对于了解表面过程、固体表面的结构和非均一性都有帮助。

吸附热数值的大小可以用积分吸附热和微分吸附热表示，通常用焓变值 $\Delta H^{\ominus}$ 表示。在吸附和解吸过程的机理中，$\Delta H^{\ominus}$ 值也是表征物理吸附和化学吸附的重要标志之一。

由 Clausius-Clapeyron 方程：

$$\ln C_e = -\ln K_0 + \frac{\Delta H^\ominus}{RT} \qquad (4-24)$$

式中，C_e 为吸附平衡时的平衡浓度，mg/L；T 为热力学温度，K；R 为理想气体常数；$\Delta H^\ominus$ 为等量吸附焓，kJ/mol；K_0 为常数。

通过测定各种温度下离子交换树脂对氰化物的吸附等温线，再由吸附等温线做出不同等吸附量时的吸附等量线 $\ln C_e$—$1/T$。用线性回归法求出各吸附量所对应的斜率，计算出不同吸附量时的等量吸附焓。

吸附自由能的值可以通过 Gibbs 方程从吸附等温线衍生得到[24,25]：

$$\Delta G^\ominus = -RT\int_0^x q\frac{dx}{x} \qquad (4-25)$$

式中，q 为吸附量，mol/g；x 为溶液中吸附质的摩尔分数。q 和 x 的关系符合 Freundlich 方程，即 $q = k/n$，将式（4-22）代入式（4-25）得到的吸附自由能与 q 无关：

$$\Delta G^\ominus = -nRT \qquad (4-26)$$

式中，n 为 Freundlich 方程指数。将 n 值代入可求得不同温度下的 $\Delta G^\ominus$。

D 吸附熵 $\Delta S^\ominus$

吸附熵 $\Delta S^\ominus$ 可按 Gibbs Helmholtz 方程计算：

$$\Delta S^\ominus = (\Delta H^\ominus - \Delta G^\ominus)/T \qquad (4-27)$$

吸附自由能 $\Delta G^\ominus$ 是吸附驱动力的体现。吸附自由能为负值，说明离子交换树脂对氰化物的吸附过程是可以自发进行的，即氰化物容易被该离子交换树脂吸附。吸附熵 $\Delta S^\ominus$ 一般为正值，这是因为水的相对分子质量和分子体积与氰化物相比很小，离子交换树脂在吸附氰化物分子后，使氰化物分子的运动比在水溶液中更规则，即氰化物分子在树脂上的运动不如在水溶液中的运动自由。因此，对于离子交换树脂吸附氰化物分子来说，应该是一个熵变减少的过程，但是由于在吸附氰化物的同时有大量水分子被解吸下来，水分子很小，其解吸过程由原来在树脂上的整齐、紧密排列到解吸后的自由运动，所以树脂对氰化物的吸附过程是个熵增的变化过程。

4.2.3.2 吸附热力学研究

西安建筑科技大学贵金属工程研究所对不同类型树脂对提金氰化废水的吸附热力学进行了研究[26~29]。研究结果表明，201×7 强碱性树脂对游离氰、锌氰络合物、铜氰络合物及铁氰络合物的吸附过程均符合 Freundlich 吸附等温式。

根据式（4-22），分别以吸附量 Q—C 以及 $\lg Q$—$\lg C$ 做图，从树脂吸附的平衡等温线的斜率和截距可以求得树脂对氰化物的吸附常数 K 及常数 n。$1/n$ 的数值一般在 0 到 1 之间，其值的大小表示浓度对吸附量影响的强弱。$1/n$ 越小，吸附性能越好。$1/n$ 在 0.1 ~ 0.5，则易于吸附；$1/n > 2$ 时，则难以吸附。K 值可视为单位浓度为 C 时的吸附量，一般来说，K 随温度的升高而降低。

A 游离氰的吸附

D2-1 与 201×7 两种树脂对游离氰的吸附实验结果如图 4-1 ~ 图 4-3 及表 4-1 所示。研究结果表明，D2-1 与 201×7 两种树脂对氰化物的吸附均为吸热反应，升高温度有利于吸附的进行，但温度对吸附的影响不是很明显，可以选择常温进行吸附。吸附过程

焓变 ΔH 小于 40kJ/mol，且 ΔG 随着温度的变化较小，说明吸附属于物理吸附范畴，自由能减小和熵增大是该吸附的推动力。随着水相平衡 CN^- 的增加，树脂的吸附量也增加，从直线的斜率和截距可以求得 D2 - 1 树脂吸附过程 K 值为 0.83，n 为 1.95；201 × 7 树脂吸附过程 K 值为 1.52，n 为 1.97。

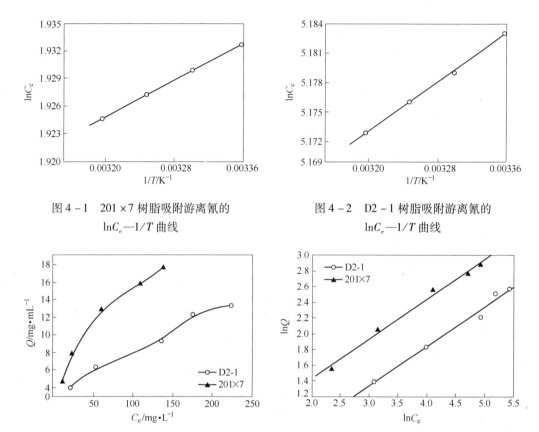

图 4 - 1　201 × 7 树脂吸附游离氰的　　　　图 4 - 2　D2 - 1 树脂吸附游离氰的
　　　　　　$\ln C_e$—$1/T$ 曲线　　　　　　　　　　　　　　　$\ln C_e$—$1/T$ 曲线

图 4 - 3　树脂吸附等温线

表 4 - 1　D2 - 1 和 201 × 7 树脂吸附游离氰的热力学参数

树脂型号	$\Delta H/\text{kJ} \cdot \text{mol}^{-1}$	温度 T/K	$\Delta G/\text{kJ} \cdot \text{mol}^{-1}$	$\Delta S/\text{J} \cdot (\text{K} \cdot \text{mol})^{-1}$
D2 - 1	0.523	298	- 4.83138	25.61679
		303	- 4.91245	25.58783
		308	- 4.99351	25.55981
		313	- 5.07457	25.53268
201 × 7	0.949	298	- 4.88093	19.56354
		303	- 4.96283	19.51099
		308	- 5.04472	19.46014
		313	- 5.12662	19.41092

B　锌氰络合离子的吸附

201 × 7 树脂对锌氰络合物的吸附过程热力学研究结果如图 4 - 4、图 4 - 5 及表 4 - 2

所示，结果表明，201×7 树脂对锌氰络合物的吸附 K 值为 0.88，常数 n 为 1.37，$1 < n <$ 2 说明该反应比较容易进行。吸附过程中 $\Delta H^{\ominus}$ 为 31.162kJ/mol，说明吸附过程属于吸热反应，$\Delta G^{\ominus} < 0$ 说明树脂对锌氰络合物的吸附是自发进行的，但随温度变化其值变化很小，说明温度对吸附过程影响不大。

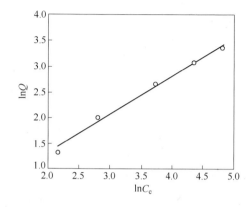

图 4-4　201×7 树脂吸附锌氰络离子等温线

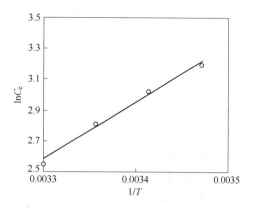

图 4-5　201×7 树脂吸附锌氰络离子
的 $\ln C_e$—$1/T$ 曲线

表 4-2　201×7 树脂吸附锌氰络离子的热力学参数

$\Delta H/\text{kJ} \cdot \text{mol}^{-1}$	温度 T/K	$\Delta G/\text{kJ} \cdot \text{mol}^{-1}$	$\Delta S/\text{J} \cdot (\text{K} \cdot \text{mol})^{-1}$
31.162	288	-3.280	119.592
	293	-3.337	117.745
	298	-3.394	115.961
	303	-3.451	114.235

C　铜氰络离子的吸附

201×7 树脂对铜氰络合物的吸附过程热力学研究结果如图 4-6、图 4-7 及表 4-3 所示，结果表明，201×7 树脂对铜氰络合物的吸附 K 值为 0.27，常数 n 为 0.60，$n < 1$ 说

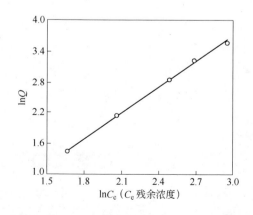

图 4-6　201×7 树脂吸附铜氰络离子等温线

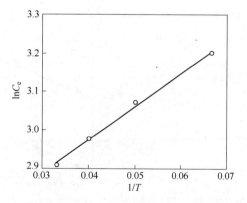

图 4-7　201×7 树脂吸附铜氰络离子
的 $\ln C_e$—$1/T$ 曲线

明该反应较难进行。吸附过程 $\Delta H^{\ominus}$ 为 0.072kJ/mol，说明吸附过程属于吸热反应，升高温度有利于吸附反应的发生，但温度的变化对其吸附效果影响不是很大。$\Delta G^{\ominus} < 0$ 说明，实验条件下，201 ×7 树脂对铜氰络合物的吸附是自发进行的，但随温度变化其值变化很小，说明温度对吸附过程影响不大。

表 4 - 3 201 ×7 树脂吸附铜氰络离子的热力学参数

$\Delta H/\text{kJ} \cdot \text{mol}^{-1}$	温度 T/K	$\Delta G/\text{kJ} \cdot \text{mol}^{-1}$	$\Delta S/\text{J} \cdot (\text{K} \cdot \text{mol})^{-1}$
0.072	288	-1.441	5.253
	293	-1.466	5.249
	298	-1.491	5.245
	303	-1.516	5.241

D 铁氰络离子的吸附

201 ×7 树脂对铁氰络合物的吸附过程热力学研究结果如图 4 - 8、图 4 - 9 及表 4 - 4、表 4 - 5 所示。结果表明，201 ×7 树脂对 $Fe(CN)_6^{4-}$ 和 $Fe(CN)_6^{3-}$ 的吸附符合 Freundlich 经

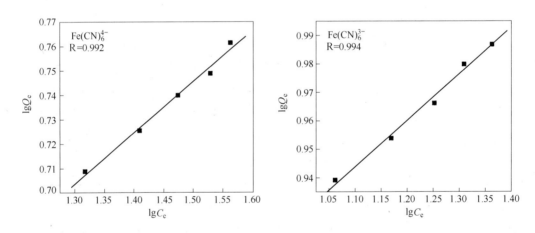

图 4 - 8 $Fe(CN)_6^{4-}$ 和 $Fe(CN)_6^{3-}$ 的 $\lg Q_e$—$\lg C_e$ 曲线

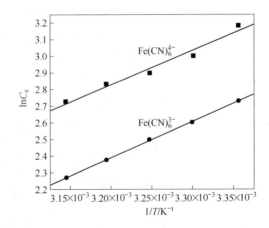

图 4 - 9 $Fe(CN)_6^{4-}$ 和 $Fe(CN)_6^{3-}$ 的 $\ln C_e$—$1/T$ 曲线

验等温式，其中对 $Fe(CN)_6^{4-}$ 的 K 为 1.3762，n 为 4.7861，n 值介于 2 ～ 10 之间，说明 201×7 树脂对 $Fe(CN)_6^{4-}$ 和 $Fe(CN)_6^{3-}$ 的吸附均是容易进行的。吸附过程 $\Delta H^{\ominus}$ 分别为 17.26kJ/mol 及 18.21kJ/mol，说明吸附过程属于吸热反应，升高温度有利于吸附反应的发生。$\Delta G^{\ominus} < 0$ 说明，实验条件下 201×7 树脂对铁氰络合物的吸附是自发进行的，但随温度变化其值变化很小，说明温度对吸附过程影响不大，吸附可在常温下进行。

表 4 – 4　不同温度下 $Fe(CN)_6^{4-}$ 和 $Fe(CN)_6^{3-}$ 的吸附平衡浓度 C_e　　　（mg/L）

温度/K	吸附离子	
	$Fe(CN)_6^{4-}$	$Fe(CN)_6^{3-}$
298	24.045	15.325
303	20.106	13.489
308	18.213	12.154
313	16.944	10.714
318	15.178	9.655

注：初始溶液浓度 $[Fe(II)]_0 = 80.231$mg/L，$[Fe(III)]_0 = 85.607$mg/L；$T = 298$K；溶液体积 600mL。

表 4 – 5　201×7 树脂吸附 $Fe(CN)_6^{4-}$ 和 $Fe(CN)_6^{3-}$ 的吸附热力学参数

离　子	$\Delta H / kJ \cdot mol^{-1}$	温度 T/K	$\Delta G / kJ \cdot mol^{-1}$	$\Delta S / J \cdot (K \cdot mol)^{-1}$
$Fe(CN)_6^{4-}$	17.26	298	-11.858	97.71
		303	-12.057	96.76
		308	-12.256	95.83
		313	-12.455	94.94
		318	-12.654	94.07
$Fe(CN)_6^{3-}$	18.21	298	-15.225	112.20
		303	-15.480	111.19
		308	-15.736	110.21
		313	-15.991	109.27
		318	-16.247	108.36

4.2.4　吸附过程动力学

4.2.4.1　吸附动力学模型

从宏观效果上看，离子交换或吸附都是溶解在水相中的溶质组分向固相（离子交换树脂）转移和积聚（或者是相反过程），使其在固液两相中的浓度发生明显变化。当与水接触而水分子进入树脂内部后，其极性基团上的离子水化而溶胀。溶胀的树脂为凝胶状，含有大量的水分子，就像浸在水中一样，因此可视为电解质。这类电解质的许多性质与溶液中的电解质很相似，主要不同在于树脂的固定离子太大，难以进入溶液。树脂与溶液中的离子交换反应一般可视为液相中的反应来进行处理。

树脂与溶液接触进行的离子交换反应，不仅发生在树脂颗粒的表面，更主要的是发生在颗粒的内部。当溶液中的欲交换离子扩散到树脂表面后，还需要经过以下五个步骤，才能完成一个交换过程[30]：

(1) 被吸附的离子穿过树脂颗粒表面的液膜（膜扩散）；

(2) 继续在树脂相（即在树脂颗粒内）扩散（孔道扩散），达到交换位置；

(3) 被吸附离子与树脂上的活性基团发生交换；

(4) 交换下来的离子在树脂相内扩散，扩散至颗粒表面；

(5) 穿过颗粒表面的液膜，进入主体溶液。

离子交换速度一般不取决于实际的离子交换反应本身，而主要由扩散过程所控制。一是离子的扩散通过围绕在树脂表面的液膜，即膜扩散；二是离子的扩散通过树脂本身的孔道，即孔道扩散，两者之中较慢的一个控制着离子交换的速度。

在早期的离子交换反应动力学研究中，通常都是将离子交换反应看成一般的化学反应，认为反应速度仅仅与离子的浓度、反应速度常数和反应级数有关。后来的研究工作证明决定交换反应速度的步骤绝不是交换反应本身，而是进行交换反应的离子的扩散，即均相颗粒扩散模型（HPDM）。后来又提出了离子交换反应的层进机理，称为动边界模型或者收缩核模型（SPM）[31~35]。

A　均相颗粒扩散模型

在 HPDM 模型中，离子交换机理是液相中的络合阴离子与树脂相中的 Cl^- 离子存在着反向扩散。阴离子必须通过树脂颗粒周围的液膜扩散到固液相界面，随后扩散到树脂相。树脂上的 Cl^- 离子则由树脂相通过固液相界面扩散到液相。溶液中络合阴离子与 Cl^- 离子之间的交换可以用 Nernst Plank 方程进行描述。

如果离子交换速率是由树脂相决定的，则控制方程为：

$$-\ln(1-X^2)=2kt \quad 其中 \quad k=\frac{D_r\pi^2}{r_0^2} \tag{4-28}$$

如果离子交换速率是由液膜扩散控制的，则表达方程为：

$$-\ln(1-X)=kt \quad 其中 \quad k=\frac{3DC}{r_0C_r} \tag{4-29}$$

B　动边界模型（收缩核模型）

当聚合物材料的空隙率比较小时，离子交换反应可以用动边界模型来表达。根据动边界模型，吸附速率是离子与树脂间亲和力的有效描述。因为提金废水中各种络合阴离子都与 201×7 树脂有相当大的结合力，所以可以用该模型对吸附数据进行拟合。

液膜扩散控制：

$$X=\frac{3C_0K_m}{a_0r_0C_{s0}}t \tag{4-30}$$

颗粒扩散控制：

$$3-3(1-X)^{2/3}-2X=\frac{6D_{e,r}C_0}{a_0r_0^2C_{s0}}t \tag{4-31}$$

化学反应控制：

$$1-(1-X)^{1/3}=\frac{k_SC_0}{r_0}t \tag{4-32}$$

$$X = Q_t/Q_\infty;\qquad(4-33)$$

式中，X 为交换度，有时也用 F 表示；k 为液膜扩散速率常数，s^{-1}；D_r 为固相中的扩散系数，m^2/s；D 为液相中的扩散系数，m^2/s；C 为两种交换物质的总浓度，mol/L；C_r 为离子交换介质中两种交换物质的总浓度，mol/L；C_0 为溶液中物质的浓度，mol/L；K_m 为物质通过液膜的传递系数，m/s；a_0 为化学计量系数；r_0 为树脂的初始半径，m；C_{s0} 为树脂中未反应物质的浓度，mol/L；$D_{e,r}$ 为固相中的扩散系数，m^2/s；k_S 为表面反应常数，m/s；Q_t 为 t 时刻的吸附量，mg/mL；Q_∞ 为平衡时的吸附量，mg/mL。

4.2.4.2 吸附动力学研究

A 氰离子的吸附[27,36]

201×7 树脂对游离氰化物的吸附动力学实验研究结果如图 4-10、图 4-11 所示。结果表明，201×7 树脂对游离氰化物的静态饱和吸附量为 25.39mg/mL 湿树脂；吸附过程是以液膜扩散为主控步骤，吸附速率常数 $k = 1.01 \times 10^{-2} s^{-1}$。

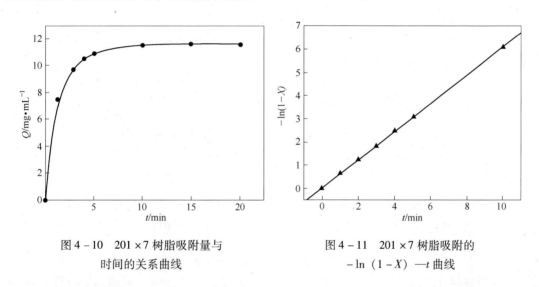

图 4-10 201×7 树脂吸附量与
时间的关系曲线

图 4-11 201×7 树脂吸附的
$-\ln(1-X)$—t 曲线

B 铜氰络离子的吸附[26]

201×7 树脂对铜氰络离子的吸附动力学实验研究结果如图 4-12～图 4-14 及表 4-6、

表 4-6 201×7 树脂吸附铜氰络离子的 Q_t、Q_∞ 数据 （mg/mL）

时间/min		1	3	5	10	15	30	60
15℃	Q_t	20.91	24.77	28.28	31.68	32.65	32.75	32.94
	Q_∞	62.35	62.35	62.35	62.35	62.35	62.35	62.35
20℃	Q_t	20.94	24.50	27.75	32.74	33.21	33.33	33.53
	Q_∞	63.36	63.36	63.36	63.36	63.36	63.36	63.36
25℃	Q_t	20.83	23.49	25.94	33.33	33.38	33.53	33.75
	Q_∞	63.65	63.65	63.65	63.65	63.65	63.65	63.65
30℃	Q_t	19.75	22.66	25.39	31.45	33.87	34.03	34.28
	Q_∞	64.53	64.53	64.53	64.53	64.53	64.53	64.53

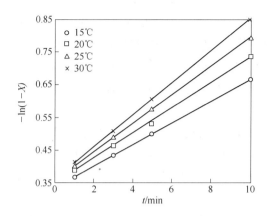

图 4 - 12 铜氰络离子吸附的 $-\ln(1-X)$—t 曲线

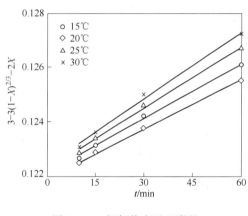

图 4 - 13 铜氰络离子吸附的
$3-3(1-X)^{2/3}-2X$—t 曲线

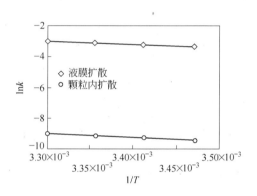

图 4 - 14 铜氰络离子吸附不同
阶段的 $\ln k$—$1/T$ 曲线

表 4 - 7 的结果表明, 201×7 树脂对铜氰络离子的静态饱和吸附量为 93.09mg/g (干树脂), 吸附过程分为两个阶段: 第一阶段是以液膜扩散为主控步骤, 而第二阶段符合颗粒内扩散动力学方程。液膜扩散及颗粒内扩散过程的表观活化能分别为 18.07kJ/mol 与 21.09kJ/mol。

表 4 - 7 不同温度下铜氰络离子吸附的速率常数 　　　　　　　　　　 (s^{-1})

温度/℃	15	20	25	30
液膜扩散速率常数 k	0.0337	0.03868	0.0437	0.049
颗粒内扩散速率常数 k'	7.876×10^{-5}	9.661×10^{-5}	1.093×10^{-4}	1.226×10^{-4}

C 锌氰络离子的吸附[26]

201×7 树脂对锌氰络离子的吸附动力学实验研究结果如图 4 - 15 ~ 图 4 - 17 及表 4 - 8、表 4 - 9 所示, 结果表明, 201×7 树脂对锌氰络离子的静态饱和吸附量为 99.54mg/g (干树脂), 吸附过程同样分为两个阶段, 第一阶段是以液膜扩散为主控步骤, 而第二阶段符合颗粒内扩散动力学方程。液膜扩散及颗粒内扩散过程的表观活化能分别为 14.79kJ/mol 与 15.36kJ/mol。

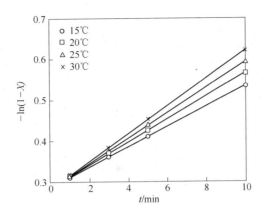

图 4 – 15 锌氰络离子吸附的 $-\ln(1-X)$—t 曲线

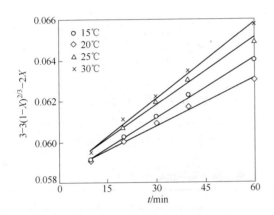

图 4 – 16 锌氰络离子吸附的
$3 - 3(1 - X)^{2/3} - 2X$—t 曲线

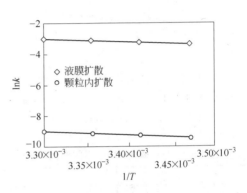

图 4 – 17 锌氰络离子吸附不同阶段
的 $\ln k$—$1/T$ 曲线

表 4 – 8 201 ×7 树脂吸附锌氰络离子的 Q_t、Q_∞ 数据   （mg/mL）

时间/min		1	3	5	10	20	30	40	60
15℃	Q_t	18.36	20.61	23.16	28.39	26.32	26.49	26.63	26.88
	Q_∞	68.56	68.56	68.56	68.56	68.56	68.56	68.56	68.56
20℃	Q_t	18.70	21.25	24.27	29.90	26.67	26.86	27.07	27.37
	Q_∞	69.35	69.35	69.35	69.35	69.35	69.35	69.35	69.35
25℃	Q_t	18.59	21.64	24.75	30.94	26.75	27.00	27.23	27.53
	Q_∞	69.33	69.33	69.33	69.33	69.33	69.33	69.33	69.33
30℃	Q_t	18.67	21.83	25.12	31.82	26.67	26.89	27.14	27.54
	Q_∞	68.95	68.95	68.95	68.95	68.95	68.95	68.95	68.95

表 4 – 9 不同温度下锌氰络离子吸附的速率常数   （s^{-1}）

温度/℃	15	20	25	30
液膜扩散速率常数 k	0.0249	0.0279	0.031	0.0338
颗粒内扩散速率常数 k'	6.056×10^{-5}	6.663×10^{-5}	7.416×10^{-5}	8.127×10^{-5}

D 铁氰络离子的吸附[29,37]

201×7 树脂对铁氰络离子的吸附动力学实验研究结果如图 4-18、图 4-19 及表 4-10～表 4-13 所示。结果表明，201×7 树脂对 $Fe(CN)_6^{4-}$ 和 $Fe(CN)_6^{3-}$ 的饱和吸附容量分别为 5.62mg/mL（干树脂）和 8.82mg/mL（干树脂），吸附过程符合 Body 液膜扩散方程，吸附速率常数分别为 $3.308 \times 10^{-3}s^{-1}$、$5.498 \times 10^{-3}s^{-1}$；液膜传质系数分别为 $4.325 \times 10^{-3}m/s$、$6.321 \times 10^{-3}m/s$。吸附表观活化能分别为 10.67kJ/mol 和 10.38kJ/mol。

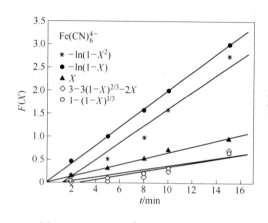

图 4-18 $Fe(CN)_6^{4-}$ 的 $F(X)$—t 曲线 　　　图 4-19 $Fe(CN)_6^{3-}$ 的 $F(X)$—t 曲线
（树脂 5.0mL，$[Fe(II)]_0 = 80.037mg/L$，$[Fe(III)]_0$ 　（树脂 5.0mL，$[Fe(II)]_0 = 80.037mg/L$，$[Fe(III)]_0$
$= 84.690mg/L$，$T = 298K$，溶液体积 600.0mL）　$= 84.690mg/L$，$T = 298K$，溶液体积 600.0mL）

表 4-10　不同时间 201×7 树脂对铁氰络合离子的吸附量 Q　　　　（mg/mL）

离子类型	时间/min						
	2	5	8	10	15	20	30
$Fe(CN)_6^{4-}$	2.0484	3.5473	4.4133	5.0016	5.3651	5.6174	5.6174
$Fe(CN)_6^{3-}$	5.2234	6.7099	8.1839	8.5897	8.8160	8.8059	8.8159

表 4-11　不同时间 201×7 树脂对铁氰络合离子的交换度 X　　　　（mg/mL）

离子类型	时间/min						
	2	5	8	10	15	20	30
$Fe(CN)_6^{4-}$	0.3647	0.6315	0.7906	0.8904	0.9551	1	1
$Fe(CN)_6^{3-}$	0.5925	0.7611	0.9283	0.9743	1	1	1

表 4-12　根据方程 $-\ln(1-X) = kt$ 进行的线性拟合结果

离子	样品	初始浓度/mg·L^{-1}	方程截距	线性相关系数 r	速率常数 k/s^{-1}	k 平均值/s^{-1}
$Fe(CN)_6^{4-}$	1	41.231	2.04×10^{-2}	0.988	3.308×10^{-3}	
	2	60.048	1.21×10^{-2}	0.993	3.306×10^{-3}	
	3	79.159	1.52×10^{-2}	0.997	3.308×10^{-3}	3.308×10^{-3}
	4	101.024	1.07×10^{-2}	0.986	3.309×10^{-3}	
$Fe(CN)_6^{3-}$	1	40.265	1.71×10^{-2}	0.992	5.499×10^{-3}	
	2	61.387	3.04×10^{-2}	0.990	5.496×10^{-3}	
	3	82.016	2.72×10^{-2}	0.998	5.498×10^{-3}	5.498×10^{-3}
	4	99.348	2.29×10^{-2}	0.989	5.499×10^{-3}	

表 4 – 13 根据方程 $X = \dfrac{3C_0 K_m}{a_0 r_0 C_{s_0}} t$ 进行的线性拟合结果

离 子	样品	初始浓度/mg·L^{-1}	方程截距	线性相关系数 r	传质系数 K_m/m·s^{-1}	K_m 平均值/m·s^{-1}
Fe(CN)$_6^{4-}$	1	42.310	3.09×10^{-3}	0.991	4.323×10^{-3}	4.325×10^{-3}
	2	58.324	2.17×10^{-3}	0.989	4.325×10^{-3}	
	3	80.235	3.75×10^{-3}	0.996	4.327×10^{-3}	
	4	99.309	3.87×10^{-3}	0.992	4.325×10^{-3}	
Fe(CN)$_6^{3-}$	1	38.267	2.01×10^{-3}	0.995	6.320×10^{-3}	6.321×10^{-3}
	2	60.231	4.02×10^{-3}	0.987	6.320×10^{-3}	
	3	81.067	3.18×10^{-3}	0.994	6.321×10^{-3}	
	4	98.967	2.46×10^{-3}	0.989	6.323×10^{-3}	

4.2.5 解吸过程动力学

4.2.5.1 硫酸解吸

硫酸解吸可以有效回收树脂表面负载的游离氰及锌氰络离子，解吸动力学实验结果如图 4 – 20、图 4 – 21 及表 4 – 14、表 4 – 15 所示[26,38]。结果表明，硫酸解吸锌氰络离子的行为符合 Body 液膜扩散方程，解吸过程是以液膜扩散为主要控制步骤的；随着温度的升高，解吸速率常数逐渐增加。解吸过程的表观活化能为 31.10kJ/mol。

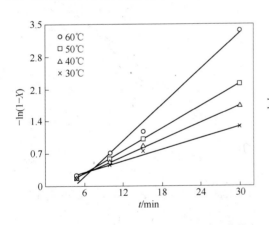

图 4 – 20 不同温度下的 $-\ln(1-X)$—t 曲线

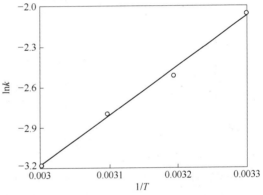

图 4 – 21 硫酸解吸的 $-\ln k$—$1/T$ 曲线

表 4 – 14 锌氰络离子解吸量 （mg/mL）

时间/min	5	10	15	30
30℃	4.96	12.42	17.36	23.22
40℃	5.35	13.06	19.16	26.73
50℃	5.72	14.84	20.86	29.00
60℃	6.16	16.45	22.68	31.48

表 4 – 15 不同温度下硫酸解吸的速率常数

温度/℃	30	40	50	60
速率常数 k/s^{-1}	4.19×10^{-2}	6.12×10^{-2}	8.06×10^{-2}	1.298×10^{-1}

4.2.5.2 氨水解吸

硫酸解吸后，铜氰络离子会转化为 CuCN 沉积于树脂表面，因此采用氨水进行再解吸。氨水解吸动力学实验结果如图 4 – 22 ~ 图 4 – 26 所示[39~41]。结果表明，氨水解吸铜的行为符合 Body 液膜扩散方程，解吸过程是以液膜扩散为主要控制步骤，解吸速率常数为 $5.73 \times 10^{-4} s^{-1}$，解吸过程的表观活化能为 11.21kJ/mol。

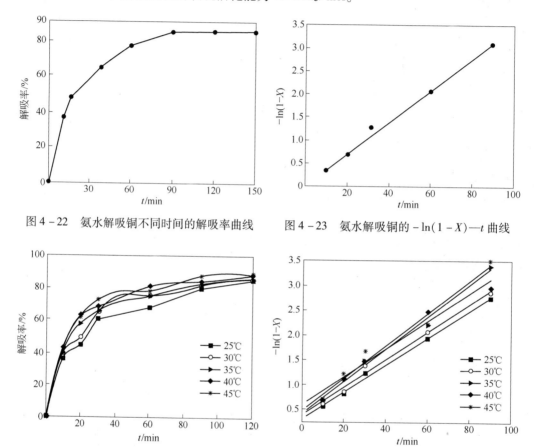

图 4 – 22　氨水解吸铜不同时间的解吸率曲线　　图 4 – 23　氨水解吸铜的 $-\ln(1-X)$—t 曲线

图 4 – 24　氨水解吸铜不同温度的解吸率曲线　　图 4 – 25　不同温度下的 $-\ln(1-X)$—t 曲线

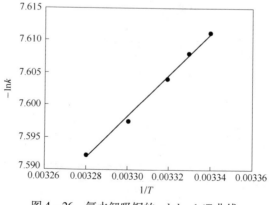

图 4 – 26　氨水解吸铜的 $-\ln k$—$1/T$ 曲线

4.2.5.3 Fe(CN)$_6^{3-}$的还原解吸

201×7 树脂表面负载的 Fe(CN)$_6^{3-}$离子采用常规解吸手段是很难完全解吸的，但是采用水合肼和氯化钠的混合溶液可以使其顺利解吸下来[42]。解吸动力学实验结果如图 4-27 ~ 图 4-31 及表 4-16 所示。结果表明，Fe(CN)$_6^{3-}$络离子的解吸符合 Body 液膜扩

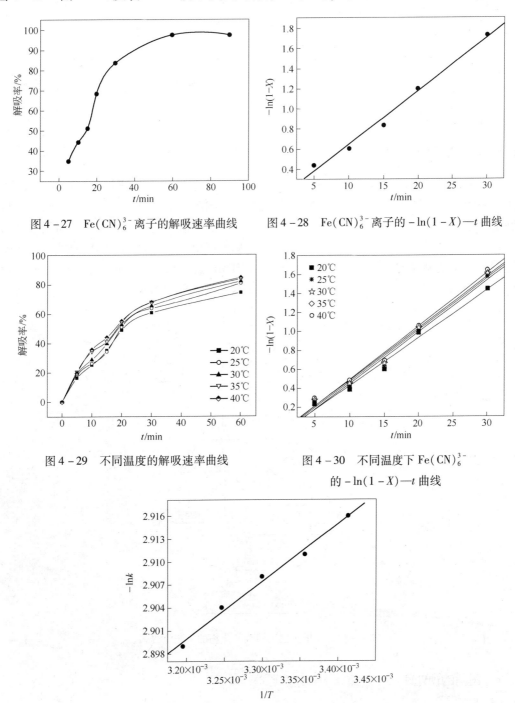

图 4-27 Fe(CN)$_6^{3-}$离子的解吸速率曲线　　图 4-28 Fe(CN)$_6^{3-}$离子的 -ln(1-X)—t 曲线

图 4-29 不同温度的解吸速率曲线　　图 4-30 不同温度下 Fe(CN)$_6^{3-}$

的 -ln(1-X)—t 曲线

图 4-31 Fe(CN)$_6^{3-}$的 -ln$k$—1/T 曲线

散方程,解吸速率常数为 $8.88 \times 10^{-4} s^{-1}$。解吸过程的表观活化能为 $0.625kJ/mol$,小于 $40kJ/mol$,表明反应速率对温度不敏感,解吸过程可以在常温下进行。

表 4-16 不同温度下的解吸表观速率常数

温度/℃	表观速率常数/s^{-1}	温度/℃	表观速率常数/s^{-1}
20	8.405×10^{-4}	35	9.110×10^{-4}
25	9.067×10^{-4}	40	9.367×10^{-4}
30	9.087×10^{-4}		

4.3 离子交换工艺及设备

4.3.1 基本工艺流程

离子交换法综合回收提金氰化废水中氰化物和有价金属,一般可分为树脂的预处理、吸附、解吸及再生四个程序。废水中的吸附能力较强的阴离子在通过离子交换树脂时,与树脂上可交换的阴离子进行离子交换,最终使废水中的杂质吸附在树脂上,而树脂上的阴离子被取代下来进入处理后的废水中。废水中影响金浸出的杂质含量大幅度降低,废水可以返回浸出系统循环利用,吸附了杂质的树脂在饱和后经过解吸得到再生,重新返回吸附阶段循环利用,解吸出来的杂质得以回收。其基本工艺流程如图 4-32 所示。

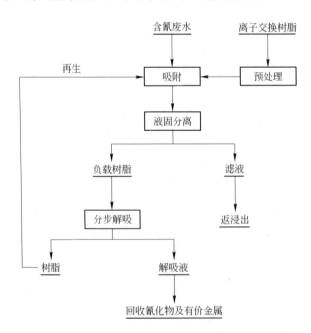

图 4-32 离子交换法回收氰化物的工艺流程

4.3.2 树脂的预处理

离子交换树脂常含有溶剂、未参加聚合反应的物质和少量低聚合物,还可能吸附有铁、锌、铜等金属离子。因此，使用前应使树脂充分地溶胀，并与酸、碱或其他溶液相接触，以除去吸附于树脂上的可溶性杂质。

首先用清水对树脂进行冲洗（最好为反洗）洗至出水清澈无浑浊、无杂质为止。而后用4%~5%的HCl和NaOH在交换柱中依次交替浸泡2~4h，在酸碱之间用大量清水淋洗（最好用混合床高纯度去离子水进行淋洗）至出水接近中性，如此重复2~3次，每次酸碱用量为树脂体积的2倍。最后一次处理应用4%~5%的HCl溶液进行，用量加倍效果更好。放尽酸液，用清水淋洗至中性即可待用。

4.3.3 树脂的吸附和解吸

当提金氰化废水流经离子交换柱时，溶液中的游离氰根、锌氰络合物、铜氰络合物、铁氰络合物、金氰络合物及银氰络合物等阴离子和树脂上的氢氧根或氯离子基团进行交换，然后被吸附于树脂上。

树脂的吸附过程就是树脂上的有效基团和提金氰化废水中各种阴离子的交换。其中一个重要的参数为饱和吸附容量 M，其反映了树脂吸附能力的强弱：

$$M = (\rho_0 - \rho) V_1 / V_2 \qquad (4-34)$$

式中，ρ_0 为氰化物初始质量浓度，mg/L；ρ 为离子交换树脂吸附后氰化物质量浓度，mg/L；V_1 为离子交换树脂处理废水体积，L；V_2 为离子交换湿树脂体积，mL。

吸附实验一般分为静态吸附和动态吸附两种。静态吸附是指定量的吸附剂和定量的溶液经过长时间的充分接触而达到平衡。动态吸附是指把一定重量的吸附剂填充于吸附柱中，令浓度一定的溶液在恒温下以恒速流过，从而测得透过吸附容量和平衡吸附容量。吸附量与吸附率的计算如式（4-35）与式（4-36）所示：

$$Q = (C_0 - C) V / V_T \qquad (4-35)$$

$$E = (C_0 - C) / C_0 \times 100\% \qquad (4-36)$$

式中，Q 为单位体积树脂的吸附量，mg/mL；E 为吸附率，%；C_0 为溶液中氰化物的起始浓度，mg/L；C 为溶液中氰化物的平衡浓度，mg/L；V_T 为树脂的体积，mL。

树脂的解吸是指树脂上吸附的离子脱离树脂进入解吸液的过程。一般情况下，负载树脂首先用硫酸进行解吸，使树脂上吸附的游离氰离子及锌氰络合物转化为不被树脂吸附的HCN分子，然后经吹脱从溶液中逸出，再利用氢氧化钠溶液吸收得到氰化钠浓溶液，返回氰化浸出工段。而锌离子则以硫酸锌的形式进入到解吸液中，经浓缩后得到硫酸锌。硫酸解吸后的树脂水洗后，用氨水解吸树脂上的铜，含铜氨溶液用萃取法、蒸氨法或硫化物沉淀法分离出铜，以硫酸铜或不溶性硫化物形式销售，脱铜后的氨水可重复使用，由此最终实现负载树脂上各种有价离子的解离与回收。

4.3.4 树脂的再生

离子交换树脂使用一段时间后，吸附的杂质接近饱和状态，就要进行再生处理，用化学药剂将树脂所吸附的离子和其他杂质洗脱除去，使之恢复原来的组成和性能。在实际运用中，为降低再生费用，要适当控制再生剂用量，使树脂的性能恢复到最合理、经济的再生水平，通常控制性能恢复程度为70%~80%。树脂的再生应当根据树脂的种类、特性，以及运行的经济性，选择适当的再生药剂和工作条件。树脂的再生特性与它的类型和结构有密切关系。强酸性和强碱性树脂的再生比较困难，需用再生剂量比理论值高相当多；而弱酸性或弱碱性树脂则较易再生，所用再生剂量只需稍多于理论值。此外，大孔型和交联度低的树脂较易再生，而凝胶型和交联度高的树脂则要较长的再生反应时间。再生剂的种类应根据树脂的离子类型来选用，并适当地选择价格较低的酸、碱或盐。

4.3.5 离子交换法处理含氰废水的设备

离子交换设备一般为罐式、槽式或塔式；操作模式有间歇式、连续式与周期式；运动方式可以是单槽操作，也可以是多柱（槽）串联操作；液流方向可以是顺流，也可以是逆流。根据操作过程中固液两相接触方式的不同，离子交换设备有固定床、移动床与流化床三种型式。流化床又分液流流化床、气流流化床（也称悬浮床）及机械搅拌流化床[14]。

柱式固定床是离子交换单元最常用而又有效的装置，如图 4-33 所示。柱式离子交换罐通常用不锈钢制成。小型装置（直径 30cm 以下）可用塑料制成，大型设备采用普通钢制成。为了避免腐蚀，罐的内部衬以橡胶、聚氯乙烯或聚乙烯，管道则使用聚氯乙烯或聚苯乙烯管。所有阀门都采用专用设备。其加料方式为重力加料或压力加料；压力加料是在封闭罐中进行，有气压力式和水压力式。

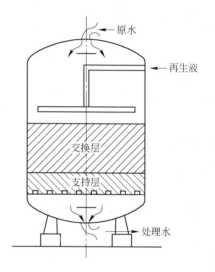

图 4-33 典型柱式离子交换罐

4.4 工艺特点

离子交换法处理含氰废水既可以使废水循环使用，又可以使废水中杂质得以回收，这是目前工业上应用的其他方法在经济效益方面所达不到的。该法可以针对废水含杂质浓度的高低和废水中是否存在吸附力强（使树脂中毒）的杂质的实际情况，选用强碱性阴离子交换树脂或弱碱性阴离子交换树脂，选择范围较大。采用硫酸作氰化物和锌的解吸剂效果好、成本低，使后续铜的解吸变得很容易，用氨溶液即可解吸树脂上的铜。采用氨溶液解吸铜具有成本低、解吸效果好的特点。含铜解吸液可用萃取法生产硫酸铜，也可用硫化物沉淀法得到铜渣出售；还可用蒸发法分离出铜盐。不论采用哪种方法处理，含氨解吸液均可重新使用，使解吸成本降低。少量的氰化物解吸废液（处理废水量的2%左右）可用碱性废水中和沉淀出氧化锌等杂质，二次用于稀释硫酸和树脂的洗涤工艺，因此离子交换法无二次污染。

离子交换树脂法处理含氰废水在国外较为成熟，较为成功，且效益好，但在国内距离应用尚有一段距离。首先，离子交换树脂的粒度小，机械强度有限，用于矿浆中效果不好，应该研究和开发大容量且强度较高的理想树脂以及专门高效集成的设备。其次，废水中的铁、亚铁氰化物等杂质给树脂的洗脱再生带来了困难，用酸洗脱时，树脂上吸附的铜氰络合物以氯化亚铜难溶物形式残留在树脂内，一部分还与亚铁氰化物生成难溶物沉积在树脂内，大大降低了树脂的饱和吸附容量。另外，离子交换为化学吸附，吸附力较强，因此解吸较困难，解吸成本较高。特别是较高浓度的 SCN^- 给洗脱带来很大困难。现有离子交换树脂法吸附含氰尾液之后残余氰化物质量浓度太高，仍需其他方法二次处理后才能达到外排标准。这些原因导致离子交换工艺变得复杂，操作难度增大，处理成本提高，经济效益降低。

4.5 静态实验

4.5.1 吸附实验

4.5.1.1 树脂的种类与结构的影响[43]

树脂的种类不同，吸附的效果也不一样。一般是极性分子（或离子）型的吸附剂更容易吸附极性分子（或离子）型的吸附质，非极性分子型的吸附剂更容易吸附非极性的吸附质。由于吸附作用是发生在吸附剂表面的，所以吸附剂的比表面积越大，吸附能力就越强。另外，离子交换树脂的结构可分为大孔型和凝胶型两种，大孔型树脂上具有较大的孔洞，而凝胶型树脂上的孔则相对较小，所以树脂在吸附过程中可以将尺寸不同的吸附质有选择的吸附。

选择 D261、D301、D296R 及 201×7 树脂进行提金氰化废水的吸附实验，四种树脂的类型和性能见表 4-17，总氰吸附的实验结果见表 4-18。

表 4-17 树脂的种类

树脂代号	树脂类别	功能基	粒度/mm	出厂类型
D261	大孔强碱性苯乙烯交换树脂	—N(CH₃)₃	0.315~1.25	Cl
D301	大孔弱碱性苯乙烯交换树脂	—N(CH₃)₂	0.6~1.6	OH
D296R	大孔强碱性苯乙烯交换树脂	—N(CH₃)₂	0.315~1.25	Cl
201×7	凝胶强碱性苯乙烯交换树脂	—N(CH₃)₃	0.3~1.4	Cl

表 4-18 树脂吸附结果

树脂种类	D261	D301	D296R	201×7
吸附总氰量/mg·mL⁻¹	78.94	42.70	78.94	83.86
总氰吸附率/%	32.15	22.27	31.44	34.15

4.5.1.2 pH 值的影响[26]

201×7 阴离子交换树脂的工作 pH 值范围为 4~14，在处理提金氰化废水时，溶液 pH 值对吸附质在溶液中的存在形态、溶解度及吸附效果均有影响。如果氰化废水的 pH 值小于 10 时，CN^- 容易形成 HCN 后挥发，使得总氰化物浓度减小，而计算时仍按原来的浓度计算，从而导致吸附率降低，另外，HCN 挥发还会造成严重的环境污染；另一方面，当 pH 值大于 11 时，CN^- 容易水解生成 CNO^-，从而总氰化物浓度减小，吸附效果也会逐渐变差,虽然 CNO⁻ 的毒性很小,但这也会影响氰化物的回收率。因此在实际操作过程中,应尽量避免 pH 值小于 10 或大于 11。分别控制 pH 值为 9.6、10.62、11.09、11.58、12.07 及 12.48 进行吸附实验,结果如图 4 - 34 所示。

4.5.1.3 温度的影响[26]

一般情况下,温度对吸附过程的影响较小。随温度的升高,吸附率有增大的趋势,但在树脂允许的温度范围内吸附率变化很小。一方面,吸附过程属于化学反应过程,伴随有化学键的断裂及形成,而化学键的断裂需要一定的能量,即活化能,而升高温度实际上就是降低了化学反应的活化能从而促进吸附反应的进行;另一方面,树脂完成一个吸附过程需经过外扩散、内扩散和表面扩散三个过程,当温度升高时,分子热运动加剧,即无论离子在溶液中的扩散,还是经过树脂颗粒表面的液膜的扩散,亦或是离子在树脂颗粒内部的内扩散都会增加,从而有利于吸附过程。

控制吸附温度分别为 15℃、20℃、25℃ 和 30℃ 进行实验,结果如图 4 - 35 所示。可以看出,随温度的升高,吸附率有增大的趋势,但变化却很小,也就是说温度对吸附过程的影响很小。

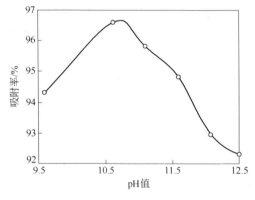

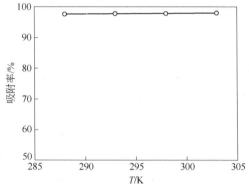

图 4 - 34　pH 值对氰化物吸附率的影响曲线　　图 4 - 35　温度对氰化物吸附率的影响曲线

4.5.1.4 氰化物浓度的影响[26]

吸附质在溶液中的溶解度对吸附有较大影响。一般来说,吸附质的溶解度越低,越容易被吸附。吸附质的浓度增加,吸附量也会随之增加;当浓度增加到一定程度后,吸附量增加缓慢。如果吸附质的分子尺寸越小,则吸附反应进行的越快。扩散离子的价态越高,扩散系数越小;离子的水化半径越大,扩散系数越大,这可能是由于水化离子中的水使静电作用力减小之故。

分别选择初始浓度为 102.1mg/mL、204.3mg/mL、408.5mg/mL、612.8mg/mL 和 817mg/mL 的氰化废水进行吸附实验,结果如图 4 - 36 所示。随着浓度的增大,树脂对

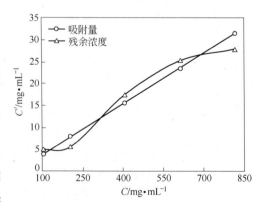

图 4 - 36　初始氰化物浓度对吸附的影响

氰化物的吸附量随之增大，且吸附后残余浓度也随之增大。但在相同的时间内，高浓度情况下吸附量大，说明吸附速率快；而低浓度时吸附量小，说明吸附速率较慢。这是因为高浓度时氰化物的浓度梯度大，即氰化物向树脂内通过液膜及在树脂空隙中的内扩散的推动力大，而低浓度时这种推动力便小。因此增大浓度有利于更充分的利用树脂（单位体积树脂上的吸附量大）以及增大吸附速率。但当浓度增大时尾液中的残余浓度也随之增大。

4.5.1.5 树脂量的影响[26]

一般来说，树脂量越多吸附效果越好。但实际工作时，增大树脂用量通常会造成运行成本的增加。因此实际中应根据提金氰化废水中氰化物浓度及树脂的饱和吸附量来合理确定树脂用量。

分别选择体积为5mL、7.5mL、10mL、12.5mL、15mL、20mL及25mL的树脂进行吸附实验，根据树脂的饱和吸附量计算完全吸附 CN^- 浓度为817.00mg/L的氰化液200mL理论上需树脂2.5mL。实验结果如图4-37所示。在氰化物含量及浓度均相同的条件下，随树脂量的增加，吸附率也随之增加。因此，随树脂量的增加，树脂上的吸附率也随之增加，从而溶液中残余氰化物浓度便减小，即增加树脂量有利于吸附过程。这是因为，树脂量增加，树脂上欲交换的官能团也随之增加，实际上相当于在相同条件下增加了反应物浓度，从而有利于反应的正向进行。图中也可看出，随树脂的增加，吸附曲线逐渐平缓，即当树脂达到一定量时，再增加树脂量，吸附率变化基本保持不变。

4.5.1.6 共存物质的影响[29]

共存物质对主要吸附质的影响比较复杂，有的能相互诱发离子交换，有的能相当独立地被交换，有的则相互起干扰作用。每种溶质都与其他溶质以某种形式竞相吸附。因此，当共存多种吸附质时，吸附剂对某种吸附质的吸附性能要比单一含有这种吸附质时的吸附能力低。

提金氰化废水中一般含有多种阴离子，因此采用树脂吸附时彼此会发生干扰和竞争。201×7树脂对氰化废水中游离氰及几种主要的金属氰络离子的吸附实验结果如图4-38及表4-19、表4-20所示。

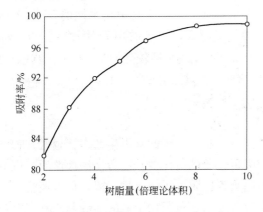

图4-37 树脂用量对吸附的影响

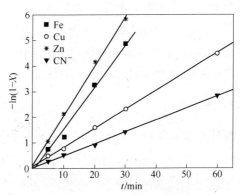

图4-38 共存离子的吸附速率曲线

表 4 – 19　共存离子在不同吸附时间下的浓度　　　　（mg/L）

离子类型	初始浓度	时间/min						
		5	10	20	30	60	90	120
$Fe(CN)_6^{3-}$	84.252	41.162	24.670	9.831	1.063	0	0	0
$Cu(CN)_4^{3-}$	1218.920	1044.231	963.127	924.284	909.791	893.477	887.214	887.214
$Zn(CN)_4^{2-}$	126.168	45.157	12.473	3.915	0.511	0	0	0
CN^-	725.34	668.32	611.26	568.05	511.02	484.26	485.20	485.20

表 4 – 20　金属氰化络合离子的表观速率常数和电荷密度

离　子	表观速率常数/s^{-1}	电荷密度
$Fe(CN)_6^{3-}$	2.675×10^{-3}	3/13
$Cu(CN)_4^{3-}$	1.241×10^{-3}	3/9
$Zn(CN)_4^{2-}$	3.265×10^{-3}	2/9
CN^-	7.827×10^{-4}	1/2

研究表明，201×7 树脂对锌氰络离子的吸附速率是最快的，其次为铁氰络离子，最慢的是游离氰。锌氰络合离子 $Zn(CN)_4^{2-}$ 的吸附只需要树脂提供两个功能基团，而对铁氰络合离子 $Fe(CN)_6^{3-}$ 和铜氰络合离子 $Cu(CN)_4^{3-}$ 的吸附都需要树脂提供三个功能基团，因此相对而言，对锌氰络离子的吸附较容易。游离氰的吸附虽然只需要提供一个功能基团，但是游离氰离子与强碱性树脂上的活性基的结合力很小，当存在大量的金属络合离子时，树脂会优先吸附金属络合离子，所以相对于金属氰化物，游离氰是较难被吸附的。

另外，络合离子的空间结构及离子与树脂活性基团的亲和力也是重要的影响因素之一。从络合离子的空间结构来说，八面体结构的铁氰络合离子 $Fe(CN)_6^{3-}$ 应该比四面体结构的铜氰络合离子 $Cu(CN)_4^{3-}$ 更难进行吸附，但实验结果却是树脂对 $Fe(CN)_6^{3-}$ 的吸附速率更快。离子的水合作用与配合离子中的电荷密度（电荷/元素数）有关。该比值越高，稳定溶液中离子所需的水分子越多，水合的种类也越多，就越不易被疏水性的 201×7 树脂所吸附。$Fe(CN)_6^{3-}$ 的电荷密度为 3/13，而 $[Cu(CN)_4]^{3-}$ 的电荷密度为 3/9，$Zn(CN)_4^{2-}$ 的电荷密度为 2/9，CN^- 的电荷密度为 1/2，因此疏水性较强的 201×7 树脂对金属络合离子的亲和力强弱依次为：$Zn(CN)_4^{2-} > Fe(CN)_6^{3-} > Cu(CN)_4^{3-} > CN^-$。

4.5.2　解吸实验

碱性越强的树脂，其去除弱解离性物质的能力就越强，因此其再生效率就越低。若要实现解吸，就必须使解吸剂的极化性要高于被吸附粒子的极化性，或者使用极性的有机溶剂，使树脂上的络合阴离子生成不被阴离子树脂吸附的阴离子络合物，或使负电性络合离子转化为正电性络合离子。由于提金氰化废水成分复杂，负载树脂上的活性基团基本上被 CN^- 以及 Cu、Zn、Au 等金属的络合离子所占据，在解吸负载树脂时应根据负载树脂上的不同物质的特点采用分步解吸[44~47]。

4.5.2.1 硫酸解吸

硫酸解吸依靠的主要是弱酸可溶性络合物在酸性环境中的溶解特征。锌、镍属于弱酸可溶性络合物，它们很容易被硫酸溶解。$Fe(CN)_6^{4-}$ 属于强酸性络合物，不能溶解在酸性溶液中并在酸处理过程中会在树脂空隙内形成沉淀。硫酸解吸的方法和传统的 AVR 法相似，将金属氰络合物用酸分解后，通入空气，将酸液中的氰化氢气体吹脱并用 NaOH 溶液吸收，不同之处在于后者是直接用酸处理溶液，前者是用酸解吸负载树脂，这样不仅使硫酸的用量大大减少，而且大量的废水经过树脂的吸附后没有氰化物和重金属，不用和酸直接接触，可以作为循环浸出溶剂使用，操作十分简便；然而树脂上负载的部分金属在酸性条件下发生反应，形成可能是由绿色的铜氰化物或蓝色的铁氰化物组成的复杂沉积物，导致树脂难以再生。

A 解吸时间的影响

向负载树脂中加入硫酸溶液，用泵鼓入空气以使 HCN 气体挥发，并用碱液吸收，实验结果如图 4-39 所示。由于 HCN 在水中具有很高的溶解度，在不进行气体吹脱的情况下，基本没有 HCN 气体挥发出来。较低的 pH 值意味着较低的气体挥发度，而酸和氰化物反应的速率则很快，因此解吸的速率主要由 HCN 气体的挥发速率控制。

从图 4-39 中看出，锌在 1h 以后已基本解吸完全，但是由于树脂上负载的铜氰络合物并没有被完全解吸，因此氰的解吸率不是太高。分析表明，氰的解吸率为 82.5%，铜只有 3.0% 左右，而锌则达到了 95.6%。

B 硫酸浓度的影响

不同浓度的硫酸解吸实验结果如图 4-40 所示。可以看出，随着硫酸浓度的增大，氰离子的解吸率逐渐增大，但是当硫酸的浓度大于 20g/L 以后，氰的解吸率变化幅度很小。这是因为硫酸的解吸主要是靠 H^+ 的作用分解树脂上负载的氰化物，金属转变成阳离子而达到洗脱的目的，而不是像 NaCl 溶液主要靠高浓度的 Cl^- 和树脂中的氰化物竞争活性位置。硫酸浓度过低，溶液中 H^+ 浓度很低，难以形成 HCN 气体挥发出来，因此氰的解吸率很低。

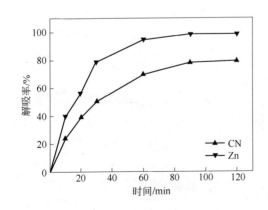

图 4-39 硫酸解吸过程中解吸率
与时间的关系曲线

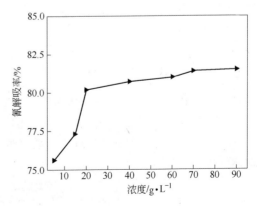

图 4-40 不同浓度的硫酸对氰的解吸曲线

C 温度的影响

分别在 25℃、30℃、35℃、40℃、45℃ 下，用浓度为 2.5% 的 H_2SO_4 溶液进行解吸实验，并用 1mol/L 的 NaOH 溶液吸收逸出的 HCN 气体，实验结果如图 4-41 及图 4-42 所示。可以看出，随着温度的升高氰的解吸速率提高很快，在 40℃ 时只需 20min 解吸就达到平衡。

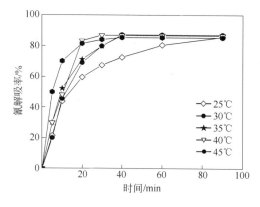

图 4-41 不同温度下氰的解吸曲线

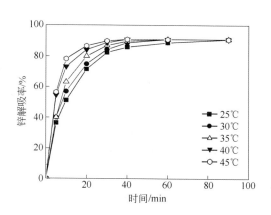

图 4-42 不同温度下锌的解吸曲线

4.5.2.2 氨水解吸

红外分析与 X 射线能谱分析结果表明，硫酸解吸后的树脂上表征氰的谱峰强度大大变弱但仍然存在，表征锌的谱峰已经消失，而铜的谱峰没有变化。因此可以说明硫酸将树脂上的氰和锌解吸下来，而铜则会形成 CuCN（固）沉积于树脂表面。CuCN 是一种不溶于水、醇和稀酸，而溶于氨水和氰化碱性溶液的固体沉淀。因此考虑采用氨水解吸铜，其基本原理是将固态的 CuCN 转化为阳离子从而达到从阴离子交换树脂上被洗脱下来的目的：

$$CuCN + 3NH_3 \cdot H_2O \Longrightarrow Cu(NH_3)_2^+ + NH_4CH + 2H_2O + OH^- \qquad (4-37)$$

一价铜氨络离子在无氧环境中才能稳定存在，在有氧条件下则易被氧化成二价铜氨络离子，因此解吸液的颜色呈现深蓝色。当体系中的氨大量过剩时，其氧化过程可表示为反应式（4-38）：

$$4Cu(NH_3)_2^+ + 8NH_3 \cdot H_2O + O_2 \Longrightarrow 4Cu(NH_3)_4^{2+} + 6H_2O + 4OH^- \qquad (4-38)$$

A 温度的影响

分别在 25℃、30℃、35℃、40℃、45℃ 下用相同浓度的氨水解吸硫酸解吸后的树脂，分别以不同温度下的解吸率和 $-\ln k$ 对 $1/T$ 做图，结果如图 4-43、图 4-44 所示，不同温度下的解吸速率常数见表 4-21。结果表明，解吸表观活化能为 3.47kJ/mol，温度对解吸速率的影响不大。

表 4-21 不同温度的速率常数计算结果

温度/K	298	303	308	313	318
速率常数/s^{-1}	0.01242	0.01278	0.01305	0.01307	0.01394

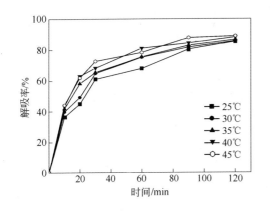

图4-43 不同温度下氨水对铜的解吸曲线

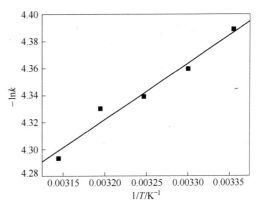

图4-44 氨水对铜的解吸 $-\ln k$—$1/T$ 曲线

B 氨水浓度

分别用浓度为3%、5%、6%、7%、8%、9%的氨水解吸硫酸解吸后的树脂，以时间对解吸率做图，结果如图4-45所示。可以看出，随着浓度的增加，铜的解吸率有明显的提高，浓度高的氨水溶液解吸速率快，8%和9%的氨水对铜的解吸率相差0.5个百分点，这说明氨水的量已经基本满足溶解CuCN的需要，再提高氨水浓度已经没有明显的效果。

C 超声场强化氨水解吸

近几年来，超声波在湿法冶金及化工领域的研究逐渐受到关注。由于可以产生机械效应、热效应和声空化作用，加速反应或启动新的反应通道，提高化学产率或获取新的化学反应物，超声波已经被广泛应用于化工、医药工

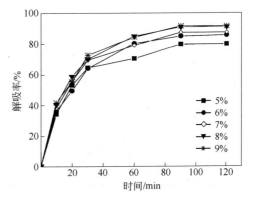

图4-45 不同浓度的氨水对铜的解吸曲线

业、工业焊接、废水处理和材料改性等诸多方面。将超声波引入离子交换树脂回收氰化物工艺过程中，试图利用超声波的机械效应、热效应和声空化作用，以加快树脂解吸过程的传质速率，提高树脂上负载铜离子的解吸效率。

图4-46、图4-47所示分别为有无超声波时，氨水对铜的解吸率及 $-\ln(1-X)$—t 曲线。可以看出，引入超声波后铜的解吸率和解吸速率有明显的提高。不加超声波的解吸速率常数为 $0.967 \times 10^{-2}\ \mathrm{s}^{-1}$，引入超声波后解吸速率常数为 $2.96 \times 10^{-2}\ \mathrm{s}^{-1}$，提高了近3倍。

4.5.2.3 树脂再生循环实验

为了检验树脂的再生性能和稳定性，对一定量的树脂进行树脂吸附—硫酸解吸—氨水解吸全流程循环实验。取50mL树脂，750mL原液，吸附后树脂先用2.5% H_2SO_4 解吸，再用8%的 $NH_3 \cdot H_2O$ 解吸，树脂用水洗至中性后返回继续吸附，重复进行，实验结果见表4-22。

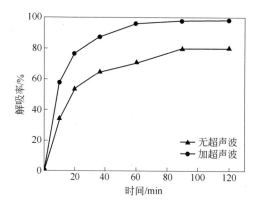

图 4 - 46　有无超声波时氨水
对铜的解吸率曲线

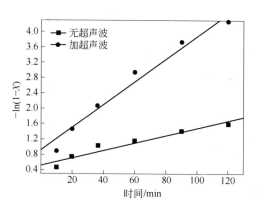

图 4 - 47　有无超声波氨水解
吸铜的 $-\ln(1-X)$—t 曲线

表 4 - 22　树脂再生循环实验结果

循环次数	吸附率/%		解吸率/%	
	CN⁻	Cu	CN⁻	Cu
1	88.4	86.4	88.6	95.3
2	77.6	73.6	82.1	91.3
3	77.2	76.8	87.4	87
4	77.3	74.8	79.2	83
5	83.6	79.7	75.02	82.7
6	81.3	79.7	69.9	80.3
7	74.3	75.1	67.6	78.9

从表 4 - 22 可以看出，总氰和铜的吸附率基本稳定在 80% 左右，相对而言解吸率有下降的趋势，这可能是废水中的其他杂质富集干扰。如果吸附率降低到 60% 以下，可采用两次解吸将树脂上残余的氰化物解吸下来，并用热的浓盐酸进行深度处理。

4.5.3　铁的赋存状态

对于吸附、解吸过程铁在树脂表面的赋存状态，梁帅表等人[29,43]进行了较为系统的研究。

4.5.3.1　吸附前后树脂的红外谱图

将吸附前、吸附后和硫酸解吸后的树脂用水洗至中性，在真空干燥箱中烘干并研细，以 KBr 压片法作傅里叶变换红外吸收谱，如图 4 - 48 所示。由图中谱线 A、B 可看出，在 $1640cm^{-1}$、$1480cm^{-1}$、$970 \sim 960cm^{-1}$、$690cm^{-1}$ 都出现吸收峰，说明有二取代乙烯存在；$850 \sim 870cm^{-1}$ 和 $850 \sim 805cm^{-1}$ 有吸收，则有 1，4—二取代苯存在，这些均为树脂的有机组成。谱线 A、B、C 对比可以看出，树脂吸附、解吸前后在 $3500 \sim 3300cm^{-1}$ 处都有一个宽而大的特征吸收峰，这是—OH 的特征吸收峰，吸附后此峰强度变小；而在谱线 B 上在

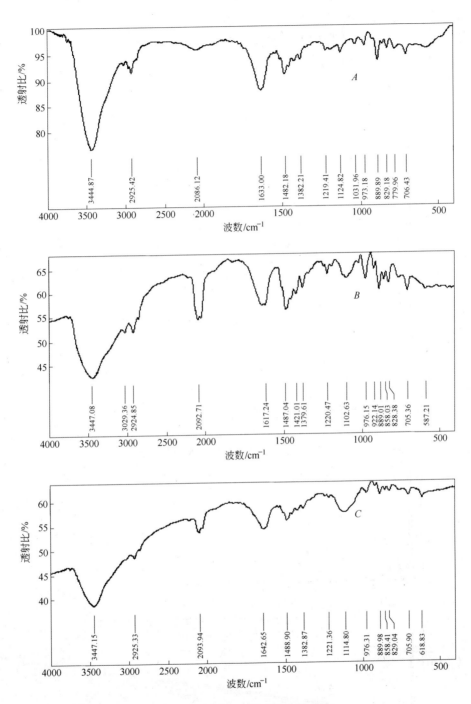

图 4-48　树脂的红外光谱分析结果

A—吸附前；B—吸附后；C—硫酸解吸后

2092.71cm⁻¹附近出现明显的吸收峰为氰根（—CN）的吸收峰，吸附前此峰很不明显，解吸后此峰的强度大大减小。由此说明了树脂对提金尾液的吸附过程中，溶液中的阴离子基团与树脂上的活性基团—OH 发生了交换。

4.5.3.2 树脂的 X 射线能谱分析（XPS）

红外光谱分析说明了树脂吸附、解吸前后氰离子的特征峰发生了一定的变化,但不能说明金属离子的变化情况。因此我们使用 X 射线光电子能谱(X - ray Photoelectron Spectroscopy,简称 XPS)对树脂上负载物的成分和化学状态进行分析。分析结果如图 4 - 49 所示。

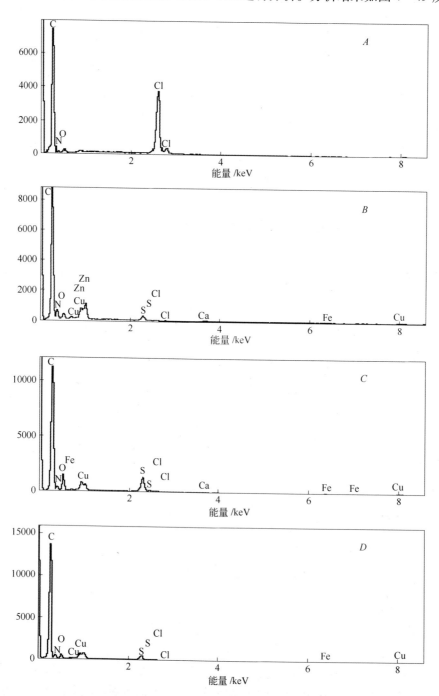

图 4 - 49　吸附、解吸前后树脂的能谱

A—吸附前；*B*—吸附后；*C*—硫酸解吸后；*D*—氨水解吸后

从图4-48可以看出，原树脂经预处理后已经转型为Cl⁻型，能谱谱线中存在Cl、C、N、O元素。吸附后的树脂上出现了Zn、Cu、Fe等元素的谱峰，而Zn元素的谱峰强度最大，说明其含量最多。硫酸、氨水解吸后树脂上Zn元素的谱峰已经消失，而Cu、Fe的谱峰仍然存在，说明锌基本被完全解吸，而铜、铁没有被解吸下来。

4.5.3.3 树脂的灰化实验

分别取吸附后、硫酸解吸后和氨水解吸后的树脂称重，然后放入马弗炉中在600℃进行烘烤10h进行灰化实验，结果见表4-23。

表4-23 树脂所载金属含量分析结果 （mg/mL）

成　分	CN⁻	Cu	Zn	Fe
吸附后	41.98	14.62	14.4	0.582
硫酸解吸后	7.076	14.04	0	0.58
氨水解吸后	7.328	1.24	0	0.585

从表4-23看出，硫酸解吸后，树脂上已经没有锌存在，而铁的含量在树脂上基本没有变化，氨水解吸后的树脂上仅载少量的铜，铁含量基本未变。这也很好地印证了以上实验及分析结果。

4.5.3.4 铁的化合物分析

实验表明，采用201×7树脂处理提金氰化废水时，负载树脂经硫酸—氨水解吸后表面颜色发生了明显变化，为了更好地说明树脂颜色变化与溶液中存在物质之间的关系，分别进行了纯铜氰化溶液、锌氰化溶液和铁氰化溶液的吸附及硫酸—氨水解吸实验，树脂的颜色变化如图4-50所示，5次循环吸附—解吸实验结果见表4-24。

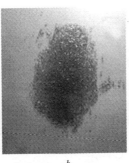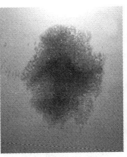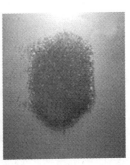

图4-50 吸附解吸不同金属氰化物后树脂的颜色变化
a—预处理树脂；b—铁氰化物；c—铜氰化物；d—锌氰化物

表4-24 树脂对金属氰化物的循环吸附率 （%）

循环次数	金属氰化物		
	铁氰化物	铜氰化物	锌氰化物
1	100	100	100
2	100	98.64	100

续表 4 – 24

循环次数	金属氰化物		
	铁氰化物	铜氰化物	锌氰化物
3	99.12	98.38	100
4	98.84	98.03	100
5	98.43	97.89	100

　　由图 4 – 49 可以看出，对纯铜氰化溶液、锌氰化溶液和铁氰化溶液吸附、解吸后树脂样品均为金黄色或淡黄色，与原树脂样的颜色均没有太大变化，这在一定程度上能说明单种物质的吸附解吸过程并没有生成导致树脂颜色变化的新物质。表 4 – 24 中的数据看到经 5 次循环吸附—解吸之后，树脂的吸附率均没有明显降低，这表明单一的金属氰化物不会引起树脂吸附容量的明显降低，不会引起树脂钝化及中毒。

　　随后，分别进行了铜锌氰化溶液、锌铁氰化溶液、铜铁氰化溶液和铜锌铁氰化溶液的吸附、硫酸—氨水解吸实验，结果如图 4 – 51、图 4 – 52 所示。

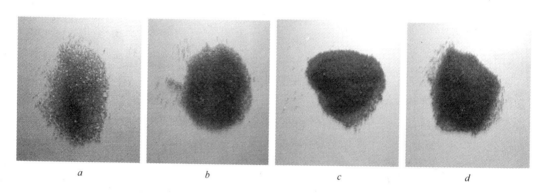

a　　　　　　　　*b*　　　　　　　　*c*　　　　　　　　*d*

图 4 – 51　吸附解吸不同金属氰化物时树脂颜色变化
a—铜锌氰化物；*b*—铁锌氰化物；*c*—铁铜氰化物；*d*—铁铜锌氰化物

　　图 4 – 51*a* 显示负载铜锌金属氰化物的树脂解吸后仍为金黄色，从颜色上看没有引起明显的中毒情况。而图 4 – 51*b*、图 4 – 51*c*、图 4 – 51*d* 得到负载铁锌氰化物、铁铜氰化物及铁锌铜氰化物的树脂解吸后均出现不同程度的颜色变化。负载锌铁混合氰化物的树脂解吸后颜色呈淡绿色，其主要原因是硫酸可以有效将树脂上负载的锌解吸下来，解吸率可达 90% 以上，所以大量的金属锌自树脂上解吸下来后，铁可能会以二价形态存在于树脂表面。而负载铜铁氰化物和铜锌铁氰化物的树脂解吸后的颜色几乎呈黑绿色，说明硫酸解吸后在树脂表面可能形成了一种新的含有铜、铁、锌的化合物。由图 4 – 52 看到，

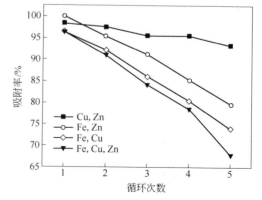

图 4 – 52　树脂对混合金属
氰化物的循环吸附率

经 5 次吸附、解吸循环实验后，负载铜锌氰化物的树脂吸附率并没有明显降低，仍在 90% 以上，而负载铁锌氰化物、铁铜氰化物和铁铜锌氰化物的树脂吸附率明显降低，负载铁锌氰化物和铁铜氰化物的树脂吸附率降低到 80% 以下，而负载铁铜锌氰化物单位树脂吸附率降低到 67.95%，这也能说明在树脂表面生成了一种新的物质，对其循环吸附造成影响。

由此可见，引起树脂中毒、钝化的根本原因在于溶液中金属铁氰化合物的存在。然而单纯的金属铁氰化物对树脂不会引起严重的中毒情况，关键在于溶液中共存的铜、锌金属氰化物。尤其是金属铜氰化物，与铁氰化物相互作用，生成某种难分解的沉淀物质，堵塞树脂孔道，严重降低树脂的交换容量，引起树脂钝化，降低循环吸附效率。

对于大多数的提金氰化废水而言，其中均含有较高浓度的铁，即共存有铜氰络合离子 $Cu(CN)_4^{3-}$、锌氰络合离子 $Zn(CN)_4^{2-}$、铁氰络合离子 $Fe(CN)_6^{4-}$ 或 $Fe(CN)_6^{3-}$ 以及游离氰离子 CN^-。负载树脂用硫酸解吸后，树脂上原来的 $Fe(CN)_6^{4-}$ 和 H^+ 发生反应：

$$Fe(CN)_6^{4-} + 4H^+ =\!=\!= H_4[Fe(CN)_6] \qquad (4-39)$$

$H_4[Fe(CN)_6]$ 是白色结晶物质，其溶液呈强酸性，在空气中会逐渐被分解。

$$H_4[Fe(CN)_6] =\!=\!= Fe(CN)_2 \cdot 4HCN \qquad (4-40)$$

$Fe(CN)_2$ 氧化成 $Fe(CN)_3$，为黑蓝色。将硫酸解吸后的树脂放于空气中，不久颜色变为深蓝色，或者向稀硫酸中加入 H_2O_2，树脂也立即变为深蓝色。这都表明了这一过程的变化是由 Fe^{2+} 氧化成 Fe^{3+} 所致。

除此之外，$Fe(CN)_6^{4-}$ 还是一个很强的沉淀剂，与一系列金属阳离子反应生成难溶物，溶度积在 $10^{-17} \sim 10^{-13}$ 之间，还可能与 Fe^{3+} 生成难溶的普鲁士蓝沉淀，见如下反应：

$$Fe(CN)_6^{4-} + 2Fe^{2+} =\!=\!= Fe_2[Fe(CN)_6]\downarrow（白色） \qquad (4-41)$$

$$3Fe(CN)_6^{4-} + 4Fe^{3+} =\!=\!= Fe_4[Fe(CN)_6]_3\downarrow（普鲁士蓝） \qquad (4-42)$$

$$Fe(CN)_6^{3-} + Fe^{3+} =\!=\!= Fe[Fe(CN)_6]\downarrow（棕色） \qquad (4-43)$$

$$2Zn^{2+} + Fe(CN)_6^{4-} =\!=\!= Zn_2[Fe(CN)_6]\downarrow（白色胶状） \qquad (4-44)$$

$$2Cu^{2+} + Fe(CN)_6^{4-} =\!=\!= Cu_2[Fe(CN)_6]\downarrow（红棕色） \qquad (4-45)$$

资料显示，$Zn_2[Fe(CN)_6]$ 与 $Cu_2[Fe(CN)_6]$ 均可以溶于氨水，因此，氨水解吸后树脂表面应该没有上述两种物质存在。实验分析表明，氨水解吸后树脂表面负载的 Fe 为 +3 价，Cu 为 +2 价，因此铁的变化过程可能如式（4-46）、式（4-47）所示，树脂表面负载的物质可能为绿色的 $Cu_3[Fe(CN)_6]_2$ 沉淀：

$$4Fe(CN)_6^{4-} + O_2 + 2H_2O =\!=\!= 4Fe(CN)_6^{3-} + 4OH^- \qquad (4-46)$$

$$2Fe(CN)_6^{3-} + 3Cu^{2+} =\!=\!= Cu_3[Fe(CN)_6]_2\downarrow（绿色） \qquad (4-47)$$

4.5.4 负载树脂上铁的解吸

李秀玲选择了水合肼和氯化钠的混合溶液作为树脂上负载铁氰化物的解吸剂[29]。水合肼还原 $Fe(CN)_6^{3-}$ 离子的化学反应方程式如下：

$$4Fe(CN)_6^{3-} + N_2H_4 \cdot H_2O + 4OH^- =\!=\!= 4Fe(CN)_6^{4-} + N_2 + 5H_2O \qquad (4-48)$$

为了说明树脂上负载的铁氰化合物在还原解吸前后的价态变化，对负载树脂进行了拉曼光谱分析，结果如图 4-53 所示。

由图 4-53 可以看到，解吸前树脂上负载的铁氰化物的峰值出现在 2125cm^{-1} 和 2131cm^{-1} 处，表明树脂上负载的铁氰化物为 $Fe(CN)_6^{3-}$ 离子。而解吸后溶液经树脂吸附，拉曼光谱的峰值出现 4 个，在 2065cm^{-1} 和 2094cm^{-1} 处的峰值表明 $Fe(CN)_6^{3-}$ 离子被还原为 $Fe(CN)_6^{4-}$ 离子，从而得到解吸。然而在 2125cm^{-1} 和 2131cm^{-1} 处也出现了两个小峰值，表明解吸溶液中仍然还有 $Fe(CN)_6^{3-}$ 离子存在。这可能是解吸后置于空气中 $Fe(CN)_6^{4-}$

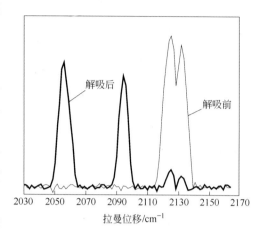

图 4-53 还原解吸前后铁氰化物的存在价态

离子被氧化得以重新生成的。这一结果足以证明，负载高价铁氰化物的树脂在有还原剂存在的条件下，可以被氯化钠溶液有效解吸。

4.5.4.1 静态解吸

静态解吸实验工艺流程如图 4-54 所示。提金氰化废水用树脂吸附后，进行三步解吸实验，主要工艺参数见表 4-25，实验结果见表 4-26。

表 4-25 三步解吸的工艺参数

工 艺 参 数	解 吸 剂		
	水合肼和 NaCl 混合溶液	硫酸	氨水
浓度	2% 水合肼，100g/L 氯化钠	2.5%	8%
树脂/解吸液的体积比	1:10	1:3	1:10

表 4-26 三步解吸实验结果

参 数	解 吸 剂						
	水合肼和 NaCl 混合溶液				硫酸		氨水
体积/mL	100				30		100
离子	铁	铜	游离氰	总氰	氰	锌	铜
浓度/mg·L^{-1}	432.16	547.29	120.67	5326.984	683.01	1968.02	189.03
解吸率/%	91.97	68.56	85.59	76.72	19.42	96.66	23.68
总解吸率/%	91.97	—	—	96.14	—	96.66	92.24

实验结果表明，负载树脂经第一步还原解吸，可以解吸下来 91.97% 的铁、68.56% 的铜和 85.59% 的氰。这样一步解吸后，树脂上还有几乎全部的锌，以及剩余的氰和铜，此时的氰主要为络合氰。第二步解吸可以将 96.66% 的锌解吸下来，剩余的氰也可以几乎全部解吸下来，此时氰的总解吸率可以达到 96.14%，解吸效果是

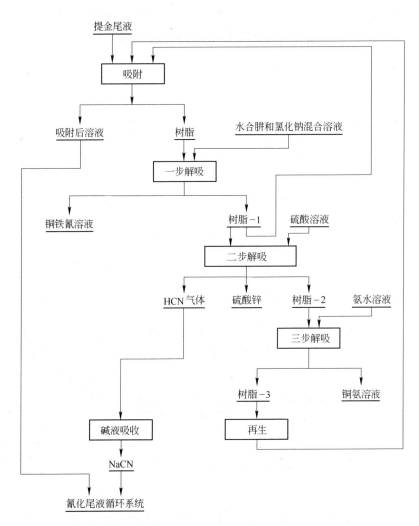

图 4-54 整体工艺流程图

很好的。第二步解吸后树脂上只剩下一部分铜，再进行第三步氨水解吸，铜的整体解吸率可以达到 92.24%。

但是，实验中发现负载树脂经第一步解吸后，树脂上的铁几乎全部解吸下来。但是，第一步解吸氰和铜的解吸率也分别达到了 85.59% 和 68.56%，这样树脂上已经拥有了大量的活性基团，因此从经济性角度考虑可以采用"吸附—第一步解吸再吸附"的工艺循环，直至树脂的吸附率和解吸率明显下降，树脂上吸附了大量的锌、铜和氰，然后再进行第二、三步解吸。

4.5.4.2 树脂吸附—第一步还原解吸循环

树脂吸附—第一步还原解吸循环实验结果如图 4-55、图 4-56 所示。第一部分是树脂吸附—水合肼氯化钠还原解吸部分；第二部分是当树脂循环吸附后，在吸附率明显降低时进行硫酸—氨水分步解吸。

由图 4-55，图 4-56 可以看出，锌的吸附率变化不大，铁的吸附率自第 4 次循环开始下降, 而铜和氰的吸附率自第三次循环就明显下降。铁的解吸率最为稳定, 其次为氰, 而铜的解吸率下降最快。在循环吸附过程中, 游离氰的吸附越来越困难, 导致铜的解吸率下降。

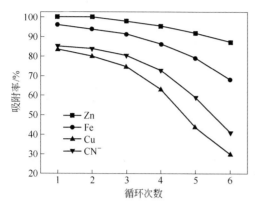

图 4 - 55　一步解吸循环吸附曲线

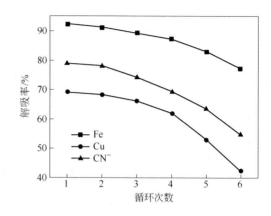

图 4 - 56　一步解吸循环解吸曲线

六次循环后的树脂进行第二、三步硫酸—氨水分步解吸工艺, 结果见表 4 - 27。硫酸—氨水分步解吸工艺可以将一步解吸工艺中吸附积累下来的锌、铜和氰都解吸下来, 解吸效果非常好。

表 4 - 27　六次循环后的第二、三步解吸率

离子	$Zn(CN)_4^{2-}$	CN^-	$Cu(CN)_4^{3-}$
解吸率/%	95. 89	93. 01	83. 67

4.5.4.3　工艺比较

将吸附——一步解吸再吸附—解吸循环工艺与吸附—硫酸—氨水解吸工艺进行比较, 结果分别见表 4 - 28、表 4 - 29。

表 4 - 28　吸附—硫酸—氨水解吸工艺循环实验结果

次数	吸附率/%			解吸率/%		
离子	CN^-	Cu	Zn	CN^-	Cu	Zn
1	88. 43	86. 42	94. 21	88. 6	91. 32	95. 36
2	77. 62	79. 67	92. 01	86. 89	89. 31	94. 58
3	77. 25	75. 06	89. 21	87. 01	85. 19	94. 27
4	77. 09	76. 68	89. 06	80. 21	83. 59	92. 01
5	73. 34	74. 29	85. 26	73. 20	80. 26	89. 37
6	70. 37	73. 89	84. 98	68. 64	74. 49	87. 69
7	64. 32	70. 12	81. 09	—	—	—

表4-29 吸附——一步解吸再吸附—解吸循环实验结果

次数	吸附率/%				解吸率/%			
离子	Fe	CN⁻	Cu	Zn	Fe	CN⁻	Cu	Zn
1	94.21	89.62	86.29	95.09	91.35	92.01	86.30	94.86
2	91.06	82.26	82.95	93.86				
3	87.36	76.13	76.06	90.01				
4	92.56	84.69	82.03	93.01	90.68	90.37	81.06	90.37
5	89.27	79.34	78.21	90.27				
6	85.32	72.01	73.16	87.68				
7	89.37	78.38	80.01	91.03	—	—	—	—

从表4-28和表4-29中看出，经过六次循环，也就是处理相同量的提金氰化废水之后，吸附—硫酸—氨水解吸工艺中树脂的吸附率明显低于吸附——一步解吸后循环工艺的吸附率。这在一定程度上也说明了铁对树脂循环利用的危害。

4.6 动态实验

离子交换法处理提金氰化废水实验分为静态实验与动态实验，静态实验是指将树脂加入欲处理溶液中，在搅拌作用下完成吸附过程，随后进行液固分离，负载树脂进行解吸。而动态实验则是指欲处理的溶液以一定的速度稳定流过（顺流或逆流）填充有离子交换树脂的交换柱，为了保证出水达标，一般均为多柱串联。

4.6.1 离子交换带理论

在离子交换树脂的动态交换工艺中，离子交换带（区）高度是一个很重要的参数。离子交换带，即当原液流入离子交换柱后，离子浓度由 C_0 变成 $C \approx 0$ 时所需的树脂层高度。树脂在交换柱中的交换过程是一个不稳态过程，可用下述公式表述这种时间和空间的不稳态传质过程[48]：

物料平衡式：
$$\left(\frac{\partial C}{\partial x}\right)y + \left(\frac{\partial q}{\partial y}\right)x = 0 \tag{4-49}$$

传质速度方程式：
$$\rho_b \frac{dq}{dt} = k_f a_r (C - C') \tag{4-50}$$

式中，k_f 为液膜传质总系数，m/h；a_r 为树脂的比表面积，m^2/m^3；C 为溶液浓度，kg/m^3；C' 为平衡浓度，kg/m^3；ρ_b 为树脂的堆积密度，kg/m^3。

联解以上两个方程，可以从理论上给出流出液浓度、体积和树脂层高度的函数关系，对一般离子交换过程可引入离子交换带的概念，将不稳态传质转化为稳态传质来处理。根据实验所得数据和离子交换带的计算方法可计算本实验条件下交换柱的离子交换带高度。

首先根据流出液浓度变化的数据，标绘饱和曲线如图4-57所示。根据贯穿点浓度 $C = 0.05mg/L$，$C_0 = 0.05 \times 1976 = 98.8mg/L$，从流出曲线上查出相应的贯穿体积 $V_B = 0.66L$；从对应的饱和点得到饱和体积 $V_T = 2.88L$，则泄漏体积 $V_Z = V_T - V_B = 2.22L$。

树脂利用度：
$$f = \int_{V_B}^{V_Z} (C_0 - C) dV / (V_Z C_0) \tag{4-51}$$

$\int_{V_{\mathrm{B}}}^{V_{\mathrm{Z}}} (C_0 - C)\mathrm{d}V$ 可由曲线面积求得，从而求得 f 值为 0.6145。

交换带高度计算公式：

$$H_{\mathrm{Z}} = \frac{H_{\mathrm{T}} V_{\mathrm{Z}}}{V_{\mathrm{T}} - (1 - f) V_{\mathrm{Z}}} \qquad (4-52)$$

H_{T} 为树脂层高度 14.0cm，带入数据可计算得出该实验条件下交换带的高度为19.36cm。对于一定的交换体系，当温度、流速保持一定时，离子交换带的高度不受树脂床层高度和树脂床直径的影响而保持定值。故交换带的高度是反映该实验条件下离子交换柱操作行为的重要特征数值。

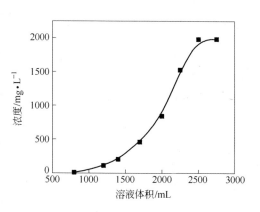

图 4-57 氰化物饱和曲线

4.6.2 离子交换柱设计理论

根据静态实验对离子交换动力学的研究和 Bollart-Adams 方法的基本原理[48,49]，含氰废水吸附速率取决于溶液和离子交换树脂剩余吸附容量之间的表面二级反应理论，推导出如下的动态树脂层性能数学表达式：

$$\ln\left(\frac{C_0}{C_{\mathrm{b}}} - 1\right) = \ln\left[\exp\left(\frac{kq_0 H}{v}\right) - 1\right] - KC_0 t \qquad (4-53)$$

方程式 (4-53) 中 $\exp(kq_0 H/v) \gg 1$，将等号右边的 1 忽略不计，便可得出吸附工作时间的计算式：

$$H = \frac{v}{kq_0} \ln\left(\frac{C_0}{C_{\mathrm{b}}} - 1\right) + \frac{v}{q_0} C_0 t \qquad (4-54)$$

设工作时间为零时，便可得出保证出水中总氰浓度不超过允许浓度 C_{b} 的吸附剂层临界高度 H_0（即吸附带的高度）计算式：

$$H_0 = \frac{v}{kq_0} \ln\left(\frac{C_0}{C_{\mathrm{b}}} - 1\right) \qquad (4-55)$$

式中，v 为液流的空柱流速，m/h；H 为树脂层高度，m；H_0 为交换带长度，dm；C_0 为进水口的总氰浓度，kg/m^3；C_{b} 为出水口的总氰浓度，即达到穿透点的限度，kg/m^3；k 为速率常数，$m^3/(kg \cdot h)$；q_0 为树脂饱和吸附容量，kg/m^3；t 为工作时间，即吸附达到穿透点的运行时间，h。

根据式 (4-54) 中 t 与 H 为直线关系，通过模型实验（采用 3 根离子交换柱，取 4 个速度，每个速度下选取 4 个不同的树脂层高），把实验数据以 t 对 H 做图。由直线的斜率 s 和截距 i，按式 (4-55) ~ 式 (4-57) 可分别计算参数 H_0、q_0 和 k：

$$q_0 = sC_0 v \qquad (4-56)$$

$$i = \frac{1}{kC_0} \ln\left(\frac{C_0}{C_{\mathrm{b}}} - 1\right) \qquad (4-57)$$

以 H_0、k、q_0 等参数对速度 v 做图，就可得到可供实际吸附柱的设计计算用的参考图。

4.6.3　单柱吸附与串柱吸附

常温下,溶液以 5mL/min 的流速通过离子交换柱(层高 16cm),在一定时间内取样(同时记录流出液体积)分析流出液浓度,直至流出液浓度与流入液浓度一致为止,此时树脂的载氰量达到饱和,记录流入液的总体积,分析计算氰、铜的吸附率,实验结果如图 4-58 所示[43]。

图 4-58 的饱和曲线表征了离子交换柱的操作行为,反映了恒流速条件下,不同时刻流出液中离子浓度的变化规律。该曲线由三部分组成:饱和段、部分饱和段和未交换段。从第一个点 c 开始流出溶液浓度逐渐升高,一直到 b 点曲线趋平,c 点称为贯穿点,或漏过点,此时的流出液体积称贯穿体积(V_B),对应于 V_B 时交换柱所具有的操作容量,称为贯穿容量 BTC(Break Through Capacity)。柱内树脂所吸附的离子量可由曲线下面的面积计算求得。图中 b 点成为饱和点或耗竭点,此时的流出液体积称为饱和体积,交换柱所具有的容量称为饱和容量。交换柱的利用率,即柱中树脂被利用的程度,可用贯穿容量与饱和容量之比表征。动态吸附中 c 点的确定十分重要,但由于该点浓度很低很难被及时捕捉到,因此工程上规定,流出液中交换离子浓度达到进料液浓度的 3% ~5% 时,便认为交换柱贯穿,同样,流出液中交换离子浓度达到进料液浓度的 95% ~97% 时,便认为树脂饱和。根据图 4-58,可计算该条件下氰化尾液的柱操作参数。

从表 4-30 可看出采用单柱交换时交换柱利用率太低,树脂的吸附能力没有充分利用,降低了单位树脂的处理废水量,增加了处理成本。为了避免这个问题,可采用串联吸附的工艺,即当末柱贯穿,首柱刚好达到饱和时,将首柱从吸附系统中切换下来进行洗脱。末柱之后再串联一再生后的新柱,原来的第二柱作为首柱继续吸附,这就是转圈式操作。多柱操作究竟应串联几个交换柱,这是由该操作条件下的交换区高度决定的。当首柱饱和时,第二柱至末柱的床层总高度应该正好等于一个交换区高度,即当首柱饱和时,交换区刚好移动到末柱尾端。

表 4-30　单柱操作参数计算结果

穿透体积/mL	饱和体积/mL	贯穿量/g	饱和量/mol	交换柱利用率/%
1200	2750	2.40	3.43	69.9

三柱串联饱和曲线如图 4-59 所示,可看出锌的浓度一直很低,铜的次之,总氰最高。

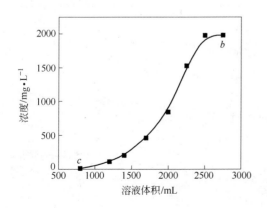

图 4-58　单柱吸附饱和曲线

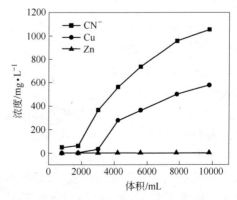

图 4-59　三柱串联吸附饱和曲线

这是因为一方面原液中锌的浓度本身就低,另外树脂对锌的吸附效果好于铜,三柱串联处理溶液体积为10L左右,将第一个柱子流出液取样,分析结果表明第一个柱子的利用率为85.7%,树脂层利用率明显提高。

4.6.4　离子交换柱的设计实验

采用四个不同层高的树脂床进行实验[43,50],并在每一个树脂床层厚度下分别选择了5mL/min、15mL/min、25mL/min、35 mL/min 的流速,溶液的穿透点浓度按总氰含量计算,定为 $0.05\ C_0$,实验结果见表4-31。

表4-31　模型实验结果

流速 /mL·min^{-1}	高度 H/cm	穿透时间 /min	穿透体积 /mL	混合液浓度/mg·L^{-1} CN	混合液浓度/mg·L^{-1} Cu	吸附率 /%	树脂载氰量 /mg·mL^{-1}
5	16.44	96	600	52.10	0	96.23	18.4
	25.97	160	1200	40.23	0	97.80	21.4
	34.63	230	1400	38.52	0	98.40	23.4
	43.29	300	1900	46.53	0	97.57	23.6
15	16.44	60	650	28.43	0	98.52	20.41
	25.97	96	1200	28.52	0	98.51	25.12
	34.63	110	1600	35.31	0	98.15	25.03
	43.29	130	2000	57.49	0	96.99	24.73
25	16.44	30	750	37.17	0	98.09	23.90
	25.97	50	1300	31.97	0	98.36	21.30
	34.63	60	1600	12.64	0	99.35	25.82
	43.29	80	2000	47.13	0	97.58	25.36
35	16.44	18	750	27.43	0	98.59	23.42
	25.97	40	1300	42.53	0	98.02	23.16
	34.63	45	1600	31.94	0	98.36	25.56
	43.29	58	2000	36.45	0	98.13	25.50

以 t 为纵坐标对 H 做图如图4-60所示,从图上看出时间和高度呈线性关系,且随着流速的增加斜率也在降低。参数 q_0 和 H_0 的实验及理论计算结果见表4-32。将表4-32的数据分别对线速度做曲线图,如图4-61所示。单位树脂床横截面上所通过的液相体积流量即为液相的线速度 v。

从图4-60可以看出,随着线速度的增大,饱和吸附容量 q_0,树脂层穿透高度 H_0 都在不同幅度的增加,斜率 K 随着线速度的增大而降低。根据线速度相等的原则进行放大时,大设备与小设备具

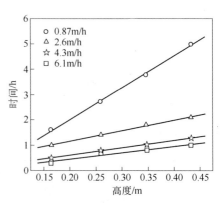

图4-60　穿透时间和树脂层高度关系图

有相同的树脂床层高度，放大的只是设备直径，v 与 H 有相同的数值，意味着大、小设备具有相同的接触时间。

表 4-32　交换柱设计计算结果

流速 v/m·h^{-1}	斜率 K/m^3·(kg·h)$^{-1}$	吸附容量 q_0/kg·m^{-3}	高度 H_0/cm
0.87	12.7	21.0	19.5
2.6	4.15	22.5	21.4
4.3	2.92	24.1	21.8
6.1	2.48	28.6	22.0

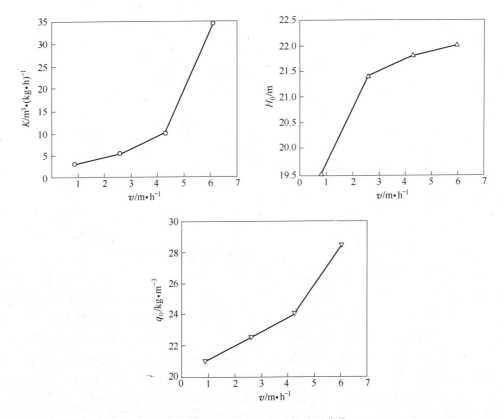

图 4-61　K、q_0、H_0 与 v 的关系曲线

最后，便可根据模型实验得到的上述参数，进行工业生产规模吸附柱的设计计算，工作时间 t 的计算是先根据选定的柱径 D 和已知流量 Q，计算出线速度 v，然后按图查出与 v 相应的 q_0、H_0 和 K，然后按式（4-54）计算 t。

4.6.5　工艺实验

在 $\phi 20\text{mm} \times 200\text{mm}$ 的离子交换柱上进行动态工艺实验，提金氰化废水组成：游离 CN^- 含量为 818 mg/L，$Zn(CN)_4^{2-}$ 为 97 mg/L，$Cu(CN)_3^{2-}$ 为 206 mg/L。氰化溶液通过自制的离子交换柱，在不同时间取样分析流出液中的氰离子及其他离子的浓度，测定树脂的吸附率，绘制离子交换树脂的吸附曲线以及穿透曲线；通过改变原液的流速以及离子交换柱中树脂的装填高度，考察交换时间、原液流速、离子交换树脂的体积对树脂动态吸附氰化物的影响[26,38]。

4.6.5.1 顺流吸附实验

A 树脂装填量的影响

分别取不同量树脂湿法装柱。使溶液以顺流方式通过离子交换柱，控制流速，隔一定时间取样，分析氰化物浓度，绘制残余浓度随流出液体积的变化曲线如图4-62所示。

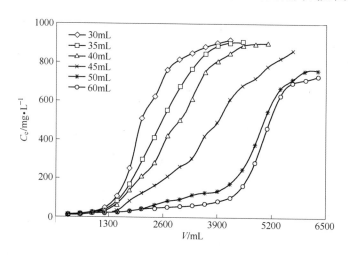

图4-62 同一流速下不同树脂添加量的吸附曲线

由图4-62可以看出，同一流速下随着树脂填装量增加，可以处理的尾液量也逐渐增多，同一时间流出液残余浓度也随之降低，且吸附高效段（吸附率大于85%）的时间也随着延长，即增加树脂量有助于吸附反应的发生。当树脂量由30mL逐渐增多时，流出曲线的变化趋势比较均匀，一直到树脂量为45mL；当树脂量继续增加时达到50mL时，吸附效果有较大的改善；而当继续增加树脂达到60mL时，吸附效果与50mL时基本相同。

树脂量从30mL增加到50mL的过程中，树脂量相对离子交换柱来说较少，树脂与氰化液能充分的接触，因此吸附效果也随着逐渐变好。但当树脂量多于50mL时，树脂量相对于离子交换柱来说体积较大，一方面，离子交换树脂被压实的现象比较严重，其阻力便逐渐影响到吸附过程；另一方面，树脂量较多，离子交换柱顶部的空间便小，这时树脂柱的顶部的水封柱经常容易被破坏，使气体容易进入离子交换树脂柱内部产生气泡，从而影响树脂与氰化液的接触，进而影响吸附效果。因此，在动态实验时要注意树脂的装填量，不能太少也不能过多，要保证树脂适量加入，一般细高交换柱内可保持在树脂体积是离子交换柱体积的5/6左右；而在离子交换塔内，这个比值要适当的减小。

B 流速的影响

取树脂湿法装柱，分别控制不同流速，使氰化液通过树脂层，隔一定时间取样，分析氰化物浓度，不同流速下的吸附曲线如图4-63所示。

从图4-63可以看出，流速越快，流出液浓度随流出液体积的增加而增加。同样树脂体积的条件下，达标处理氰化物溶液的体积随流速的增加而减小。这是因为流速增加，氰

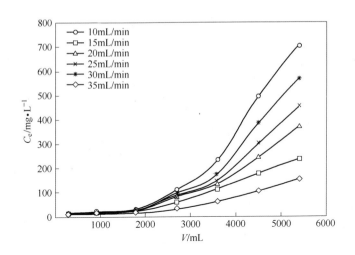

图 4 - 63　同一树脂高度不同流速原液的吸附曲线

化液流经树脂床层的时间减少。从前面实验可知，树脂对氰化液的吸附过程可分为两个阶段，第一阶段吸附速率较快；第二阶段相对第一阶段慢得多。这样当树脂吸附处于第一阶段时，由于吸附速率较快，即使较大的流速也能达到处理要求，如图中流速为 35mL/min 时；随着吸附的继续，当树脂吸附过程进入第二阶段后，吸附速率变慢，较大流速时氰化液与树脂接触的时间已不能满足树脂的吸附要求，致使流出液氰化物浓度很快增大。从上面的分析可知，虽然流速较小时吸附效果好，但在吸附的第一阶段，树脂的吸附速率快，这样氰化液与树脂接触时间过长便显得不必要，并且造成运行费用上的浪费；而进入吸附反应的第二阶段后，由于树脂的吸附速率变慢，这样树脂与氰化液需要接触较长的时间才能达到处理要求，接触时间长又显得非常必要。由此可知，在离子交换柱吸附过程中，如果吸附速率的控制随吸附阶段的变化而变化，便能达到比恒速时更好的结果。在工业实验中，离子交换柱体积大，树脂量多，可根据实际树脂层的高度，针对吸附过程，选择变速吸附（随着吸附时间的延长，流速控制越来越小），从而达到最佳的处理效果。

4.6.5.2　逆流吸附实验

A　树脂填装量的影响

分别取不同量树脂湿法装柱，使氰化液（已加锌络合、pH 值为 10 ~ 11）以逆流方式通过离子交换柱，控制流速，隔一定时间取样，分析氰化物浓度，实验结果如图 4 - 64 所示。

由图 4 - 64 可以看出，逆流实验同顺流实验类似，树脂量越多对吸附越有利，树脂达到一定量时，再增加树脂量对吸附效果的影响越来越不明显。从图中可以看出树脂量为 40mL、50mL 和 60mL 的曲线非常接近，且远较 30mL 时的好。在逆流实验中，树脂处于自下而上的氰化液中，氰化液带动树脂处于悬浮状态，因此树脂与氰化液能够充分的接触，因此树脂量达到 40mL 时便能达到很好的吸附效果。而树脂量继续增加时，影响树脂在离子交换柱内的流化状态，从而影响欲处理溶液与树脂的充分接触，导致吸附效果变化不大。

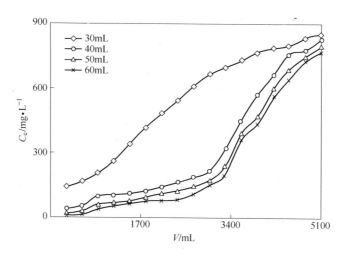

图 4-64　不同树脂量逆流吸附曲线

B　流速的影响

取树脂 40mL 湿法装柱，分别控制不同流速，使氰化液逆流通过树脂层，隔一定时间取样，分析氰化物浓度。不同流速下的吸附曲线如图 4-65 所示。

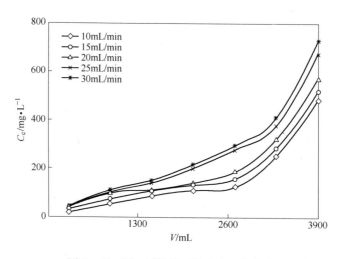

图 4-65　同一树脂量不同流速吸附曲线

从图 4-65 看出，逆流实验与顺流一样。流速越快，树脂的吸附量越少，处理氰化物溶液的体积越小。图中 5 种流速下的吸附曲线差别很小，这主要是因为在逆流时树脂在自下而上的氰化液中而处于流化状态，这样树脂与氰化液就可以充分接触，所以在一定流速范围内，流出液浓度不会相差太大。因此逆流中在一定流速范围内，应尽量选取较大流速。

4.6.5.3　顺流与逆流对比实验

顺流及逆流的吸附对比曲线如图 4-66 所示。

从图 4-66 中看出，同样条件下，顺流吸附效果比逆流吸附效果好。这是因为：一方

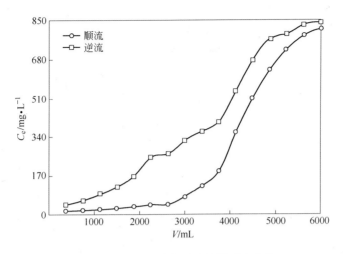

图 4-66　顺流吸附与逆流吸附对比曲线

面，在顺流吸附过程中，树脂颗粒间比较紧密，树脂层能起到过滤截流氰化液中杂质及部分氰化物的作用，而在逆流过程中便不存在这种现象；另一方面，在逆流实验中，氰化液进入离子交换柱内便互相混合，致使整个交换柱内氰化液浓度差别不大，相当于减小了进口氰化液浓度，从而影响了吸附效果。而在顺流实验中不存在这种现象，同时顺流吸附过程操作简单，因此采用顺流吸附。

4.6.5.4　工业实验

中金黄金股份有限公司河南中原黄金冶炼厂每天消耗氰化钠 1000kg，浸金氰化废水循环量约为 1500m³，外排的氰化液 30m³。氰化废液中含氰 1500 ~ 2300mg/L，金属铜含量 800 ~ 1200mg/L，锌含量 450mg/L。

树脂预处理：配制 200L、1mol/L 的氢氧化钠溶液，以缓慢的流速流过树脂层，经过 2h 后，将树脂用水洗至中性，再用配好的 200L、1mol/L 的盐酸溶液，以缓慢的流速流过树脂层，最后将树脂用水洗至中性，备用。

吸附过程：用水泵将氰化废液打入交换柱内，吸附时溶液的流速为 0.36m³/h，共有 4 个交换柱，吸附时采用三柱串联，一柱备用。当三个柱子达到穿透时间后，将第一个柱子断开进行解吸，备用柱子串联上，后三个柱子继续进行吸附，穿透后再同第一个柱子串联，依次循环下去。工业实验设备详见表 4-33，具体连接方式如图 4-67 所示。

表 4-33　工业实验设备一览表

序　号	设备与材料	材　质	规　格
1	离子交换柱	有机玻璃	直径 21cm，高度 180cm
2	耐腐蚀泵	耐腐蚀塑料	4kW
3	空压机	钢质	
4	储液槽	水泥	15m³
5	废液槽	水泥	15m³
6	管材与管件	塑料	市场常见规格
7	氢氧化钠吸收罐	塑料	2m³

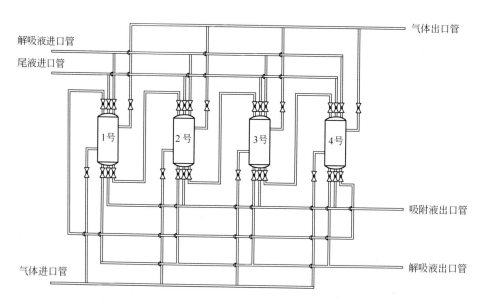

图 4-67 工业实验设备连接图

解吸过程：将断开的柱子单独进行解吸。将解吸液通入柱子内，并将通气孔接上管子通入氢氧化钠吸收液中，从柱子下方接空压机向柱内鼓入空气[51]。

A 串联吸附

本实验采用三柱串联，进行了 7 次吸附实验，结果如表 4-34 及图 4-68、图 4-69所示。

表 4-34 串联循环吸附总结

吸附柱串联方式	吸附氰量/g	处理溶液/L	备 注
123	781.0	450	
234	720.6	420	
341	743.9	720	1 号为硫酸解吸后
412	731.7	540	
123	754.8	810	
234	728.1	675	
234	753.2	540	氨水解吸后
341	746.4	480	1 号为硝酸钠解吸后

从图 4-68 可以看出，一个循环内（123 号—234 号—341 号—412 号）每次串联的三个柱子的平均吸附量为 747.5g，一个循环内每个柱子吸附两次，单位树脂平均载氰量为 25.5mg/mL。图 4-69 表明在相同时间内 341 号串联吸附的效果最好，这是由于 1 号柱经硫酸解吸，解吸后树脂上负载的化合物发生了变化，其中铜的氰化物转变为 CuCN，而 CuCN 负载在树脂上有利于树脂对游离氰的吸附：

$$CuCN + 3CN^- \Longrightarrow Cu(CN)_4^{3-} \tag{4-58}$$

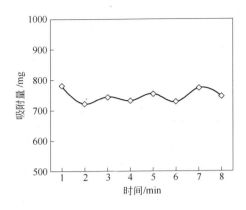

图 4-68　串联循环吸附总氰量

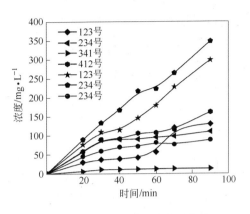

图 4-69　串联循环吸附穿透曲线

其次是第一次吸附即第一个循环的 123 号，从图 4-69 中看出，第二次循环吸附效果已经明显下降：90min 时浓度达到 275.3mg/L，这是由于树脂上累积了大量的铜和少量的

铁，当吸附效果下降到一定程度，可以对树脂上累积的铜进行解吸。对 234 号柱用氨水串联解吸后进行吸附，从图中可以看出第三次 234 号串联的吸附效果明显好于第一次和第二次，这说明树脂再生效果良好。

B　硫酸解吸实验

用 4kg 氢氧化钠配制约 180L 氢氧化钠溶液，用于吸收空压机吹脱硫酸溶液的氰化氢气体。共做了两个吸附循环，每个柱子用硫酸解吸两次，氰的浓度实验结果见表 4-35及图 4-70。

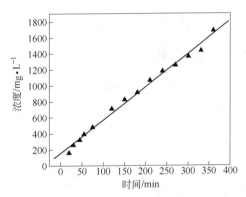

图 4-70　氰化钠浓度与时间的关系

表 4-35　硫酸解吸结果　　　　　　　　　　　（mg/L）

柱　号	时间/min					
	20	30	45	55	60	90
1 号	160.97	257.56	321.95	394.60	480.54	527.7
2 号		710.67			825.60	915.15
3 号		1066.01			1180.48	1254.41
4 号		1365.30			1436.85	1687.25
1 号		1913.81			2158.25	2295.38
2 号						3159.87
3 号						3195.64
4 号						4546.04

从图 4-70 看出，氢氧化钠溶液吸收氰化氢的速度呈明显的规律性。氰化钠浓度与时间呈线性关系，斜率为 4.16。

4.7 应用实例

1960 年苏联开始研究并应用离子交换工艺处理了杰良诺夫斯科浮选厂的含氰废水并回收了氰化物和金,各种金属的回收率分别为:金 96.3%、铜 99.6%、锌 96%、银 32.2%,78% 的氰化物被除去。其所使用的交换剂型号是目前工业上普遍使用的 AB - 17 型阴离子交换树脂,对氰化物的交换容量为 30mg/g,分配系数为 1.5×10^3[52]。

澳大利亚的一个炭浸厂采用法国地质研究所生产的 Vetrokele912(简称 V912)金属螯合型吸附树脂对铜、氰化钠质量浓度分别为 85mg/L、158mg/L 的选金厂尾液进行了半工业实验,处理后氰化矿浆中氰化物质量浓度小于 0.5mg/L;饱和树脂经洗脱后可反复使用,用金属洗脱剂洗脱重金属,用硫酸洗脱氰化物,然后用类似于酸化回收的方法回收酸性洗脱液中的氰化物,可以达到回收金、氰化物和有价金属等多重功效。但是,由于该树脂是由一种金属螯合剂和多孔树脂黏接而成,成本较高,因此大规模的工业推广应用受到限制[53,54]。

4.8 研究现状与发展趋势

4.8.1 研究现状

1985 年加拿大 Cyanide-technology 公司采用离子交换法处理含氰废水并达到了工业应用水平[55]。用阴离子交换树脂吸附氰络合物,而将游离的氰化物留在溶液中循环使用,被吸附的氰络合物用含氧化剂的酸性溶液洗提,吸收放出的氢氰酸循环再用。也有把溶液中的游离氰转化为 $[Zn(CN)_4]^{2-}$ 或其他金属氰化物,与碱性阴离子交换树脂进行交换,酸洗后的溶液用石灰水回收。据计算此回收工艺回收的氰化物的费用是新购氰化物的一半,其中的锌或其他金属还可循环使用[56]。

美国有专利研究用弱碱性阴离子交换树脂从酸性贵金属氰化物中回收贵金属,吸附上的贵金属络阴离子用 NaOH 或 KOH 解吸,然后用电沉积的方法回收洗脱液中的贵金属[57]。美国 Virnig 和 Michael J. 使用阴离子交换树脂回收碱性氰化滤液中的金,氰化滤液在 pH = 9 ~ 11 的介质中被吸附到阴离子树脂上,然后在 pH ≥ 12 的介质中,用 $Zn(CN)_4^{2-}$ 置换吸附于树脂上的 $Au(CN)_2^-$,再用 0.001 ~ 0.5mol/L NaCN 和 KCN 混合液洗脱,然后通过电解冶金洗脱液回收金和氰化物[58]。罗马尼亚某氰化厂选用 Wofatite 型强碱阴离子交换树脂床对某矿山含氰废水进行氰化物的回收实验,结果表明,废液中的氰化物和铜、铁、锌等金属氰络合物都被吸附,洗提后就可回收[59]。

我国徐克贤[60]对河北华尖金矿含氰废水提出了离子交换—贫液循环工艺,该工艺把离子交换树脂前期处理的含氰废水作为浓密机洗涤水,后期浸出的废水作为浸出工段用水。这样既降低了离子交换法的成本,又满足了氰化工艺的要求。此法不仅治理了含氰废水,而且回收了大量氰化物与重金属,具有很好的经济效益和社会效益,但此法采取硫酸洗脱容易造成二次污染。1996 年,高大明发明了一种由阴离子交换设备吸附废水中的铜铅锌及部分氰离子净化废水,然后分步解吸氰化物和铜[61]。新疆阿希金矿和安徽东溪金矿均采用南开大学研制的 D350 大孔型阴离子交换树脂来提取 $Au(CN)_2^-$,洗脱液经电解,在阴极上可获得金。若能在阳极加入苛性碱溶液或石灰水，可兼回收氰化物。党晓娥等[62~64]研究了两种纤维对提金氰化废水中 CN^-、$Zn(CN)_4^{2-}$、$Cu(CN)_4^{3-}$ 三种离子的吸附，研究发现离子交换纤维对三种离子的吸附效果与吸附材料的结构、工作环境的 pH 值有很大的关系。强碱性离子交换纤维含有的 $RN^+(CH_3)_3OH^-$ 电离程度较强，受溶液 pH 值变化影响小，在 pH = 1~14 的范围均可使用；弱碱性纤维含有的—NR_2 电离程度较弱，交换能力受 pH 值变化影响较大，pH 值越低，交换能力越高，故弱碱性纤维一般在 pH < 8 的环境中使用。如果用强碱性离子交换纤维处理氰化尾液，吸附过程不需调节体系的 pH 值。离子交换纤维对含氰废水中 $Zn(CN)_4^{2-}$、$Cu(CN)_4^{3-}$、CN^- 的吸附量要高于离子交换树脂。

离子交换法处理含氰废水技术一直受限于它复杂的解吸工艺，尽管已经研究发现了许多解吸剂，但它们随着树脂结构和溶液成分的变化，解吸效果也有很大的变化。因此要实现离子交换树脂法的工业化，就必须进一步寻找更廉价和高效的解吸剂，提高解吸效率。

D. Bachiller 等[65]比较了用 NaCN、NaNO₃ 和 NaSCN 作为解吸剂解吸 LewatitMP - 500 树脂上负载的氰化物，研究表明，NaSCN 能够有效地将铜解吸下来，解吸率达 90% 以上。Gupta 等[66]则采用 IRA - 400、Ionac A - 651 树脂处理含锌、铬和铜的氰化物废水，他们的研究也表明采用 NaSCN 溶液解吸效果明显好于 NaCN 溶液，采用 6 倍树脂床体积即可将铜等淋洗完，NaSCN 溶液不光能解吸铜，还能解吸锌、铬，他们的研究中也提到采用亚铁盐能使 SCN^- 离子转化为 $Fe(SCN)_2^+$ 从而达到树脂再生目的。G. C. Lukey 等[19]的研究表明，采用高浓度的盐溶液可从含不同季胺官能团的各种离子交换树脂上（如大孔氯甲基化苯乙烯树脂 D2780）选择性淋洗铜和铁的氰化配合物。对大多数树脂来说，用 12BV 的游离氰化物质量浓度为 200mg/L、C_{KCl} = 2mol/L 或 C_{MgCl_2} = 3mol/L 的盐溶液作淋洗剂，铜的淋洗率大于 80%，铁的淋洗率大于 99%，而金氰化物和锌氰化物几乎不被淋洗。用 C_{MgSO_4} = 3mol/L 的淋洗剂淋洗时得到的是金属氰化配合物的稀淋洗液。美国有专利[67]采用强碱Ⅱ型离子交换树脂处理含氰废水，首先用弱碱解吸去游离的氰，然后再用强碱解吸氰络合物。他们采用低浓度的 $Ca(OH)_2$ 溶液解吸游离的氰，用高浓度的苛性钠解吸络合氰，高浓度的碱可以破坏氰化物的化学结构从而达到解吸的目的。K. Fernando 等[53,68]的研究表明，酸解吸后铜在树脂上是以 CuCN 的形式存在，因此其首先采用硫酸使树脂上的 Zn^{2+} 解吸下来，随后加入 H_2O_2 解吸铜，从而达到铜锌分离的目的。

4.8.2 发展趋势

离子交换树脂吸附法作为一种充满活力而又发展迅速的"年轻"技术，日益受到世界各国的重视。采用离子交换法处理提金氰化废水，首先应选择或开发具有高选择性、易于解吸、耐磨率高、不易污染的新型功能树脂、复合树脂或离子交换纤维等新型吸附材料；其次，根据废水的组成及性质特点，应综合考虑各种吸附材料的优缺点及适用范围，必要时采用组合工艺；最后，应开发智能化的集成设备以控制离子交换法的吸附、解吸及再生过程。我国采用离子交换法处理含氰废水在工业应用方面做得还不够，如何进一步完善该工艺，使其达到工业应用水平，仍是科技工作者亟待解决的问题。

参 考 文 献

[1] 何炳林，黄文强. 离子交换与吸附树脂 [M]. 上海：上海科技教育出版社，1995.

[2] 侯雨风. 试论黄金矿山含氰废水的处理 [J]. 黄金，1994，15（9）：46~50.

[3] 高大明. 氰化物污染及其治理技术（续十）[J]. 黄金，1998，19（11）：58~59.

[4] Fernando K, Tran T, Laing S, et al. The Use of Ion Exchange Resins for Cyanidation Tailings Part 1—Process Development of Selective Base Metal Elution [J]. Minerals Engineering, 2002, 15: 1163~1171.

[5] Grant C Lukey, Jannie S J. van Deventer, et al. The Speciation of Gold and Copper Cyanide Complexes on Ion-Exchange Resins Containing Different Functional Groups [J]. Reactive & Functional Polymers, 2000, 44: 121~143.

[6] 兰新哲，宋永辉，张秋利，等. 201×7 树脂吸附回收提金尾液中的氰化物及金属铜 [J]. 黄金，2006，27（2）：45~48.

[7] 兰新哲，宋永辉，廖赞. 含氰尾液综合回收研究 [J]. 稀有金属，2005，29（4）：493~496.

[8] 党晓娥，兰新哲，张秋利，等. 离子交换树脂和交换纤维处理含氰废水 [J]. 有色金属（冶炼部分），2012，（2）：37~41.

[9] 田宇红，兰新哲，孙小刚，等. 树脂吸附法去除尾矿浆中氰化物的研究 [J]. 湿法冶金，2010，29（1）：49~51.

[10] 宋永辉，兰新哲，张秋利. 黄金冶炼厂尾液中的氰化物回收 [J]. 化学工程，2006，34（7）：46~49.

[11] 廖赞，朱国才，兰新哲. 用强碱性阴离子交换树脂回收氰化物的研究 [J]. 黄金，2005，26（3）：37~42.

[12] 邵林. 水处理用离子交换树脂 [M]. 北京：水利电力出版社，1989.

[13] 袁利伟，陈玉明. 用离子交换树脂从氰化物溶液中回收金的技术及其展望 [J]. 矿产综合利用，2003，（5）：30~34.

[14] 化学工程手册编辑委员会. 化学工程手册（17）：吸附及离子交换 [M]. 北京：化学工业出版社，1985.

[15] 北川浩，铃木谦一郎. 吸附的基础与设计 [M]. 北京：化学工业出版社，1983.

[16] Kuyucak N, Volesky B. Biosorbents for Recovery of Metals from Industrial Solutions [J]. Biotechnology Letter, 1998, 10: 137~142.

[17] Miltzarek G L, Sampaio C H, Cortina J L. Cyanide Recovery in Hydrometallurgical Plants: Use of Synthetic Solutions Constituted Bymeta – Llic Cyanide Complexes [J]. Minerals Engineering, 2002, 15: 75~82.

[18] Cortina J L, Warshawsky A, Kahana N, et al. Kinetics of Gold Cyanide Extraction Using Ion – Exchange Resins Containing Piperazine Functionality [J]. Reactive & Functional Polymers, 2003, (54): 25~35.

[19] Lukey G C, van Deventer, Shallcross D C. Selective Elution of Copper and Iron Cyanide Complexes from Ion Exchange Resins Using Saline Solutions [J]. Hydrometallurgy, 2000, 56: 217~236.

[20] 蒋维钧，雷良桓，刘茂林，等. 化工原理（第2版）：下册 [M]. 北京：清华大学出版社，2003.

[21] 张景来，王剑波，常冠钦，等. 冶金工业污水处理技术及工程实例 [M]. 北京：化学工业出版社，2003.

[22] 李明愉，曾庆轩. 离子交换纤维吸附儿茶素的热力学 [J]. 化工学报，2005，56（7）：121~124.

[23] 傅献彩，沈文霞，姚天扬. 物理化学 [M]. 北京：高等教育出版社，1990.

[24] Garcla Delgado R A, Cotouelo Minguez L M, Rodfiguez J J. Equlibrum Study of Single Solute Adsorption of Anion Surfactants with Polymeric XAD Resins [J]. Sep. Sci. Technol. , 1992, 27 (7): 975~987.

[25] 李爱民，张全兴，刘福强，等. 酚类化合物在酚式羟基聚苯乙烯树脂上吸附的热力学研究 [J]. 离

子交换与吸附, 2001, 17 (6): 515 ~ 525.

[26] 陈德武. 离子交换树脂法处理氰化尾液的理论及工艺研究 [D]. 西安: 西安建筑科技大学, 2005.

[27] 廖赞. 用强碱性阴离子交换树脂回收氰化物的研究 [D]. 西安: 西安建筑科技大学, 2005.

[28] 何敏. 大孔阴离子交换树脂回收氰化物的应用基础研究 [D]. 西安: 西安建筑科技大学, 2005.

[29] 李秀玲. 树脂法综合回收铁氰化物的研究 [D]. 西安: 西安建筑科技大学, 2008.

[30] Greg W Dicinoski, Lawrence R Gahan, Peter J Lawson, et al. Application of the Shrinking Core Model to the Kinetics of Extraction of Gold (Ⅰ), Silver (Ⅰ) and Nickel (Ⅱ) Cyanide Complexes by Novel Anion Exchange Resins [J]. Hydrometallurgy, 2000, 56: 323 ~ 336.

[31] Dursun A Y, Aksu Z. Biodegradation Kinetics of Ferrous (Ⅱ) Cyanide Complexions by Immobilized Pseudomonas Fluorescens in a Packed Bed Columnreactor [J]. Process Biochem, 2000, 35: 615 ~ 622.

[32] Dursun A Y, Alik A C, Aksu Z. Degradation of Ferrous (Ⅱ) Cyanide Complexions by Pseudomonas Fluorescens [J]. Process Biochem, 1999, 34: 901 ~ 908.

[33] Aksu Z, Gülen H. Binary Biosorption of Iron (Ⅲ) and Iron (Ⅲ) – Cyanidecomplex Ions on Rhizopus Arrhizus: Modeling of Synergistic Interaction [J]. Process Biochem, 2002, 38: 161 ~ 173.

[34] Kim D S. Adsorption Characteristics of Fe(Ⅲ) and Fe(Ⅲ) – NTA Complexion Granular Activated Carbon [J]. J. Hazard. Mater, 2004, 106B: 67 ~ 84.

[35] 董彦杰. 707 阴离子交换树脂吸附钽的性能及动力学研究 [J]. 湿法冶金, 1997, 61 (1): 31 ~ 33.

[36] 廖赞, 兰新哲, 朱国才. 201×7 强碱性阴离子交换树脂对氰化物的吸附性能及吸附机理 [J]. 黄金, 2008, 29 (7): 46 ~ 50.

[37] 宋永辉, 兰新哲, 李秀玲. D301 树脂对铁氰溶液中 Fe(Ⅲ) 及 CN⁻ 的吸附行为及机理 [J]. 中国有色金属学报, 2008, 18 (1): 160 ~ 165.

[38] 宋永辉, 兰新哲, 张秋利. 树脂吸附回收提金尾液中氰化物的研究 [J]. 贵金属, 2005, 26 (4): 39 ~ 43.

[39] 李秀玲, 宋永辉, 兰新哲, 等. 酸洗后 201×7 树脂上金属铜的解吸研究 [J]. 黄金, 2008, 29 (3): 51 ~ 54.

[40] 宋永辉, 兰新哲, 张秋利, 等. 氨水溶液解吸强碱性树脂上负载铜的研究 [J]. 金属矿山, 2006, 360 (6): 83 ~ 86.

[41] 梁帅表, 兰新哲, 宋永辉. 离子交换树脂负载氰化铜的解吸 [J]. 有色金属 (冶炼部分), 2006, (6): 26 ~ 31.

[42] 宋永辉, 李秀玲, 兰新哲. 201×7 树脂负载 $Fe(CN)_6^{3-}$ 的解吸 [J]. 黄金, 2008, 29 (11): 43 ~ 46.

[43] 梁帅表. 离子交换树脂法从提金尾液中回收氰化物的研究 [D]. 西安: 西安建筑科技大学, 2006.

[44] 梁帅表, 兰新哲, 宋永辉, 等. 高浓度盐对氰化物和金属铜的解吸研究 [J]. 黄金, 2006, 27 (10): 41 ~ 45.

[45] 宋永辉, 兰新哲, 张秋利. 树脂吸附氰化物的超声波强化解吸 [J]. 有色金属, 2005, 57 (4): 64 ~ 67.

[46] 廖赞, 朱国才, 兰新哲, 等. 用 201×7 强碱性阴离子交换树脂回收氰化物 [J]. 过程工程学报, 2005, 5 (5): 499 ~ 503.

[47] 王碧侠. 用离子交换树脂处理氰化尾液的方法研究 [D]. 西安: 西安建筑科技大学, 2001.

[48] 姜志新, 等. 离子交换分离工程 [M]. 天津: 天津大学出版社, 1992: 429 ~ 430.

[49] 李春华. 离子交换法处理电镀废水 [M]. 北京: 轻工业出版社, 1989: 31 ~ 38.

[50] 兰新哲, 梁帅表, 宋永辉. 离子交换柱模型实验及设计计算 [J]. 化学工程, 2007, 35 (2): 1 ~ 4.

[51] 国家 863 计划项目课题组. 功能树脂吸附回收氰化物研究报告 (内部资料). 西安建筑科技大学, 2005.

［52］Virgniia, Ciminelli S T. Ion Exchange Resins in the Gold Industry ［J］. Metals & Materials Society, 2002, （54）: 35 ~ 39.

［53］Fernando K, Tran T, Laing S, et al. The Use of Ion Exchange Resins for Cyanidation Tailings Part 1—Process Development of Selective Base Metal Elution ［J］. Minerals Engineering, 2002, 15: 1163 ~ 1171.

［54］Grant C Lukey, Jannie S J, van Deventer, et al. The Speciation of Gold and Copper Cyanide Complexes on Ion - Exchange Resins Containing Different Functional Groups ［J］. Reactive & Functional Polymers, 2000, 44: 121 ~ 143.

［55］Haldun Kurama, Tuba Catalsarik. Removal of Zinc Cyanide from a Leach Solution by Anionic Ion - Exchange Resin ［J］. Desalination, 2000, （129）: 1 ~ 6.

［56］Fernando K, Tran T, et al. The Use of Ion Exchange Resins for the Treatment of Cyanidation Tailings Part 1—Process Development of Selective Base Metal Elution ［J］. Minerals Engineering, 2002, （15）: 1163 ~ 1171.

［57］Agostino D, Vincent F, et al. Gold Recovery Process: US, 4543169 ［P］. 1985.

［58］Virnig, Michael J. Process for the Recovery of Gold: US, 5885327 ［P］. 1999.

［59］张兴仁（译）. 罗马尼亚某氰化厂处理含氰废液和回收氰化物的方法研究 ［J］. 国外黄金参考, 2000, （9 ~ 10）: 43 ~ 50.

［60］徐克贤. 离子交换—贫液循环法处理华尖金矿含氰废水试验 ［J］. 黄金, 1995, 16 （12）: 46 ~ 49.

［61］高大明. 离子交换法处理含氰废水工艺: 中国, ZL1141886 ［P］. 1997.

［62］党晓娥, 兰新哲, 张秋利, 等. 离子交换树脂和交换纤维处理含氰废水 ［J］. 有色金属, 2012, （2）: 37 ~ 41.

［63］党晓娥, 兰新哲, 董缘, 等. 离子交换纤维对金属氰配合物吸附性能的研究 ［J］. 环境污染治理技术与设备, 2006, 7 （8）: 40 ~ 43.

［64］党晓娥, 淮敏超, 兰新哲. 铜、锌氰配合物在离子交换纤维上的扩散、吸附机理 ［J］. 环境工程学报, 2012, 6 （9）: 3148 ~ 3152.

［65］Bachiller D, Torre M, Rendueles M. Cyanide Recovery by Ion Exchange from Gold Ore Waste Effluents Containing Copper ［J］. Minerals Engineering, 2004, （17）: 767 ~ 774.

［66］Gupta A, Johnson E F, et al. Investigation into the Ion Exchange of the Cyanide Complexes of Zinc （2 + ）, Cadmium （2 + ）, and Copper （1 + ） Ions ［J］. Ind. Eng. Chem. Res. , 1987, 26: 588 ~ 594.

［67］Crits, George J. Cyanide Recovery: US, 176355 ［P］. 1981.

［68］Versiane A Leão, Grant C Lukey. The Dependence of Sorbed Copper and Nickel Cyanide Speciation on Ion Exchange Resin Type ［J］. Hydrometallurgy, 2001, （61）: 105 ~ 119.

活性炭吸附法

　　活性炭吸附法就是利用活性炭的吸附、催化氧化等作用综合处理氰化提金废水中游离氰及重金属氰络合物，破坏、去除废水中氰化物及重金属离子的方法。活性炭对氰化物的吸附和破坏作用很早就被人们发现，在应用炭浆工艺回收金的实践中，人们发现，活性炭不仅能吸附金等贵金属与铜、锌、铁等重金属离子，还会吸附和破坏废水中的氰化物及硫氰化物，经济效益十分可观。1987年黑龙江乌拉嘎金矿采用活性炭吸附法处理含氰废水的工业实验获得成功。随后，原冶金工业部长春黄金研究所开发研究出了活性炭处理含氰废水的工艺和设备，并小试成功。1991年和1992年分别在河北省兴隆县挂兰峪金矿、迁西县东荒峪金矿进行了工业实验。

5.1　活性炭

　　活性炭是用木材、煤炭、果壳等含碳物质通过适当的方法成型，在高温和缺氧条件下活化制成的一种黑色粉末状或颗粒状、片状、柱状的炭质材料[1]。活性炭中80%～90%以上是碳，除此之外，还包括由于未完全炭化而残留在炭中，或者在活化过程中外来的非碳元素与活性炭表面化学结合的氧和氢。活性炭具有非常多的微孔和巨大的比表面积，通常1g活性炭的表面积达$500\sim1500\mathrm{m}^2$，因而具有很强的物理吸附能力，能有效地吸附废水中的有机污染物。在活化过程中活性炭表面的非结晶部位上形成一些含氧官能团，如羧基（—COOH）、羟基（—OH）等，使活性炭具有化学吸附和催化氧化、还原的性能，能有效地去除废水中一些金属离子[2]。

　　活性炭的制备主要是以木屑、木炭、煤、石油、沥青、泥煤等为原料，但近年来，利用农林副产物、纸浆废液以及许多含碳的工业废料制备活性炭已经成为新的发展趋势。不同方法生产出来的产品性质差别很大。黄金炭浆厂所用的主要是椰壳炭和杏壳炭，其为片状、强度较好、耐磨；处理含氰废水所用的活性炭一般为煤质炭，价格低、比表面积大，但强度稍差。一般用吸苯量、碘值、比表面积和总孔隙容积来表征活性炭的吸附性能，其指标分别在$20\sim400\mathrm{mg/L}$、$600\sim800\mathrm{mg/L}$、$300\sim1000\mathrm{m}^2/\mathrm{g}$和$0.35\sim0.81\mathrm{cm}^3/\mathrm{g}$范围之间[3]。

5.1.1　活性炭的性质

5.1.1.1　表面特性

　　活性炭的吸附特性不仅取决于它的孔隙结构，而且取决于其表面化学性质。化学性质主要由表面的化学官能团的种类与数量、表面杂原子和化合物确定，不同的表面官能团、杂原子和化合物对不同吸附质的吸附有明显差别[4]。

　　活性炭的制备过程中，孔隙表面一部分被烧掉，化学结构出现缺陷或不完整。由于灰分及其他杂原子的存在，使活性炭的基本结构产生缺陷和不饱和价键，使氧和其他杂原子吸附于这些缺陷上与层面和边缘上的碳反应形成各种键，最终形成各种表面功能基团，使活性炭具备了各种各样的吸附性能。对活性炭吸附性质产生重要影响的化学基团主要是含氧官能团和含氮官能团。Boehm 等[5,6]又把活性炭表面官能团分成三组：酸性、碱性和中性。酸性基团为羧基（—COOH）、羟基（—OH）和羰基（—C≡O），碱性基团为—CH₂或—CHR 基，能与强酸和氧反应，中性基团为醌型羰基。

5.1.1.2　催化性质

活性炭作为接触催化剂可用于各种聚合、异构化、卤化和氧化反应中。它的催化效果是由于活性炭特殊的表面结构和表面性质以及灰分等共同决定的[4]。一般活性炭都具有较大的比表面积，在化学工业中常用作催化剂载体，将有催化活性的物质沉积在活性炭表面，可实现其催化作用。球形活性炭不但具有独特形状，在各种装填状态下均具有良好的流动力学性能，而且又有良好的吸附性，特别适合于作催化剂载体。此时，它的作用不仅仅局限于催化剂的负载，它对催化剂的活性、选择性和使用寿命都有重大影响，同时它也实现了助催化的作用。

5.1.2　活性炭的分类

活性炭产品种类繁多，按原料不同可分为木质活性炭、果壳类活性炭（椰壳、杏核、核桃壳、橄榄核等）、煤基活性炭、石油焦活性炭和其他活性炭（如纸浆废液炭、合成树脂炭、有机废液炭、骨炭、血炭等）。按外观形状可分为粉状活性炭、颗粒活性炭和其他形状活性炭（如活性炭纤维、活性炭布、蜂窝状活性炭等），颗粒活性炭又分为破碎活性炭、柱状炭、压块炭、球形炭、空心球形炭、微球炭等；根据用途不同分为气相吸附炭、液相吸附炭、糖用炭、工业炭、催化剂和催化剂载体炭等；按制造方法可分为气体活化法炭、化学活化法炭、化学物理法活性炭[7]。

其中，煤基活性炭以合适的煤种或配煤为原料，相对于木质和果壳活性炭原料来源更加广泛，价格也更为低廉，因而成为目前国内外产量最大的活性炭产品。随着生产技术的进步，煤基活性炭的产品性能有了很大的提高，应用领域越来越广，产量也逐年增加。由于我国煤炭资源丰富，具有活性炭生产的天然优势，且随着工业技术的进步和我国森林资源的逐步减少，煤基活性炭将显示其更强的生命力，是未来最有发展前途的一种活性炭产品，具有广阔的发展前景[4]。

5.1.3　活性炭的性能

5.1.3.1　吸附特性

活性炭可以使水中一种或多种物质被吸附在表面而从溶液中去除，其去除对象包括溶解性的有机物质、微生物、病毒和一定量的重金属离子，并能够脱色、除臭。活性炭经过活化后，碳晶格形成形状和大小不一的发达细孔，大大增大了比表面积，提高了吸附能力。其表面形貌如图 5－1 所示[8]。活性炭的细孔有效半径一般为 1～10000nm，小孔半径在 2nm 以下，容积为 0.15～0.90mL/g，过渡孔半径一般为 2～100nm，容积为 0.02～0.10mL/g；大孔半径为 100～10000nm，容积为 0.2～0.5mL/g[7]。活性炭的孔隙结构如图5－2 和图 5－3 所示[9]。

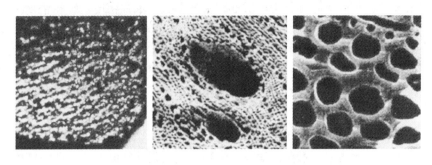

图 5-1 活性炭表面形貌及孔结构

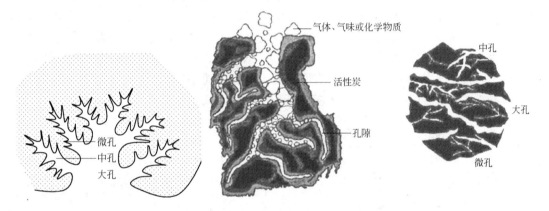

图 5-2 活性炭的孔隙结构模型　　　　图 5-3 活性炭内部孔结构模型

活性炭的总活性表面积一般可达 $300 \sim 1000 m^2/g$，氰化物就是被吸附在活性炭表面上。一般认为，比表面积越大的活性炭，其表面活性点（活性中心）就越多。活性炭的微晶凝聚体中包含着形状不规则缝隙的连接网，在这种网中有大小不同的孔径，大孔为可吸附的分子进入内部提供通道，微孔则提供进行吸附的表面积。

如果按照吸附质分子尺寸和吸附剂分子尺寸之间的大小，活性炭吸附情况可大体分为四种：吸附质分子尺寸远小于孔径，吸附的分子容易发生脱附，脱附速度快，但低浓度下的吸附量小；吸附质分子尺寸小于孔径，吸附质分子易在细孔内发生毛细凝聚，吸附量大；吸附质分子尺寸约等于孔径，吸附剂对吸附质分子的捕捉能力非常强，适合于极低浓度的吸附；吸附质分子尺寸大于孔径，因吸附质分子无法进入孔隙，此时不发生吸附[10]。

5.1.3.2 机械特性

活性炭的机械性质直接影响活性炭应用，其密度可影响反应器的大小，粒度大小及分布会影响液固分离及流体阻力和压降；抗碎强度与耐磨性会影响活性炭的使用寿命和废炭再生。

活性炭的粒度是其颗粒大小的度量，可采用筛析法进行测定，实验室标准套筛的测定范围为 $6 \sim 0.038mm$。常用留在和通过每只筛子的活性炭重量与原料总重量的百分比来表示粒度分布。真密度是指活性炭在绝对密实状态下固体物质的实际体积，不包括内部空隙及孔隙。堆积密度是把活性炭自由填充于某一容器中，在刚填充完成后所测得的活性炭床层的单位体积质量。堆积密度可分为松散堆积密度和振实堆积密度。颗粒密度是指每单位体积颗粒炭的重量，不包括颗粒以及大于 0.1mm 裂隙间的空间。

硬度值是指颗粒活性炭在 RO – TAP 仪器中对钢球衰变运动的阻力，是测量活性炭机械强度的指标。耐磨性，即耐磨损或抗摩擦的性能。磨损值是测量活性炭的耐磨阻力的指标，说明颗粒在处理过程中降低的阻力，是通过测定最终的颗粒平均直径与原始颗粒的平均直径的比率来计算的。

5.1.3.3 化学性能

活性炭的吸附包括物理吸附和化学吸附两种，其吸附性能既取决于孔隙结构，又取决于化学组成。物理吸附主要是利用活性炭孔壁上大量分子之间的"范德华力"，从而达到将介质中的杂质吸引到孔隙中的目的。而化学吸附则是利用活性炭的表面含有少量的功能团形式的氧和氢以及一些简单的化学结合，例如羟基、羧基、醚类、酚类、内脂类、醌类等与被吸附的物质发生化学反应，从而使被吸附物质结合聚集到活性炭的表面[11]。

活性炭表面化学特性对活性炭的表面反应、表面行为、亲（疏）水性、催化性质和表面电荷等具有很大的影响。活性炭表面官能团包括含氧官能团和含氮官能团。含氧官能团分为：酸性含氧官能团，如羧基、羧酸酐和内酯基，其中羧基酸性最强，内酯基次之；中性官能团，也称为弱酸性官能团，如酚羟基、苯醌基和醚基；碱性官能团，如醌式羟基、吡喃酮基和苯并吡喃基。这些不同种类的含氧基团是活性炭上的主要活性位，它们能使活性炭表面呈现微弱的酸性、碱性、氧化性、还原性、亲水性和疏水性。这些完全对立的性能构成了活性炭性能的多样性，同时影响到活性炭与活性组分或有机物的结合能力，进而影响到催化和吸附性能[12]。

5.1.4 活性炭的制备

原料煤被粉碎到一定细度（一般为 200 目，约 0.074mm），然后配入适量黏结剂在混捏设备中混合均匀，然后在一定压力下用一定直径模具挤压成炭条，炭条经炭化、活化后，经筛分、包装制成成品活性炭。活性炭制备的原则工艺流程如图 5 – 4 所示[13]。

5.1.4.1 炭化工艺及设备

炭化是活性炭制造过程中的主要热处理工序之一，是指在低温下（500℃左右）煤及煤沥青的热分解、固化以及煤焦油中低分子物质的挥发。炭化过程中大部分非碳元素，如氢、氧等因原料的高温分解首先以气体形式被排除，而获释的元素碳原子则组合成通称为基本石墨微晶的有序结晶生成物。严格地说，炭化应是在隔绝空气的条件下进行。炭化炉是最主要的炭化设备，主要有立式移动床窑炉、土窑炉、坑式炉、蜂房式炉、铁制移动炉、外热型卧式螺旋炉、耙式炉、回转炭化炉等[14]。

回转炭化炉是目前我国煤基活性炭生产中使用最广泛的炭化设备，根据加热方式的不同可以分为外热式和内热式。内热式回转炭化炉中，物料直接与加热介质接触，主要通过燃烧室中的温度来控制物料的炭化终温，而物料入口（炉尾）温度和炉体的轴向温度梯度分布则主要依靠加料速度、炉体长度、转速及烟道抽力来调节，因而物料氧化程度较高，但其热效率高，产品具有较高的收率和强度，国内的活性炭生产企业大多数都采用内热式回转炭化炉。外热式回转炭化炉主要是通过辐射加热物料，物料氧化损失较小，设备自动化程度高，维护及操作简单，温度控制稳定，活化反应速率稳定，尾气产生量少且易

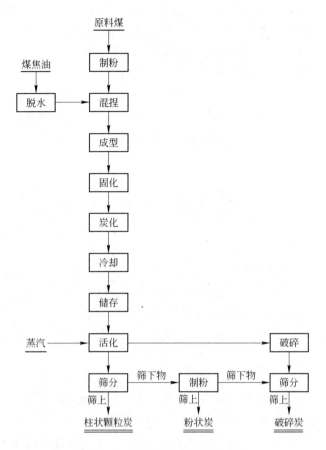

图 5-4　活性炭生产工艺流程图

于处理回收，连续化生产运行稳定[14]。内热式回转炉的炭化工艺流程如图 5-5 所示。

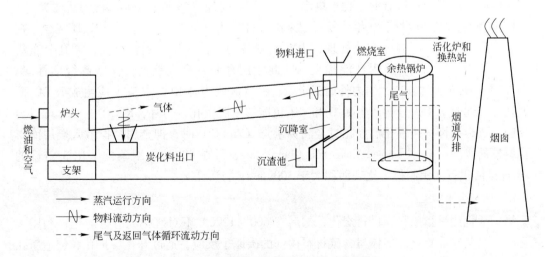

图 5-5　内热式回转炉炭化工艺流程

（换热器出口蒸汽 3.0t/h，温度 194℃；外排烟道温度 250～450℃；炉尾温度 350℃；
表面温度 300℃左右（350～380℃）；炉头温度 550℃（550～650℃）；中间温度 450～500℃）

物料流程：成型颗粒经运输机提升直接加入回转炉的加料室内，借助重力作用落入滚筒内，沿着滚筒内螺旋运动被带到抄板上，靠筒体的坡度和转动物料由炉尾向炉头方向移动。物料首先经过温度为200℃的预热干燥阶段，进入350~550℃的炭化阶段，在这个过程中，炭粒与热气流接触而进行炭化，排出水分及挥发分，最后经卸料口卸出。

气体流程：炉尾的尾气在燃烧室中燃烧后，一部分返回到炉头，进入滚筒与逆流而来的炭粒直接接触进行炭化；另外一部分进入余热锅炉进行换热，换热后的烟道气从烟筒排出。余热锅炉产生的蒸汽部分送到活化工序和换热站，部分返回炉头与尾气混合后进入炭化炉。

5.1.4.2 活化方法

活性炭的活化按其活化方法的不同可分为物理活化法、化学活化法和物理化学联合活化法。

A 化学活化法

化学活化法是把化学药品加入原料中，然后在惰性气体介质中加热，同时进行炭化和活化的一种方法，通常采用 $ZnCl_2$、KOH 及 H_3PO_4 等试剂作为活化剂。相对于物理活化，化学活化需要的温度较低、产率较高，通过选择合适的活化剂控制反应条件可制得高比表面积活性炭。但化学活化法对设备腐蚀性很大、污染环境、活性炭中残留有化学药品活化剂，应用受到限制。

$ZnCl_2$ 与 H_3PO_4 活化法[15]可促进热解反应过程，形成基于乱层石墨结构的初始孔隙；活化剂充满在形成的孔内，避免了焦油的形成，清洗后可除去活化剂得到孔结构发达的活性炭。通过控制活化剂的用量及活化温度，可控制活性炭的孔结构。$ZnCl_2$ 活化[16]是在原料中加入原料重量 0.5~4 倍，比重为 1.8 左右的浓 $ZnCl_2$ 溶液并进行混合，让 $ZnCl_2$ 浸渍，然后在回转炉中隔绝空气加热到 600~700℃。由于氯化锌的脱水作用，原料中的氢和氧主要以水蒸气的形式放出，形成了多孔性结构发达的炭。H_3PO_4 活化[16]是将精细粉碎的原料与磷酸溶液混合，接着混合物被烘干，并在转炉内加热到 400~600℃ 得到活性炭。

KOH 活化法是 20 世纪 70 年代发展起来的一种活化方法[17]，将煤焦与 KOH 混合，在氩气流中进行低温、高温二次热处理，由此法制备的活性炭比表面积更高，微孔分布集中，孔隙结构可以控制，吸附性能优良，因此常用来制备高性能活性炭或超级活性炭。KOH 的活化机理非常复杂，国内外尚无定论，但普遍认为是 KOH 与碳反应生成 K_2CO_3 而发展孔隙，同时 K_2CO_3 分解产生 K_2O 和 CO_2 也能够发展微孔；另外，K_2CO_3、K_2O 可以与碳反应生成金属钾，当活化温度超过金属钾沸点（762℃）时，钾金属会扩散入炭层而影响孔结构的发展。日本 Kansal Coke and Chemicals 公司在 800℃ 减压条件下用 3 倍量的 KOH 直接活化石油焦制得了比表面积大于 $3000m^2/g$ 的活性炭[18]。

B 物理活化法

物理活化法是指原料先进行炭化，然后在 600~1200℃ 下对炭化物进行活化，利用二氧化碳、水蒸气等氧化性气体与含碳材料内部的碳原子反应，通过开孔、扩孔和创造新孔的途径形成丰富微孔的方法[19]。它的主要工序为炭化和活化，炭化就是将原料加热，预先除去其中的挥发成分，制成适合于下一步活化用的炭化料。炭化过程分为 400℃ 以下的一次分解反应、400~700℃ 的氧键断裂反应、700~1000℃ 的脱氧反应等三个反应阶段。

原料无论是链状分子物质还是芳香族分子物质，经过上述三个反应阶段均可获得缩合苯环平面状分子而形成三向网状结构的炭化物。活化阶段通常在900℃左右将炭暴露于氧化性气体介质中，第一阶段是除去吸附质并使被阻塞的细孔开放；进一步活化使原来的细孔和通路扩大；最后由于碳质结构反应性能高的部分选择性氧化而形成了微孔组织。

C 物理化学联合活化法

物理化学联合活化法[20]是将化学活化法和物理活化法相结合制造活性炭的一种两步活化方法，一般先进行化学活化后再进行物理活化。选用不同的原料和采用不同化学法和物理法的组合对活性炭的孔隙结构进行调控，从而可制得性能不同的活性炭，这是目前活性炭工作者研究的重点。F. Caturla[21]等以核桃壳为原料，先采用$ZnCl_2$化学活化，然后用CO_2进行物理活化，进一步开孔拓孔，制得比表面积高达$3000m^2/g$的活性炭。张文辉等[22]用KOH浸渍处理后的煤用水蒸气活化，制得了表面积大于$1500m^2/g$的活性炭，而且活化时间缩短。Turkan Kopac等[23]首先用HCl和HF对煤进行脱灰处理，处理后的煤用KOH和NH_4Cl的混合物进行活化，随后与$ZnCl_2$混合并在750℃氧化后制备出了比表面积为$830m^2/g$的活性炭。

5.1.4.3 活化工艺

活化反应一般通过以下三个阶段最终达到活化造孔的目的：第一阶段，开放原来的闭塞孔。即高温下，活化气体首先与无序碳原子及杂原子发生反应，将炭化时已经形成但却被无序的碳原子及杂原子所堵塞的孔隙打开，将基本微晶表面暴露出来。第二阶段，扩大原有孔隙。在此阶段暴露出来的基本微晶表面上的碳原子与活化气体发生氧化反应被烧失，使得打开的孔隙不断扩大、贯通并向纵深发展。第三阶段，形成新的孔隙。微晶表面上碳原子的烧失是不均匀的，同炭层平行方向的烧失速率高于垂直方向，微晶边角和缺陷位置的碳原子即活性位更易与活化气体反应。同时，随着活化反应的不断进行，新的活性位暴露于微晶表面，于是这些新的活性点又能同活化气体进行反应，这种不均匀的燃烧不断地导致新孔隙的形成。

活化设备是煤质活性炭生产过程中的核心设备，目前应用较多的活化炉是耙式炉、斯列普炉和回转活化炉。目前我国煤基活性炭生产采用的主要生产装置是斯列普炉，如图5-6所示[10]。该炉型于20世纪50年代从苏联引进，经过国内几代科研人员的不断改进和完善，工艺技术已非常成熟，具有投资低、产品调整方便等特点。斯列普活化炉本体自上而下分为四个带，分别为预热带、补充炭化带、活化带和冷却带：

（1）预热带。由普通耐火黏土砖砌成，高为1632mm左右。卸料容积$35m^3$，可装炭化料22t左右。它的作用，其一是装入足够的炭化料，以便活化炉的定时加料操作；其二是预热炭化料，使其缓慢升温。

（2）补充炭化带。由特异形耐火砖砌成，高为1230mm。在这里炭化料与活化剂不直接接触，靠高温气流加热异型砖而将热量辐射给炭化料，使其补充炭化。

（3）活化带。由60层特异形耐火黏土砖叠成，高为6.0m。在活化带炭化料与活化剂直接接触活化，活化剂通过气道扩散渗入炭层中，与炭发生一系列化学反应，使炭形成发达的孔隙结构和巨大的比表面积。

（4）冷却带。也是由特异形耐火黏土砖叠成，高为1330mm。在冷却带炭不再与炉气

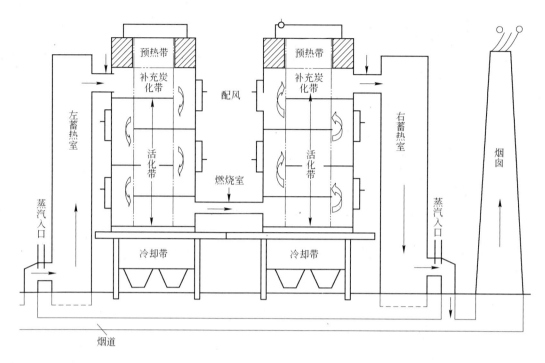

图 5-6　斯列普活化炉示意图

接触，而使高温炭材料逐步降温冷却，以免卸出炉外的炭料在高温下与空气发生燃烧反应而影响炭的质量和活化得率。

物料流程：物料进入加料槽后，借重力作用沿着产品道缓慢下行，依次经过预热带、补充炭化带、活化带、冷却带，完成全部活化过程，最后由下部卸料器卸出。炭化预热段利用炉内热量预热除去水分。在补充炭化段，炭化料被高温活化气体间接加热使炭的温度不断提高进行补充炭化。在活化段，活化道与活化气体道垂直方向相通，炭与活化气体直接接触进行活化。在冷却段，用循环水对活化料进行冷却（或采用风冷），这样所得到的活化料温度可以降到60℃以下，便于物料运输和直接进行筛分包装。

气体流程：左半炉烟道闸阀关闭，右半炉烟道闸阀开启，水蒸气从左半炉蓄热室底部进入，经格子砖加热到变成高温蒸汽，从上连烟道进入，蒸汽与物料反应后产生的水煤气与残余蒸汽依次经过左半炉上、中、下烟道进入右半炉。在右半炉内混合气体经过下、中部及上烟道沿上连烟道进入右半炉蓄热室顶部，然后通过格子砖往下流动，同时加热格子砖，尾气冷却，进入烟道排出完成循环。第二次循环与上述循环相反。第一、二次循环每半小时切换一次，从而使活化过程连续不断地进行。

5.1.4.4　影响因素

制取活性炭的原料来源比较广泛，几乎包括了所有的含碳物质，其中煤是我们经常用到的一种原料。制备活性炭一般在低温、常压下进行。首先把原料煤经过炭化，使其形成含有一些孔隙结构的炭化物，其次再和活化剂相互作用就得到具有发达孔隙结构的活性炭成品。活性炭的制备过程包含很多复杂的化学反应，其中温度、压力等工艺参数都对反应有重要影响。

A 原料

目前世界各地制备活性炭的原料虽有所不同，但主要以煤、沥青、木质、椰壳及毛竹等为主。由于不同原料中存在着不同种类和不同量的灰分（如 SiO_2、Al_2O_3、CaO、MgO、Fe_2O_3、K_2O、Na_2O 等），这些灰分在活性炭制备过程中都不同程度地阻止微孔的形成，以至于制备出的活性炭性能及空间结构有所不同，影响到活性炭的品质。

B 炭化过程

炭化过程又称干馏过程，是固体燃料的热化学加工方法。将煤、木材、油页岩等在隔绝空气条件下加热分解为气体（煤气）、液体（焦油）和固体（焦炭）产物，焦油蒸气随煤气从焦炉逸出，可以回收利用，焦炭则由焦炉内推出。影响煤炭化产品性质的因素主要有热解温度、升温速度及煤的粒度等。在炭化过程中要防止氧化，否则影响能形成孔隙的碳结构的生成。

C 活化过程

活化温度取决于所用活化剂对炭化形成的碳骨架"剥蚀反应"的最佳温度或催化剂的分解温度[24]。低温趋势以开孔为主，反应速度慢，形成孔隙较小，烧失率较低。当提高活化反应温度时，参加活化反应的分子数量增加，反应速度加快，形成的微孔就较多，从而形成了高度发达的多孔性结构，使比表面积和吸附量增加。当活化温度过高，则微孔减少，吸附力下降。在最佳活化温度下既有较高的开孔能力，又不致造成扩散控制，孔隙结构均匀发展，能形成丰富的孔结构。

活化反应时间较短时，活化反应主要是开孔形成原始孔，随着活化时间的延长，活化剂与原料进行活化反应的程度加深，使孔隙发达。活性炭的亚甲基蓝和碘吸附值都呈现出先增大后减小的趋势，其中在 1h 左右达到最大。但活化时间过长，活化剂会与孔隙表面具有石墨微晶结构的骨架碳原子反应，造成了活性炭的过度烧蚀，使活性炭的比表面积下降，吸附性能也随之降低。所以要提高活性炭的吸附性能，充分活化是必要的，但过度活化，反而会降低其吸附性能[25]。

加压活化可以使气化剂在炭化物表面的吸附平衡与气化反应速率受到影响，进而影响活性炭产品的性质[26]。如果炭化物前驱体是相同的，活化压力越大，活性炭产品的堆比重就会越低，比表面积和孔容会越大，碘吸附值和亚甲蓝吸附值也会越高，因此，提高活化压力有利于形成更多的微孔结构。

5.1.5 活性炭的改性

由于普通活性炭存在灰分高、孔容小、微孔分布过宽、比表面积小和吸附选择性能差等特点，加上其表面官能团及电化学性质的一些限制，使其对污染物的吸附去除作用有限。因此，有必要对其结构和性质进行改性，以增大吸附能力，满足实验和工程需要。

5.1.5.1 表面结构改性

活性炭表面结构的改性主要是通过物理或化学方法改变活性炭的比表面积和孔径分布，扩大或缩小孔径，达到改变活性炭表面结构的目的，从而提高活性炭的吸附能力[27]。一般采用活化以及在活化过程中加入一些活化剂来开孔、扩孔、创造新孔，而采用热收缩法、浸渍覆盖法、气相热解堵孔法等达到缩孔的目的。

活性炭的活化过程首先要对原料进行炭化处理，除去其中的可挥发组分，然后用合适的氧化性气体（H_2O、CO_2、O_2和空气）对炭化物进行活化处理，从而改变活性炭的孔隙结构。为了创造性能更好的活性炭，往往还会在活化过程中加入活化剂进行催化。常用的活化剂有碱金属、碱土金属的氢氧化物、无机盐类以及一些酸类。目前较成熟的化学活化剂有 KOH[28,29]、$NaOH$、$ZnCl_2$ 和 H_3PO_4[30,31] 等，其中以 KOH 活化制得的活性炭性能最优异。詹亮[32]等采用 KOH 对普通的煤焦活性炭进行改性，制得了比表面积高达 $3886m^2/g$ 的超级活性炭，大大提高了活性炭的吸附能力。

5.1.5.2 表面化学性质改性

活性炭的表面化学性质改性就是指通过一定的方法改变活性炭吸附表面的官能团及其周边氛围的构造，控制其亲水/疏水性能以及与金属或金属氧化物的结合能力，使其成为特定吸附过程中的活性点，从而可改变其表面的化学性质，提高吸附能力。活性炭表面化学性质改性可分为表面氧化法、表面还原法、负载原子和化合物法、酸碱法等。在改性过程中常常联合不同的改性方法对活性炭进行改性，从而达到更好的改性效果。

A 表面氧化改性

表面氧化改性是指利用合适的氧化剂在适当的温度下对活性炭材料表面的官能团进行氧化处理，从而提高材料表面含氧官能团（如羧基、酚羟基、酯基等）的含量，增强材料表面的亲水性即极性，增强对极性物质的吸附能力，从而达到吸附回收或废水治理的目的。常用的氧化剂主要有 HNO_3、O_3、H_2O_2、$HClO_3$、H_2SO_4 等[33,34]。所用氧化剂不同，形成的含氧官能团的种类和数量也不同，氧化程度越高，酸性含氧官能团含量越多。另外，经过强氧化处理作用，活性炭的孔隙结构会发生改变，比表面积及容积降低，孔隙变宽。氧化处理在活性炭表面增加的羧基等酸性基团可通过高温处理去除。

B 表面还原改性

还原改性主要是指在适当的温度下，通过还原剂对活性炭表面官能团进行还原，增加活性炭表面含氧碱性基团如羟基的含量，增强表面非极性，从而提高活性炭对非极性物质的吸附性能。常用的还原剂有 H_2、N_2、$NaOH$、KOH 和氨水等[35]。在水处理中，这种经过还原改性的活性炭表面碱性含氧基团大量增加，在一定程度上有助于对某些污染物质特别是有机物的吸附去除。

C 负载物质改性

负载物质改性包括负载金属离子、化合物或其他杂原子。负载金属改性大都是利用活性炭对金属离子的还原性和吸附性，使金属离子先在其表面上吸附，再还原成单质或低价态的离子，并通过金属离子或金属对被吸附物的较强结合力，增加活性炭对被吸附物的吸附性能。常用来负载的金属离子有铜离子、铁离子和银离子等[36]。负载化合物或杂原子改性的原理则是通过液相沉积的方法在活性炭表面引入特定的杂原子和化合物，利用这些物质与吸附质之间的结合作用，增加活性炭的吸附性能。常用的浸渍液有 $Cu(NO_3)_2$、$CuCl_2$、Na_2CO_3、$FeSO_4$、$FeCl_3$ 等[37]的水溶液。用3%氯化铜或5%硫酸铜浸泡活性炭，水洗晾干后再装柱，可使其除氰效率提高2~3倍；活性炭对络合氰化物的吸附能力比对简单氰化物的吸附能力要强。Monser 等人[38]用四丁基铵和二乙基二硫代氨基甲酸钠对活性炭进行负载杂原子和化合物改性，去除电镀废水中的铜、铬、锌，结果表明改性后的活性炭吸附能力更强。

D 低温等离子体改性

低温等离子技术既能改变活性炭表面化学性质，又能控制其界面物性，在活性炭材料的表面处理方面显示出独到的优势。这种改性技术一般是通过氧氮等离子体、CF_4等离子体改性活性炭，在其表面引入含氧、氮和含氟的官能团，或是通过电晕放电、辉光放电和微波放电等方法产生等离子体，以提高活性炭的表面能[39]。解强等[40]用低压 O_2/N_2 等离子体对商品煤基活性炭进行表面改性，研究发现活性炭经 $P-O_2$ 改性后在炭表面上引入大量的含氧官能团，经 $P-N_2$ 改性后随着表面强度的提高，含氧酸性官能团逐渐减少，而含氮官能团逐渐增加，获得富含硝基、胺基和酰胺基的活性炭。

5.1.5.3 电化学性质改性

活性炭的电化学性质同时决定了物理吸附和化学吸附。由于活性炭是由石墨晶体和无定型碳组成，因此它具有较强的导电性能，具有捕捉电荷的能力，使其表面带有一定的电荷[41,42]。电化学改性是指利用微电场，使活性炭表面的电性和化学性质发生改变，从而提高吸附的选择性和吸附性能。

5.1.6 活性炭的再生

活性炭使用一段时间后，由于杂质占据了活性表面以及孔道，其吸附能力大为降低，此时，必须对活性炭进行必要的再生处理。活性炭的再生就是用物理或化学方法在不破坏其原有结构的前提下，去除吸附于活性炭微孔中的吸附质，恢复其吸附性能，以便重复使用。基于对活性炭的再生进行的大量研究，国内外学者提出了各种活性炭再生工艺技术，如加热再生法、湿式氧化再生法、溶剂再生法、电化学再生法、超临界流体再生法、微波辐照再生法等[43]。

5.1.6.1 加热再生法

活性炭的加热再生是对活性炭进行热处理，使其吸附的有机物在高温下炭化分解，最终成为气体逸出，使活性炭得到再生的一种方法[44~46]。在除去有机物的同时，还可以除去沉积在炭表面的无机盐，使炭表面有新微孔生成，活性得到根本的恢复。加热再生法是目前工艺最成熟、工业应用最多的活性炭再生方法。该法具有再生效率高、再生时间短、应用范围广的特点，但再生过程中炭损失较大，一般在 5% ~ 10%，再生炭机械强度下降。另外，在热再生过程中，需外加能源加热，投资及运行费用较高。活性炭高温加热再生装置均需解决如何防止炭粒相互黏结，烧结成块并造成局部起火或堵塞通道，甚至导致运行瘫痪的问题。

5.1.6.2 湿式氧化再生法

A 湿式空气氧化再生法

湿式氧化再生法是指在高温高压的条件下，用氧气或空气作为氧化剂，在液相状态下将活性炭上吸附的有机物氧化分解成小分子的一种处理方法[47,48]。该技术在高温高压的条件下进行，再生条件一般为 200 ~ 250℃，3 ~ 7MPa，再生时间大多在 60min 以内。具有投资少、能耗低、工艺操作简单、再生相对效率高、活性炭损失率低、过程无二次污染、对吸附性能影响小等特点，通常用于再生粉末活性炭，适宜处理毒性高、难以生物降解的吸附质。

B 催化湿式氧化再生法

湿式氧化法再生活性炭是指吸附在活性炭表面上的有机、无机污染物在水热环境中脱附，然后从活性炭内部向外部扩散，进入溶液；而氧从气相传输进入液相，通过产生羟基自由基（·OH）氧化脱附出来的物质[49,50]。由于湿式氧化高温高压条件较为苛刻，为此，人们考虑引入高效催化剂，采用催化湿式氧化法再生活性炭，以提高氧化反应的效率。同其他活性炭再生方法比较，催化湿式氧化法具有快速、能耗低、二次污染小等特点。但是，随着时间的延长，氧化程度加强，使得活性炭表面的孔隙被氧化物堵塞，再生效率下降。

5.1.6.3 溶剂再生法

溶剂再生法是利用活性炭、溶剂与被吸附质三者之间的相平衡关系，通过改变温度、溶剂的 pH 值等条件，打破吸附平衡，将吸附质从活性炭上脱附下来的方法。根据所用溶剂的不同可分为无机溶剂再生法和有机溶剂再生法。对于处理提金氰化废水的活性炭，一般采用无机酸（H_2SO_4、HNO_3、HCl 等）或碱（NaOH 等）作为再生溶剂。再生操作可在吸附塔内进行，活性炭损失较小，但是再生不太彻底，微孔易堵塞，影响吸附性能的恢复，多次再生后吸附性能明显降低。

5.1.6.4 电化学再生法

电化学再生法是一种正在研究的新型活性炭再生技术[51]。该法是将活性炭填充在 2 个主电极之间，在电解液中，加以直流电场，活性炭在电场作用下极化，一端呈阳性，另一端呈阴性，形成微电解槽。在活性炭的阴极部位和阳极部位可分别发生还原反应和氧化反应，吸附在活性炭上的物质大部分因此而分解，小部分因电泳作用发生脱附。该方法操作方便且效率高、能耗低，其处理对象所受局限性较少，若处理工艺完善，可以避免二次污染。

5.1.6.5 超临界流体再生法

许多物质在常压常温下对某些物质的溶解能力极小，而在亚临界状态或超临界状态下却具有异常大的溶解能力。在超临界状态下，稍改变压力，溶解度会产生数量级的变化。利用这种性质，可以把超临界流体作为萃取剂，通过调节操作压力来实现溶质的分离，即超临界流体萃取技术。超临界流体（Supercritical Fluid，SCF）的特殊性质及技术原理确定了它用于再生活性炭的可能性[52~54]。二氧化碳的临界温度 31℃，近于常温，临界压力 7.2MPa，不是很高，具有无毒、不可燃、不污染环境以及易获得超临界状态等优点，是超临界流体萃取技术应用中首选的萃取剂。SCF 再生法温度低，吸附操作不改变污染物的化学性质和活性炭的原有结构，在吸附性能方面可以保持与新鲜活性炭一样；活性炭无任何损耗，可以方便地收集污染物，利于重新利用或集中焚烧，切断了二次污染；SCF 再生可以将干燥、脱除有机物操作连续化，做到一步完成。

5.2 活性炭吸附氰的原理

吸附是活性炭的主要特征，它被看成是一种表面现象。当含氰废水通过活性炭时，活性炭的表面对着相应的废水表面，两表面层包围的区间是一个界面，于是就在这个界面区内，产生了吸附。活性炭的吸附既有物理吸附又有化学吸附，要完全分开这两种吸附是办不到的，以金吸附在活性炭上为例，金首先以 $Au(CN)_2^-$ 形式吸附，而后分解为 $AuCN$。

活性炭对氰化物的吸附与金的吸附不同，重金属氰化物是以络合离子形式被吸附的，而游离氰化物是以 HCN 形式被吸附的。在被吸附的氰化物没有在炭表面上发生氧化反应生成 CNO^- 以前，是可以用酸把氰化物洗脱下来的。

吸附速率取决于氰化物扩散到炭表面的速度和从炭外层扩散到内层未被占据表面的速度。这对于 HCN 气体来说并不难，但对于水中的氰化物，则有一定的难度。因此，在用新炭处理废水时，一开始吸附速度很快，但过一段时间外表面积已被占据，吸附速度由内扩散控制，吸附速度明显减慢，这也是我们在活性炭催化分解法中选择小粒度活性炭的原因。

活性炭吸附法除氰主要通过氧化、水解和吹脱三种途径来实现，前两种途径的前提是氰化物在活性炭上的吸附。氰化物是否能被吸附还要看活性炭的孔结构如何。如果孔径小于 HCN 分子或络合物离子的直径，氰化物就不能到达其活性表面上，那么活性炭就不能吸附氰化物。

5.2.1 氰化物的氧化

当活性炭同时与废水和空气接触时，空气中的氧就会吸附在活性炭上，其吸附含量高达 $10 \sim 40g/kg$，比水中溶解氧高数千倍。氧化学吸附在活性炭表面上，形成过氧化物和羟基酸性官能团，与其他如酚醛、苯醌等官能团一道构成活性表面。表达式如下：

$$O_2 + 2H_2O + 2e \xrightarrow{\text{活性炭}} H_2O_2 + 2OH^- \qquad (5-1)$$

金属氰络合物被吸引到这些活性表面上，便完成了氰络合物的吸附过程，活性炭能大量地吸附金属氰络合物，各种金属氰络合物的吸附顺序如下：

$$Au(CN)_2^- > Ag(CN)_2^- > Fe(CN)_6^{4-} > Ni(CN)_4^{2-} > Zn(CN)_4^{2-} > Cu(CN)_2^-$$

活性炭对 HCN 的物理吸附较明显，从而使废水中的氰化物得到较高的去除率。由于活性炭吸附氧的过程产生了 H_2O_2，而且活性炭上氰化物浓度比废水中氰化物浓度高很多，因此在炭表面上发生过氧化氢氧化氰化物的反应，必然比在废水中进行反应容易得多。

废水中的铜离子在活性炭催化氧化法中起着重要作用。一些文献认为，铜可使 CNO^- 水解为氨和二氧化碳。铜离子的存在使氰化物首先形成络离子，更易吸附在活性炭上，活性炭用铜盐浸渍后，其处理能力可提高几倍。

在氰化物被氧化后，重金属氰络合物解离出的金属离子与碳酸盐等阴离子形成难溶物而留在活性炭上，久而久之，活性炭的活性表面被杂质占据。废水中的钙离子会形成碳酸钙沉淀物，铁氰化物和亚铁氰化物在炭上最终以氢氧化物形式存在，这些会导致活性炭失活。相关反应见式 $(5-2) \sim$ 式 $(5-6)$：

$$CN^- + 0.5O_2 \xrightarrow{\text{活性炭}} CNO^- \qquad (5-2)$$

$$CNO^- + 2H_2O \Longrightarrow HCO_3^- + NH_3 \uparrow \qquad (5-3)$$

$$HCO_3^- + OH^- \Longrightarrow CO_3^{2-} + H_2O \qquad (5-4)$$

$$2Cu^{2+} + CO_3^{2-} + 2OH^- \Longrightarrow CuCO_3 + Cu(OH)_2 \downarrow \qquad (5-5)$$

$$Ca^{2+} + CO_3^{2-} \Longrightarrow CaCO_3 \downarrow \qquad (5-6)$$

5.2.2 氰化物的水解

人们发现，即使不通空气，浸在废水中的活性炭也具有除去氰化物的能力。一方面，活性炭的确吸附了一些氰化物，对于一定浓度的含氰废水，活性炭的吸附应该很快就能达到饱和状态。但实际上却非如此，活性炭的吸附不断地具有一定的氧化去除率，这就说明，吸附在活性炭上的氰化物在氧不足的条件下可能会发生水解反应生成甲酸铵：

$$HCN + H_2O \Longrightarrow HCONH_2 \tag{5-7}$$

这一反应在常温下并不明显，但在活性炭的作用下该反应的速度明显加快，生成的甲酸铵在加热时分解出 CO 和 NH_3。

5.2.3 氰化氢的吹脱

如果仅将活性炭作为一种填料，由于活性炭的亲水性比其他填料好很多，这种直径为 $1.0 \sim 3.5mm$，长度为 $1.5 \sim 4mm$ 的圆柱状活性炭所构成的填料塔无疑是一个良好的 HCN 吹脱塔。只不过活性炭催化分解反应的 pH 值一般为 $6 \sim 9$，比酸化回收法要高得多，故 HCN 的吹脱率远没有酸化回收法高。如果控制废水 pH 值在 $2 \sim 3$，HCN 的吹脱率就会提高，随后采用吸收法吸收这部分氰化物，既可回收氰化物，又由于活性炭吸附、氧化、水解氰化物的特性使处理后废水中的氰含量降低到比酸化回收法低得多的水平，此乃一举两得的方法。值得注意的是，由于活性炭吹脱法氰化物的回收率低，分解率较高，故不能用这种方法取代酸化回收法。

5.2.4 除氰活性炭的再生理论及方法

一般情况下，处理提金废水后的活性炭上积累的杂质主要是锌、铁、钙、铜，主要以 $Zn_2Fe(CN)_6$、$ZnCO_3 \cdot Zn(OH)_2$、$Fe(OH)_3$、$Fe(OH)_2$、$CaCO_3$、$CuCO_3 \cdot Cu(OH)_2$ 等形式存在，可使用无机酸浸泡的方法使其再生。常用的再生剂（洗脱剂）是 $2\% \sim 5\%$ 的盐酸、硝酸或硫酸。在使用数个周期后，尽管进行酸洗再生，但是活性炭的吸附性能仍然不断降低，这是废水中有机物、硅酸盐等在碳上的积累造成的，必须进行热再生或高温再生才能恢复其活性。主要反应如式（5-8）~式（5-13）所示：

$$Zn_2Fe(CN)_6 + 6HCl \Longrightarrow 6HCN + 2ZnCl_2 + FeCl_2 \tag{5-8}$$

$$ZnCO_3 \cdot Zn(OH)_2 + 4HCl \Longrightarrow 2ZnCl_2 + 3H_2O + CO_2 \tag{5-9}$$

$$Fe(OH)_3 + 3HCl \Longrightarrow FeCl_3 + 3H_2O \tag{5-10}$$

$$Fe(OH)_2 + 2HCl \Longrightarrow FeCl_2 + 2H_2O \tag{5-11}$$

$$CaCO_3 + 2HCl \Longrightarrow CaCl_2 + H_2O + CO_2 \tag{5-12}$$

$$CuCO_3 \cdot Cu(OH)_2 + 4HCl \Longrightarrow 2CuCl_2 + 3H_2O + CO_2 \tag{5-13}$$

5.2.5 活性炭吸附热力学及动力学

5.2.5.1 吸附热力学

A 热力学理论模型

Langmuir 模型：是一种基于吸附质与吸附剂之间的相互作用而完全忽略吸附质分子之间相互作用的一种模型，适用于描述稀溶液中的吸附过程。其假设条件为：吸附剂表面是均匀分布的，吸附类型是单分子层吸附。

Langmuir 等温吸附方程式如式（5-14）所示：

$$\frac{n}{n_m} = \frac{bp}{1 + bp} \tag{5-14}$$

线性化可得：

$$\frac{p}{n} = \frac{1}{n_m}p + \frac{1}{bn_m} \tag{5-15}$$

式中，n 为吸附质在 1g 吸附剂所吸附的摩尔数，mol/g；n_m 为单分子层吸附容量，吸附剂的最大吸附容量，理论上与温度无关，mol/g；b 为吸附平衡常数；p 为吸附剂表面的分压力，Pa。

符合 Langmuir 等温式的吸附为化学吸附。化学吸附的吸附活化能一般在 40~400kJ/mol 的范围，除特殊情况外，一个自发的化学吸附过程，应该是放热过程，饱和吸附量将随温度的升高而降低。吸附平衡常数 b 值大小与吸附剂、吸附质的本性及温度的高低有关，b 值越大，则表示吸附能力越强，而且 b 具有浓度倒数的量纲。

Freundlich 模型：该模型在描述稀释水溶液中的吸附过程等问题中得到广泛应用。其假设条件为：吸附剂表面是不均匀的，多分子层吸附，没有最大吸附容量。

Freundlich 等温线方程最初由实验而得，如式（5-16）所示：

$$Q = kC^{1/n} \tag{5-16}$$

线性化可得：

$$\lg Q = \lg k + \frac{1}{n}\lg C \tag{5-17}$$

式中，Q 为某一时间的吸附量，mg/mL；C 为平衡时溶液残余氰化物浓度，mg/L；$1/n$ 和 k 为 Freundlich 常数，通常通过实验确定。$1/n$ 的数值一般在 0 到 1 之间，其值的大小则表示浓度对吸附量影响的强弱。$1/n$ 越小，吸附性能越好；$1/n$ 在 0.1~0.5，则易于吸附；$1/n > 2$ 时，难以吸附。

B 吸附等温参数

Tolga Depci[55] 利用 Langmuir 和 Freundlich 双参数模型研究了活性炭对氰化物的吸附过程。活性炭为以褐煤为原料（LAC）、经铁浸渍改性后的（FeAC）、商品颗粒活性炭（CAC-1）及商品粉末活性炭（CAC-2），研究结果见表 5-1、表 5-2。其中，线性等温参数是用线性回归程序计算出来的，非线性等温参数是由微软公司的 Spreadsheet、Excel 软件得出的。表中 ARE 和 χ^2 为误差函数，R^2 为相关系数。

表 5-1 氰化物在活性炭上的吸附作用的等温参数

指标	线性				非线性			
	CAC-1	CAC-2	LAC	FeAC	CAC-1	CAC-2	LAC	FeAC
Langmuir 模型								
$Q_e/\text{mg} \cdot \text{g}^{-1}$	61.23	60.6	59.17	66.24	62.12	61.35	60.18	67.82
$b/\text{L} \cdot \text{mg}^{-1}$	8.32×10^{-3}	7.92×10^{-3}	8.32×10^{-3}	5.49×10^{-3}	8.11×10^{-3}	7.24×10^{-3}	7.93×10^{-3}	5.33×10^{-3}
R^2	0.99	0.99	0.99	0.99	0.99	0.99	0.99	0.99

续表 5 - 1

指 标	线 性				非 线 性			
	CAC - 1	CAC - 2	LAC	FeAC	CAC - 1	CAC - 2	LAC	FeAC
ARE	2.16	2.33	2.40	2.05	2.37	1.92	2.32	1.38
χ^2	0.24	0.34	0.28	0.27	0.21	0.12	0.13	0.17
Freundlich 模型								
$k/L \cdot g^{-1}$	1.77	1.68	1.82	5.75	2.43	2.04	2.13	6.12
n	1.73	1.72	1.76	2.41	1.92	1.85	1.92	2.73
R^2	0.96	0.96	0.95	0.92	0.95	0.97	0.97	0.95
ARE	5.45	4.23	5.73	3.23	6.72	4.72	5.12	4.12
χ^2	0.91	0.78	0.8	0.68	0.94	0.81	0.7	0.39

注：氰化物初始浓度为 100mg/L，pH 值为 7~7.5。

表 5 - 2　氰化物在活性炭上的吸附作用的等温参数

指 标	线 性				非 线 性			
	CAC - 1	CAC - 2	LAC	FeAC	CAC - 1	CAC - 2	LAC	FeAC
Langmuir 模型								
$Q_e/mg \cdot g^{-1}$	64.93	63.29	64.10	68.02	64.34	63.22	64.20	68.35
$b/L \cdot mg^{-1}$	8.13×10^{-3}	9.4×10^{-3}	9.37×10^{-3}	8.16×10^{-3}	8.23×10^{-3}	9.3×10^{-3}	9.2×10^{-3}	8.21×10^{-3}
R^2	0.99	0.99	0.99	0.99	0.99	0.99	0.99	0.99
ARE	2.45	2.68	2.44	3.32	2.23	2.41	2.34	3.28
χ^2	0.29	0.31	0.38	0.8	0.26	0.07	0.32	0.71
Freundlich 模型								
$k/L \cdot g^{-1}$	1.81	2.12	2.01	1.82	2.49	2.95	2.53	2.96
n	1.74	1.78	1.74	1.67	1.95	2.12	1.95	1.86
R^2	0.97	0.96	0.95	0.96	0.96	0.96	0.95	0.96
ARE	7.25	6.42	8.63	6.88	7.13	5.51	6.42	6.13
χ^2	0.88	0.97	0.98	0.82	0.81	0.75	0.81	0.7

注：氰化物初始浓度为 100mg/L，pH 值为 10~10.5。

从表 5 - 1、表 5 - 2 中的数据可以看出，应用 Langmuir 模型时，得到的线性等温线和非线性等温线的参数非常接近，偏差很小，而 Freundlich 等温模型所得的各参数偏差较大。因此，氰化物在活性炭上的吸附符合 Langmuir 模型，氰根离子以单层的形式覆盖在活性炭的表面，而且每个氰根离子具有相同的吸附活化能。两个不同的 pH 值范围下，线性和非线性的 Langmuir 等温平面图如图 5 - 7 所示。

由此可知，CAC - 1、CAC - 2 和 LAC 这三种活性炭在 pH 值相同时吸附容量相近，其结构对活性炭和氰化物之间的吸附平衡影响不大。三种活性炭的吸附容量均随着溶液 pH 值的增大而增大，说明 pH 值是影响 FeAC 吸附能力的重要因素。

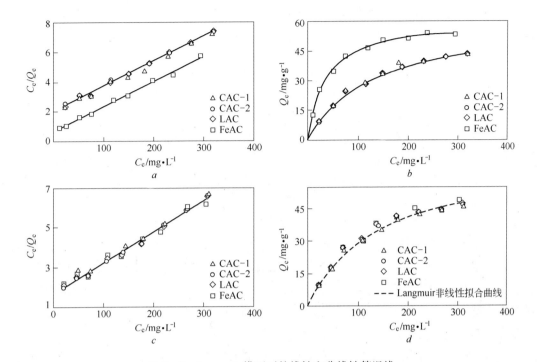

图 5-7 Langmuir 模型下的线性和非线性等温线

（氰化物初始浓度 100mg/L）

a—线性等温平面图（pH = 7 ~ 7.5）；b—非线性等温平面图（pH = 7 ~ 7.5）；
c—线性等温平面图（pH = 10 ~ 10.5）；d—非线性等温平面图（pH = 10 ~ 10.5）

5.2.5.2 吸附动力学

A 动力学理论模型

吸附过程的动力学研究主要是用来描述吸附剂吸附溶质的速率快慢，通过动力学模型对数据进行拟合，从而探讨其吸附机理。一级、二级动力学方程，实际是通过机理推理假设，设定边界条件得到的偏微分方程。

吸附一级动力学模型：一级动力学是指反应速率与一种反应物浓度呈线性关系。吸附动力学一级模型采用 Lagergren 方程计算吸附速率：

$$\frac{\mathrm{d}Q_t}{\mathrm{d}t} = k_1(Q_e - Q_t) \tag{5-18}$$

式中，Q_t 和 Q_e 分别为 t 时刻和平衡态时的吸附量，mg/g；k_1 为一级吸附速率常数，min^{-1}。对式（5-18）从 $t=0$ 到 $t>0$（$Q=0$ 到 $Q>0$）进行积分，可以得到式（5-19）：

$$\ln(Q_e - Q_t) = \ln Q_e - k_1 t \tag{5-19}$$

采用该式可做出不同温度下吸附剂对吸附质的吸附 $\ln(Q_e - Q_t)$—t 曲线图。

吸附二级动力学模型：二级动力学指反应速率与两种反应物浓度呈线性关系。吸附动力学二级模型可以用 McKay 方程描述：它是建立在速率控制步骤是化学反应或通过电子共享或电子得失的化学吸附基础上的二级动力学方程，表达式见式（5-20）：

$$\frac{\mathrm{d}Q_t}{\mathrm{d}t} = k_2(Q_e - Q_t)^2 \tag{5-20}$$

对式 (5-20) 从 $t=0$ 到 $t>0$ ($Q=0$ 到 $Q>0$) 进行积分,并写成直线形式,见式 (5-21):

$$\frac{t}{Q_t} = \frac{1}{k_2 Q_e^2} + \frac{1}{Q_e} t \tag{5-21}$$

$$h = k_2 Q_e^2 \tag{5-22}$$

式中,h 为初始吸附速率常数,$mg/(g \cdot min)$。由式 (5-21) 可得到 t/Q_t—t 的曲线图。

颗粒内扩散模型 (Weber-Morris 模型):最早由 Weber 等提出,其假设条件为:液膜扩散阻力可以忽略或者是液膜扩散阻力只在吸附的初始阶段的很短时间内起作用;扩散方向是随机的、吸附质浓度不随颗粒位置改变;内扩散系数为常数,不随吸附时间和吸附位置的变化而变化。其表达式见式 (5-23):

$$Q_t = k_p t^{1/2} \tag{5-23}$$

式中,k_p 为颗粒内扩散速率常数,$mg/(g \cdot min^{1/2})$。k_p 值越大,吸附质越易在吸附剂内部扩散,由 Q_t—$t^{1/2}$ 线性图的斜率可得到 k_p。根据内部扩散方程,以 Q_t 对 $t^{1/2}$ 做图可以得到一条直线。若存在颗粒内扩散,Q_t 对 $t^{1/2}$ 为线性关系,且若直线通过原点,则速率控制过程仅由内扩散控制,偏离了原点则表明,其他吸附机制将伴随着内扩散进行。

B 吸附动力学研究

Tolga Depci[55] 采用伪一阶动力学模型和伪二阶动力学模型来推测在两个不同的 pH 值范围内,5.2.5.1 节中所提到的活性炭 CAC-1、CAC-2、LAC、FeAC 吸附氰化物过程中的吸附机理,用 ARE 和 χ^2 误差函数评判动力学模型的准确性和适用性。当氰化物初始浓度为 100mg/L 时,在 pH 值为 7~7.5 和 10~10.5 时计算出的拟合动力学模型参数见表 5-3、表 5-4。

表 5-3 活性炭吸附过程的动力学参数 (pH = 7~7.5)

参 数	线 性				非 线 性			
	CAC-1	CAC-2	LAC	FeAC	CAC-1	CAC-2	LAC	FeAC
伪一阶								
$Q_e(cal)/mg \cdot g^{-1}$	13.08	20.32	12.16	20.37	16.45	17.32	14.44	24.70
k_1/min^{-1}	0.072	0.14	0.10	0.13	0.08	0.11	0.14	0.15
R^2	0.97	0.94	0.98	0.95	0.995	0.99	0.99	0.99
ARE	26.67	29.95	24.84	23.22	4.48	5.58	4.49	6.29
χ^2	13.16	11.03	12.55	19.56	0.28	0.58	0.34	2.32
伪二阶								
$Q_e(cal)/mg \cdot g^{-1}$	19.80	19.19	16.10	26.53	19.93	20.10	16.32	27.71
$k_2/g \cdot (mg \cdot min)^{-1}$	0.00	0.01	0.01	0.01	0.004	0.007	0.011	0.007
$h/mg \cdot (g \cdot min)^{-1}$	1.74	2.86	3.03	6.56	1.75	2.63	3.06	5.66
R^2	0.99	0.99	1.00	1.00	0.99	0.98	1.00	0.99
ARE	5.04	7.94	6.57	8.66	3.2	4.82	4.34	5.23
χ^2	0.46	1.23	0.47	2.10	0.25	1.03	0.25	1.89

表 5-4 活性炭吸附过程的动力学参数（pH = 10 ~ 10.5）

参 数	线 性				非 线 性			
	CAC-1	CAC-2	LAC	FeAC	CAC-1	CAC-2	LAC	FeAC
伪一阶								
$Q_e(cal)/mg \cdot g^{-1}$	14.87	19.31	19.08	18.36	16.86	18.20	18.46	16.94
k_1/min^{-1}	0.07	0.14	0.14	0.10	0.09	0.12	0.12	0.11
R^2	0.98	0.97	0.97	0.98	0.99	0.99	0.99	0.99
ARE	22.10	12.39	7.18	7.63	4.78	6.87	6.39	4.72
χ^2	8.52	2.61	1.38	1.02	0.42	1.26	0.83	0.48
伪二阶								
$Q_e(cal)/mg \cdot g^{-1}$	19.72	19.96	18.20	18.90	20.06	20.85	21.05	19.68
$k_2/g \cdot (mg \cdot min)^{-1}$	0.01	0.01	0.01	0.01	0.005	0.007	0.007	0.007
$h/mg \cdot (g \cdot min)^{-1}$	2.09	3.51	3.63	2.72	2.05	3.09	3.32	2.59
R^2	1.00	0.99	1.00	0.99	1.00	0.99	1.00	0.99
ARE	4.93	7.58	9.48	9.02	4.96	7.00	6.02	8.39
χ^2	0.39	1.11	2.87	1.37	0.36	0.97	0.94	1.19

表 5-3、表 5-4 中的结果表明，用伪二阶模型模拟所得的相关系数 R^2 较伪一阶模型更接近于 1，平均相对误差 ARE 和误差函数 χ^2 的值很小，说明活性炭对氰化物的吸附过程符合伪二阶动力模型。利用伪二阶模型获得的线性和非线性拟合平面图如图 5-8 所示。

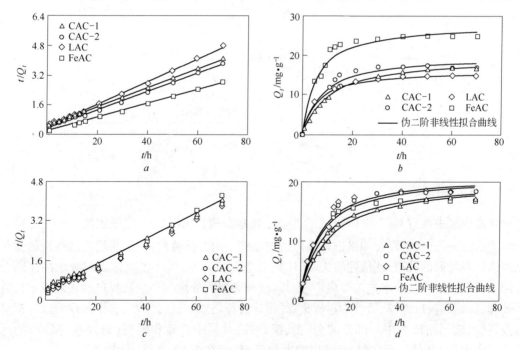

图 5-8 伪二阶动力模型下的线性和非线性拟合图
（氰化物初始浓度 100mg/L）
a—线性拟合（pH = 7 ~ 7.5）；b—非线性拟合（pH = 7 ~ 7.5）；
c—线性拟合（pH = 10 ~ 10.5）；d—非线性拟合（pH = 10 ~ 10.5）

从图 5-8 可以得出,伪二阶模型的线性和非线性拟合所得实验值和理论计算值之间表现出很高的相关性。氰化物吸附到活性炭上的吸附分为两个阶段,第一阶段是在时间间隔为 1~21h(超过 21h 适用于高浓度氰化物时),吸附速率急剧升高,这归因于氰化物穿过溶液膜来到活性炭的外表面(传质);第二阶段(21h 以后)是逐渐平缓的吸附,由活性炭颗粒的孔隙和孔隙壁中的液体中的溶质扩散所限制(粒子内部扩散)。另外,由于氰化物初始浓度不同,达到吸附动力学平衡所需时间不同,浓度越低,越容易达到平衡。

5.3　工艺流程及设备

活性炭吸附法主要分为以氧化氰化物为主的活性炭催化氧化法,以水解为主的活性炭催化水解法和以吹脱为主的活性炭床吹脱法三种。以下主要介绍活性炭催化氧化法的工艺流程及设备。

活性炭催化氧化法采用负载活性炭作为催化剂,利用活性炭特有的吸附和催化性能及活性组分的协同催化作用,在反应体系中降低有机污染物分解的活化能,从而使在常温常压下利用水中溶解氧氧化有机污染物将其转化为无害物质成为可能。该方法的实质是借助外加条件引发形成氧化电势极高的羟基自由基·OH,借以攻击有机物分子,使发生链状分解反应,生成无害物质。

活性炭催化氧化法的工艺分四个部分,即废水的预处理、氰化物的氧化、废水的二次处理和活性炭的再生,其工艺流程如图 5-9 所示。

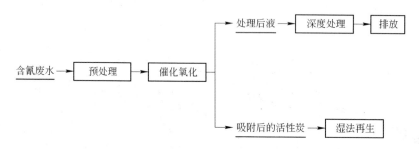

图 5-9　活性炭催化氧化吸附法的工艺流程图

5.3.1　废水的预处理

含氰废水中含有 Ca^{2+} 和 CNO^-,后者会不断地分解出 CO_3^{2-},因此形成的 $CaCO_3$ 沉淀会悬浮于溶液中,这些悬浮物如果进入反应塔与填充在内的活性炭接触,将堵塞活性炭的微孔以及活性炭粒间的孔道,使活性炭失活,床阻力增大。另外,从尾矿库排出的废水往往还会有泥沙,因此,必须在废水进入反应塔前对其进行必要的处理。一般选择过滤法对废水进行预处理,如活性炭过滤塔、活性炭过滤槽、纤维球过滤塔或布式过滤器,其中活性炭过滤槽具有投资少,能吸附废水中一部分的金、银、铜和锌,并易于管理和脱泥(悬浮物、泥沙)的优点。当废水的 pH 值高于 9 时,必须用酸中和至 pH 值在 7~9 范围。

5.3.2　氰化物的氧化

氧化塔是活性炭催化分解装置的中心设备,塔内均匀装填足量的活性炭,而且塔上部留有足够的空间,活性炭床单层高度一般不超过1.5m,过高时气体阻力大。气体从塔下部均匀地通过炭床,从塔上部排出。液体在塔上部均匀地喷洒在炭床上,均匀地流到塔下部。并能从塔下部排出,无液泛发生。设有活性炭再生所需的喷淋装置和排液装置。由于活性炭再生需要用酸性溶液或其他腐蚀液溶液浸洗,反应塔全部构件必须严格防腐。

5.3.3 活性炭的再生

采用活性炭吸附法处理提金氰化废水,活性炭使用一段时间后,由于杂质占据了活性表面以及孔道,活性炭的除氰能力大为降低,此时,必须对活性炭进行再生。活性炭的使用周期由废水组成而定,组成越简单,废水含铁、锌、钙等越低,使用周期越长。

由于活性炭上积累的杂质主要是锌、铁、钙、铜等,它们主要以 $Zn_2Fe(CN)_6$、$ZnCO_3 \cdot Zn(OH)_2$、$Fe(OH)_3$、$Fe(OH)_2$、$CaCO_3$、$CuCO_3 \cdot Cu(OH)_2$ 等形式存在,可以使用无机酸使其再生。生成的 Zn^{2+}、Fe^{2+}、Cu^{2+} 将从炭上脱附下来,而 Cu^{2+} 的一部分将占据活性表面,仍起催化剂的作用。炭上吸附的尚未氧化的氰化物以及 SCN^- 也会被酸洗下来,但在常温和非氧化性酸洗脱条件下洗脱和分解的并不多。因此,总的洗脱率达不到较高的水平,酸再生后的活性炭除氰效果远不及新炭。

常用的再生剂(洗脱剂)是2%~5%的盐酸、硝酸或硫酸,硝酸的再生效果最好,盐酸的效果优于硫酸。另外,也可采用8g/L的次氯酸钠和6%的硫酸铵,以体积比为1:1的混合液作再生剂,氧化炭表面的还原性物质并把铜以铜氨络合物的形式洗脱下来。用硝酸在加热条件下对活性炭进行再生效果良好,但成本高,腐蚀性强,而且会产生 NO_x;用硫酸在常温下进行浸洗,然后将炭干燥,在450℃以上的温度下进行热再生,效果很好。

活性炭在使用数个周期后,尽管进行酸洗再生,但是其吸附性能仍然不断降低,这是废水中有机物、硅酸盐等在炭上的积累造成的,必须进行热再生或高温再生才能恢复其活性。高温再生法成本不高,设备投资也不大。一般有电加热、煤或焦炭加热以及燃气加热三种,可根据实际条件选择。如果再生量在1t/d以下,可采用电加热式再生设备,如JHR系列内热式再生设备;如果处理量很大,应采用燃气、燃油或燃煤再生设备,如澳大利亚黄金矿山所用的多管式燃气再生炉。

活性炭处理含氰废水过程中会吸附废水中微量的金,当活性炭失效时,金的品位如果高达100g/t以上,此时就可以通过回收金的盈利,去购买新的活性炭。以0.03mg/L的含金废水为例,每吨炭如果处理4000m³废水,在经济上就比较适宜。

5.3.4 废水的二次处理

经活性炭催化氧化法处理后的氰化废水,可能含有一定量的悬浮物,同时重金属离子也可能超标,故可通过二次处理进一步降低污染物质的含量,如加少量石灰进行沉淀。二次处理设施可以是专门建造的沉淀池,也可用尾矿库的二道坝,或使用类似于第5.3.1节提到的预处理装置。

5.4 活性炭吸附法的特点

优点:活性炭吸附法工艺设备简单、易于操作管理;仅消耗少量无机酸,有时还需硫酸铜作催化剂,处理成本低。投资小,与50t/d全泥氰化厂配套的装置投资不到20万元。在除氰的同时,对废水中的重金属杂质有较高的去除率。能回收废水中的微量金银,具有较好的经济效益。

缺点:只能处理澄清水,不能处理矿浆,设备必须进行防腐处理。当废水 pH 值高于 9 时,需加酸调节 pH 值,否则处理效果变差。硅酸盐等在活性炭上凝结会使活性炭失活,再生效果变差。可能产生含有 HCN、$(CN)_2$ 的废气,含量大时,应采用吸收装置处理,否则可能会造成操作场所的空气污染。当废水中含有较高浓度的硫氰化物时,活性炭的再生变得较为复杂。

5.5 影响因素

5.5.1 pH 值的影响

活性炭的吸附作用和 pH 值有着密切的关系。溶液的 pH 值不仅影响吸附剂的表面电荷、电离作用,还影响溶液中水解、氧化还原反应及不同物质的形成。一般情况下,在酸性条件下,CN^- 与大量存在的 H^+ 结合成 HCN,HCN 属于极性分子,不易被活性炭吸附,总氰的去除率较低;在强碱条件下,CN^- 与金属离子的结合能力强于活性炭对 CN^- 的吸附能力,所以吸附效果差。当溶液的 pH 值在中性和弱碱性条件下,含氰废水主要以 CN^- 形式存在,容易被带正电的活性炭吸附。

Rajesh 等[56]研究了 pH 值对 NaCN、锌氰络合离子 ZnCN(等量硫酸锌和氰化钾溶液配制)及铁氰络合离子 FeCN($K_2[Fe(CN)_6] \cdot 3H_2O$ 配制)吸附的影响。氰化物初始浓度 100mg/L,活性炭粒度 2～4mm,活性炭投加量 20mg/L,吸附时间 72h,实验结果如图 5-10 所示。

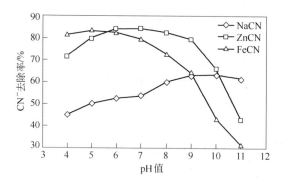

图 5-10　pH 值对三种不同氰化物去除率的影响

由图 5-10 可以看出,随着溶液 pH 值的增大,活性炭对 ZnCN 与 FeCN 溶液中氰离子的去除率逐渐减小,而对 NaCN 溶液中氰离子的去除率逐渐增大。

5.5.2 温度的影响

温度对吸附的影响与其他因素相比不是那么明显。活性炭种类不同,温度对其吸附量的影响也不同。吸附过程是吸附质从液相到活性炭气孔上的扩散,本质上是个放热过程,吸附率在大多数情况下会随着温度的升高而增加。但是升温会增加运行成本,实际中应考虑到操作条件和处理成本。温度对三种不同氰化物吸附程度影响的实验结果如图 5-11[56]

所示。由图可以看出,活性炭对溶液中三种氰离子的去除率随温度的增大稍有增加,但影响很小。

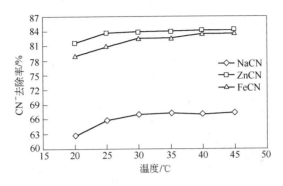

图 5-11　温度对三种不同氰化物去除率的影响

5.5.3　活性炭粒度的影响

活性炭的吸附能力与活性炭的粒径有关。一般来说,颗粒越小,孔隙扩散速度越快,吸附能力就越强。颗粒活性炭的吸附速度远小于粉末活性炭的吸附速度,孔隙的扩散速率被认为是制约吸附速度的主要因素。粒径还影响到活性炭比表面积的大小。活性炭粒度对三种不同氰化物吸附程度的影响实验结果见表 5-5[56]。

表 5-5　活性炭粒度对三种不同氰化物吸附程度的影响

活性炭粒度/mm	氰化物去除率/%		
	NaCN	ZnCN	FeCN
4~5	66.3	83.9	81.8
3.5~4	67	84	82.1
2~3.5	67	84.2	82.6
1.2~2	67.6	84.7	83.5

由表 5-5 中结果可以看出,ZnCN 和 FeCN 溶液中氰离子的去除率大于 80%,而 NaCN 溶液中大于 65%。随着粒度的减小,氰化物的去除率增加,但是增加幅度不是很大。一般情况下,细粒级活性炭的表面官能团密度大,表面氧化性强,但是减小粒度不能有效提高活性炭总的活性点。因此,活性炭粒度的变化对氰化物的去除不能起到很大的作用。

5.5.4　吸附时间的影响

吸附时间是影响吸附效率的重要因素,用吸附法处理废水时,污染物和吸附剂的接触时间对污染物的去除率有显著的影响。活性炭需要足够长的吸附时间才能够使吸附达到平衡,从而有效地去除氰化物。迅速吸附和在短时间内达到平衡可以说明吸附剂在污水处理上的功效。

R. D. Rajesh 等人[56]在最佳 pH 值和最佳温度条件下，探讨了不同 CN⁻ 初始浓度下，CN⁻ 的去除率与吸附时间之间的关系，实验结果如图 5 – 12 所示。

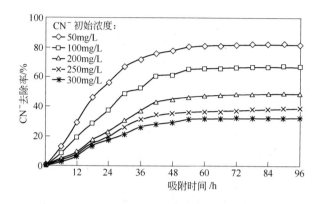

图 5 – 12　CN⁻ 去除率和吸附时间的关系

在 42h 之前，氰化物去除率随着时间逐渐增加，在 42h 时，达到吸附平衡。在吸附初期吸附很快，接近平衡时吸附变慢，随后吸附率几乎恒定不变。在吸附初期活性炭表面有大量可以利用的活性点，经过一段时间的吸附后，由于溶质分子与溶液的排斥力，剩余的活性点很难被利用。物理吸附时，大部分吸附质在短时间内会被吸附，而化学吸附要达到吸附平衡需要相对较长的时间。

5.5.5　氰化物初始浓度的影响

氰化物初始浓度对活性炭去除氰化物有着重要影响。一般情况下，初始浓度越小吸附速率越大。Gholamreza Moussavi 等人[57]以开心果壳（PHP）作为一种具有潜力的吸附剂，用于去除综合废水中的氰化物，研究了不同氰化物初始浓度（从 50mg/L 到 200mg/L）对吸附效果的影响，结果如图 5 – 13 所示。

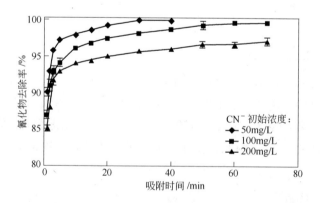

图 5 – 13　不同氰化物初始浓度对吸附的影响（pH = 10）

氰化物初始浓度为 50mg/L、100mg/L 和 200mg/L 时，平衡时氰化物的去除率分别为 100%、99.7% 和 97%。随着初始浓度的增大，氰化物去除率逐渐减小，这可能是在一定的活性炭投加量下，活性炭上活性点的有效性受到限制的结果。

5.5.6 活性炭用量的影响

活性炭用量的选择对废水的处理具有重要意义。一般来说，随着活性炭用量的增大，氰化物的吸附率会迅速增加，之后会保持稳定。活性炭的加入量不是单纯的越多越好，一般要根据实际需要，选择最佳用量。H. Deveci 等人[58]研究了不同活性炭用量对氰化物吸附效果的影响，氰化物初始浓度为100mg/L，溶液 pH 值为 10.5 ~ 11。实验结果如图 5 - 14 所示。

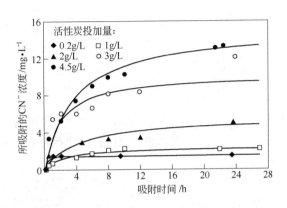

图 5 - 14　活性炭投加量对其表面吸附的氰化物浓度的影响

由图 5 - 14 可以看出，吸附初期氰化物的去除速率很快，但随着吸附平衡的接近，去除速率变缓。这主要是因为吸附初期活性炭表面活性点的有效性较高，在到达吸附平衡的过程中逐渐达到吸附饱和。虽然氰化物的去除率随着投加量的增加而增加，但活性炭的吸附能力似乎受到限制。即便是在投加量为 4.5g/L 的条件下，氰化物的浓度减小了 14.3%，相当于只吸附了 4.43mgCN⁻，即每克活性炭吸附 2.95mgCN⁻。

5.5.7 通气的影响

活性炭不仅有吸附作用，而且还具有一定的催化氧化作用，所以在其吸附过程中向溶液中补充空气，有利于氰化物的去除。H. Deveci 等人考察了活性炭投加量为 0.2mg/L 和 4.5mg/L 时，通气和不通气对活性炭吸附氰化物能力的影响[58]，实验结果如图 5 - 15 所示。

由图 5 - 15 可知，通气可以促进氰化物的吸附。相关机理研究表明，当活性炭同时与废水和空气接触时，空气中的氧就会吸附在活性炭上，其吸附量高达 10 ~ 40g/kg，比水中的溶解氧高千倍。氧分子吸附在活性炭表面上，形成过氧化物和羟基酸官能团，与其他如酚醛、苯醌等官能团构成活性表面。活性炭吸附氧的过程产生了过氧化氢，也可以解释为通气增加了氧化性催化剂活性炭的活性，见式 (5 - 1) 及式 (5 - 2)。

5.6　应用实例

(1) 某氰化厂，采用全泥氰化—锌粉置换工艺提金，其氰尾经尾矿库自净后，氰化物浓度为 30mg/L，采用长春黄金研究院的活性炭催化氧化法专利技术，仅经一台氧化塔

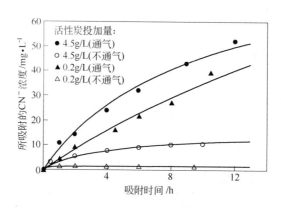

图 5-15 通气和不通气条件下活性炭吸附氰化物的能力对比
（通气量为 0.27L/min，氰化物初始浓度 100mg/L，pH 值为 10.5~11）

处理，氰化物降低到 2mg/L 以下，反应 pH 值为 6.5~9，气液比为 80，废水处理能力为 3m³/(t·h)。处理每吨废水的消耗大致为盐酸 0.1kg，五水硫酸铜 0.05kg，电耗 1kW·h，装置投资约 4 万元（不包括厂房）。

（2）某氰化厂地处山区，采用全泥氰化—锌粉置换工艺提金，氰化尾液含氰 70mg/L 左右，在尾矿库自净后，氰化物含量降低到 3mg/L 左右，采用活性炭催化水解法工艺进行处理，经三台吸附柱吸附后，氰化物达到了废水排放标准，每年还可回收金 8kg 以上。由于采用焚烧法处理载金炭，不对活性炭进行再生，不计活性炭的投资费用，处理废水仅耗电 0.05kW·h/m³，存在问题是冬季不能使用，而冬季的一段时间里，尾矿库仍有溢流水。

（3）国内某氰化厂，采用全泥氰化—锌粉置换工艺提金，处理能力 50t/d，用碱性氯化法工艺处理氰化尾液，由于种种原因尾矿库外排水中氰化物含量经常高于 0.5mg/L，采用长春黄金研究院的活性炭水解法专利技术对这种废水进行二次处理，每年回收金 1.5kg 左右。尾矿库排水氰化物含量小于 5mg/L 时，处理后氰化物达标，重金属 Zn、Cu、Fe 等的去除率也很高。由于该技术不使用动力，也不需要专人操作，其处理成本仅为每日定期清洗炭床的人工费。采用了活性炭洗脱金的新技术，活性炭得到了再生，金的回收成本仅为金价的 10%，经济效益非常可观。

5.7 研究现状与发展趋势

5.7.1 研究现状

邱廷省[59] 筛选了 $Na_2S \cdot 9H_2O$ 与 Cu^{2+} 作为组合催化氧化除氰体系，采用活性炭催化氧化法对金矿含氰废水进行除氰实验，除氰率可达 99% 以上，经一级处理即可达标排放。首先，铜离子对催化氧化除氰的贡献，使活性炭的吸附容量得到提高。其次，$Na_2S \cdot 9H_2O$ 的加入加强了铜离子在活性炭表面的吸附，进而提高了 CN^- 在活性炭表面的吸附量，而且 S^{2-} 的还原特性加速了 $Cu(II)$ 向 $Cu(I)$ 的转化，从而提高了催化氧化的除氰效率。韦朝海[60] 利用活性炭催化氧化处理电镀含氰废水，当 pH 值为 7.5~9.0 时，铜、氰的摩尔比为 1:3.5~4.0，进水中 CN^- 的浓度小于 150mg/L，出水小于 0.5mg/L。该法运行费用低，操作管理方便，适用于中高浓度含氰废水的处理，无二次污染。仲崇波等[61]研究认为，在氰化物溶液中加入活性炭可降低水解反应的活化能，有利于反应的进行，能够加速氰化物水解反应速度。马红周等[62]研究了活性炭吸附法对酸化后含氰废水的处理。结果表明，对于经酸化回收氰化物以后的废水，采用活性炭吸附做进一步的回收处理，在工艺上是可行的。当活性炭用量 25g/L、$CaCl_2$ 质量浓度 0.3g/L、鼓气量 400L/h、活性炭吸附时间 5h 时，废水中 CN^- 的质量浓度低于 0.5mg/L、Cu^{2+} 的质量浓度低于 0.4mg/L，可以达到排放标准。R. D. Rajesh 等人[56]研究了商品颗粒活性炭对钠、锌、铁氰化物的吸附能力。研究表明，NaCN 在碱性条件下吸附率高，铁氰化合物的最佳吸附条件是在酸性环境下，而锌氰化合物的去除则在中性范围内达到最大值。颗粒活性炭对金属氰化络合物的去除率比对简单氰化物的去除率高。Z. Aksu 等人[62]研究认为颗粒活性炭与 $Fe(CN)_6^{3-}$ 的结合能力是一个和初始 pH 值、初始 $Fe(CN)_6^{3-}$ 浓度和吸附剂浓度有关的函数。在初始 pH 值为 13、初始 $Fe(CN)_6^{3-}$ 浓度为 1255.0mg/L 的条件下，活性炭的平衡吸附能力为 410.0mg/g。

牟淑杰[63]采用阳离子絮凝剂聚二甲基二烯丙基氯化铵对活性炭进行改性，并研究了改性活性炭处理模拟含氰废水。当废水 pH 值为 8，改性活性炭用量为 12g/L，吸附时间为 5h，反应温度为 20℃时，CN^- 的去除率可达到 99% 以上，处理后废水中 CN^- 的质量浓度低于 0.5mg/L，符合国家《污水综合排放标准》。赵翠杰[64]提出使用活性炭催化臭氧氧化技术来处理含氰废水。其处理的废水中氰含量为 150mg/L，属于中低浓度含氰废水，实验装置主要由臭氧发生器、气液固三相催化臭氧化反应器和臭氧尾气吸收装置三部分组成。臭氧投加量对反应结果的影响显著，臭氧流量的增大可导致臭氧分子传质作用加快，可显著提高 CN^- 的去除率。汪玲等[65]利用载铜活性炭处理含氰废水，负载 Cu^{2+} 后的活性炭的处理效果明显优于未经处理的活性炭。废水中总氰的去除效率随着载铜活性炭投加量的增加而提高，当该活性炭投加量为 12g/L 时，其氰化物去除率可达到 90% 以上。Tolga Depci[55]对比研究了以褐煤为原料制得的活性炭（LAC）以及该活性炭经铁浸渍改性后的活性炭（FeAC），从水溶液中去除氰根离子的能力。由褐煤制得的带有磁性的活性炭，具有 667m^2/g 的高比表面积，表面有质量分数为 19% 的 Fe_3O_4 包裹，具有良好的磁选性能。在 pH 值为 7~7.5 时，LAC 和 FeAC 的最大单层吸附能力分别为 60.18mg/g 和 67.87mg/g；在 pH 值为 10~10.5 时，LAC 和 FeAC 的最大单层吸附能力分别为 64.10mg/g 和 68.02mg/g。H. Deveci 等人[58]采用 Cu 离子和 Ag 离子浸渍活性炭，认为活性炭去除氰化物的能力最高可提高 6.3 倍。实验测得的普通活性炭、载铜活性炭和载银活性炭的实际氰化物去除能力分别为 19.7mg/g、22.4mg/g 和 29.6mg/g。B. Agarwal 等人[66]研究发现金属浸渍后的活性炭，对苯酚的去除率由 72.89% 提高到 91.82%，对氰化物的去除率由 75.99% 提高到 95.57%。而吸附平衡时间由 33h 缩短为 27h，最佳吸附剂投加量由 30g/L 减少到 10g/L。

西安建筑科技大学贵金属工程研究所研究开发了一种利用兰炭末回收提金氰化废水中有价离子的方法，将低变质煤（长焰煤、弱黏煤和不黏煤）经低温热解后得到的兰炭末活化后用于提金氰化废水中游离氰及其他络合离子的吸附，吸附后的兰炭末可直接作为燃料使用，从灰烬中回收金属，该方法原料成本低、操作简单方便，不会给废水中引入其他影响元素，适用于高浓度氰化废水的综合处理。Gholamreza Moussavi 等人[57]将开心果壳作为一种具有潜力的吸附剂，用于去除综合废水中的氰化物，在 pH 值为 10，氰化物初始浓度为 100mg/L，吸附剂投加量为 1.5g/L，吸附时间为 60min 的条件下，超过 99% 的氰化物得到去除。林旭阳等[67]用催化氧化法处理含氰电镀废水，用活性炭作为触媒载体，促使氰氧化为氰酸盐，由于废水中存在金属铜离子，活性炭在金属铜离子的催化氧化作用下形成氰化铜，然后氰化铜被活性炭吸附并水解生成碳酸根和氮气、氨气逸出。碳酸根与铜离子生成碳酸铜和氢氧化铜等，这些混合物沉淀在碳粒上或残留在碳床上，从而去除氰离子和铜离子。

5.7.2　发展趋势

活性炭吸附法是一项很有前途的水处理新技术，既可作为提金氰化废水深度处理手段，也可作为一种预处理手段。但是与传统的水处理方法比较而言，该技术目前仍处于起步阶段，在认识和发展上都存在广泛的研究空间。活性炭吸附法的发展方向应该是与其他技术联合使用，如现已开始研究的活性炭电解法、活性炭催化氧化法、生物活性炭法以及活性炭—TiO$_2$联用技术等[68~70]。这些联合工艺均具有活性炭吸附法所不具备的一些特殊作用，对提高资源利用效率、降低处理成本、真正实现废水的零排放具有重要的作用。

另外，活性炭纤维（ACF）是继粉状活性炭和颗粒活性炭之后的第三代活性炭产品，是随着碳纤维工业发展起来的一种新型碳材料。活性炭纤维孔径分布狭窄而均匀，其孔隙结构中微孔体积占总孔体积的 90% 左右，而且活性炭纤维表面含有一定量的官能团，对提金氰化废水中的各种离子具有较大的吸附容量和较快的吸附速率。西安建筑科技大学贵金属工程研究所党晓娥等在此领域已经开展了系统的基础研究，为该技术的推广应用奠定了良好的理论基础。采用活性炭纤维处理提金氰化废水，可大大减小处理装置的体积，提高处理效率，是实现氰化物及重金属离子综合回收的一种有效途径，具有广泛的应用前景，值得进一步的研究和推广。

参 考 文 献

[1] 沈曾民，张文辉，张学军，等. 活性炭材料的制备与应用［M］. 北京：化学工业出版社，2006.
[2] 梁大明. 中国煤质活性炭［M］. 北京：化学工业出版社，2008.
[3] 吴新华. 活性炭生产工艺原理与设计［M］. 北京：中国林业出版社，1994.
[4] 李艳芳，孙仲超. 国内外活性炭产业现状及我国活性炭产业的发展趋势［J］. 新材料产业，2012，11：4~9.
[5] Boehm H P. Some Aspects of the Surface Chemistry of Carbon Blacks and other Carbons［J］. Carbon，1994，32（5）：759~769.
[6] Jacques Lahaye. The Chemistry of Carbon Surfaces［J］. Fuel，1998，77（6）：543~547.
[7] 沈曾民，张文辉，张学军，等. 活性炭材料的制备与应用［M］. 北京：化学工业出版社，2006.
[8] Hany Marsh，Francisco Rodrlguez - Reinoso. Activated Carbon［M］. Holland：Elsevier Science and Technology Books，2006.
[9] Roop Chand Bansal，Meenakshi Goyal. Acstivated Carbon Adsorption［M］. USA：CRC Press，2005.
[10] 刘振宇. 活性炭纤维的微结构解析及其改性研究［M］. 太原：中国科学院山西煤化所，2001.

[11] 梁大明. 中国煤质活性炭 [M]. 北京：化学工业出版社，2008.

[12] 冒爱琴，王华，谈玲华，等. 活性炭表面官能团表征进展 [J]. 应用化工，2011，40（7）：1266 ~ 1270.

[13] 吴新华. 活性炭生产工艺原理与设计 [M]. 北京：中国林业出版社，1994.

[14] 孙仲超. 我国煤基活性炭生产现状与发展趋势 [J]. 煤质技术，2010，（4）：49 ~ 52.

[15] 吴明铂. 化学活化法制备活性炭的研究进展 [J]. 炭素技术，1999，（4）：19 ~ 22.

[16] Ahmadpour A D. The Preparation of Activated Carbon from Coal by Chemical and Physical Activation [J]. Carbon, 1996, 34（4）：471 ~ 479.

[17] Lillo Rodenas M A, Cazorla Amoros D, Linares Solano A. Understanding Chemical Reactions between Carbons and NaOH and KOH an Insight into the Chemical Activation Mechanism [J]. Carbon, 2003（41）：267 ~ 275.

[18] 况建华，许斌. 超高表面积活性炭 [J]. 炭素技术，1998，（1）：25 ~ 27.

[19] 范艳青，冯晓锐，陈雯，等. 活性炭制备技术及发展 [J]. 昆明理工大学学报，2002，27（5）：17 ~ 20.

[20] 杨晓霞，张亚婷，杨伏生，等. 物理—化学耦合活化法制煤基活性炭 [J]. 煤炭转化，2009，32（2）：66 ~ 69.

[21] Caturla F, Molina Sabio M, Rodríguez Reinoso F. Preparation of Activated Carbon by Chemical Activation with $ZnCl_2$ [J]. Carbon, 1991, 29（7）：999 ~ 1007.

[22] 张文辉，袁国君，李书荣，等. 浸渍 KOH 研制煤基高比表面活性炭 [J]. 新型炭材料，1998，13（4）：55 ~ 59.

[23] Turkan Kopac, Atakan Toprak. Preparation of Activated Carbons from Zonguldak Region Coals by Physical and Chemical Activations for Hydrogen Sorption [J]. International Journal of Hydrogen Energy, 2007, 32（18）：5005 ~ 5014.

[24] 杨明莉，徐龙君，鲜学福. 煤基碳素活性材料的研究进展 [J]. 煤炭转化，2003，26（1）：26 ~ 31.

[25] 李东艳，周花蕾，田亚峻. 用无烟煤制备高比表面积活性炭的研究 [J]. 稀有金属材料与工程，2007，36（1）：584 ~ 585.

[26] 孙仲超，张文辉，杜铭华，等. 压力对太西无烟煤制活性炭的炭化和活化过程的影响 [J]. 煤炭学报，2005，30（3）：355 ~ 357.

[27] 杨金辉，王劲松，周书葵，等. 活性炭改性方法的研究进展 [J]. 湖南科技学院学报，2010，31（4）：90 ~ 93.

[28] Arenillas A, Rubiera F, Parra J B, et al. Surface Modification of Low Cost Carbons for Their Application in the Environmental Protection [J]. Applied Surface Science, 2005, 252（3）：619 ~ 624.

[29] Ji Y B, Li T H, Zhu L, et al. Preparation of Activated Carbons by Microwave Heating KOH Activation [J]. Applied Surface Science, 2007, 254（2）：506 ~ 512.

[30] Girgis B S, Attia A A, Fathy N A. Modification in Adsorption Characteristics of Activated Carbon Produced by H_3PO_4 under Flowing Gases [J]. Colloids and Surfaces A – Physicochemical and Engineering Aspects, 2007, 299（1 ~ 3）：79 ~ 87.

[31] Attia A A, Girgis B S, Fathy N A. Removal of Methylene Blue by Carbons Derived from Peach Stones by H_3PO_4 Activation：Batch and Column Studies [J]. Dyes and Pigments, 2008, 76（1）：282 ~ 289.

[32] 詹亮，李开喜，朱星明，等. 正交实验法在超级活性炭研制中的应用 [J]. 煤炭转化，2001，24（4）：71 ~ 75.

[33] Wibowo N, Setyadhi L, Wibowo D, et al. Adsorption of Benzene and Toluene from Aqueous Solutions onto Activated Carbon and Its Acid and Heat Treated Forms：Influence of Surface Chemistry on Adsorption [J].

Journal of Hazardous Materials, 2007, 146 (1~2): 237~242.

[34] Valdes H, Sanchez Polo M, Rivera Utrilla J, et al. Effect of Ozone Treatment on Surface Properties of Activated Carbon [J]. Langmuir, 2002, 18 (6): 2111~2116.

[35] Haydar S, Ferro Garcia M A, Rivera Utrilla J, et al. Adsorption of P – Nitrophenol on an Activated Carbon with Different Oxidations [J]. Carbon, 2003, 41 (3): 387~395.

[36] J Paul Chen, Shunnian Wu. Simultaneous Adsorption of Copper Ions and Humic Acid onto an Activated Carbon [J]. Journal of Colloid and Interface Science, 2004, 280 (2): 334~342.

[37] 杨娇萍, 田艳红. $FeCl_3 - CO_2$ 体系改性活性炭的研究 [J]. 北京化工大学学报, 2005, 32 (2): 55~58.

[38] Monser L, Adhoum N. Modified Activated Carbon for the Removal of Copper, Zinc, Chromium and Cyanide from Wastewater [J]. Separation and Purification Technology, 2002, 26 (2~3): 137~146.

[39] Boudou J P, Martinez Alonzo A, Tascon J M D, et al. Introduction of Acidic Groups at the Surface of Activated Carbon by Microwave – in – duced Oxygen Plasma at Low Pressure [J]. Carbon, 2000, 38 (7): 1021~1029.

[40] 解强, 李兰亭, 李静, 等. 活性炭低温氧/氮等离子体表面改性的研究 [J]. 中国矿业大学学报, 2005, 34 (6): 688~693.

[41] Kim B K, Ryu S K, Kim B J, et al. Adsorption Behavior of Propy – Lamine on Activated Carbon Fiber Surfaces as Induced by Oxygen Functional Complexes [J]. Journal of Colloid and Interface Science, 2006, 302 (2): 695~697.

[42] Zhou L. Progress and Problems in Hydrogen Storage Methods [J]. Re – newable & Sustainable Energy Reviews, 2005, 9 (4): 395~408.

[43] 李惠明, 邓兵杰, 李晨曦. 几种活性炭再生方法的研究 [J]. 化工技术与开发, 2006, 35 (11): 21~24.

[44] 吴奕. 活性炭的再生方法 [J]. 化工生产与技术, 2005, 12 (1): 20~23.

[45] 翁元声, 田钟荃. 活性炭再生及强制放电再生技术 [J]. 中国给水排水, 1990, 6 (5): 50~54.

[46] 翁元声. 活性炭再生及新技术研究 [J]. 给水排水, 2004, 30 (1): 86~91.

[47] 熊飞, 陈玲, 王华, 等. 湿式氧化技术及其应用比较 [J]. 环境污染治理技术与设备, 2003, 4 (5): 68~69.

[48] 陈岳松, 陈玲, 赵建夫. 湿式氧化再生活性炭研究进展 [J]. 上海环境科学, 1998, 17 (9): 5~7.

[49] 李光明, 王华, 陈玲, 等. 多相催化湿式氧化法再生活性炭反应条件 [J]. 同济大学学报, 2004, 32 (5): 636~639.

[50] 陈玲, 熊飞, 张颖, 等. 非均相催化湿式氧化法再生活性炭实验 [J]. 环境科学, 2003, 24 (4): 150~153.

[51] 张会平, 傅志鸿. 活性炭的电化学再生机理 [J]. 厦门大学学报 (自然科学版), 2000, 39 (1): 79~83.

[52] 刘勇第, 高勇, 袁渭康. 超临界流体活性炭再生技术 [J]. 化工进展, 1999, (1): 47~48.

[53] 陈皓, 赵建夫. 超临界二氧化碳萃取再生吸苯活性炭的研究 [J]. 化工环保, 2001, 21 (2): 66~69.

[54] 臧志清, 周端美. 超临界态二氧化碳再生活性炭法治理甲苯废气 [J]. 环境科学研究, 1998, 11 (5): 61~64.

[55] Tolga Depci. Comparison of Activated Carbon and Iron Impregnated Activated Carbon Derived from Gölbaşi, Lignite to Remove Cyanide from Water [J]. Chemical Engineering Journal, 2012, (181~182): 467~478.

[56] Rajesh Roshan Dasha, Chandrajit Balomajumder, Arvind Kumar. Removal of Cyanide from Water and Wastewater Using Granular Activated Carbon [J]. Chemical Engineering Journal, 2009, (146): 408~413.

[57] Gholamreza Moussavi, Rasoul Khosrav. Removal of Cyanide from Wastewater by Adsorption onto Pistachio Hull Wastes: Parametric Experiments, Kinetics and Equilibrium Analysis [J]. Journal of Hazardous Materials, 2010, (183): 724~730.

[58] Deveci H, Yazlcl E Y, Alp I, et al. Removal of Cyanide from Aqueous Solutions by Plain and Metal-Impregnated Granular Activated Carbons [J]. Int. J. Miner. Process, 2006, (79): 198~208.

[59] 邱廷省. 金矿氰化废水组合催化体系催化氧化除氰研究 [J]. 金属矿山, 2005, 4: 63~66.

[60] 韦朝海. 活性炭催化氧化处理电镀厂含氰废水 [J]. 环境科学与技术, 1997, (3): 19~22.

[61] 仲崇波, 王成功, 陈炳辰. 活性炭在氰化物水解除氰中作用的探讨 [J]. 工业安全与环保, 2002, 28 (7): 1~4.

[62] 马红周, 杨明, 兰新哲, 等. 活性炭吸附酸化后的含氰废水实验研究 [J]. 黄金, 2007, 28 (9): 56~58.

[63] 牟淑杰. 改性活性炭处理含氰废水的实验研究 [J]. 黄金, 2009, 30 (3): 56~58.

[64] 赵翠杰. 非均相催化臭氧化新工艺处理含氰废水的研究 [J]. 河北化工, 2012, 35 (2): 72~74.

[65] 汪玲, 杨三明, 吴飚, 等. 载铜活性炭处理含氰废水的实验研究 [J]. 三峡环境与生态, 2010, 3 (1): 13~16.

[66] Agarwal B, Thakur P K, Balomajumder C. Use of Iron-Impregnated Granular Activated Carbon for Co-Adsorptive Removal of Phenol and Cyanide: Insight into Equilibrium and Kinetics [J]. Chemical Engineering Communications, 2013, 200: 1278~1292.

[67] 林旭阳, 李敏, 张文健. 催化氧化法处理含铜氰化废水技术的应用 [J]. 电镀与环保, 1990, 10 (12): 13~14.

[68] 贾金平, 杨骥, 廖军. 活性炭纤维 (ACF) 电极法处理染料废水的探讨 [J]. 上海环境科学, 1997, 16 (4): 19~25.

[69] 李启灵, 陈建林, 杨凯. 活性炭—H_2O_2催化氧化处理氨基酸工业废水的研究 [J]. 南京大学学报 (自然科学版), 2003, 39 (3): 446~449.

[70] 王勇, 吴承思, 万涛. TiO_2—酚醛活性炭复合材料降解含酚废水的研究 [J]. 武汉理工大学学报, 2003, 25 (10): 8~11.

6 化学沉淀法

废水的化学沉淀处理法是一种利用离子水解法或难溶盐沉淀法进行溶液组分分离和富集的方法,是一种传统的水处理方法。具有操作简单,沉淀效率高的特点,广泛用于水质处理中的软化过程及工业废水的综合处理,以去除水中的重金属离子和氰化物。通过向废水中投加可溶性的化学药剂,使之与其中呈离子状态的无机污染物起化学反应,生成不溶于或难溶于水的化合物沉淀析出,从而可达到使废水净化的目的。含氰废水的化学沉淀处理是一种简单、高效的处理方法,一般所用的沉淀剂有硫酸锌、硫酸铁及硫酸铜等可溶性盐类。

6.1 硫酸锌沉淀法

硫酸锌沉淀法,也称为硫酸锌－硫酸酸化法(基科法),是一种利用二价锌离子与氰化废水中游离氰、重金属络合离子形成氰化锌等难溶物质,从而去除废水中氰化物与重金属离子的方法。该法不但可以净化氰化废水,而且可以化害为利,实现有价物质的综合回收与利用。西安建筑科技大学贵金属工程研究所,陕西省黄金与资源重点实验室多年来致力于提金氰化废水的综合处理研究,对该法的基础理论及工艺过程均进行了深入系统的研究[1]。

6.1.1 理论基础

6.1.1.1 基本原理

向提金氰化废水中加入硫酸锌时,可使游离氰化物及铜、锌氰络合物转变为氰化锌、氰化亚铜白色沉淀,如果废水中有亚铁氰络离子存在,同时也会形成亚铁氰酸锌的白色沉淀。经过滤可得到氰化锌和脱氰废液。氰化锌经硫酸处理逸出氰化氢气体,经碱吸收再生后得到高浓度的氰化物溶液,氰化物总回收率可达88%。主要化学反应见式(6-1)~式(6-5):

$$2NaCN + ZnSO_4 = Zn(CN)_2 \downarrow + Na_2SO_4 \tag{6-1}$$

$$Na_2Zn(CN)_4 + ZnSO_4 = 2Zn(CN)_2 \downarrow + Na_2SO_4 \tag{6-2}$$

$$2NaCu(CN)_2 + ZnSO_4 = Zn(CN)_2 \downarrow + 2CuCN \downarrow + Na_2SO_4 \tag{6-3}$$

$$Cu(CN)_3^{2-} + Zn^{2+} = Zn(CN)_2 \downarrow + CuCN \downarrow \tag{6-4}$$

$$Fe(CN)_6^{4-} + 2Zn^{2+} = Zn_2[Fe(CN)_6] \downarrow \tag{6-5}$$

生成的沉淀物分离后,用硫酸处理,$Zn(CN)_2$($K_{sp} = 2.6 \times 10^{-13}$)会溶解生成氰化氢气体,硫酸锌溶液可返回沉淀体系循环使用:

$$Zn(CN)_2 + H_2SO_4 = 2HCN \uparrow + ZnSO_4 \tag{6-6}$$

生成的氰化氢气体挥发逸出,用碱液吸收,再生氰化物溶液,返回浸出系统:

$$2HCN + Ca(OH)_2 = Ca(CN)_2 + 2H_2O \tag{6-7}$$

沉淀中的 $Zn_2[Fe(CN)_6]$($K_{sp} = 4.0 \times 10^{-16}$)和 $CuCN$($K_{sp} = 3.2 \times 10^{-20}$)不溶于稀硫

酸，$Zn_2[Fe(CN)_6]$ 可溶于过量碱，但不溶于氨水，而 CuCN 易溶于氨水，最终生成蓝色的铜氨络离子：

$$CuCN + 3NH_3 \cdot H_2O \rightleftharpoons Cu(NH_3)_2^+ + NH_4CN + 2H_2O + OH^- \qquad (6-8)$$

形成的一价铜氨络离子在无氧环境中才能稳定存在，在有氧条件下则易被氧化成二价铜氨络离子。当体系中氨大量过剩时，其氧化过程可表示为反应式 (6-9)[2]：

$$4Cu(NH_3)_2^+ + 8NH_3 \cdot H_2O + O_2 \rightleftharpoons 4Cu(NH_3)_4^{2+} + 6H_2O + 4OH^- \qquad (6-9)$$

所以，采用较高浓度的氨水溶解 CuCN，便会得到稳定的二价铜氨络离子，而铁氰络合物因不溶于氨水继续保留在固相中，最终实现铜和铁的分离。

6.1.1.2 沉淀过程热力学

电位—pH 图是在给定温度、组分活度、气体逸度等条件下，表示反应过程的电位与 pH 值之间的关系图。它可以指明反应自动进行的条件，指出物质在水溶液中稳定存在的区域和范围，为湿法冶金的浸出、净化、电解等过程提供热力学依据，当然也可以为氰化废水的处理过程提供基本的理论参考[3]。

随着硫酸锌的加入，废水的 pH 值及各离子浓度均会发生相应的变化，而这些变化与沉淀物的生成过程有着密切的联系。为了从理论上搞清楚该体系中铜、铁、锌等离子的存在状态以及沉淀反应发生的区域，为硫酸锌沉淀法处理含氰废水提供一定的理论依据，本章在对提金氰化废水组成、特点及体系中可能发生的化学反应进行系统分析的基础上，通过相关热力学计算，绘制出了 $Cu/Zn/Fe/Au - CN - H_2O$ 系标准状态下的电位—pH 图。

A 电位—pH 图的绘制方法

电位—pH 图的绘制一般分为以下步骤[4]：

(1) 写出体系中发生的化学反应式（氧化态和电子在左边，还原态在右边）；

(2) 查找化学方程式中各物质的标准吉布斯自由能；

(3) 根据以上数据计算各反应式的 $\Delta G^\ominus$ 值，并由此求出反应式的标准电位值 $\varepsilon^\ominus$ 或反应的平衡常数 $K^\ominus$ 值；

(4) 根据能斯特方程或平衡常数写出电位和 pH 值的关系式；

(5) 将相关数据代入以上关系式，以电位为纵坐标，pH 值为横坐标绘制电位—pH 图。

B 提金氰化废水中主要物质的标准吉布斯自由能

由于氰化锌的标准吉布斯自由能数据查到，因此根据式 (6-1) 的反应平衡常数 $K^\ominus$ 与 $Zn(CN)_2$ 的溶度积常数之间的关系以及吉布斯自由能和反应平衡常数之间的关系式，求得式 (6-1) 的 $\Delta G^\ominus$ 值，最后求出 $Zn(CN)_2$ 的 $\Delta G^\ominus$ 值。提金氰化废水体系及硫酸锌沉淀过程中可能产生的各种主要物质的标准吉布斯自由能数据见表 6-1[5]。

表 6-1 各种主要物质的热力学数据

物 质	$\Delta G^\ominus / kJ \cdot mol^{-1}$	物 质	$\Delta G^\ominus / kJ \cdot mol^{-1}$
HCN	124.7726	Cu^+	50.03465
CN^-	172.5044	$Cu(CN)_2^-$	257.9192

物　质	$\Delta G^{\ominus}/kJ \cdot mol^{-1}$	物　质	$\Delta G^{\ominus}/kJ \cdot mol^{-1}$
H_2O	-237.122	$Cu(CN)_3^{2-}$	404.0455
H_2O_2	-134.065	$Cu(CN)_4^{3-}$	566.9198
OH^-	-157.406	$CuCN$	111.3742
Zn^{2+}	-147.22	Fe^{2+}	-78.92495
$Zn(CN)_2$	-125.664	$Fe(CN)_6^{4-}$	695.4188
$Zn(CN)_4^{2-}$	447.1716	$Fe(OH)_2$	-486.948
$Zn(OH)_2$	-553.982	Au^+	163.18
ZnO_2^{2-}	-384.208	$Au(CN)_2^-$	285.9721

C　氰化废水沉淀过程的电极反应及计算

a　与水相关的电极反应及计算

$$4H^+ + O_2 + 4e \longrightarrow 2H_2O \qquad (6-10)$$

$$\varepsilon = 1.229 - 0.05912pH + 0.05912\lg P_{O_2} - 0.05912\lg P^{\ominus}$$

$$2H^+ + 2e \longrightarrow H_2 \qquad (6-11)$$

$$\varepsilon = -0.05912pH + 0.02956\lg P_{H_2} - 0.02956\lg P^{\ominus}$$

$$2H^+ + O_2 + 2e \longrightarrow H_2O_2 \qquad (6-12)$$

$$\varepsilon = 0.695 - 0.05912pH + 0.02956\lg P_{O_2} - 0.02956\lg P^{\ominus} - 0.02956\alpha_{H_2O_2}$$

$$2H^+ + H_2O_2 + 2e \longrightarrow 2H_2O_2 \qquad (6-13)$$

$$\varepsilon = 1.763 - 0.05912pH + 0.02956\alpha_{H_2O_2}$$

b　与铜相关的电极反应及计算

提金氰化废水中的铜氰络离子可能的存在状态有 $Cu(CN)_2^-$、$Cu(CN)_3^{2-}$ 和 $Cu(CN)_4^{3-}$ 三种，因此必须首先确定其主要的存在形态。一般情况下，配离子在溶液中的生成或解离过程是分步进行的，分步反应对应的稳定常数为逐级稳定常数 $K_n^{\ominus}$，提金废水体系中 $Cu(CN)_3^{2-}$ 和 $Cu(CN)_4^{3-}$ 的实际生成反应为式（6-14）和式（6-15）：

$$Cu(CN)_2^- + CN^- \Longrightarrow Cu(CN)_3^{2-} \qquad (6-14)$$

$$Cu(CN)_3^{2-} + CN^- \Longrightarrow Cu(CN)_4^{3-} \qquad (6-15)$$

$Cu(CN)_3^{2-}$ 和 $Cu(CN)_4^{3-}$ 的总生成反应表达式见式（6-16）与式（6-17），总生成反应对应的稳定常数为累积稳定常数 $\beta_n^{\ominus}$：

$$Cu^+ + 3CN^- \Longrightarrow Cu(CN)_3^{2-} \qquad (6-16)$$

$$Cu^+ + 4CN^- \Longrightarrow Cu(CN)_4^{3-} \qquad (6-17)$$

由于累积稳定常数只是某一级配离子的总生成反应的平衡常数，不能反映配离子在溶液中的实际生成或解离过程。但是累积稳定常数 $\beta_n^{\ominus}$ 和逐级稳定常数 $K_n^{\ominus}$ 之间可以互相转化，见式（6-18）：

$$\lg K_n^{\ominus} = \lg \beta_n^{\ominus} - \lg \beta_{n-1}^{\ominus} \qquad (6-18)$$

查表得 $Cu(CN)_2^-$、$Cu(CN)_3^{2-}$ 和 $Cu(CN)_4^{3-}$ 对应的累积稳定常数的对数值 $\lg\beta_2^{\ominus}$、$\lg\beta_3^{\ominus}$ 和 $\lg\beta_4^{\ominus}$ 分别为 2.4、28.55 和 30.3。所以由式（6-18）便可推导出逐级稳定常数 $K_3^{\ominus}$ 和

$K_4^\ominus$ 的对数值依次为 26.15 和 1.75，推导过程见式 (6-19) 和式 (6-20)：

$$\lg K_3^\ominus = \lg\beta_3^\ominus - \lg\beta_2^\ominus = 28.55 - 2.4 = 26.15 \tag{6-19}$$

$$\lg K_4^\ominus = \lg\beta_4^\ominus - \lg\beta_3^\ominus = 30.3 - 28.55 = 1.75 \tag{6-20}$$

$\lg K_3^\ominus > \lg K_4^\ominus$，由此可见 $Cu(CN)_3^{2-}$ 的生成反应较 $Cu(CN)_4^{3-}$ 容易，因此提金氰化废水中铜氰络离子主要以 $Cu(CN)_3^{2-}$ 形态存在：

$$Cu^+ + e \longrightarrow Cu \tag{6-21}$$

$$\varepsilon = 0.5185 + 0.5912\lg Cu^+$$

$$Cu^+ + CN^- =\!=\!= CuCN \tag{6-22}$$

$$pCN = \lg Cu^+ + 19.5$$

$$CuCN + e \longrightarrow Cu + CN^- \tag{6-23}$$

$$\varepsilon = -0.63347 + 0.05912pCN$$

$$CuCN + 2CN^- =\!=\!= Cu(CN)_3^{2-} \tag{6-24}$$

$$pCN = 4.6 - \lg[Cu(CN)_3^{2-}/Cu(CN)_2^-]$$

$$Cu(CN)_3^{2-} + e \longrightarrow Cu + 3CN^- \tag{6-25}$$

$$\varepsilon = -1.1758 + 0.05912\lg Cu(CN)_3^{2-} + 0.17736pCN$$

c 与锌相关的电极反应及计算

$$Zn^{2+} + 2e \longrightarrow Zn \tag{6-26}$$

$$\varepsilon = -0.763 + 0.02956\lg Zn^{2+}$$

$$Zn^{2+} + 2CN^- =\!=\!= Zn(CN)_2 \tag{6-27}$$

$$pCN = 0.5\lg Zn^{2+} - 0.5\lg K_{spZn(CN)_2}$$

$$Zn(CN)_2 + 2H^+ + 2e \longrightarrow Zn + 2HCN \tag{6-28}$$

$$\varepsilon = -0.2725 - 0.1182pH - 0.1182\lg P_{HCN} + 0.1182\lg P^\ominus$$

$$Zn(CN)_2 + 2CN^- =\!=\!= Zn(CN)_4^{2-} \tag{6-29}$$

$$pCN = 9 - 1/42\lg Zn(CN)_4^{2-}$$

$$Zn(CN)_4^{2-} + 2e \longrightarrow Zn + 4CN^- \tag{6-30}$$

$$\varepsilon = -1.2571 + 0.02956\lg\alpha_{Zn(CN)_4^{2-}} + 0.1182pCN$$

$$Zn(OH)_2 + 4CN^- =\!=\!= Zn(CN)_4^{2-} + 2OH^- \tag{6-31}$$

$$pCN = 0.162 - 0.25\lg\alpha_{Zn(CN)_4^{2-}} + 0.5\lg\alpha_{OH^-}$$

$$Zn(OH)_2 + 2H^+ + 2e \longrightarrow Zn + 2H_2O \tag{6-32}$$

$$\varepsilon = -0.41 - 0.05912pH$$

$$ZnO_2^{2-} + 2H^+ =\!=\!= Zn(OH)_2 \tag{6-33}$$

$$pH = 14.8 + 0.5\lg\alpha_{ZnO_2^{2-}}$$

$$ZnO_2^{2-} + 4H^+ + 2e \longrightarrow Zn + 2H_2O \tag{6-34}$$

$$\varepsilon = 0.46 - 0.1182pH + 0.02956\lg\alpha_{ZnO_2^{2-}}$$

d 与铁相关的电极反应及计算

$$Fe^{2+} + 2e \longrightarrow Fe \tag{6-35}$$

$$\varepsilon = -0.440 + 0.02956\lg\alpha_{Fe^{2+}}$$

$$Fe^{2+} + 6CN^- \Longrightarrow Fe(CN)_6^{4-} \tag{6-36}$$

$$pCN = 6.167 - 1/6\lg[Fe(CN)_6^{4-}/Fe^{2+}]$$

$$Fe(CN)_6^{4-} + 2e \longrightarrow Fe + 6CN^- \tag{6-37}$$

$$\varepsilon = -1.7596 + 0.1774pCN + 0.02956\lg\alpha_{Fe(CN)_6^{4-}}$$

$$Fe(OH)_2 + 6CN^- \Longrightarrow Fe(CN)_6^{4-} + 2OH^- \tag{6-38}$$

$$pCN = 4.864 - 1/3\lg\alpha_{OH^-} - 1/6Fe(CN)_6^{4-}$$

$$Fe(OH)_2 + 2H^+ \Longrightarrow Fe^{2+} + 2H_2O \tag{6-39}$$

$$pH = 6.7 - 0.5\lg\alpha_{Fe^{2+}}$$

$$Fe(OH)_2 + 2H^+ + 2e \longrightarrow Fe + 2H_2O \tag{6-40}$$

$$\varepsilon = -0.0658 - 0.059pH$$

e 与金相关的电极反应及计算

$$Au^+ + e \longrightarrow Au \tag{6-41}$$

$$\varepsilon = 1.678 + 0.02956\lg\alpha_{Au^+}$$

$$Au^+ + 2CN^- \Longrightarrow Au(CN)_2^- \tag{6-42}$$

$$pCN = 19.15 - 0.5\lg(Au(CN)_2^-/Au^+)$$

$$Au(CN)_2^- + e \longrightarrow Au + 2CN^- \tag{6-43}$$

$$\varepsilon = -0.6112 + 0.11824pCN + 0.0591\lg\alpha_{Au(CN)_2^-}$$

建立 pCN 和 pH 值之间的联系：

$$H^+ + CN^- \Longrightarrow HCN \tag{6-44}$$

$$K_{\alpha_{HCN}} = 10^{9.4} = \alpha_{HCN}/(\alpha_{H^+} \cdot \alpha_{CN^-})$$

两边同取对数，则：

$$\lg\alpha_{HCN} + pH + pCN = 9.4$$

记 $M = \alpha_{CN^-} + \alpha_{HCN}$，整理可得：

$$pCN = 9.4 - \lg M + \lg(10^{pH-9.4} + 1) - pH \tag{6-45}$$

将式（6-10）~式（6-43）对应的电位表达式中的 pCN 用式（6-45）进行代换，所有的气体分压取 100000Pa，离子活度取 1mol/L，温度 $T = 298K$，绘制电位—pH 图，如图 6-1 所示。

锌的存在形态受 pH 值和废水中游离氰根的影响较大，图 6-1 中线（16）、线（17）、线（18）组成的区域是氰化锌的稳定区，溶液体系 pH 值在 4.8~8.9 之间，因此通过调节锌离子的浓度将废水的 pH 值控制在此区间，对氰化锌的生成是有利的。如果 pH 值小于 4.8，氰化锌会发生溶解生成锌离子，即图中线（15）和线（16）组成的区域，这是酸化法分离回收锌和氰化物的理论依据。如果 pH 值达到 8.9~9.3，由于体系中游离氰浓度增大，氰化锌与过量的游离氰根就会生成锌氰络离子。pH 值继续增大至 9.3 以后，此时会出现氢氧化锌沉淀。因此，沉淀锌离子时废水中的 pH 值的较优区间为 4.8~8.9 之间。

图 6-1 中线（11）、线（12）和线（13）为氰化亚铜的稳定区，所以要控制反应的 pH 值小于 4.5，这样便有利于氰化亚铜的沉淀过程；但是当 pH 值小于 -10.38 时，此时对应的 pCN 值为 19，即游离氰根浓度微量时，不足以在废水中提供生成氰化亚铜所需的氰根，此时废水的环境有利于铜离子的稳定存在。因此，沉淀铜的过程中，还要保证一定

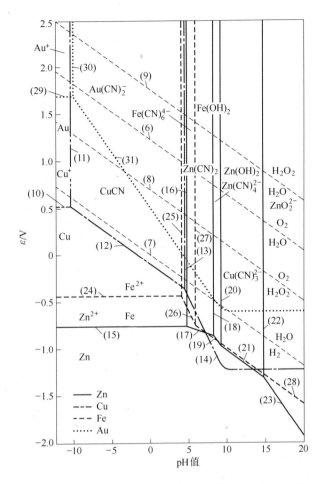

图 6 - 1　Cu(Zn、Fe、Au) - CN - H₂O 系的标准电位—pH 图

浓度的游离氰环境，这样才有利于氰化亚铜的稳定存在。然而当 pH 值大于 4.5 时，此时废水中的游离氰过量，氰化亚铜和过量的游离氰会生成铜氰络离子，不利于氰化亚铜的稳定存在。因此，沉淀铜离子时废水中 pH 值的较优区间为 4.5 以下。

图 6 - 1 中线（25）、线（26）和线（27）为铁氰络合物的稳定区，对应的 pH 值范围为 4.68 ~ 5.84。当 pH 值小于 4.68 时，主要以亚铁离子形态存在；当 pH 值大于 4.68 时，pCN 值减小，体系中游离氰浓度增大，亚铁离子和游离氰反应会生成铁氰络合物；当大于 5.84 时，体系碱性增大，铁氰络合物转化为氢氧化亚铁沉淀。如果单独考虑铁的沉淀，控制 pH 值大于 5.84 比较好，但是沉淀过程加入锌离子后，铁氰络离子和锌离子会生成 $Zn_2[Fe(CN)_6]$ 沉淀，而该沉淀在强碱性溶液中会发生溶解，因此可控制 pH 值范围在 4.68 ~ 5.84 之间，利用络合沉淀可除去铁。

图 6 - 1 中线（30）和线（31）组成的区域是金氰络离子的稳定区，此区域和水的稳定区重合，因此，金氰络合物在水溶液中是极其稳定的。加入硫酸锌后，金氰络离子不会被沉淀。

综上所述，利用硫酸锌沉淀法处理提金氰化废水，一般体系 pH 值应控制在 4.5 ~

6.0。

6.1.1.3 沉淀过程的动力学

对于化学反应：

$$aA + bB \longrightarrow 反应产物 \qquad (6-46)$$

速率方程通常具有如下的形式：

$$\frac{-dc_A}{dt} = k_A c_A^{n_A} c_B^{n_B} \qquad (6-47)$$

因此，动力学方程的确定关键是确定速率常数 k 和反应级数 n。反应级数的确定一般较为复杂，常用的方法有微分法、半衰期法和尝试法。此处采用尝试法，假设沉淀反应为二级反应，然后带入相关实验数据进行线性回归分析，确定速率常数 k，再参考 R^2 值的大小确定该方程是否符合二级速率方程。

A 动力学方程的推导[6]

假设硫酸锌沉淀过程反应的速率方程符合二级动力学模型，则速率方程为：

$$\frac{-dc_A}{dt} = k_A c_A c_B \qquad (6-48)$$

根据沉淀过程的化学反应特征，一般存在两种情况。一种是反应物的系数相等，初始浓度不相等的情况，即 $a = b$ 且 $c_{A,0} \neq c_{B,0}$。如果反应物的系数比为 $1:1$，设 t 时刻反应物 A 和 B 减小的浓度为 c_x，该时刻 $c_A = c_{A,0} - c_x$，$c_B = c_{B,0} - c_x$，而 $dc_A = -dc_x$，此时可得：

$$r = \frac{dc_x}{dt} = k(c_{A,0} - c_x)(c_{B,0} - c_x) \qquad (6-49)$$

积分可得：

$$\frac{1}{c_{A,0} - c_{B,0}} \ln \frac{c_{B,0}(c_{A,0} - c_x)}{c_{A,0}(c_{B,0} - c_x)} = kt \qquad (6-50)$$

即

$$\frac{1}{c_{A,0} - c_{B,0}} \ln \frac{c_{B,0} c_A}{c_{A,0} c_B} = kt \qquad (6-51)$$

式中，$c_{A,0}$ 为反应物 A 的初始摩尔浓度，mol/L；c_A 为反应后 A 的摩尔浓度，mol/L；$c_{B,0}$ 为反应物 B 的初始摩尔浓度，mol/L；c_B 为反应后 B 的摩尔浓度，mol/L。

另一种为反应系数不相等的情况。如果反应物的系数比为 $1:2$，初始浓度不相等时，即 $a = 2b$ 且 $c_{A,0} \neq c_{B,0}$，设 t 时刻反应物 A 和 B 消耗的浓度为 c_x，该时刻 $c_A = c_{A,0} - 2c_x$，$c_B = c_{B,0} - c_x$，而 $dc_A = -2dc_x$，此时可得：

$$r = \frac{dc_x}{dt} = \frac{k}{2}(c_{A,0} - 2c_x)(c_{B,0} - c_x) \qquad (6-52)$$

积分可得：

$$\frac{1}{c_{A,0} - 2c_{B,0}} \ln \frac{c_{B,0}(c_{A,0} - 2c_x)}{c_{A,0}(c_{B,0} - c_x)} = \frac{1}{2}kt \qquad (6-53)$$

即

$$\frac{2}{c_{A,0} - 2c_{B,0}} \ln \frac{c_{B,0} c_A}{c_{A,0} c_B} = kt \qquad (6-54)$$

B 铜离子沉淀动力学

在常温条件下,向 100mL 废水中加入 3.5g 用量的硫酸锌,反应 40min 中,每间隔 5min 检测废水的锌离子及铜离子浓度,实验结果如图 6-2 所示,废水组成见表 6-2。

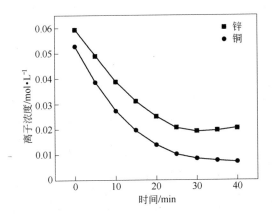

图 6-2 沉淀后液中 Cu、Zn 离子浓度和沉淀时间的关系曲线

表 6-2 含氰废水中主要离子的浓度

离子种类	CN$^-$	Cu	Fe	Zn	Au
质量浓度/mg·L^{-1}	186.25	3380	170	370	0.34
摩尔浓度/mol·L^{-1}	7.16×10^{-3}	5.28×10^{-2}	3.04×10^{-3}	5.69×10^{-3}	1.725×10^{-6}

由图 6-2 可知,随着沉淀时间的延长,废水中锌离子浓度和铜离子浓度持续下降,一开始曲线的斜率较大,随后逐渐平滑。40min 时曲线接近平行于 x 轴的直线,说明这时提金氰化废水中的铜离子、锌离子浓度基本不再变化,此时的反应速率接近零。由此可见,沉淀过程中铜离子和锌离子的沉淀速率是由大到小的。

沉淀过程硫酸锌与铜氰络离子的沉淀反应如式(6-4)所示,反应物系数比为 1:1。

现假设沉淀过程符合化学反应的二级动力学模型。$\dfrac{1}{c_{A,0} - c_{B,0}} \ln \dfrac{c_{B,0} c_A}{c_{A,0} c_B}$ 实验值与时间 t 的关系

曲线如图 6-3 所示。可以看出两者之间为线性关系,直线方程 $y = 3.492x - 0.403$,相应的 R^2 值为 0.9996,因此,废水中铜离子的沉淀反应为二级反应,其速率常数 k 值为 3.492dm^3/(mol·min),铜离子的沉淀反应速率方程如下:

$$r_{Cu} = -\frac{dc_A}{dt} = 3.492(c_{A,0} - c_x)(c_{B,0} - c_x)$$

$$(6-55)$$

整理得:

$$r_{Cu} = 3.492 c_{Cu} c_{Zn} \qquad (6-56)$$

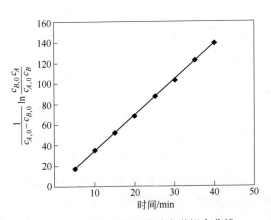

图 6-3 铜离子的沉淀动力学拟合曲线

C 游离氰沉淀动力学

沉淀过程锌离子和游离氰根随时间变化的关系曲线如图 6-4 所示。现假设游离氰根的沉淀过程符合二级动力学模型。则 $\dfrac{2}{c_{A,0}-2c_{B,0}}\ln\dfrac{c_{B,0}c_A}{c_{A,0}c_B}$ 实验值与时间 t 的关系曲线如图 6-5 所示。

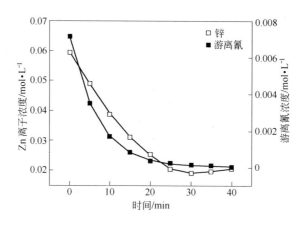

图 6-4 沉淀后液中的 CN^-、Zn 离子浓度与时间的关系曲线

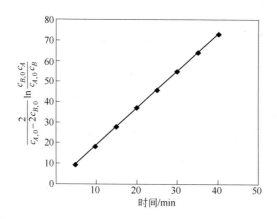

图 6-5 游离氰根的沉淀动力学拟合曲线

由图 6-5 可知,直线方程为 $y=1.837x+0.139$,相应的 R^2 值为 0.9994。因此,游离氰根的沉淀反应也为二级反应,其速率常数 k 值为 1.837 $dm^3/(mol \cdot min)$,得到的沉淀反应速率方程为式 (6-58):

$$r_{CN^-} = -\frac{dc_A}{dt} = \frac{k}{2}(c_{A,0}-2c_x)(c_{B,0}-c_x) \tag{6-57}$$

整理得:

$$r_{CN^-} = 0.919c_{CN^-}c_{Zn} \tag{6-58}$$

6.1.1.4 沉淀过程锌离子的理论浓度计算

当含氰废水中的锌离子浓度升高时,有利于降低铜、铁和游离氰的含量,当锌离子达到饱和浓度时,这几种离子的浓度在理论上会降至最低(不考虑交互影响和络离子的解离)。但是由于硫酸锌的溶解度受溶液 pH 值的影响,所以沉淀后液中铜、铁和游离氰的最

低浓度也会因溶液 pH 值的变化而改变。根据相关反应的平衡常数及沉淀的溶度积常数，推导出的 Zn^{2+} 饱和溶液中铜、铁离子和游离氰浓度与 pH 值之间的关系，结果见表 6-3。

表 6-3　Zn^{2+} 饱和溶液中铜、铁离子和游离氰与 pH 值的关系

pH 值	锌$_{饱和}$/g·L^{-1}	铜$_{min}$/mg·L^{-1}	铁$_{min}$/mg·L^{-1}	游离氰$_{min}$/mg·L^{-1}
5.0	780	2.37	1.56×10^{-13}	3.83×10^{-3}
5.5	78	7.48	1.56×10^{-11}	1.21×10^{-2}
6.0	7.8	23.7	1.56×10^{-9}	3.83×10^{-2}
6.5	0.78	74.8	1.56×10^{-7}	1.21×10^{-1}
7.0	7.8×10^{-2}	240	1.56×10^{-5}	3.83×10^{-1}
7.5	7.8×10^{-3}	750	1.56×10^{-3}	1.21
8.0	7.8×10^{-4}	2370	1.56×10^{-1}	3.83
8.5	7.8×10^{-5}	7480	15.6	12.10
9.0	7.8×10^{-6}	23660	1560	38.27

由表 6-3 可知，随着 pH 值减小，溶液中 Zn 离子的理论极限浓度逐渐增大，而 Cu、Fe 离子和游离 CN^- 浓度逐渐减小，在 pH 值为 5 时降至最低，可见酸性环境有利于沉淀反应的进行。当 $ZnSO_4$ 用量为 3.5g 时，沉淀后液的 pH 值恰好为 5，继续增加用量，pH 值不会再发生明显改变。实际情况下氰化废水体系比较复杂，所含离子种类多、浓度高，沉淀过程交互影响严重，因此实际操作过程的测定值要比理论计算值高。

综上所述，各种沉淀形成的关键取决于溶液中锌离子浓度的大小，由于每一种离子开始生成沉淀时所需的锌离子浓度不同，所需锌离子的浓度越大，该离子形成沉淀就越困难，据此即可判断各离子沉淀形成的先后次序。以下对该体系中 $Zn(CN)_4^{2-}$、CN^-、$Fe(CN)_6^{4-}$ 以及 $Cu(CN)_2^-$ 开始形成沉淀时的锌离子理论浓度进行计算，结果见表 6-4。

$$[Zn^{2+}]_{锌} = \frac{K_{sp[Zn(CN)_2]}^2}{Zn(CN)_4^{2-}} = \frac{(2.6 \times 10^{-13})^2}{5.69 \times 10^{-3}} = 1.19 \times 10^{-23} \text{mol/L} \quad (6-59)$$

$$[Zn^{2+}]_{氰} = \frac{K_{sp[Zn(CN)_2]}}{[CN^-]^2} = \frac{2.6 \times 10^{-13}}{(7.16 \times 10^{-3})^2} = 5.07 \times 10^{-7} \text{mol/L} \quad (6-60)$$

$$[Zn^{2+}]_{铁} = \sqrt{\frac{K_{sp[Zn_2Fe(CN)_6]}}{Fe(CN)_6^{4-}}} = \sqrt{\frac{4.0 \times 10^{-16}}{3.04 \times 10^{-3}}} = 3.63 \times 10^{-7} \text{mol/L} \quad (6-61)$$

$$[Zn^{2+}]_{铜} = \frac{1}{[Cu(CN)_2^-]^2 \cdot K} = \frac{1}{(5.28 \times 10^{-2})^2 \times (6.1 \times 10^7)} = 5.88 \times 10^{-6} \text{mol/L}$$
$$(6-62)$$

表 6-4　各种沉淀形成时所需的锌离子的最小浓度

离子种类	沉淀物	锌离子浓度/mol·L^{-1}
$Zn(CN)_4^{2-}$	$Zn(CN)_2$	1.19×10^{-23}
CN^-	$Zn(CN)_2$	5.07×10^{-7}
$Fe(CN)_6^{4-}$	$Zn_2[Fe(CN)_6]$	3.63×10^{-7}
$Cu(CN)_2^-$	$CuCN$	5.68×10^{-6}

由表 6-4 可以看出，提金氰化废水中各种沉淀开始形成时所需的锌离子浓度为 $[Zn^{2+}]_{锌} < [Zn^{2+}]_{铁} < [Zn^{2+}]_{氰} < [Zn^{2+}]_{铜}$，说明锌离子加入后，最先形成的是 $Zn(CN)_2$ 沉淀，随后依次为 $Zn_2[Fe(CN)_6]$ 和 CuCN，因此只有加入足够量的硫酸锌，才能保证溶液中铜离子形成沉淀，这是最终导致沉淀后液中 Zn 离子浓度有所增加的主要原因。溶液中锌离子的增加是否会对随后金的浸出及还原环节造成影响，尚需进行深入研究，如需将少量废水彻底外排，则可采用树脂吸附或其他方法进行深度处理。

6.1.2 工艺流程及设备

硫酸锌沉淀法处理提金氰化废水的主要工艺分为沉淀与过滤、沉淀物的分离回收两个步骤。其基本工艺流程如图 6-6 所示。

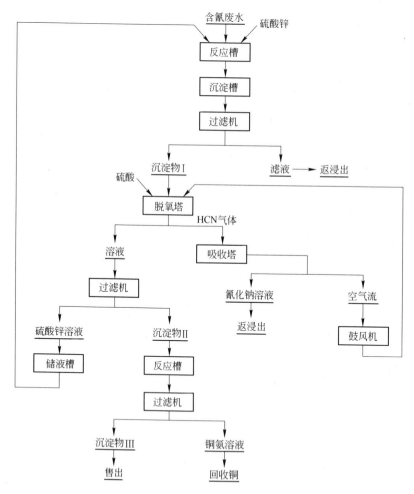

图 6-6　硫酸锌—硫酸酸化法处理氰化废水工艺流程

6.1.2.1　沉淀与过滤

由于提金氰化废水中主要含有游离氰及铜、锌、铁氰络离子，当加入 Zn^{2+} 后，沉淀生成反应速度很快，溶液中的游离 CN^- 会生成 $Zn(CN)_2$ 沉淀，$Zn(CN)_4^{2-}$ 也生成 $Zn(CN)_2$

沉淀，而 Cu 离子主要以 CuCN 形式除去，Fe 离子则以 $Zn_2Fe(CN)_6$ 形式除去。Zn^{2+} 不与 $Au(CN)_2^-$ 发生沉淀反应，因此金可以完全保留于溶液中返回浸出系统。在碱性环境下，$Zn_2Fe(CN)_6$ 沉淀会被溶解，最终以 $Zn(OH)_2$ 沉淀形式存在，因此，沉淀最好在酸性或中性环境下进行。沉淀反应可在常规带有搅拌的反应槽或沉降槽中进行。沉淀后液可先进入沉降槽澄清，随后沉淀利用板框压滤机或陶瓷过滤机进行固液分离，得到沉淀 I 及沉淀后液。

6.1.2.2 沉淀物的分离回收

过滤所得沉淀物 I 首先用硫酸溶液进行处理。此时，氰化锌沉淀会发生溶解反应，反应过程中在反应槽中鼓入空气进行吹脱，将生成的氰化氢气体吹入吸收塔，利用氢氧化钠溶液进行吸收，得到氰化钠溶液，返回浸出系统。硫酸锌溶液直接返回沉淀环节，作为沉淀剂循环使用。得到的沉淀 II 利用氨水溶液浸出铜，得到铜氨溶液，采用还原法回收金属铜，残留的沉淀 III 主要是 $Zn_2Fe(CN)_6$，可作为铁矿出售。

6.1.3 工艺特点

优点：硫酸锌沉淀法处理速度快，设备简单，易操作；只需要对体积很小的沉淀进行酸化处理，大大减少了酸的用量，处理成本较低；硫酸酸化后得到的硫酸锌溶液可以返回沉淀工段循环使用；可达到快速降铜除铁的目的，同时溶液中残留的金也不会损失。

缺点：氰化物的去除率不高，一般用于含氰浓度较高的废水，处理后的废水需进一步采取措施进行深度处理，使之达到排放标准。处理后液中锌离子及硫酸根离子浓度有所增加，需要加入石灰水进行调节。

6.1.4 影响因素

6.1.4.1 硫酸锌用量的影响

$ZnSO_4$ 用量对各离子的沉淀效果影响很大，随着 $ZnSO_4$ 用量的逐渐增加，沉淀后液中 Cu 离子与游离氰离子浓度逐渐减少，而铁离子在 $ZnSO_4$ 加量很小时就已经完全沉淀。溶液中 Zn 离子浓度则呈现出先减少后增加的趋势，说明反应开始，Zn 离子与溶液中的 $Zn(CN)_4^{2-}$ 发生了沉淀反应。另外，值得关注的是，沉淀后液中 Au 离子浓度并不会随沉淀剂的加入而减少，基本维持在 $0.34g/m^3$ 左右。溶液的 pH 值随 $ZnSO_4$ 用量的逐渐增加而减小，最终维持在 5 左右。表 6-5 给出的是 $ZnSO_4$ 用量不同时沉淀后液中各离子的浓度。

表 6-5 ZnSO₄ 用量不同时沉淀后液中各离子浓度

用量/g·(100mL)⁻¹	铜/mg·L⁻¹	铁/mg·L⁻¹	锌/mg·L⁻¹	金/g·m⁻³	CN⁻/mg·L⁻¹	pH 值
0.5	3130	0	353.05	0.34	85.77	8.0
1.0	2150	0	589.18	0.36	30.63	7.5
1.5	1330	0	673.55	0.33	12.25	7.0
2.0	770	0	867.66	0.38	9.19	6.5
2.5	550	0	1089.24	0.33	6.13	6.0
3.0	570	0	1253.07	0.37	4.90	6.0

用量/g·(100mL)$^{-1}$	铜/mg·L^{-1}	铁/mg·L^{-1}	锌/mg·L^{-1}	金/g·m^{-3}	CN$^-$/mg·L^{-1}	pH值
3.5	460	0	1340.42	0.36	1.06	5.0
4.0	450	0	1399.27	0.35	1.06	5.0
4.5	440	0	1452.00	0.34	1.06	5.0
5.0	460	0	1516.00	0.35	1.06	5.0

对形成的沉淀物进行了 XRD 分析，结果如图 6-7 所示。表明沉淀物主要由 $Zn_2Fe(CN)_6$、$Zn(CN)_2$ 和 CuCN 组成。

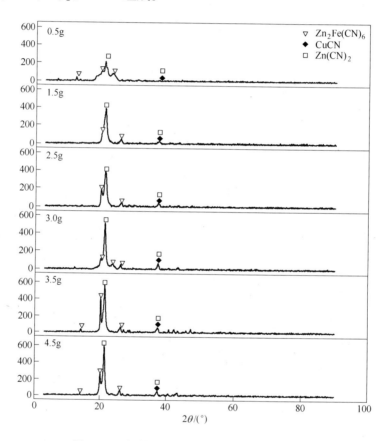

图6-7 硫酸锌用量不同时沉淀物的 XRD 图谱

6.1.4.2 沉淀时间的影响

沉淀时间对沉淀过程影响不是很大，各种沉淀生成的速度都很快，10min 之内除金以外的所有离子浓度均已降到了最低点。实验结果见表6-6。

表6-6 不同时间时沉淀后液中主要离子浓度

时间/min	铜/mg·L^{-1}	铁/mg·L^{-1}	锌/mg·L^{-1}	金/g·m^{-3}	CN$^-$/mg·L^{-1}
2	630	0.02	1220	0.35	1.06
5	610	0	1210	0.34	1.06

续表6-6

时间/min	铜/mg·L^{-1}	铁/mg·L^{-1}	锌/mg·L^{-1}	金/g·m^{-3}	CN$^-$/mg·L^{-1}
10	570	0	1230	0.33	1.06
20	550	0	1220	0.34	1.06
40	464	0	1210	0.36	1.06
60	468	0	1220	0.35	1.06
90	467	0	1250	0.34	1.06
120	465	0	1240	0.36	1.06

6.1.4.3 温度的影响

温度对沉淀过程也没有太大的影响，随着反应温度的升高，沉淀后液中 CN$^-$、Fe 离子、Zn 离子及 Au 离子浓度均未发生明显变化，只有 Cu 离子浓度有所波动，但与常温下相比变化不大。实验结果见表6-7。

表6-7 不同温度时沉淀后液中主要离子浓度

温度/℃	铜/mg·L^{-1}	铁/mg·L^{-1}	锌/mg·L^{-1}	金/g·m^{-3}	CN$^-$/mg·L^{-1}
25	510	0	1240	0.36	1.22
40	1030	0	1210	0.34	1.22
50	1030	0	1110	0.34	1.22
60	900	0	1120	0.34	1.22
70	650	0	1120	0.34	1.22
80	400	0	1140	0.35	1.22
90	420	0	1130	0.33	1.22

在 100mL 废水中加入 2.5g ZnSO$_4$，常温搅拌 40min 进行验证实验，结果见表6-8。可以看出，Fe 离子沉淀率为 100%，游离氰离子沉淀率为 99.34%，Cu 离子沉淀率为 86% 左右，Zn 离子浓度基本维持在 1000mg/L 左右。

表6-8 沉淀后液中主要离子的浓度和沉淀率

	离子种类	铜	铁	锌	游离氰
1号	离子浓度/mg·L^{-1}	480	0	1080	1.22
	沉淀率/%	85.80	100	—	99.34
2号	离子浓度/mg·L^{-1}	470	0	1100	1.22
	沉淀率/%	86.10	100	—	99.34

6.1.4.4 pH 值的影响

锌的存在形态受 pH 值和废水中游离氰的影响较大，随着硫酸锌加入量的增大，溶液体系的 pH 值由 10 左右降低到 5，溶液体系 pH 值在 4.8~8.9 之间时，Zn(CN)$_2$ 是稳定的。如果体系 pH 值小于 4.8，Zn(CN)$_2$ 会发生溶解生成锌离子。如果 pH 值达到 8.9~9.3，此时体系中游离氰浓度增大，Zn(CN)$_2$ 与过量的游离氰根就会生成锌氰络离子。pH

值继续增大至9.3，会出现氢氧化锌沉淀。因此，锌离子沉淀时废水中的 pH 值较优区间为4.8～8.9之间，同时 $Zn_2Fe(CN)_6$ 沉淀的形成要求体系 pH 值不能太大。从实验结果来看，每 100mL 提金废水中加入 2.5g 硫酸锌，此时溶液的 pH 值为 6，刚好满足 $Zn_2Fe(CN)_6$ 与 $Zn(CN)_2$ 同时沉淀的要求。

6.1.5 沉淀物的综合回收

对生成的沉淀物采用容量法测定其金属元素的百分含量，结果表明，沉淀物中 Cu 的平均含量为26.18%，Zn 为27.27%，Fe 为7.95%。由于沉淀的主要组分为 $Zn_2Fe(CN)_6$、$Zn(CN)_2$ 和 CuCN，$Zn(CN)_2$ 则易溶于稀硫酸，而 $Zn_2Fe(CN)_6$ 和 CuCN 不溶于稀硫酸，CuCN 可溶于氨水，而 $Zn_2Fe(CN)_6$ 则不溶，因此可采用硫酸、氨水两步溶解法进行处理，分离回收沉淀中的有价成分。

6.1.5.1 氰化物与锌的分离回收

$Zn(CN)_2$ 遇稀硫酸溶解生成硫酸锌，同时会释放出氰化氢气体。得到的硫酸锌溶液可返回沉淀系统重复利用，或是经过浓缩结晶制得硫酸锌产品；释放出的氰化氢气体经吹脱后用氢氧化钠吸收，得到氰化钠溶液，可返回浸金系统继续使用，因此可采用此方法分离锌并回收氰，相关反应方程式见式（6-63）和式（6-64）：

$$Zn(CN)_2 + H_2SO_4 \!\!=\!\!\!=\!\! 2HCN\uparrow + ZnSO_4 \tag{6-63}$$

$$NaOH + HCN(g) \!\!=\!\!\!=\!\! NaCN(aq) + H_2O \tag{6-64}$$

采用不同浓度的稀硫酸溶液进行浸出实验，结果如图6-8、图6-9及表6-9所示。

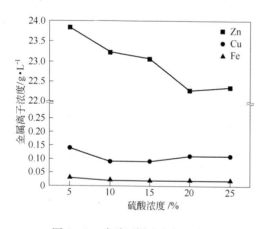

图6-8 硫酸不同浓度与沉淀后滤液中离子浓度的关系

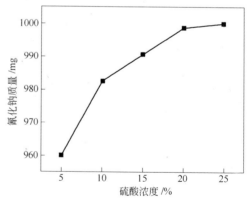

图6-9 硫酸浓度与氰化钠回收质量的关系

表6-9 不同浓度硫酸溶解沉淀 I 后所得滤饼中的金属百分含量 （%）

硫酸浓度	5	10	15	20	25
铜含量	67.39	68.13	68.03	67.73	67.74
铁含量	18.82	18.96	18.82	18.40	18.82
锌含量	1.08	1.18	1.37	1.64	1.44
其他	12.61	9.93	11.68	16.23	13

结果表明，当硫酸浓度为5%时，固相中的锌已经达到了最低，而固相中铜与铁的含量变化不大。氰化物的回收量有所差异，10g沉淀物中回收的氰化钠量在960~1000mg之间。因此，采用5%的稀硫酸溶液即可最大限度的回收锌与氰化物。

6.1.5.2 铜的分离实验研究

硫酸溶解后的沉淀Ⅱ主要组分为$Zn_2Fe(CN)_6$和$CuCN$。由于$Zn_2Fe(CN)_6$可溶于过量碱，形成可溶性的亚铁氰化钾锌，但不溶于氨水；而$CuCN$易溶于氨水，最终生成蓝色的铜氨络离子，因此可用氨水溶解沉淀Ⅱ的方法进行铜和铁的分离实验，相关反应方程式见式（6-8）和式（6-9）。

沉淀Ⅱ中各金属离子的百分含量测定结果见表6-10。可以看出，沉淀Ⅱ中的Cu平均含量为69.21%，Fe为20.94%，Zn为1.17%。

表6-10　沉淀物Ⅱ中主要金属离子的百分含量

元素种类		Cu	Fe	Zn
A	含量/%	69.25	20.95	1.15
B	含量/%	69.16	20.93	1.18

利用浓度为25%的氨水对沉淀Ⅱ进行浸出实验，结果见表6-11。

表6-11　沉淀Ⅱ溶解滤液中金属离子的浓度和溶解率

	离子种类	Cu	Fe	Zn
A	离子浓度/mg·L^{-1}	26240	0.04	229.38
	溶解率/%	94.86	0.48	48.99
B	离子浓度/mg·L^{-1}	26245	0.04	229.52
	溶解率/%	94.91	0.48	49.04

由表6-11可知，在氨水分离铜实验的较优条件下，最终溶液中的Cu离子的平均浓度达到26242.5mg/L，平均溶解率达到94.89%。

水合肼具有强还原性，可将铜氨络离子还原为铜单质，化学反应如式（6-65）、式（6-66）所示[7]：

$$Cu(NH_3)_4^{2+} =\!=\!= Cu^{2+} + 4NH_3 \uparrow \tag{6-65}$$

$$2Cu^{2+} + N_2H_4 \cdot H_2O + 4OH^- =\!=\!= 2Cu \downarrow + N_2 \uparrow + 5H_2O \tag{6-66}$$

当水合肼加入铜氨溶液中，在碱性条件下，可将$Cu(NH_3)_4^{2+}$解离的铜离子还原为单质，这便促进了式（6-61）的解离平衡向右进行，不断为水合肼还原铜提供铜源，直至其解离达到另一个新的平衡时反应才终止，最终可制备出超细铜粉。

6.1.6 应用实例

日本某氰化提金厂采用硫酸锌-硫酸法处理含氰废水，用间歇方法进行氰化物的再生回收，脱氰塔每天工作一次，其生产指标如下：脱金溶液中氰盐（总KCN）含量为1510mg/L；用硫酸锌处理所得的废液中氰盐（总KCN）含量为50mg/L；沉淀率（呈$Zn(CN)_2$形态）为96.7%；氰化锌沉淀用硫酸脱氰的脱氰率为92.3%；氰化氢气体用碱液吸收获得氰化物时的吸收率为95.6%；氰化物总回收率为88%；副产品回收铜72kg/d，硫酸锌85kg/d[8]。

西安建筑科技大学贵金属工程研究所对河南某黄金冶炼厂的提金贫液采用硫酸锌 - 硫酸法工艺进行处理，废水组成见表 6 - 2。沉淀处理后，铁离子的沉淀率达到100%，游离氰的沉淀率达到 99.34%，铜离子沉淀率为 86% 左右，但溶液中锌离子浓度有所增加。废水中残留的金没有被沉淀，可随着处理后的废水返回浸出系统，处理后的废水循环使用对金的浸出率没有明显影响。沉淀物的主要组分为 $Zn_2Fe(CN)_6$、$Zn(CN)_2$ 和 CuCN，可经过进一步处理综合回收氰化物及金属铜、锌或者直接售出。

6.2 铜离子沉淀法

6.2.1 概述

氰化法处理的金矿均为伴生金矿，金矿石中铁的硫化物，如黄铁矿 FeS_2、磁黄铁矿 $Fe_{1-x}S$ （$x = 0 \sim 0.2$）在氰化过程中会发生显著的、有时甚至是非常重要的变化，因此，大多数氰化提金过程产生的废水中均含有一定量的 SCN^-、$Fe(CN)_6^{4-}$。当氰化溶液不断返回浸出系统循环的过程中，浸出液中 SCN^- 会逐渐积累。在浸金温度下，硫氰酸钠的溶解度是58.78%，当积累到一定程度时，就有可能析出硫氰酸钠，堵塞管道，影响生产的正常进行。因此，氰化废水中除去 SCN^- 是非常必要的。

铁矿物的氧化产物会与氰化物溶液中的 CN^-、O_2 和保护碱发生一系列的反应，部分硫氧化成硫代硫酸盐：

$$S + CN^- = SCN^- \tag{6-67}$$

$$2S + 2OH^- + O_2 = S_2O_3^{2-} + H_2O \tag{6-68}$$

在碱性氰化物溶液中，Fe^{2+} 发生水解，生成的氢氧化亚铁会和 CN^- 形成不溶于水的氰化铁，白色 $Fe(CN)_2$ 沉淀溶于过剩的氰化物中，生成亚铁氰酸盐：

$$Fe^{2+} + 2OH^- = Fe(OH)_2 \downarrow \tag{6-69}$$

$$Fe(OH)_2 + 2CN^- = Fe(CN)_2 + 2OH^- \tag{6-70}$$

$$Fe(CN)_2 + 4CN^- = Fe(CN)_6^{4-} \tag{6-71}$$

此外，硫化铁还可以直接与碱、氰化物发生反应：

$$FeS + 6CN^- = Fe(CN)_6^{4-} + S^{2-} \tag{6-72}$$

$$FeS + 2OH^- = Fe(OH)_2 \downarrow + S^{2-} \tag{6-73}$$

$$Fe(OH)_2 + 6CN^- = Fe(CN)_6^{4-} + 2OH^- \tag{6-74}$$

因此，大部分提金氰化废水中除了含有游离氰与锌、铜氰络合物以外，还含有相当数量的硫氰根离子与亚铁氰酸盐，这些离子的累积同样会对废水的循环利用造成影响。铜离子沉淀法就是利用二价铜离子与这些离子反应，生成 $Zn_2Fe(CN)_6$、$Cu_2Fe(CN)_6$ 络合沉淀以及 CuCN、CuSCN 等沉淀而达到去除的目的。

6.2.2 反应原理

固体 $CuSO_4 \cdot 5H_2O$ 加入后，在搅拌作用下固体逐渐溶解，并均匀分布于溶液体系中，溶液呈蓝色。随后，溶液颜色逐渐变淡，转为灰白色，这主要是产生了部分白色沉淀物，主要由 $Zn_2Fe(CN)_6$ 和 $Zn(OH)_2$ 组成，反应方程如式（6-75）、式（6-76）所示：

$$Fe^{2+} + 6CN^- \Longrightarrow Fe(CN)_6^{4-} \tag{6-75}$$

$$2Zn^{2+} + Fe(CN)_6^{4-} \Longrightarrow Zn_2Fe(CN)_6 \downarrow \tag{6-76}$$

一般情况下，提金废水的 pH 值均在 10 以上，虽然 $CuSO_4 \cdot 5H_2O$ 的加入可降低废水的 pH 值，但由于较短时间内溶解有限，所以一开始溶液仍呈碱性，此时会有式（6-77）所示的沉淀反应发生：

$$Zn_2[Fe(CN)_6] + 4OH^- \Longrightarrow Fe(CN)_6^{4-} + 2Zn(OH)_2 \downarrow \tag{6-77}$$

随着反应时间的延长，$CuSO_4 \cdot 5H_2O$ 的溶解逐渐增大，此时白色沉淀物越来越多，这主要是铜离子足量时反应生成的 CuCN 沉淀，而反应初始，溶液中铜离子不足，游离氰过量时则会生成铜氰络离子：

$$2CuSO_4 + 4CN^- \Longrightarrow 2CuCN \downarrow + (CN)_2 + 2SO_4^{2-} \tag{6-78}$$

$$2Cu^{2+} + 8CN^- \Longrightarrow (CN)_2 + 2Cu(CN)_3^{2-} \tag{6-79}$$

另外，CuCN 沉淀并不是很稳定，在溶液中铜离子量不足时，可溶于过量的 CN^-：

$$CuCN + 3CN^- \Longrightarrow Cu(CN)_4^{3-} \tag{6-80}$$

$$CuCN + 2CN^- \Longrightarrow Cu(CN)_3^{2-} \tag{6-81}$$

$$CuCN + CN^- \Longrightarrow Cu(CN)_2^- \tag{6-82}$$

当溶液 pH 值降至 6~7 时，溶液中又开始出现一种砖红色沉淀物，即 $Cu_2Fe(CN)_6$，该反应最终导致废水中的铁被完全沉淀：

$$2Cu^{2+} + Fe(CN)_6^{4-} \xrightarrow{微酸性} Cu_2Fe(CN)_6 \downarrow \tag{6-83}$$

但是，在碱性溶液中，$Cu_2Fe(CN)_6$ 不稳定，会分解生成 $Cu(OH)_2$（$K_{sp} = 2.2 \times 10^{-20}$）沉淀与 $Fe(CN)_6^{4-}$，因此一般提金废水中的铁主要以络合物的形态存在：

$$Cu_2Fe(CN)_6 + 4OH^- \longrightarrow Fe(CN)_6^{4-} + 2Cu(OH)_2 \downarrow \tag{6-84}$$

如果氰化溶液中有亚硫酸根或其他还原剂存在时，则立即有白色的硫氰化亚铜沉淀生成（也称硫氰酸亚铜）：

$$2Cu^{2+} + SO_3^{2-} + H_2O \Longrightarrow 2Cu^+ + SO_4^{2-} + 2H^+ \tag{6-85}$$

$$2Cu^+ + Cu(CN)_3^{2-} \Longrightarrow 3CuCN \downarrow \tag{6-86}$$

$$2Cu^{2+} + SO_3^{2-} + 2SCN^- + H_2O \Longrightarrow 2CuSCN \downarrow + SO_4^{2-} + 2H^+ \tag{6-87}$$

$$Cu^{2+} + 2SCN^- \Longrightarrow Cu(SCN)_2 \downarrow \tag{6-88}$$

$$2Cu(SCN)_2 \Longrightarrow 2CuSCN \downarrow + (SCN)_2 \tag{6-89}$$

当加入的铜离子足够量时，提金废水中会产生 $Zn_2Fe(CN)_6$、$Cu_2Fe(CN)_6$（$K_{sp} = 1.30 \times 10^{-16}$）的络合沉淀以及 CuCN、CuSCN（$K_{sp} = 4.8 \times 10^{-15}$）、$Zn(OH)_2$（$K_{sp} = 1.2 \times 10^{-17}$）等沉淀，从而有效降低废水中锌、铁及氰离子的含量，达到废水综合利用的目的。

长春黄金研究院在此基础上提出了一种两步沉淀法[9]，先将铜盐加入含氰废水中，沉淀后溶液中铜等有害重金属被大部分去除，绝大部分 HCN 残留在溶液中，仅少量 HCN 气体挥发，但仍然控制在封闭容器内。沉淀后液加入硫酸进行酸化，酸化贫液中含有大量的硫酸根离子，直接加入氧化钙（浆液）中和，控制 pH 值在 10~12 之间，大量氰化物重新转化成 CN^-，同时去除了硫酸根离子。经固液分离，溶液补加氰化钠后便可直接返回生产工艺进行循环作业。反应式如下：

$$Ca^{2+} + SO_4^{2-} = CaSO_4 \downarrow \qquad (6-90)$$

$$H^+ + CN^- = HCN \qquad (6-91)$$

该方法可处理黄金选矿厂高浓度 SCN^- 污水，但缺点是第一步必须沉淀完全，澄清时间较长，否则在加入碱时，硫氰化亚铜有返溶现象，影响处理效果。另外，该工艺要求加大第二步沉淀的时间，否则 $CaSO_4$ 沉淀会造成阀门堵塞现象。

6.2.3 工艺流程

硫酸铜沉淀法处理提金氰化废水的主要工艺流程如图 6-10 所示。

大多数提金氰化废水均含有游离氰及铜、锌、铁的氰络离子，加入 Cu^{2+} 后会产生一系列复杂的沉淀反应。反应初始，在搅拌作用下，固体硫酸铜逐渐溶解并均匀分布于溶液体系中，溶液呈蓝色。随后，溶液开始浑浊，颜色逐渐转为灰白色直至纯白色，此时主要是生成了 $Zn_2Fe(CN)_6$、$Zn(OH)_2$ 与 CuCN 的白色沉淀。当溶液中铜离子不足时，CuCN 沉淀不是很稳定，可溶于过量的 CN^-，只有溶液中铜离子浓度足够大时，才会生成 CuCN 的沉淀。随着反应的继续进行，当溶液 pH 值降至 6~7 时，会生成砖红色的 $Cu_2Fe(CN)_6$ 沉淀物，该反应最终导致废水中的铁被完全沉淀。由于在碱性溶液中，$Zn_2Fe(CN)_6$、$Cu_2Fe(CN)_6$ 不是很稳定，会分解生成 $Zn(OH)_2$、$Cu(OH)_2$ 沉淀与 $Fe(CN)_6^{4-}$ 离子。如果氰化废水中含有硫氰根离子，当溶液 pH 值降低后，在 Cu^{2+} 被还原性阴离子 CN^- 或者 SO_3^{2-} 还原成 Cu^+ 以及 CuCN 沉淀的作用下，硫氰根离子会生成 CuSCN 白色沉淀。

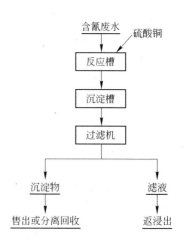

图 6-10 硫酸铜沉淀法处理氰化废水工艺流程

因此，沉淀过程最好在酸性或中性环境下进行。沉淀反应可在常规带有搅拌的反应槽或沉降槽中进行。沉淀后液可先进入沉降槽澄清，随后沉淀进入板框压滤机或陶瓷过滤机，也可直接进入过滤机进行固液分离，得到沉淀物及沉淀后液。沉淀后液可直接返回浸出体系，沉淀物直接售出或进行进一步的加工处理，回收其中的铜、锌等有价元素。

罗天瑞[10] 利用 Cu^{2+} 与 $Fe(CN)_6^{4-}$ 生成 $Cu_2Fe(CN)_6$ 沉淀的方法，处理氰氢酸生产亚铁氰化钠废水中的氰化物，处理后废水中氰的残存量小于 0.5mg/L，可循环使用。回收的亚铁氰化铜，可用于制造陶瓷光泽彩或作其他工业原料。其主要工艺流程如图 6-11 所示。经除渣后的废水，用盐酸或氢氧化钠调节 pH 值至 7，如果废水中含有过量的游离氰，则先加入亚铁盐，使其生成 $Fe(CN)_6^{4-}$ 络合离子，随后加入硫酸铜得到 $Cu_2Fe(CN)_6$ 沉淀。

6.2.4 工艺特点

优点：此法是在含氰废水中加入硫酸酸化的硫酸盐，使 CN 离子在不被大量破坏的情况下，以沉淀的形式除去废水中对浸出有影响的有害重金属离子及硫氰根离子，然后将水全部返回使用，同时可综合回收废水中的铜、锌等有价离子。该法操作简单，可实行全封闭的循环，无污可排。由于仅对小部分的氰化物沉淀进行酸处理，无须对全部废水进行酸

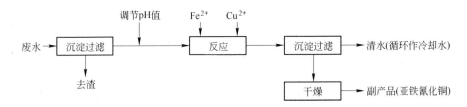

图 6-11 废水处理的工艺流程示意图

处理，大大减少了酸的用量，处理成本较低。

缺点：由于沉淀过程对 pH 值要求比较苛刻，因此操作过程需严格控制。处理后液中各离子均不能达到排放标准，一般需与其他方法联合使用。与锌盐沉淀法一样，处理后液中硫酸根离子浓度较高，需用石灰水进行处理。

6.2.5 影响因素

由于硫酸铜沉淀法的反应过程比较复杂，因此，生成的沉淀物组成也比较复杂。沉淀过程主要受到硫酸铜加入量、沉淀时间及体系 pH 值的影响。

6.2.5.1 硫酸铜用量的影响

硫酸铜的加入量直接影响到各种沉淀反应的进行，因此是最为关键的一个影响因素。加入量较少时，主要会生成 $Zn_2Fe(CN)_6$ 及 $Zn(OH)_2$ 的白色沉淀，如果溶液中有硫氰根存在，同时也会有 CuSCN 的白色沉淀。当铜离子浓度足够大时，才会生成 CuCN 的沉淀与 $Cu_2Fe(CN)_6$ 沉淀物的混合。硫酸铜加入量（理论用量倍数）不同时的实验结果见表 6-12。沉淀物的 XRD 分析结果如图 6-12 所示。

表 6-12 硫酸铜用量不同时滤液中各离子含量

硫酸铜用量（倍）	$CN^-/mg \cdot L^{-1}$	$Cu/mg \cdot L^{-1}$	$Fe/mg \cdot L^{-1}$	$Zn/mg \cdot L^{-1}$
0.5	9.89	4760	3.83	16.43
1.0	3.12	2990	3.75	39.00
1.2	5.20	2800	3.75	25.38
1.5	5.20	1480	3.73	73.20
2.0	4.80	1520	3.73	78.60

西安建筑科技大学贵金属工程研究所准敏超等人[11]对某金矿的提金废水采用锌离子沉淀法降铜除铁，同时用铜离子去除硫氰根。锌离子沉淀后得到的废水组成见表 6-13。硫酸铜用量不同时沉淀后液中各离子浓度见表 6-14，硫酸铜沉淀后所得沉淀物的 XRD 分析结果如图 6-13 所示。

表 6-13 硫酸锌沉淀后液中各离子浓度

$Cu/g \cdot L^{-1}$	$Zn/mg \cdot L^{-1}$	$Fe/mg \cdot L^{-1}$	$SCN^-/g \cdot L^{-1}$	$CN^-/mg \cdot L^{-1}$	pH 值
6.65	215.8	84.32	10.1	60.3	10.52
1.02	474.7	—	10.1	70.5	6.84

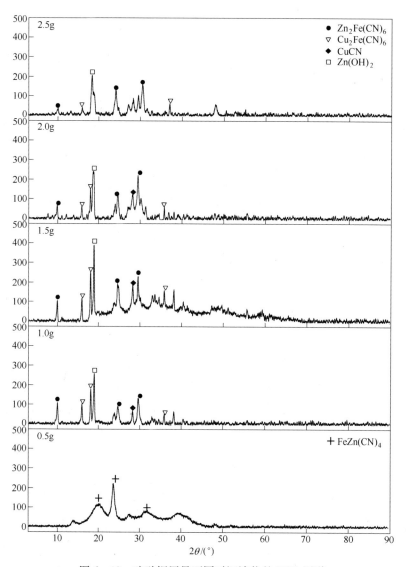

图 6-12　硫酸铜用量不同时沉淀物的 XRD 图谱

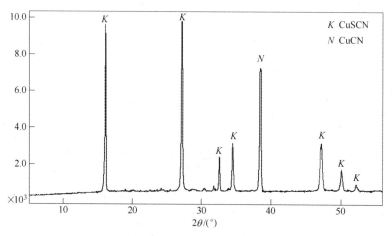

图 6-13　沉淀渣的 X 衍射

表 6-14 硫酸铜用量不同时沉淀后液中的离子浓度

倍数	$Cu/g \cdot L^{-1}$	$Zn/g \cdot L^{-1}$	$SCN^-/g \cdot L^{-1}$	$CN^-/mg \cdot L^{-1}$	pH 值
0	1.02	0.4747	10.1	70.5	6.84
0.3	0.5265	0.4795	7.93	68.7	6.78
0.4	0.3573	0.4747	6.79	64.6	6.52
0.6	0.2653	0.4800	5.24	59.1	6.36
0.7	0.2048	0.4701	3.31	54.7	6.02
0.9	0.1340	0.4803	2.57	49.7	5.71
1.1	0.0534	0.4909	1.94	42.3	4.26
1.4	0.0147	0.4868	1.76	37.8	3.17
1.6	0.0039	0.4879	1.26	28.6	2.87
1.7	0.0203	0.4894	1.26	15.3	2.23

提金氰化废水中加入硫酸锌，游离氰与铜离子浓度大幅度减小，铁离子完全沉淀，锌离子浓度有所增加。沉淀后液中继续加入硫酸铜以后，随着硫酸铜加入量的增加，溶液中铜离子及硫氰根离子浓度大幅度减小。一方面，Cu^{2+} 被含氰废水中的还原性阴离子 CN^- 或者 SO_3^{2-} 还原成 Cu^+，Cu^+ 再夺取 $Cu(CN)_3^{2-}$ 的氰生成 CuCN 沉淀，导致溶液中的 $Cu(CN)_3^{2-}$ 浓度的降低。另外，由于尾液中 SO_3^{2-} 还原 Cu^{2+} 过程产生 H^+ 以及硫酸铜本身为强酸弱碱盐，导致体系 pH 值逐渐降低，此时氰化铜会与硫氰根发生反应生成氰化氢气体及硫氰化亚铜沉淀，锌氰络离子与铜氰络离子分解得到 $ZnCN_2$ 与 CuCN 沉淀。反应式如下：

$$Cu(CN)_3^{2-} + 2H^+ \xrightarrow{\quad\quad} CuCN \downarrow + 2HCN \tag{6-92}$$

$$Zn(CN)_4^{2-} + 2H^+ \xrightarrow{\quad\quad} Zn(CN)_2 \downarrow + 2HCN \tag{6-93}$$

$$CuCN + SCN^- + H^+ \xrightarrow{\quad\quad} HCN \uparrow + CuSCN \downarrow \tag{6-94}$$

由图 6-13 的分析结果可知，硫酸铜沉淀 SCN^- 后产生沉淀的物相组成主要为 CuSCN 和 CuCN，与式（6-85）~式（6-89）所示反应吻合。

6.2.5.2 沉淀时间的影响

由于铜离子沉淀过程的反应速度非常快，因此沉淀时间对沉淀结果的影响不是很大。实验结果见表 6-15，沉淀物的 XRD 分析结果如图 6-14 所示。

表 6-15 沉淀时间不同时滤液中各离子浓度

时间/min	$CN^-/mg \cdot L^{-1}$	$Cu/mg \cdot L^{-1}$	$Fe/mg \cdot L^{-1}$	$Zn/mg \cdot L^{-1}$
15	12.49	3748	7.28	74.1
30	8.32	2384	5.29	78.3
45	5.20	1465	3.75	79.6
60	4.80	1410	3.72	73.5
75	4.83	1469	3.72	75.2

6.2.5.3 温度对沉淀率的影响

研究表明，温度对沉淀过程的影响也不是很大，因此该法在常温下即可进行。实验结果见表 6-16。

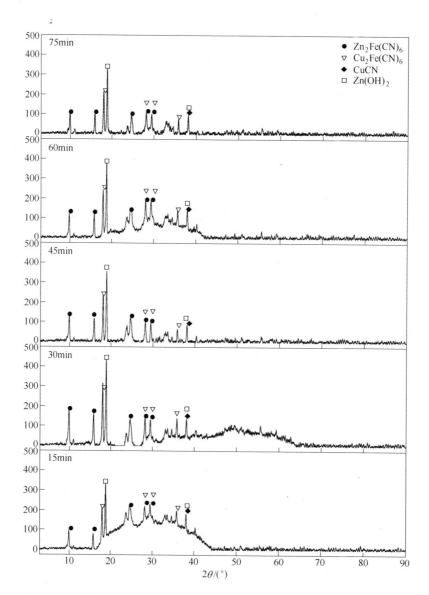

图 6-14　不同沉淀时间下得到的沉淀物的 XRD 图谱

表 6-16　不同温度时滤液中各离子浓度

温度/℃	$CN^-/mg \cdot L^{-1}$	$Cu/mg \cdot L^{-1}$	$Fe/mg \cdot L^{-1}$	$Zn/mg \cdot L^{-1}$
30	5.05	1521	3.79	77.30
35	4.93	1455	4.01	74.50
40	5.01	1410	3.72	73.80
45	4.85	1468	3.72	76.10
50	4.89	1460	3.72	78.60

6.2.5.4 溶液 pH 值的影响

大多数沉淀反应均与体系的 pH 值大小有密切的联系。从电位—pH 图可以看出，当 pH 值大于 4.5 时，此时废水中的游离氰根过量，氰化亚铜和过量的游离氰根生成了铜氰络离子。只有 pH 值在 4.5 以下，同时需要保证有一定数量的游离氰根存在，此时氰化亚铜才能稳定存在。另外，当溶液处于碱性环境时，$Zn_2Fe(CN)_6$ 与 $Cu_2Fe(CN)_6$ 沉淀均会发生溶解反应，因此一般要保证溶液 pH 值在弱酸性或中性。

6.2.6 应用实例

西安建筑科技大学贵金属工程研究所利用铜离子沉淀法对我国某黄金冶炼厂提供的氰化贫液进行了处理，原水中游离氰浓度为 920mg/L，铜离子浓度为 2850mg/L，铁离子浓度为 740mg/L。当加入的铜离子足够量时，提金废水中会生成 $Zn_2Fe(CN)_6$、$Cu_2Fe(CN)_6$ 的络合沉淀以及 CuCN 和 $Zn(OH)_2$ 沉淀，游离氰、锌、铁离子沉淀率均可达到 93% 以上，Cu 离子的沉淀率为 50%，此时废水可返回到浸出系统循环使用。

江义平等[12]采用化学沉淀—碱性氯化法对某电镀企业 40t 镀铜氰化废液进行处理，废液中主要含有 CN^- 与 $Cu(CN)_3^{2-}$，其中氰浓度为 71g/L，铜浓度为 50g/L。首先将定量硫酸铜溶解后，加入亚硫酸钠，搅拌溶解至 pH 值为 3.5 ~ 3.8 左右。将废液与配好的上述溶液混合，当 pH 值达到 3.5 以下时，停止加液，继续反应 30min，固液分离出滤液后加入次氯酸钠使氰酸盐分解为二氧化碳与氮气。废渣送冶炼厂焚烧处理，回收金属铜。处理结果见表 6 – 17。

表 6 – 17　化学沉淀—碱性氯化法处理铜电镀液的结果

处理量/kg	硫酸铜用量/kg	亚硫酸钠用量/kg	原液氰含量/mg·L⁻¹	出水氰含量/mg·L⁻¹
4000	2200	800	5.92	0.01
4000	2200	800	12.60	0.18
4000	2200	800	9.57	0.03

6.3　铁离子沉淀法

游离的 CN^- 可与多种金属离子形成稳定的络合物，利用这一性质常用 Fe^{2+} 和游离 CN^- 形成 $Fe(CN)_6^{4-}$，然后与其他金属离子形成沉淀来处理含氰废水，这一方法就称为铁离子沉淀法。

向 pH 值为 7.5 ~ 10 的碱性含氰废液中加入铁离子，可使溶液中的金属氰络离子解离成金属离子和 CN^-，解离的 CN^- 与 Fe^{2+} 生成 $Fe(CN)_6^{4-}$，$Fe(CN)_6^{4-}$ 又可与解离出来的少部分 Cu、Pb、Zn、Ni 重金属离子生成 $Me_2Fe(CN)_6 \cdot xH_2O$ 共沉淀。Fe^{3+} 除与 CN^- 生成相似的沉淀外，还可生成 $Fe(OH)_3$ 沉淀，解离出来的大部分 Cu、Pb、Zn、Ni 等重金属离子则水解成氢氧化物沉淀。溶液中的 SCN^- 也会与重金属离子生成 $Me(SCN)_2$ 沉淀，最终达到处理含氰废水的目的。

6.3.1　反应原理

通常将硫酸亚铁 $FeSO_4 \cdot 7H_2O$ 作为沉淀剂加入提金废水中时，会将游离 CN^- 转化为

亚铁蓝 $Fe_2[Fe(CN)_6]$（$K_{sp} = 10^{-35}$）沉淀。经曝气，亚铁蓝将进一步转化为铁蓝（普鲁士蓝）$Fe_4[Fe(CN)_6]_3$（$K_{sp} = 10^{-42}$）沉淀。如果废水中有铜、锌等氰络离子存在，$Fe(CN)_6^{4-}$ 又可与解离出来的少部分 Cu、Zn 等重金属离子生成 $Me_2Fe(CN)_6 \cdot xH_2O$ 共沉淀。另外，$Fe(CN)_6^{3-}$ 与 Fe^{2+} 在溶液中也会产生一种蓝色沉淀，这种沉淀俗称滕氏蓝，普鲁士蓝和滕氏蓝的结构都是 $Fe_4^{III}[Fe^{II}(CN)_6]_3$[13]。当同时加铁、加铜时会生成白色不溶的亚铁氰化亚铁，迅速从空气中吸收氧，转呈深蓝色，生成铁氰化铁，也有可能生成一种叫"可溶普鲁士蓝"的物质，即 $MFe^{III}[Fe^{II}(CN)_6]$（M 为 K 或 Na），这种产物可以与水形成胶体溶液。基本反应如下：

$$FeSO_4 + 2OH^- \Longrightarrow Fe(OH)_2 + SO_4^{2-} \tag{6-95}$$

$$Fe(OH)_2 + 6CN^- \Longrightarrow Fe(CN)_6^{4-} \downarrow + 2OH^- \tag{6-96}$$

$$HCN + OH^- \Longrightarrow CN^- + H_2O \tag{6-97}$$

$$3FeSO_4 + 6CN^- \Longrightarrow Fe_2[Fe(CN)_6] \downarrow + 3SO_4^{2-} \tag{6-98}$$

$$Fe(CN)_6^{4-} + 2FeSO_4 \Longrightarrow Fe_2[Fe(CN)_6] \downarrow + 2SO_4^{2-} \tag{6-99}$$

$$6Fe_2[Fe(CN)_6] + 3O_2 + 6H_2O \Longrightarrow 2Fe_4[Fe(CN)_6]_3 \downarrow + 4Fe(OH)_3 \downarrow \tag{6-100}$$

$$Fe(CN)_6^{4-} + 2Zn^{2+} \Longrightarrow Zn_2Fe(CN)_6 \downarrow \tag{6-101}$$

$$2Cu^{2+} + Fe(CN)_6^{4-} \xrightarrow{微酸性} Cu_2Fe(CN)_6 \downarrow \tag{6-102}$$

$$2Fe(CN)_6^{3-} + 3Fe^{2+} \Longrightarrow Fe_3[Fe(CN)_6]_2 \downarrow \tag{6-103}$$

废水中的其他重金属离子也可在碱性条件下形成不溶的氢氧化物，再通过混凝剂的共同作用，形成共聚沉淀物而去除，其反应如式（6-104）所示：

$$Me^{n+} + nOH^- \Longrightarrow Me(OH)_n \downarrow \tag{6-104}$$

6.3.2　工艺流程及设备

硫酸亚铁沉淀法处理提金氰化废水的主要工艺流程如图 6-15 所示。

硫酸亚铁是一种来源广泛、价格便宜、使用方便的水处理药剂，在碱性条件下，它可与水中的 CN^- 络合成不溶性的亚铁氰化物，然后在微碱性条件下进一步转化成为较稳定的普鲁士蓝型不溶性化合物，再加入氧化剂（如曝气加氧气），亚铁蓝将进一步转化为更稳定的铁蓝沉淀而除去[14]。

王晓松[15]利用蓝盐法工艺综合处理高浓度含氰废水，废水中 CN^- 浓度可由 3000mg/L 降至 2mg/L 左右，并回收含 CN^- 物质制取黄血盐医药产品，取得较好的经济效益。主要工艺流程如图 6-16 所示。将废水池的含 CN^- 废水用泵计量后送入反应器，通入蒸汽加热至 50℃，在搅拌下加入一定量的硫酸亚铁溶液，反应 20min，反应终点控制 pH 值为 5.6。经反应处理后的废水料液由反应器溢流至沉降槽，沉降下来的蓝盐浓浆从沉降槽底部放到小洗槽，经离心分离的蓝盐浓浆打入料槽，作为制取黄血盐的原料。沉降槽与洗槽的清液均从上部溢

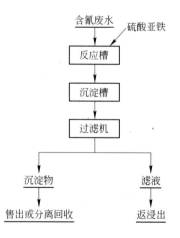

图 6-15　硫酸亚铁处理提金氰化废水基本工艺流程

流到二级废水处理系统，经蓝盐法处理后的废水含 CN⁻ 浓度为 2mg/L 左右，再经二级废水处理后使残余 CN⁻ 浓度降至 0.5mg/L 以下达标排放。由料槽排出的蓝盐浆料与浓度为 40% 左右的烧碱溶液经计量罐注入反应器中进行反应，控制温度 100℃ 左右，反应时间 1h 后，将反应物料放入沉降池，过滤后，滤渣作为副产品排出，用来制取硫酸亚铁溶液，循环使用。滤液送至蒸发器蒸发，溶液比重至 1.2 左右时，将母液放入结晶器，结晶 3~4h 后，将结晶物料经离心机脱水分离，分离的母液回至母液池循环使用，分离出的结晶颗粒黄血盐钠产品经计量包装入库。

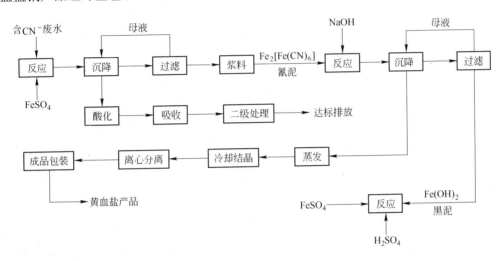

图 6-16　蓝盐法工艺流程

李志富等人[16]以医院排放高浓度含氰（CN⁻）废水为研究对象，采用"硫酸亚铁 + 曝气"初级化学处理和 ClO_2 二级深度氧化处理相结合的处理模式，不仅使含氰废水实现无毒化处理，而且使高浓度含氰废水实现资源化回收利用。对含 CN⁻ 浓度为 257mg/L 的废水，初级化学处理中 $FeSO_4 \cdot 7H_2O$ 的加入量为 1.2g/L，搅拌强度为 80r/min，搅拌时间为 30min，曝气时间为 20min。二级化学处理中 ClO_2 加入量为 0.045g/L，pH 值为 10，氧化时间为 15min，CN⁻ 去除率高达 97% 以上，出水 CN⁻ 含量低于 0.5mg/L，达到国家一级排放标准 GB 8978—1996。其工艺流程如图 6-17 所示。

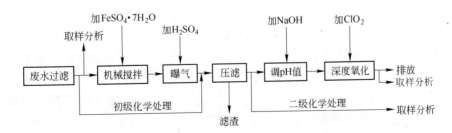

图 6-17　化学沉淀—二氧化氯氧化处理工艺流程

陈来福等人[17]研究了硫酸亚铁沉淀—次氯酸钙氧化分解两步法处理高炉煤气洗涤高浓度含氰废水的工艺，工艺流程如图 6-18 所示。废水先经硫酸亚铁沉淀处理，再采用次氯酸钙氧化进行深度处理，两步法静态处理后总氰的综合去除率为 99.81%。处理后的废水中总氰化物质量浓度低于 0.5mg/L，达到《污水综合排放标准》（GB 8978—1996）中一级排放标准。

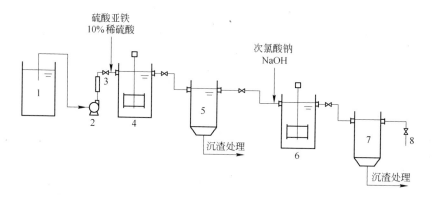

图 6-18　硫酸亚铁—次氯酸钙处理含氰废水工艺流程
1—废水池；2—微量泵；3—转子流量计；4—第一反应池；5，7—沉淀池；6—第二反应池；8—取样口

6.3.3　工艺特点

优点：该法药剂来源广、设备投资少、操作简单，处理费用低。可以利用废水本身的碱性水质，既可减少调节 pH 值所需碱的投加量，又可避免 CN⁻ 与酸性硫酸亚铁的加入生成 HCN 逸出造成二次污染。同时硫酸亚铁加入又可改善生成稳定的普鲁士蓝型不溶性化合物反应的 pH 值，工艺简单，操作方便，成本较低，容易被中小型企业所接受。产物渣中普鲁士蓝含量为 30% 左右，可制造铁蓝或进一步制黄血盐产品，在高浓度含氰废水处理中优势明显。

缺点：该法处理深度不够，在处理高浓度废水时，处理后废水含氰浓度在 20mg/L 以下，0.5mg/L 以上，不能达到排放标准，应结合其他方法进行深度处理。后一步处理往往采用焚烧或者生化处理。焚烧法费用昂贵，生化处理设备复杂，投资大，操作严格。

6.3.4　影响因素

6.3.4.1　反应 pH 值的影响

硫酸亚铁与游离氰生成普鲁士蓝的反应是分步进行的：第一步是铁与氰络合成亚铁氰化物，需在较强碱性条件下进行；第二步由亚铁氰化物进一步转化成比较稳定的普鲁士蓝型不溶性化合物，需在弱碱性条件下进行。

沉淀普鲁士蓝的最佳 pH 值为 5.5~6.5，而分解普鲁士蓝的 pH 值是 10.5。氧的存在能将 Fe^{2+} 氧化生成氰亚铁酸盐和氰铁酸盐而不利于除去氰化物。因为氰亚铁酸盐离子在酸性溶液中不稳定，在 pH 值低于 4 时，会生成五氰根亚铁配合物 $[Fe(CN)_5H_2O]_3^-$，迅速氧化成氰铁酸盐离子 $Fe(CN)_6^{3-}$。过量的 $FeSO_4$ 和 CN^- 之间反应的沉淀主要由不溶的普鲁士蓝 $Fe_4[Fe(CN)_6]_3$ 组成。在 pH 值为 1~7 时，普鲁士蓝沉淀稳定；但在碱性溶液中则不稳定，迅速在溶液中分解生成 $Fe(CN)_6^{4-}$。在 pH 值高于 7 时，普鲁士蓝也可形成各

种不溶的铁氧化物 $Fe_2O_3 \cdot nH_2O(n = 1 \sim 3)$。

熊正为等[18]研究表明，pH 值对除氰效果的影响较大，维持碱性条件将 pH 值调节至 $7.00 \sim 10.98$ 之间，分别加入过量的硫酸亚铁，使亚铁离子与游离氰尽可能的络合完全。CN^- 与硫酸亚铁络合成亚铁氰化物时 pH 值控制在 $9.50 \sim 10.50$，生成的亚铁氰化物再转化成较稳定的普鲁士蓝型不溶性化合物时需将 pH 值反调控制在 $7.00 \sim 8.00$ 时效果较好。

6.3.4.2　硫酸亚铁用量的影响

Fe^{2+} 与 CN^- 反应生成铁蓝时，物质量之比为 7/18；Fe^{2+} 与 $Fe(CN)_6^{4-}$ 反应生成铁蓝时，物质量之比为 3/2。硫酸亚铁与游离氰络合生成稳定的普鲁士蓝型不溶性化合物，在反应时除了反应中生成的 $Fe(OH)_3$ 提供其他重金属生成絮凝沉淀物外，由 Fe^{2+} 与 CN^- 反应生成的 $Fe(CN)_6^{4-}$ 又可与解离出来的少部分 Cu、Zn 等重金属离子生成 $Me_2Fe(CN)_6 \cdot xH_2O$ 共沉淀，同样也需要消耗部分 $FeSO_4$，所以硫酸亚铁的实际加入量应该高于理论加入量。

陈华进[19]利用硫酸亚铁沉淀法处理含有总氰 6647mg/L，易释放氰为 4025mg/L，废水 pH 值为 10.3 的工业废水，废水中总氰主要由 $Fe(CN)_6^{4-}$ 组成，此外有少量未除去的 CN^-。按照原水所含 Fe^{2+} 和 $Fe(CN)_6^{4-}$ 的量，计算出 $FeSO_4 \cdot 7H_2O$ 的理论加入量应为 23.72g/L。取 200mL 废水，用硫酸调节 pH 值为 6，加入一定量的 $FeSO_4 \cdot 7H_2O$，搅拌反应 20min，硫酸亚铁加入量对处理后废水中总氰和易释放氰浓度的影响见表 6-18。

表 6-18　硫酸亚铁加入量对总氰和易释放氰浓度的影响

理论量的倍数	总氰/mg·L^{-1}	易释放氰/mg·L^{-1}	铁氰化物含氰/mg·L^{-1}
1.00	15.33	14.12	1.21
1.05	3.22	2.50	0.72
1.10	2.06	1.87	0.19
1.20	2.01	1.84	0.17
1.30	1.99	1.82	0.17
1.40	1.94	1.77	0.17

6.3.5　应用实例

澳大利亚金矿公司莫宁·斯塔（Morning Star G. M. A）渗滤浸出氰化工厂排出废液的主要组分为：游离 NaCN 0.049%、总 NaCN 0.212%、CaO 0.038%、KSCN 0.028%、Zn 0.084%、Fe 0.013%、Cu 0.003%，pH 值为 10.7。处理作业在容量为 3800L 的容器中，每次处理废液 3000 ~ 3400L。加入约 9kg 经水溶解的硫酸亚铁后，使溶液循环约 30min，并在循环同时加入漂白粉浆。过程中应保持溶液的 pH 值在 10 左右，必要时可加入石灰调节。为除去过剩的氯而加入硫代硫酸钠溶液，再加硫酸调 pH 值小于 9。然后停止溶液循环，让生成的少量褐色泥渣沉淀。处理后的废液含游离氰离子相当于 $(2 \sim 11) \times 10^{-6}$ mg/L 的 HCN。将此液通过垫有黄麻的过滤机过滤后，以每分钟 0.5L 的流量排入最小流量为 680L/min 的河中。滤出的泥渣集中一起，待处理 3 ~ 4 批后将其干燥掩埋。

6.4 研究现状与发展趋势

6.4.1 研究现状

杨明德等[20]提出的化学沉淀 γ 射线辐照法，采用锌盐沉淀氰化物，结合 γ 射线辐照降解氰化物，最终废水中的游离氰含量降至 0.5mg/L 以下，达到外排指标。王碧侠等[21]采用硫酸铜沉淀—离子交换联合工艺处理提金氰化废水，处理后的废水中 CN^- 及 Cu、Fe、Zn 离子的综合去除率分别为 99.94%、71.23%、100% 和 99.95%。陈颖敏等人[22]用一种新型无机高分子混凝剂聚合氯化铁将废水中的 $Fe(CN)_6^{4-}$ 沉淀除去，总氰降到 1mg/L以下。

胡幸福等[23]采用的硫酸亚铁法将氰化物或一些重金属离子转化成普鲁士蓝沉淀而除去，采用此法处理含氰废水后，总氰的去除率可达 97% 左右。齐娜等人[24]采用硫酸亚铁法处理高浓度的含氰废水，结果表明处理后的含氰废水中游离氰的去除率达到 96% 以上。尹六寓[25]研究了络合沉淀工艺处理氰化电镀废水，向废水中加入硫酸亚铁溶液，亚铁离子先和各种重金属离子形成络合物或沉淀，然后这些重金属离子和沉淀被生成的氢氧化铁晶体吸附并形成共沉淀，最终处理后的废水中总氰和铜的去除率依次为 93.77% 和 98.63%。熊正为[18]研究表明，硫酸亚铁法处理电镀含氰废水，当硫酸亚铁加入量为理论值的 1.69 倍，0.1% PAM 絮凝剂用量为 1mg/L 时，氰化物的去除率可达 98%，同时还可去除部分重金属污染物和 COD，COD 可去除约 59%。pH 值对除氰效果的影响较大，CN^- 与硫酸亚铁络合成亚铁氰化物时 pH 值控制在 9.50 ~ 10.50，生成的亚铁氰化物再转化成较稳定的普鲁士蓝型不溶性化合物须将 pH 值反调控制在 7.00 ~ 8.00 时效果较好。

陆雪梅等[26]采用 $FeSO_4$ 络合沉淀—H_2O_2 催化氧化—ClO_2 深度氧化组合工艺，最终不仅降低了高浓度含氰农药废水的 COD 值，而且游离氰的去除率达到 99.99%。陈颖敏等[22]用一种新型无机高分子混凝剂聚合氯化铁将废水中的 $Fe(CN)_6^{4-}$ 沉淀除去，最终氰化废水中的总氰含量降到了 1mg/L 以下。

郦刚等人[27]采用硫酸亚铁—次氯酸钠法处理含铜 220mg/L、含氰 153mg/L 的电镀废水，加入 NaClO 使残留的 CN^- 被氧化成 CO_2 和 N_2。当硫酸亚铁 0.5g/L，pH 值 8.0，搅拌时间 25min，次氯酸钠 0.7g/L，氧化反应时间 20min 时，总氰和铜浓度分别为 0.19mg/L和 0.20mg/L，去除率都在 99.5% 以上，最终出水达到国家一级排放标准 GB 8978—1996。

加拿大 Helmo 金矿在 1988 年研制开发的一种独特除氰方法——Helmo 法，该法的反应原理是在 pH 值 6 ~ 7 的条件下，将预先混合的硫酸铜和硫酸亚铁溶液加入氰化废液，使氰化物作为氰化亚铜沉淀除去，废液中的 Cu、Ni、Zn 也都随 $Fe(OH)_3$ 共同沉淀被去除。最后再加入少量的 H_2O_2 进一步脱氰。处理后废水中氰离子由 23.2mg/L 降为 0.13mg/L，铜由 4.1mg/L 降为 0.5mg/L，铁由 5.2mg/L 降为 0.11mg/L。反应式如下：

$$Cu^{2+} + Fe^{2+} + 3OH^- \longrightarrow Cu^+ + Fe(OH)_3 \downarrow \tag{6-105}$$

$$Cu^+ + CN^- \longrightarrow CuCN \downarrow \tag{6-106}$$

汪玲[28]利用化学沉淀法对重庆市某化工企业产生的含氰废水进行初步处理，$FeSO_4$·

$7H_2O$ 的投加量为理论计算值的 1.8 倍，pH 值为 6，反应时间为 90min 时，处理出水中总氰可降到 10mg/L 左右，去除率达到 94% 以上；COD 的去除率也可达 78.85%，COD 浓度降至 4522mg/L。利用 Fenton 试剂氧化废水中的氰化物和 COD，Fenton 氧化阶段的最佳工艺参数为：pH = 3，$[H_2O_2]$ 投加量为 32.5mL/L，$FeSO_4 \cdot 7H_2O$ 投加量为 2.5mg/L，搅拌时间为 100min，其总氰的去除率可达 99% 以上，COD 的去除率可达 86% 以上。另外投加 Fe^{3+} 和利用 $Ca(OH)_2$ 调节废水最终 pH 值，能进一步降低 COD 含量，而铜离子对其氧化系统具有一定的抑制作用。张保国[29]采用硫酸亚铁铵作为沉淀剂处理电积提金贫液，能有效脱除贫液中的铜、铁、锌等杂质离子，金和部分游离氰根可随着处理后的贫液返回浸出系统使用，实现闭路循环。处理后，铜、锌的脱除率可达到 90% 左右，铁的脱除率可达到 97.07%。

李瑞忠[30]、姜勇[31]等人对硫酸亚铁处理法进行了研究改造。可使每升含氰几千毫克的废水氰化物净化率达到 99.99% 以上；同时，对工艺工程中产生的废渣进行了回收，制备出副产品黄血盐钠，成功地提出了治理高浓度含氰废水的新工艺。美国专利[32]用铁蓝法处理含氰废水时，在一定条件 pH 值下同时加入亚硫酸钠，使处理后废水达到排放标准。

6.4.2 发展趋势

提金氰化废水的化学沉淀处理是一种简单、高效的处理方法，其所采用的沉淀剂硫酸锌、硫酸铁及硫酸铜等来源广、价格低，工艺具有操作简单、设备投资少的特点，而且其产物可进一步加工利用，在高浓度含氰废水处理中优势明显，容易被中小型企业所接受。但是，化学沉淀法同样具有处理深度不够、出水难以达到排放标准的问题。因此，将化学沉淀法与离子交换法、活性炭吸附法、氯碱法或电吸附法等联合起来使用，是目前处理高浓度提金氰化废水的主要方向，值得进一步深入、系统地研究与开发。

参 考 文 献

[1] 屈学化. 沉淀法综合处理高铜提金氰化废水的研究 [D]. 西安：西安建筑科技大学，2014.

[2] 孙驰，余仲兴，周邦娜，等. 铜氨水系中一价铜氨络离子的氧化 [J]. 中国有色金属学报，1999，9 (4)：821 ~ 824.

[3] 钟竹前，梅光贵. 化学位图在湿法冶金和废水净化中的应用 [M]. 长沙：中南工业大学出版社，1986：1.

[4] 赵俊学，张丹力，马杰，等. 冶金原理 [M]. 西安：西北工业大学出版社，2002：255.

[5] 姚允斌，解涛，高英敏. 物理化学手册 [M]. 上海：上海科学技术出版社，1985.

[6] 王正烈，周亚平，李松林，等. 物理化学 [M]. 天津：高等教育出版社，2001：195.

[7] 于丽华，钟俊波. 纳米铜粉的制备及保存 [J]. 大连铁道学院学报，2004，25 (2)：85 ~ 87.

[8] 贵金属生产技术实用手册编委会. 贵金属生产技术实用手册 [M]. 北京：冶金工业出版社，2011.

[9] 鲁玉春，左玉明，薛文平，等. 高铜贫液两步沉淀除杂全循环工业试验的研究 [J]. 黄金，2000，21 (3)：45 ~ 49.

[10] 罗天瑞. 铜盐法清除废水中的亚铁氰化物 [J]. 化工环保，1990，10 (2)：73 ~ 75.

[11] 淮敏超. 高铜高硫氰根氰化提金尾液综合处理实验研究 [D]. 西安：西安建筑科技大学，2014.

[12] 江义平，敖小平，王良恩. 高浓度氰化物废水的处理及应用 [J]. 工业用水与废水，2005，36 (2)：43~45.

[13] 邹家庆. 工业废水处理技术 [M]. 北京：化学工业出版社，2003：266.

[14] 王炳浚. 铁蓝法处理含氰废水 [J]. 湖南冶金，1991，1：47~49.

[15] 王晓松. 高浓度含氰(CN⁻) 废水综合治理工艺技术 [J]. 辽宁城乡环境科技，1999，19 (3)：77~80.

[16] 李志富，孟庆建，孟琳. 两段式处理医院高浓度含氰废水的研究 [J]. 环境科学与技术，2005，28 (3)：104~106.

[17] 陈来福，刘宪，乔治强，等. 硫酸亚铁—次氯酸钙处理高浓度含氰废水 [J]. 工业水处理，2011，31 (6)：73~77.

[18] 熊正为. 硫酸亚铁法处理电镀含氰废水的试验研究 [J]. 湖南科技学院学报，2007，28 (9)：49~52.

[19] 陈华进. 高浓度含氰废水处理 [D]. 南京：南京工业大学，2005.

[20] 杨明德，胡湖生，党杰，等. 化学沉淀—γ 射线辐照法处理含氰废水的方法：中国，200610169697.0 [P]. 2007-7-11.

[21] 王碧侠，屈学化，宋永辉. 二价铜盐沉淀—树脂吸附处理氰化提金废水的研究 [J]. 黄金，2013，34 (8)：67~71.

[22] 陈颖敏，张玮，许佩瑶. 混凝—化学沉淀法处理含氰废水的实验研究 [J]. 环境污染治理技术与设备，2004，5 (10)：68~71.

[23] 胡幸福，郭栋. 亚铁蓝法处理含氰废水的工程应用 [J]. 污染防治技术，2011，24 (5)：31~32.

[24] 齐娜，梁平，李俊成. 采用亚铁法去除煤气洗涤水中总氰的预处理应用与实践 [J]. 资源节约与环保，2014，(2)：174~175.

[25] 尹六寓. 络合沉淀工艺处理氰化电镀废水 [J]. 给水排水，2006，32 (12)：59~60.

[26] 陆雪梅，陈雷，徐炎华. 应用络合沉淀—化学氧化组合工艺处理高浓度含氰农药废水 [J]. 环境工程学报，2009，3 (3)：391~394.

[27] 郦刚，崔兵，叶剑娜，等. 硫酸亚铁—次氯酸钠处理高浓度铜氰废水 [J]. 能源环境保护，2013，27 (2)：43~45.

[28] 汪玲. 化学沉淀—Fenton 氧化法处理含氰废水的试验研究 [D]. 重庆：重庆大学，2010.

[29] 张保国. 沉淀法净化电积提金贫液的新工艺 [J]. 黄金，1994，15 (10)：35~40.

[30] 李瑞忠，张清，邓建民. 高浓度含氰废水治理新工艺 [J]. 河北化工，1994，4：57~58.

[31] 姜勇，金相德，王喆. 固体氰化钠生产中含氰废水的处理及综合利用 [J]. 辽宁化工，1999，28 (3)：179~181.

[32] Neville R G. Method for the Removal of Free and Complex Cyanides from Water：US，4312760 [P]. 1982-02-26.

7 化学氧化法

化学氧化法处理含氰废水的基础在于氰根具有一定的还原能力，当利用氧化性的物质对废水进行处理时，氰化物会被氧化分解成低毒或无毒物质，从而使废水得到净化。目前研究及应用比较广泛的包括碱性氯化法、过氧化氢法、二氧化硫空气法、臭氧氧化法和生物化学法等。

7.1 碱性氯化法

碱性氯化法从20世纪70年代初期开始应用于金矿含氰废水的处理，至20世纪70年代后期已成为应用最广的化学处理方法。它是利用氯氧化氰化物，使其分解成低毒物或无毒物的方法。常见的含氯药剂有氯气、液氯、漂白粉、次氯酸钙、次氯酸钠和二氧化氯等，实际上起氧化作用的均为溶液中生成的HClO。为防止氯化氰和氯气逸入空气中，一般反应是在碱性条件下进行，故称碱性氯化法。

7.1.1 氯系氧化剂

7.1.1.1 液氯和氯气

氯在常温常压下为黄绿色气体，有强烈的刺激性臭味，毒性强，具有腐蚀性和氧化性，极易被压缩液化为黄绿色透明液体，液氯的密度为1.47，熔点-102℃，沸点-34.6℃。液氯在常温常压下极易气化，气化时需要吸热。氯气密度为3.21g/L，是空气的2.45倍。汽化热259.5kJ/kg（36℃），易溶于水、碱溶液、二硫化碳和四氯化碳，在20℃和98kPa时，溶解度为7160mg/L。在常温下，氯气被加压到0.6~0.8MPa或在常压下冷却到-35~-40℃时就能液化。氯气的化学性质很活泼，溶于水后，会很快发生下列两个反应：

$$Cl_2 + H_2O \Longrightarrow HOCl + HCl \tag{7-1}$$

$$HOCl \Longrightarrow H^+ + OCl^- \tag{7-2}$$

通常认为，起氧化作用的主要是HClO。在25℃时，氯在水中的总溶解度为0.091mol/L，其中以Cl_2形式存在的约为0.061mol/L，而以HClO形式存在的为0.03mol/L。在紫外光作用下，次氯酸及其盐均可分解为盐酸和新生态氧，具有很强的氧化能力：

$$HClO \Longrightarrow HCl + \cdot[O] \tag{7-3}$$

氯气被碱溶液吸收生成次氯酸盐，在碱性条件下，反应趋于完全。次氯酸盐溶液不稳定，受光照会发生歧化反应。常温下该反应很缓慢，当温度高于75℃时，反应很快。生成的氯酸盐有毒，排水中不准超过0.02mg/L。因此，应尽量避免该反应的发生：

$$Cl_2 + 2NaOH \Longrightarrow NaClO + NaCl + H_2O \tag{7-4}$$

$$2Cl_2 + 2Ca(OH)_2 \Longrightarrow Ca(ClO)_2 + CaCl_2 + 2H_2O \tag{7-5}$$

$$3ClO^- \Longrightarrow 2Cl^- + ClO_3^- \tag{7-6}$$

在次氯酸盐溶液中，有效氯主要以 ClO^- 和 $HClO$ 两种形式存在，其平衡由溶液的 pH 值决定：

$$HClO \Longrightarrow H^+ + ClO^- \tag{7-7}$$

次氯酸及其盐均为强氧化剂，被还原后氯由 +1 价变为 -1 价，形成氯离子。酸性条件下，氯也具有相当强的氧化能力。其标准电极电位如下：

酸性溶液中：
$$HClO \xrightarrow{+1.63V} Cl_2 \xrightarrow{+1.36V} Cl^-$$

碱性溶液中：
$$ClO^- \xrightarrow{+0.40V} Cl_2 \xrightarrow{+1.36V} Cl^-$$

$$ClO^- \xrightarrow{+0.89V} Cl^-$$

7.1.1.2　漂白粉和漂粉精

漂白粉（Bleaching Powder）、漂粉精（Calcium Hypochlorine）的主要成分均为 $Ca(ClO)_2$，分子量 142.99。二者均为白色粉末，具有极强的氯臭，有毒，在常温下不稳定，易分解放出氧气。加入热水、升高温度或日光照射均可使分解速度加快，加入酸则放出氯气。

漂白粉溶于水后生成氢氧化钙，使溶液的 pH 值维持在 7 以上，故一般使用漂白粉作为药剂时，可以不再另加碱化物：

$$Ca(ClO)_2 + 2H_2O \Longrightarrow Ca(OH)_2 + 2HClO \tag{7-8}$$

处理氰化废水时会发生下列反应：

$$Ca(OH)_2 + 2HClO + 2NaCN \Longrightarrow 2NaCNO + CaCl_2 + 2H_2O \tag{7-9}$$

$$2NaCNO + 2HClO \Longrightarrow 2CO_2\uparrow + N_2\uparrow + H_2\uparrow + 2NaCl \tag{7-10}$$

$$Ca(OH)_2 + CO_2 \Longrightarrow CaCO_3 + H_2O \tag{7-11}$$

漂白粉溶于含氰废水中，会分解成氯化钙、氢氧化钙和次氯酸盐。次氯酸盐中的活性氯把氰化物氧化为氰酸盐，氰酸盐继续被氧化分解为二氧化碳和氮等，从而使有毒的氰分解为无毒的二氧化碳和氮。按理论计算，每破坏一份游离氰化物所需的有效氯量为该氰化物的 2.73 倍，而破坏一份络合氰化物所需的有效氯量为 3.42 倍。

漂白粉和漂粉精均具有很强的氧化性，与有机物、易燃物混合，能发热自燃，受热遇酸分解甚至发生爆炸，突然加热到 100℃ 也可能发生爆炸。由于具有强氧化性，漂白粉对金属、纤维等物质产生腐蚀，对镍、不锈钢等也产生腐蚀。漂白粉不宜久存，其有效氯含量会迅速降低。漂粉精应存储于干燥的库房内，库房内温度在 30℃ 以下，与易燃、易爆、有机物、酸类、还原剂隔离存放，存储时间可长些（200 天不变质）。搬运、使用时要戴防护用品，沾污皮肤时用清水冲洗，失火时用水、砂、泡沫灭火器扑救。

7.1.1.3　次氯酸钠

次氯酸钠（Sodium Hypochlorite）分子式 NaClO，相对分子量 74.44。白色粉末，极不稳定。工业品是无色或淡黄色的液体，俗称漂白水，含有效氯 100~140g/L。次氯酸钠易溶于水，溶于水后生成烧碱与次氯酸，次氯酸再分解生成氯化氢和新生态氧，新生态氧的氧化能力很强，所以次氯酸钠也是强氧化剂。次氯酸钠易水解，故不宜久存。其稳定度受光、热及重金属阳离子和 pH 值的影响，具有刺激性气味，且伤害皮肤。

7.1.1.4　二氧化氯

二氧化氯（Chlorine Dioxide）[1]，分子式为 ClO_2，相对分子量为 67.45。绿色气体，

沸点11℃，熔点-59℃，具有与氯相同的臭味，比氯毒性更大。二氧化氯易溶于水，在水中的溶解度是氯的5倍，在室温、4kPa分压下溶解度为2.9g/L。二氧化氯在常温条件下即能压缩成液体并很容易挥发，在光照射下将发生光化学分解，生成ClO_2^-与ClO_3^-。

二氧化氯是一种易爆炸的气体，温度升高、暴露在光线下或与某些有机物接触摩擦，都可能引起爆炸；液体二氧化氯比气体更容易爆炸。当空气中的ClO_2浓度大于10%或水溶液中ClO_2浓度大于30%时都将发生爆炸，所以工业上常使用空气或惰性气体稀释二氧化氯，使其浓度小于8%~10%。

由于它具有易挥发、易爆炸等特性，故不易储存，应进行现场制备和使用。二氧化氯溶液需置于阴凉避光处，严格密封，在微酸化条件下可抑制它的歧化，从而提高其稳定性。

二氧化氯分子中有19个价电子，1个未成对的价电子，这个价电子可以在氯与两个氧原子之间跳来跳去，因此它本身就像是一个游离基，氯—氧键表现出明显的双键特性，这种特殊的分子结构决定了它具有强氧化性。O—Cl—O键的键角为117.5°，键长为1.47×10^{-10}m，二氧化氯中的氯以正四价态存在，其活性为氯的2.5倍：

$$ClO_2 + 2H_2O \longrightarrow Cl^- + 4OH^- - 5e \quad E^0 = 0.79V \qquad (7-12)$$

$$Cl_2 + H_2O =\!=\!= HClO + HCl \qquad (7-13)$$

二氧化氯在水中通常不发生水解，也不以二聚或多聚形态存在，这使得ClO_2在水中的扩散速率比氯快，渗透能力比氯强，特别是在低浓度时更为突出。在通常水处理条件下，ClO_2只经历单电子转移被还原成ClO_2^-，反应如下：

$$ClO_2 + e \longrightarrow ClO_2^- \quad E^0 = 0.95V \qquad (7-14)$$

$$ClO_2^- + 2H_2O + 4e \longrightarrow Cl^- + 4OH^- \quad E^0 = 0.78V \qquad (7-15)$$

在酸性较强的条件下，ClO_2具有很强的氧化性，反应如下：

$$ClO_2 + 4H^+ + 5e \longrightarrow Cl^- + 2H_2O \quad E^0 = 1.95V \qquad (7-16)$$

7.1.2 反应原理

7.1.2.1 氯与氰化物的反应

在碱性介质中，含氯药剂可使氰化废水中的氰化物首先氧化为氰酸盐，进一步氧化为二氧化碳和氮，这就是氯氧化法破氰的基本原理。

碱性氯化法氧化氰化物一般分为两步。第一步为局部氧化破氰，将氰离子氧化为氰酸盐，其反应速度取决于pH值、次氯酸钠的投加量等因素，pH值越高，次氯酸钠的投加量越大，局部氧化破氰的反应速度就越快。实际操作时须严格控制pH值，因为酸性条件下CNCl易挥发。反应方程式为：

$$CN^- + OCl^- + H_2O =\!=\!= CNCl + 2OH^- \qquad (7-17)$$

$$CNCl + 2OH^- =\!=\!= CNO^- + Cl^- + H_2O \qquad (7-18)$$

第二步为完全氧化破氰，将氰酸盐氧化为二氧化碳和氮气，反应方程式为：

$$2CNO^- + 3Cl^- + H_2O =\!=\!= 2CO_2\uparrow + N_2\uparrow + 3Cl^- + 2OH^- \qquad (7-19)$$

或
$$2CNO^- + 3Cl_2 + 4OH^- =\!=\!= 2CO_2\uparrow + N_2\uparrow + 6Cl^- + 2H_2O \qquad (7-20)$$

反应总方程式如下：

$$2CN^- + 2HClO + 6OH^- + 3Cl_2 == 2CO_2\uparrow + N_2\uparrow + 8Cl^- + 4H_2O \qquad (7-21)$$

加氯氧化法通常在 pH 值 8.5～11 的条件下进行作业。当 pH 值在 11 以上时，游离氰根极易为氯所氧化，不到 1min 便可完成反应生成 CNO^- 离子：

$$CN^- + Cl_2 + 2OH^- == CNO^- + 2Cl^- + H_2O \qquad (7-22)$$

$$CN^- + OCl^- == CNO^- + Cl^- \qquad (7-23)$$

由于过程中氧化反应进行得很充分，生成 CNO^- 离子后的溶液中仅残留千分之一的 CN^-。上述反应如在 pH 值小于 8.5 时发生，则会生成具有毒性的 CNCl 气体放出，且使反应速度减慢。CNO^- 离子的进一步分解应控制在 pH 值 8～8.5 的条件下进行。这时的分解反应比前一反应缓慢，通常需要 0.5h 以上才完成。

氰化物的不完全氧化和完全氧化之界限并不十分明显，当加氯比刚好满足氰化物不完全氧化需要时，废水中残余氰的含量往往不能降低到 0.5mg/L，因此必须加入过量的氯。此时，氰化物虽降低到 0.5mg/L，但氰酸盐也会被氧化一部分，反应进入了完全氧化阶段。

游离氰酸根的氧化过程所需氯量几乎与化学计算量相等，但采用不同方法时则会反应生成不同的氰化物。此外，由于氰化液中还存在许多其他的可氧化物质（如 $S_2O_3^{2-}$ 和 CNS^-），且为使反应更充分，应使溶液中含有一定量的残余氯，所以氯的实际消耗量大于氧化氰酸根所需要的氯量，其实际消耗常高达 1:15。

7.1.2.2 氯与硫氰化物的反应

提金氰化废水中往往含有大量的硫氰化物，一般情况下，硫氰化物、氰化物、氰酸盐的还原顺序为：$SCN^- < CN^- < CNO^-$。当利用氯氧化法处理废水时，硫氰化物必然先于氰化物被氧化。在碱性条件下，硫氰化物的氧化分解与氰化物类似，也分为不完全氧化阶段和完全氧化阶段，不完全氧化阶段的产物是硫酸盐和氰酸盐：

$$SCN^- + 4ClO^- == CNCl + SO_4^{2-} + 3Cl^- \qquad (7-24)$$

$$2OH^- + CNCl == CNO^- + Cl^- + H_2O \qquad (7-25)$$

$$CNO^- + 2H_2O == HCO_3^- + NH_3 \qquad (7-26)$$

总反应式：

$$SCN^- + 4Cl_2 + 10OH^- == SO_4^{2-} + HCO_3^- + NH_3 + 8Cl^- + 3H_2O \qquad (7-27)$$

或 $$SCN^- + 4ClO^- + 2OH^- + H_2O == SO_4^{2-} + HCO_3^- + NH_3 + 4Cl^- \qquad (7-28)$$

硫氰酸盐完全氧化生成硫酸盐、碳酸盐和氮，也是在不完全氧化的基础上进行的：

$$2SCN^- + 11ClO^- + 4OH^- == 2SO_4^{2-} + 2HCO_3^- + N_2\uparrow + 11Cl^- + H_2O \qquad (7-29)$$

或 $$2SCN^- + 11Cl_2 + 26OH^- == 2SO_4^{2-} + 2HCO_3^- + N_2\uparrow + 22Cl^- + 12H_2O \qquad (7-30)$$

处理含硫氰化物和氰化物的废水时，如果控制氰化物处于不完全氧化阶段，硫氰化物也处于不完全氧化阶段。如果控制氰化物使之完全氧化，硫氰化物亦然。这是因为两者的不完全氧化产物均是氰酸盐。硫氰化物的氧化促使总的氯耗大幅度增加，为此，人们探索减少硫氰化物消耗氯的途径，认为在酸性反应条件下，将会发生如下的反应：

$$SCN^- + Cl_2 == S + CNCl + Cl^- \qquad (7-31)$$

反应完成后，调节 pH 值至 6～8，此时 CNCl 会发生水解生成氰酸盐：

$$SCN^- + Cl_2 + 2OH^- == S + CNO^- + 2Cl^- + H_2O \qquad (7-32)$$

产物中硫黄在氯浓度不太高时并不再发生氧化反应，故硫氰化物的完全氧化反应加氯比也明显降低，这就是酸性氯化法的基本原理。

7.1.2.3 氯与其他还原性物质的反应

除硫氰化物外，氰化废水中还有硫代硫酸盐、亚硫酸盐、硫化物、亚铜（以 $Cu(CN)_2^-$ 或 $Cu(CN)_3^{2-}$ 形式存在）、亚铁（以 $Fe(CN)_6^{4-}$ 形式存在）等，这些物质也能与氯发生反应，方程如式（7-33）~式（7-37）所示：

$$S_2O_3^{2-} + 4ClO^- + 2OH^- === 2SO_4^{2-} + 4Cl^- + H_2O \tag{7-33}$$

$$Cu(CN)_2^- + 2ClO^- === Cu^+ + 2CNO^- + 2Cl^- \tag{7-34}$$

$$Cu(CN)_3^{2-} + 3ClO^- === Cu^+ + 3CNO^- + 3Cl^- \tag{7-35}$$

$$2Cu^+ + ClO^- + 2OH^- + H_2O === 2Cu(OH)_2 \downarrow + Cl^- \tag{7-36}$$

$$2Fe(CN)_6^{4-} + ClO^- + 2H^+ === 2Fe(CN)_6^{3-} + Cl^- + H_2O \tag{7-37}$$

含氰废水中的还原性物质的氧化还原电极电位均小于氯的氧化还原电极电位，因此，从热力学角度讲，这些物质均是有可能被氯氧化的。实践证明，$S_2O_3^{2-}$、SO_3^{2-}、AsO_3^{2-}、SCN^- 和 CN^- 均能在短时间内（30min）完成与氯的反应，废水中只要有少量活性氯存在（$Cl_2 \geqslant 5mg/L$），反应就能进行。

废水中的络合氰化物一般不像游离氰化物那么容易被氯氧化，其难易程度一方面取决于金属氰络离子的稳定常数，另一方面取决于中心离子是否能被氧化（变价金属），而且氧化后是否仍可与氰离子形成稳定的络合物。以 $Cu(CN)_3^{2-}$ 为例，由于铜易从 +1 价被氧化为 +2 价，尽管 $Cu(CN)_3^{2-}$ 的络离子稳定常数较大，但二价铜不能与氰离子形成稳定的络合物，所以 $Cu(CN)_3^{2-}$ 还是很容易被氧化，结果 +1 价铜变为 +2 价铜，氰化物被氧化。$Fe(CN)_6^{4-}$ 则不同，由于其稳定常数比较大，一般有效氯浓度低或反应温度低时不易被氧化，当强化反应条件使 +2 价铁被氧化为 +3 价时，由于 $Fe(CN)_6^{3-}$ 仍十分稳定，所以氰离子并不解离，也不氧化。因此，各种物质被氧化分解的顺序大致如下：

$$S_2O_3^{2-} > SO_3^{2-} > SCN^- > CN^- > Pb(CN)_4^{2-} > Zn(CN)_4^{2-} > Cu(CN)_3^{2-} >$$

$$Ag(CN)_2^- > Fe(CN)_6^{4-} > Au(CN)_2^-$$

如果在含氰废水中加入足够的氯，而且当废水的 pH 值适当时，上述物质氧化的反应速度均很快。加入氯后，几乎立刻会出现蓝色的 $Cu(OH)_2$，此时排在 $Cu(CN)_3^{2-}$ 之前的络合物已被分解，而 $Fe(CN)_6^{4-}$ 的氧化相对慢一些。以反应 pH 值从 7 降低到 5 时的加氯过程为例，反应开始时溶液呈灰白色，这是 Pb、Zn 的氰络合物离解出 Pb^{2+}、Zn^{2+} 与 $Fe(CN)_6^{4-}$ 生成沉淀所致。随后，溶液变棕红色，这是由于 $Cu(CN)_3^{2-}$ 解离出的 Cu^+ 与 $Fe(CN)_6^{4-}$ 生成棕色沉淀。进一步反应，溶液变为黄绿色，这是亚铁氰化物氧化为铁氰化物进而与 Cu^{2+} 生成 $Cu_3[Fe(CN)_6]_2$ 沉淀所致。余氯低时，$Fe(CN)_6^{4-}$ 不氧化，溶液不会出现黄绿色。如果反应 pH 值高于 10，反应过程仅能观察到 $Cu(OH)_2$ 的蓝色。

7.1.2.4 废水中重金属的去除机理

废水中重金属铜、铅、锌、汞以及贵金属金、银等均以氰络合物的形式存在，在氯氧化法处理过程中，除亚铁与铁的氰络合离子、金的氰络合离子未被破坏以外，其他重金属均被解离出来，并在适当的 pH 值条件下，通过下列反应以沉淀物形式从废水中分离出来。通常状况下，经过自然沉降的废水中，各种重金属含量均能达到国家规定的工业废水排放标准。

重金属与 $Fe(CN)_6^{4-}$ 生成沉淀物：

$$2Pb^{2+} + Fe(CN)_6^{4-} = Pb_2Fe(CN)_6 \downarrow （白色或灰色） \tag{7-38}$$

$$2Zn^{2+} + Fe(CN)_6^{4-} = Zn_2Fe(CN)_6 \downarrow （白色） \tag{7-39}$$

$$2Cu^{2+} + Fe(CN)_6^{4-} = Cu_2Fe(CN)_6 \downarrow （棕色） \tag{7-40}$$

$$4Ag^+ + Fe(CN)_6^{4-} = Ag_4Fe(CN)_6 \downarrow （白色胶状） \tag{7-41}$$

$$2Hg^{2+} + Fe(CN)_6^{4-} = Hg_2Fe(CN)_6 \downarrow \tag{7-42}$$

$$2Cd^{2+} + Fe(CN)_6^{4-} = Cd_2Fe(CN)_6 \downarrow （白色胶状物） \tag{7-43}$$

$$2Ni^{2+} + Fe(CN)_6^{4-} = Ni_2Fe(CN)_6 \downarrow \tag{7-44}$$

重金属与 $Fe(CN)_6^{3-}$ 形成沉淀物：

$$3Cu^{2+} + 2Fe(CN)_6^{3-} = Cu_3[Fe(CN)_6]_2 \downarrow （绿色） \tag{7-45}$$

$$3Ag^+ + Fe(CN)_6^{3-} = Ag_3Fe(CN)_6 \downarrow （橙色） \tag{7-46}$$

重金属与砷酸根生成沉淀物：

$$3Ag^+ + AsO_4^{3-} = Ag_3AsO_4 \downarrow （黑褐色） \tag{7-47}$$

重金属与碳酸根形成沉淀物：

$$2Ag^+ + CO_3^{2-} = Ag_2CO_3 \downarrow \tag{7-48}$$

$$Cu^{2+} + CO_3^{2-} = CuCO_3 \downarrow \tag{7-49}$$

$$Hg^{2+} + CO_3^{2-} = HgCO_3 \downarrow \tag{7-50}$$

$$Ni^{2+} + CO_3^{2-} = NiCO_3 \downarrow \tag{7-51}$$

$$Pb^{2+} + CO_3^{2-} = PbCO_3 \downarrow \tag{7-52}$$

$$Zn^{2+} + CO_3^{2-} = ZnCO_3 \downarrow \tag{7-53}$$

重金属与氢氧化物形成沉淀物：

$$Cd^{2+} + 2OH^- = Cd(OH)_2 \downarrow \tag{7-54}$$

$$Cu^{2+} + 2OH^- = Cu(OH)_2 \downarrow \tag{7-55}$$

$$Ni^{2+} + 2OH^- = Ni(OH)_2 \downarrow \tag{7-56}$$

在理论上，沉淀形成所需的 pH 值可由溶度积求出，但由于盐化效应，估差甚大。由于废水组成不同，能与重金属阳离子生成沉淀物的各种阴离子也不同，具体生成沉淀物的种类，要由废水阴离子和重金属阳离子含量和所生成各种沉淀物溶度积大小所共同决定。

氰酸盐的水解产物氨大部分逸入空气中，少量存在于废水中可能会和部分金属离子生成相应的络合物：

$$Cu^{2+} + 4NH_3 = Cu(NH_3)_4^{2+} \tag{7-57}$$

除铜外，Ag^+、Ni^{2+} 也会发生类似反应，但废水在尾矿停留时间较长，氨会被去除，这种现象并不严重，在排水中重金属不会超标。

7.1.3 工艺流程及设备

碱性氯化法处理提金氰化废水的一段式工艺流程如图 7-1 所示[2]。废水在调节池内加碱，使其 pH 值达到 10 以上，然后加入氧化剂（液氯或漂白粉），共同进入反应池进行反应。在反应过程中鼓入空气进行搅拌，处理一段时间后，如果溶液中残氰浓度降低到排放标准，便可放到沉淀池进行沉淀，池内的上清液即可外排，沉淀污泥排到污泥干化场进行干化，干化场的上清液再返回沉淀池。如果处理后的残氰浓度没有达到排放标准或者有氯化氰产生，其污水不能直接外排，必须再加碱及氧化剂继续处理，直到残氰达到外排标准才进入下一步工序。碱性氯化法净化含氰废水采用间断式或轮换作业，不能连续运行，其工艺设备主要由反应槽、pH 值调节设备、加氯设备和检测仪表构成。

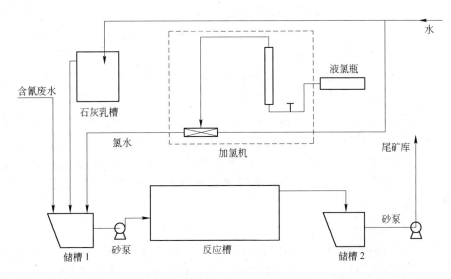

图 7 - 1 碱性氯化法处理含氰废水工艺流程图

图 7 - 2 所示为两段氯碱法处理氰化废水的工艺流程[3,4]。一段处理直接投加次氯酸钠，将废水中的氰离子氧化为氰酸盐，此时溶液 pH 值保持在 10 以上，如果 pH 值过低，将会生成毒性极强的氯化氰气体。二段处理时直接投加氯气和氢氧化钠，使之反应产生次氯酸钠，使氰酸盐进一步氧化为二氧化碳和氮气，使氰化物完全转化。二段反应的 pH 值保持在 8.0 左右，如果反应 pH 值过大，则反应的进程将非常缓慢。

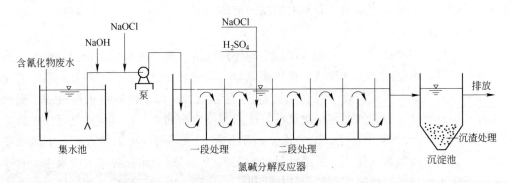

图 7 - 2 碱性氯化法处理含氰废水两段式工艺流程图

7.1.3.1 反应槽

为了使反应物混合均匀，反应器均为搅拌槽。当向反应槽加入氯水、漂白粉、漂粉精或次氯酸钠时，反应槽为敞开式即可，一般不采取特殊的防腐措施。氯水一般加入反应槽中心桶内以利迅速与废水混合，故中心桶和搅拌器轴应采用防腐措施。反应过程控制搅拌速度只要能满足固体不沉积即可，转速低有利于节电。

当氯以气体形式加入反应槽时，应采用全封闭式反应槽，反应废气经排气管导入吸收装置，吸收 CNCl、Cl_2、HCN 后排放。吸收液注入反应槽即可，反应槽及配套的废水处理设施要求防腐。

碱性氯化法工艺中采用的是全返混式反应器，为了使氰化物降低到 0.5mg/L 以下，从反应动力学角度研究，在总反应时间或反应槽有效容积一定的条件下，采用多个小体积反应槽串联要比采用一个大容积的反应槽好得多。一般矿山采用两台反应槽串联，由于氯氧化氰化物的反应速度较快，反应器数量超过 3 台没有多大意义。多年实践证明，有的废水（浆）无论增加反应时间还是氯的添加量也不能使氰化物降低到 0.5mg/L，这是废水中 $Fe(CN)_6^{3-}$、$Fe(CN)_6^{4-}$ 存在的影响，并非反应器有效容积不够。但如果废水含锌、铜足够使 $Fe(CN)_6^{4-}$ 沉淀时，氰化物可降低到 0.5mg/L。当然，这种作用不一定发生在反应槽内，很可能是在尾矿库内完成的，尾矿库内废水 pH 值降低有利于这种反应的进行。尾矿库其实也是一种容积很大的反应器，反应所产生的氰酸盐一部分会在尾矿库内发生水解。因此，尾矿库的几何形状、结构对废水处理也起很大作用，面积大的尾矿库比较理想。

7.1.3.2 pH 值调节设备

pH 值调节设备包括给料机、制乳槽、搅拌槽（中和槽）、流量计、调节仪表等。一套碱性氯化法装置可能只用上述设备中的几种。当直接采用石灰乳调节反应 pH 值时，只用给料机即可，设备很简单，其优点是操作方便、劳动强度低、节约水、不必处理石灰渣。缺点是将石灰直接混入废水，石灰不会迅速水解形成 $Ca(OH)_2$，影响 pH 值的调节效果，增大石灰添加量，出水 pH 值容易超高。因此，直接加石灰时应设混合槽，使石灰在废水中乳化，然后再进入反应槽。另外，在空气潮湿地区，石灰粉可能会结块，使给料机产生堵塞。

采用石灰乳调节 pH 值时，不必设中和槽。石灰乳与废水的混合位置可以设在废水进入反应槽前的管道中或反应槽内。石灰乳浓度一般为 10% ~ 20%。

7.1.3.3 加氯设备及操作

采用漂白粉或漂粉精时，无论加入固体干粉还是乳液，其设备都与加灰设备相似。当使用次氯酸钠时，可使用流量计计量；使用液氯时，有三种加氯方式，一种是把氯气直接加入反应槽，其设备有气化装置（蛇管加热器）、计量装置、氯化装置可采用电或水做热源；还有采用石灰乳吸收氯气，再把次氯酸钙注入到反应槽的工艺，其优点是反应过程中不易逸出 CNCl，而且石灰消耗小，节省水，易于控制；常用的一种加氯方式是加氯水于反应槽中。首先，液氯被气化，然后经计量被吸入水中，形成氯水，再加入废水中。普遍采用的制备氯水的设备是自来水厂使用的加氯机。为达到一定的氯浓度，加氯机给水加入的种类和水量必须合适。加氯机给水可以是贫液也可以是新鲜水。采用敞开式反应槽时，用贫液制氯水时会增加 CNCl 逸出的可能性。因此大部分氰化厂用新鲜水加氯，加氯机给水压力不应小于 0.2MPa，水量一般为氯气重量的 50 倍。水量过大会浪费新鲜水，减少反应槽的处理能力。

直接加氯气于反应槽内，需要气体处理设备，以免反应废气中的 CNCl、HCN、Cl_2 逸出污染环境。在加氯过程中，氯瓶应放在磅秤上，由磅秤测出的重量变化推断加氯量并估计瓶内剩余的氯量。当瓶内气压降低到 0.5MPa 时，停止加氯，以防加氯机中的水倒灌到氯瓶内引起氯瓶腐蚀。冬季应对氯瓶喷淋温水，以提高供氯蒸发所需热量。

氯气管道必须经常检查，发现操作场所有氯气味时，应检查管道、阀门等是否漏气。因为氯气与氨会生成白雾，易于观察，一般使用氨水涂抹管道的方法检查是否漏气。对漏点应谨慎处理，必要时应停止加氯，进行彻底地修复。为了使氯连续、平稳地加入反应器，应同时使用几台加氯机并联加氯或同时使用几只氯瓶加氯，当更换某只氯瓶时，由于其他氯瓶仍然工作，保证了加氯量的稳定。加氯间应设低位排风机定时排风，并配备防毒面具，更换氯瓶时或发生泄漏氯事故时，应戴防毒面具进入污染区进行工作，而且必须有人监护。

7.1.3.4　检测仪器

反应过程中可通过检测余氯含量及残氰含量来控制加氯量。一般情况下余氯在 10～50mg/L 时残氰即可达标。国外用比色法在线分析仪连续测定余氯，而国内个别单位用氧化还原电位法间接测量余氯浓度。使用甘汞参比电极和铂电极配合，当电位达 300mV 时，说明余氯在 10～50mg/L。由于废水组成不同，使氰化物达标的余氯含量也不同，上述两种检测方法必须经过现场实践。另外可测定处理后废水中的氰化物含量，该方法虽然直接、准确，但是测定时间较长，作为控制系统的信号尚不能满足时间要求。国外有利用比色原理和离子选择电极原理而开发出的在线测氰仪，能满足工业生产要求。测定反应 pH 值的在线仪表和调节仪表在我国氰化厂已经有所应用。

7.1.3.5　氯氧化法的二次污染

氯氧化法处理含氰废水过程中存在四大污染物质，即氯化氰气体、余氯、氯离子及氨。

A　氯化氰

氯氧化氰化物和硫氰化物的过程中，氯化氰是一种中间产物。这种物质沸点仅 13.6℃，在水中溶解度很低，如果反应的 pH 值低于 8.5，氯化氰的分解速度降低，如果在敞口反应器中，氯化氰就会释放出来，污染操作场所。一般通过提高反应 pH 值大于 9.8 或采用封闭反应器，使 CNCl 慢慢水解，或被碱液吸收水解来进行有效控制。

B　余氯

为了降低出水中的残氰含量，必须使废水中残余的氯保持一定浓度，称为余氯。实践表明，余氯在 10～50mg/L 时，残氰含量可降低到 0.5mg/L 以下。如果废水中含有亚铁氰化物，余氯必须控制更高才能使氰化物达标，氯氧化法对含铁量高的废水不适用，即使加入再多量的氯废水中氰化物也不会达标。余氯含量高时，废水即使在尾矿库自净一段时间，余氯也不会全部消失。如果含余氯的废水进入水体，就会造成水污染。余氯的消除可以向废水中加入亚硫酸盐，使余氯还原成氯离子。也可利用外排废水中的还原性物质，与余氯反应使之还原。或者采用尾矿库自然净化，在紫外线作用下余氯分解生成氯气和氯离子，也有少量逸入大气。废水处理过程中，一定要把余氯控制在最低限度，以防止污染，减少氯耗。

C 氯离子

在处理含氰废水过程中，必须加入数倍于氰化物的氯，其产物绝大部分是氯离子。以处理含氰化物 100mg/L 的废水为例，排水氯离子浓度根据所使用的是液氯、漂白粉、漂粉精或次氯酸盐（电解食盐水产生）分别为 0.5 ~ 1.0 kg/m³、0.6 ~ 1.5 kg/m³、0.3 ~ 0.85 kg/m³ 和 5 ~ 10 kg/m³。当废水中氰化物浓度增加时，氯离子浓度成正比增加，尤其是使用含盐电解产生次氯酸钠工艺时，废水中氯离子的浓度极高。漂白粉因活性氯降低引起添加量增加，使废水中氯离子浓度增加。废水中氯离子对水利设施有较大腐蚀性，而且不能灌溉农田。氯离子渗入地下水中，使水质恶化，Mg^{2+}、Ca^{2+}、Cl^- 含量增加，不能饮用。因此，氯离子进入水体是氯氧化法的致命缺点。

D 氨

氰酸盐水解生成氨（NH_3、NH_4^+）和碳酸盐。氨在水中会产生电离平衡。溶液的 pH 值及温度越高，水中的氨以 NH_3 形式存在的比例越大，毒性也就越大，尤其废水中存在氰化物时，其协同作用使其毒性又有所增加。当 NH_3 和 CN^- 分别为 0.7mg/L 和 0.1mg/L 时，在 156min 内可导致鱼类死亡，而废水中仅含 0.1mg/L 的 CN^- 或 0.7mg/L 的 NH_3 时不会使鱼致死。氨对一些鱼类 24 ~ 96h 的半致死浓度为 0.32 ~ 2.92mg/L，96h 致毒浓度为 0.3mg/L。氰化厂废水处理过程产生氨的数量有限，考虑到逸入大气一部分以及在水中的硝化作用，排水氨浓度不会太高（ < 25mg/L），至今尚未见到有关氨污染的报道。

7.1.4 工艺特点

碱性氯化法工艺[5]分为两种，一种是控制反应 pH 值在 9 ~ 11，使废水中氰化物降低到 0.5mg/L，而不考虑氰化物的氧化产物是什么，即将反应控制在氰化物不完全氧化（局部氧化）阶段。一些行业称之为碱性氯化法一级处理工艺，我国黄金行业几乎全部采用这种工艺。另一种是在不同的 pH 值条件下，第一步使氰化物在碱性条件下氧化为氰酸盐，第二步使氰酸盐氧化为氮气和碳酸盐，彻底消除氰化物的毒性。我国引进的炭浆厂原设计就是这种工艺，前一种工艺简单、氯耗小，后一种工艺较复杂，氯耗大。

优点：氯氧化法是一种成熟的方法，在国内外许多氰化厂均有使用，采用该法氰化物可降低到 0.5mg/L 甚至更低。氰酸盐能进一步水解，生成无毒物。硫氰酸盐被氧化破坏，废水毒性大为降低。有毒的重金属生成难溶沉淀物，排放水中所含重金属浓度可达到国家规定的排放标准。废水中的三价砷会被氯氧化为五价砷，进而形成更难溶的砷酸钙而除去。氯的品种可选择，其运输、使用为人们所熟悉。该法既可用于处理澄清水也可用于处理矿浆，既可间歇处理，也可连续处理，工艺、设备简单，易操作，投资少。

缺点：处理废水过程中如果设备密闭不好，CNCl 容易逸入空气中，污染操作环境。不能破坏亚铁氰络合物和铁氰络合物中的氰化物，也不能使其形成沉淀物而去除，故总氰含量有时较高，尤其是处理金精矿氰化厂贫液时，由于贫液含铁高，可释放氰化物，使其很难降低到 0.5mg/L 以下，总氰化物含量更高。当用漂白粉或漂粉精处理高浓度含氰废水时，由于用量大，废水中氯离子浓度高，可与铜离子形成络合物，使铜超标。排水中氯离子浓度高，使地表水和土壤盐碱化、水利设施腐蚀。氯离子浓度高时使钙、镁大量溶解，废水从尾矿库渗漏出来后，污染地下水，使地下水中钙、镁、氯浓度大为增高，严重时不能饮用、不能灌溉农田。处理尾矿浆时，如尾矿含硫较高，可能造成氯耗大为增加。氯系氧化剂尤其是液氯的运输和使用有一定的危险性，因氯泄漏造成的人畜中毒、农田及鱼塘受危害的事故在其他行业时有发生[6]。

7.1.5 影响因素

碱性氯氧化法处理含氰废水过程中，投药量、反应的 pH 值以及反应时间等参数对其处理效果有重要的影响。

7.1.5.1 投药量的影响

投药量既决定着处理成本的高低，又与处理效果密切相关。如果投药量不够，则破氰反应不彻底，而投药量过多，又会造成浪费，处理后废水中余氯量会超标。许永等[7]进行了投药量对破氰效果的影响实验，实验结果见表 7-1。先投加 20% 的 NaOH 溶液调节废水 pH 值为 11，控制不同的加药量，搅拌反应 0.5h，然后利用 98% 的 H_2SO_4 溶液调节废水 pH 值为 8，继续加入次氯酸钠，搅拌反应 1h。当加入 $n(CN):n(ClO)$ 为 1:3 时，处理后废水中 CN^- 含量达到了《污水综合排放标准》（GB 8978—1996）中总氰化物一级标准，继续增加次氯酸钠，CN^- 含量下降缓慢。

表 7-1 不同投药量时氧化破氰后溶液中氰含量的变化

编 号	$n(CN):n(ClO)$	$CN^-/mg \cdot L^{-1}$	
		局部氧化	完全氧化
1	1:0.5	28.80	26.08
2	1:1.0	16.32	14.57
3	1:1.5	7.18	6.23
4	1:2.0	5.85	4.21
5	1:2.5	3.61	1.24
6	1:3.0	0.45	0.44
7	1:3.5	0.43	0.41
8	1:4.0	0.36	0.40
9	1:4.5	0.32	0.39
10	1:5.0	0.30	0.38

7.1.5.2 pH 值的影响

氯氧化过程中，控制废水的 pH 值是破氰反应的关键。对局部氧化阶段，pH 值越高，反应速度越快，破氰也越彻底。高 pH 值下反应产生的 CNCl 气体能迅速水解生成低毒的氰酸盐 CNO^-。而完全氧化阶段 pH 值越低，反应速度越快。当 pH<3 时，氰酸根（CNO^-）会水解生成对水体有害的氨（NH_3），NH_3 又会与氯生成毒性很强的氯胺。废水 pH 值与溶液中 CN^- 含量的关系见表 7-2[7]。局部氧化的 pH 值控制在 11.5，完全氧化的 pH 值控制在 7.5 时，CN^- 含量可达到排放标准。

表 7 – 2　pH 值不同时氧化破氰后溶液中氰含量的变化

编　号	局部氧化		完全氧化	
	pH 值	$CN^-/mg \cdot L^{-1}$	pH 值	$CN^-/mg \cdot L^{-1}$
1	9.0	12.88	5.0	0.39
2	9.5	6.32	5.5	0.41
3	10.0	2.18	6.0	0.43
4	10.5	1.85	6.5	0.46
5	11.0	1.56	7.0	0.47
6	11.5	0.45	7.5	0.48
7	12.0	0.42		
8	12.5	0.38		
9	13.0	0.36		
10	13.5	0.33		

7.1.5.3　搅拌作用的影响[8]

搅拌作用对碱性氯化法处理含氰废水的影响也十分明显,加强搅拌可以加速氯气在废水中的溶解和均匀分布,保证整个反应池内的 pH 值均匀。另外,搅拌作用还可以加速反应产物 CO_2 和 N_2 从水中逸出,有利于氧化反应的进行。因此,设计时应考虑采用具有搅拌作用的反应器。

7.1.5.4　反应时间的影响

氯氧化处理时间对废水中氰离子的氧化效果影响较大。局部氧化和完全氧化的搅拌时间对破氰效果的影响实验结果见表 7 – 3[7]。局部氧化反应时间 50min,完全氧化反应时间 60min 时,CN^- 含量达到了排放标准。继续增加搅拌反应时间,CN^- 含量下降缓慢。

表 7 – 3　不同氧化时间时溶液中氰含量的变化

编　号	搅拌时间/min	$CN^-/mg \cdot L^{-1}$	
		局部氧化	完全氧化
1	10	9.88	8.12
2	20	7.32	6.41
3	30	3.18	3.23
4	40	1.55	2.75
5	50	0.46	1.66
6	60	0.44	0.45
7	70	0.42	0.41
8	80	0.38	0.34
9	90	0.36	0.32
10	100	0.33	0.31

7.1.6　应用实例

(1) 某氰化厂采用全泥氰化—炭浆工艺,日处理原矿 50t,每吨矿石加氰化钠

0.58kg，含氰尾矿浆浓度30%，液相氰化物含量110mg/L，重金属含量极低。采用碱性氯化法一级处理工艺，以漂白粉作氯源。漂白粉添加量为2.5kg/m³，间歇投入搅拌槽，实际加氯比（Cl_2/CN^-，摩尔比）为8.05，高于完全氧化的理论加氯比6.83。处理后的废矿浆在车间外排口处测定，CN^-浓度小于1.7mg/L，经尾矿库自净，外排口废水中的CN^-浓度小于0.5mg/L，未检出余氯。

（2）某氰化提金厂采用全泥—锌粉置换工艺，矿石处理量为250t/d，产生的含氰废矿浆浓度50%（浓密机层流）、流量300～350m³/d。采用以液氯为药剂的碱性氯化法一级处理工艺进行处理。在处理前，先把矿浆用水稀释至浓度35%，然后采用螺旋给料机加入石灰干粉。反应在两台串联的$\phi2.5 \times 3.5m$搅拌槽内进行，氯气以氯水形式注入到第一台搅拌槽，反应pH值10～11。氯耗为250kg/d。第二搅拌槽出口$CN^- < 0.5mg/L$，余氯一般为5～50mg/L，最高为200mg/L。偶尔由于加氯量不足或排放贫液使$CN^- > 2.0mg/L$，处理后的废矿浆送至尾矿库自然沉降。澄清液组成及外排口监测数据见表7-4。

表7-4　某氰化厂废水及排水组成

废水名称	元素含量/mg·L⁻¹							
	CN_T	CN^-	SCN^-	Cu	Pb	Zn	Fe	余氯
氰尾澄清水	175	160	70	4.01	<0.2	62.0	8.75	
总排口排水	—	0.024	未检出	0.035	0.075	0.22	—	未检出

7.2　过氧化氢法

过氧化氢氧化法处理提金氰化废水是在碱性条件下利用过氧化氢将氰化物及其金属络合物（铁氰络合物除外）氧化成氰酸盐CNO^-，然后再水解成碳酸铵或碳酸氢铵的一种方法。该技术是由美国杜邦公司于1974年完成的，1984年德国设计的过氧化氢氧化法装置在巴布亚新几内亚的一个氰化厂投入运行。目前，世界上约有20个黄金矿山应用过氧化氢氧化法处理含氰废水（浆）。我国对过氧化氢氧化法早有研究，只因商品过氧化氢价格过高和来源有限而一直未能推广应用。目前仅有一个矿山使用过氧化氢法做二级处理方法，处理经过酸化回收法处理后的低浓度含氰废水。

7.2.1　过氧化氢

过氧化氢，俗名双氧水。纯者为无色透明液体，无臭或略有特殊气味，相对密度1.4649（20℃时的密度与4℃时之比）。熔点0.89℃，沸点151.4℃，能与水以任意比例混合。有强烈的漂白作用和杀菌作用，与有机物接触可分解，并因光、热而促进分解，分解后产生氧。它有爆炸性，与皮肤接触可产生水泡。过氧化氢有两性，一定条件下可作为氧化剂，而在另一条件下也可作为还原剂。在碱性条件下过氧化氢分解速度比较快，影响过氧化氢分解速度的重要因素是重金属离子。

过氧化氢既可作为氧化剂，又可作为还原剂，在不同介质中标准电位不同：

酸性：　　　$H_2O_2 + 2H^+ + 2e \longrightarrow 2H_2O$　　$E^0 = +1.77V$　　（7-58）

碱性：　　　$HO_2^- + H_2O + 2e \longrightarrow 3OH^-$　　$E^0 = +0.87V$　　（7-59）

CN^-是一种较强的还原剂，半电池反应为：

$$CNO^- + H_2O + 2e \longrightarrow CN^- + 2OH^- \quad E^0 = -0.97V \quad (7-60)$$

金属络合物总反应为:

$$Me(CN)_n^{m-} + nH_2O_2 \longrightarrow Me^{(n-m)+} + nCNO^- + nH_2O \quad (7-61)$$

7.2.2 反应原理

7.2.2.1 碱性条件[9,10]

在碱性条件下,过氧化氢法处理氰化废水的基本原理是首先将游离氰根氧化为氰酸根,随后氰酸根又水解为碳酸铵。在用铜(Cu^{2+})作催化剂,$pH = 9.5 \sim 11$ 的条件下,H_2O_2 能使游离氰化物及其金属络合物氧化成氰酸盐,以金属氰络合物形式存在的铜、镍和锌等金属,一旦氰化物被氧化除去后,它们就会生成氢氧化物沉淀。那些过量的过氧化氢也能迅速分解成水和氧气:

$$CN^- + H_2O_2 \xrightarrow{Cu^{2+} \text{作催化剂}} CNO^- + H_2O \quad (7-62)$$

$$CNO^- + 2H_2O =\!=\!= CO_3^{2-} + NH_4^+ \quad (7-63)$$

$$2H_2O_2 =\!=\!= 2H_2O + O_2\uparrow \quad (7-64)$$

$$Cu(CN)_3^- + 3H_2O_2 =\!=\!= Cu^{2+} + 3CNO^- + 3H_2O \quad (7-65)$$

$$Zn(CN)_4^{2-} + 4H_2O_2 =\!=\!= Zn^{2+} + 4CNO^- + 4H_2O \quad (7-66)$$

废水中的 $Fe(CN)_6^{4-}$ 既不会被氧化成 $Fe(CN)_6^{3-}$ 也不会被分解,而是与解离出的铜、锌等离子生成 $Cu_2Fe(CN)_6$ 或 $Zn_2Fe(CN)_6$ 难溶物从废水中分离出去:

$$Fe(CN)_6^{4-} + 2Cu^{2+} =\!=\!= Cu_2Fe(CN)_6\downarrow \quad (7-67)$$

$$Fe(CN)_6^{4-} + 2Zn^{2+} =\!=\!= Zn_2Fe(CN)_6\downarrow \quad (7-68)$$

废水处理过程中,如果控制较低的 H_2O_2 浓度,废水中的硫氰酸盐在碱性条件下一般不会与过氧化氢发生反应,以下反应即可忽略:

$$SCN^- + H_2O_2 =\!=\!= S + CNO^- + H_2O \quad (7-69)$$

7.2.2.2 酸性条件[11]

在酸性条件下,含有少量金属离子催化剂的 H_2O_2 和37%甲醛的混合溶液也可以氧化处理提金氰化废水,其原理同样是游离氰根首先被氧化为氰酸根,随后氰酸根又水解为碳酸铵:

$$CN^- + H_2O_2 =\!=\!= CNO^- + H_2O \quad (7-70)$$

$$CN^- + HCHO + H_2O =\!=\!= HOCH_2CN + OH^- \quad (7-71)$$

$$HOCH_2CN + H_2O =\!=\!= HOCH_2CONH_2 \quad (7-72)$$

$$CNO^- + 2H_2O =\!=\!= NH_4^+ + CO_3^{2-} \quad (7-73)$$

$$CN^- + 2H_2O =\!=\!= HCOO^- + NH_3 \quad (7-74)$$

7.2.3 工艺流程

微细固体颗粒易吸附氰化物并在处理过程中释放出来,造成污水处理后含氰量再次升高。如果微细固体颗粒多时应在处理前进行沉淀或者过滤,尤其是采用酸化法处理含氰污水的矿山,由于处理后尾液中往往有硫氰化亚铜沉淀存在,会吸附 CN^- 且本身有可能被氧化,因此必须进行沉淀或者过滤处理。处理后的含氰废水加入反应罐(或储存池)内,搅拌条件下用絮凝剂调 pH 值至 9.5~11，同时加入金属催化剂及含量为 27% 的过氧化氢。过氧化氢在催化剂的催化作用下，迅速分解完成对氰化物的氧化反应，常温下反应时间约为 60~90min，即可控制残留氰小于国家排放标准。如果出水中氰离子含量太高，可酌情增加药剂量至废水达标。处理后的废水用泵泵入澄清池，并与采矿坑内的水混合澄清后排出。沉淀物收集利用或焚烧处理。其基本工艺流程如图 7-3 所示。

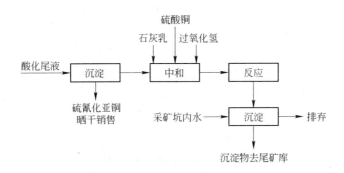

图 7-3　过氧化氢法处理含氰废水工艺流程图

过氧化氢氧化法不需空气中氧参加，故可使用普通搅拌槽，其装置与氯氧化法相似，区别在于工业品过氧化氢在常温下是液体，可直接计量加入反应器，不需要类似的加氯装置和防止氯气逸出的设施，但需要配制和计量硫酸铜溶液的设备。

过氧化氢氧化法处理含氰废水的反应条件为：反应 pH 值为 9.5~11；过氧化氢加药比（摩尔比）（4~5）：1；催化剂（一般为 $CuSO_4 \cdot 5H_2O$）适量，废水中含一定浓度的铜离子时可不添加；连续反应或间歇反应均可；反应时间 1h。该法处理后可使氰化废水中可释放氰化物降低到 0.5mg/L 以下[12]。

7.2.4　工艺特点

优点：过氧化氢氧化法能使可释放氰化物降低到 0.5mg/L 以下，由于 $Fe(CN)_6^{4-}$ 的去除率较高，使总氰化物大为降低。废水中 Cu、Pb、Zn 等重金属以氢氧化物及亚铁氰化物难溶物形式除去。既可处理澄清水，又可处理矿浆。设备简单，电耗低于氯氧化法和二氧化硫—空气法，易实现自动控制。不氧化硫氰酸盐，药耗低。过氧化氢的反应产物是水，故在反应过程中和反应后不会使废水中增加其他有毒物质。处理后废水 COD 低于二氧化硫—空气法，使废水循环成为可能。

缺点：过氧化氢氧化法是破坏氰化物的方法，无经济效益。我国大部分地区过氧化氢价格较高，生产厂家少，目前难以大面积推广。SCN^- 不能被氧化，废水实际上仍然有一定毒性。过氧化氢是氧化剂，腐蚀性大，运输使用有一定困难和危险。产生的氰酸盐需要在尾矿库停留一定时间以便分解生成 CO_2 和 NH_3。车间排放口的铜离子浓度降低到 1mg/L 以下可能有困难，需在尾矿库内自净才行。

7.2.5　影响因素[8,13]

7.2.5.1　pH 值的影响

过氧化氢分子存在着两种形式的同分异构体。一种以直链形式存在，另一种是以水分子耦合一个氧原子。过氧化氢分子在碱性溶液中会解离出分子氧。分子氧作为一种氧化剂也可以参与对于氰化物的氧化，提高总氰化物的去除率。但是随着 pH 值的升高，对于反应器防碱、防腐蚀提出较高要求，同时用于调节反应 pH 值的药剂费也相应升高。另外，由于在酸性条件下废水中的氰化物会以氰化氢气体形式挥发，对环境污染较大，因此一般应在中性及碱性条件下进行。

周珉等[13,14]研究了采用过氧化氢氧化法处理总氰化物初始质量浓度为 874mg/L 的废水，考察了 pH 值对总氰化物去除效果的影响，结果如图 7-4 所示。随着 pH 值的升高，总氰化物去除率也相应增大。当反应 pH 值从 6.3 升高至 8.5，总氰化物的去除率由 7.8% 增大至 84.4%。但是继续增大反应 pH 值，总氰化物的去除率并无明显增加。反应 pH 值为 8.8 时，总氰化物的去除率为 88.9%。反应 pH 值为 9.2 时，总氰化物的去除率为 90.1%。

7.2.5.2　过氧化氢浓度的影响

过氧化氢具有强氧化性，在一定范围内除氰效果与 H_2O_2 用量成正比，然而用量过大，可使 SCN^- 氧化生成 CN^-，导致反应后的氰浓度增高。图 7-5 所示为过氧化氢浓度对总氰化物去除效果的影响曲线[13]。随着过氧化氢浓度的增加，总氰化物的去除率也相应增大。但是，过氧化氢浓度过小，总氰化物的去除率增加缓慢，当过氧化氢浓度大于 0.3g/L 左右时，总氰化物的去除率迅速增加。过氧化氢的质量浓度为 3.09g/L 时，总氰化物的去除率达到 97.6%。继续增加过氧化氢浓度对于提高总氰化物的去除率无显著作用。由于过氧化氢成本较高，因此需要在工艺运用上选择合适的过氧化氢投加浓度以控制运行成本。

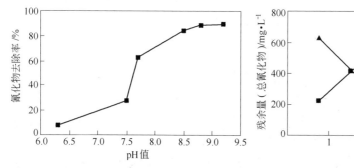
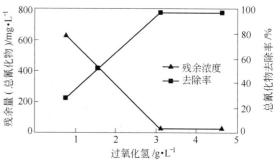

图 7-4　pH 值对总氰化物去除效果的影响　　图 7-5　过氧化氢浓度对总氰化物去除效果的影响

7.2.5.3　催化剂硫酸铜用量的影响

作为催化剂的铜离子，在碱性条件下能与 CN^- 离子形成铜氰络合物，该络合物对过氧化氢有较好的选择性，可提高过氧化氢的利用率。同时，加入铜离子所形成的络合物加快了 CN^- 向 CNO^- 和 $(CN)_2$ 的转化以及 CNO^-、$(CN)_2$ 向碳酸氢根、铵根的水解。另外，铜离子可与废水中亚铁氰化物反应生成六氰化亚铁合铜 $Cu_2Fe(CN)_6$ 沉淀去除污水中的亚铁氰化物。因此，随着铜离子添加量的增大，总氰化物的去除率增大，但是加入量继续增加，氰化物的总去除率不再发生明显变化，实验结果如图 7-6 所示[11]。当铜离子的质量浓度为 100mg/L 时，总氰化物的去除率达到最大值 98.5%。实验条件下，过氧化氢氧

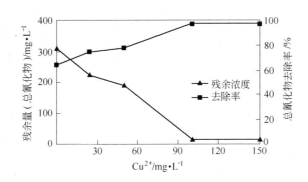

图7-6 铜离子浓度对总氰化物去除效果的影响

化氰根的反应遵循伪一级反应，不加铜离子时速率常数为 0.0133min^{-1}，添加铜离子时为 0.0707min^{-1}。

7.2.5.4 处理时间的影响

氧化反应时间对氰化物的去除效果有较大的影响。实际工程应用中，反应时间与处理量和反应器体积关系密切，过长的反应时间会导致单位时间内处理量过小，而较短的反应时间导致残余总氰化物浓度依旧偏高。反应时间对总氰化物去除效果的影响结果如图7-7 所示[13]，随着反应时间的延长，总氰化物去除率也相应增大。当反应时间为60min 时，总氰化物的去除率为97.6%，随后不再有明显的变化。

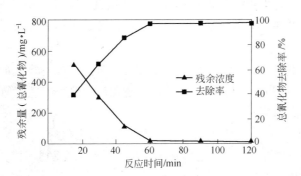

图7-7 反应时间对总氰化物去除效果的影响

7.2.6 应用实例

（1）三山岛金矿于1995 年实验应用过氧化氢法处理酸化后的含氰尾液。采用搅拌机和1L 搅拌槽，于1996 年7 月至12 月8 日进行了工业实验并取得了成功。经过一年的生产运行，该工艺处理指标稳定。共处理酸性含氰废水 2774m³，处理前含氰浓度最高值为 64.27mg/L，处理后总氰浓度最低为 0.04mg/L，均低于污水综合排放标准。原来采用液氯法进行处理，成本为17.80 元/m³，采用过氧化氢氧化法处理废水，工艺简单、药剂费用较低、指标稳定，平均成本降低了10.5 元/m³[10]。

（2）上海化学工业区某公司产生的低浓度含氰废水中总氰化物浓度为 2~6mg/L，pH 值为7.2~8.9。中试装置直接与废水管道连接后，应用过氧化氢氧化法进行。在总氰化物初始浓度为 4.23mg/L，过氧化氢浓度为 0.83g/L，pH 值为 8，反应时间为 2h 的条件下，总氰化物的去除率为 94.1%[14]。

（3）国内某金矿采用金精矿氰化—锌粉置换法提金工艺，产生的贫液用酸化回收法处理，酸化处理后产生的含氰废水中氰化物浓度低于 30mg/L。经过沉降，分离出其中的硫氰化亚铜等难溶物以后，用石灰乳进行中和，然后采用过氧化氢氧化法作为二级处理，处理后车间排放口总氰化物浓度低于 0.5mg/L。H_2O_2 的消耗为 1.5L/m^3，$CuSO_4 \cdot 5H_2O$ 消耗为 0.2kg/m^3，石灰消耗为 10kg/m^3。

7.3　二氧化硫—空气氧化法

一定 pH 值范围内，在铜的催化作用下，利用 SO_2 和空气的协同作用氧化废水中的氰化物，称为二氧化硫—空气氧化法，常简写成 SO_2/Air 法。该方法是加拿大国际镍金属公司于 1982 年发明的，也称作因科法。我国于 1984 年开始研究二氧化硫—空气氧化法，于 1988 年完成工业实验，有几个氰化厂曾采用二氧化硫—空气氧化法处理含氰废水，取得了一定的效果。

7.3.1　所需试剂[15]

二氧化硫—空气氧化法所需要药剂有石灰、铜盐、空气和含二氧化硫的药剂。铜盐一般选硫酸铜与氯化铜，当废水中含铜 50～100mg/L 时，不管是以 $Cu(CN)_2^-$、$Cu(CN)_3^{2-}$，还是以二价铜离子存在，均可作为催化剂。二氧化硫药剂是指含有主要成分 SO_2 的气体、液体或固体药剂，选择时为降低成本，应综合考虑货源、运输、价格等因素。

7.3.1.1　气体、液体二氧化硫

气体二氧化硫一般来源有冶炼烟气、焙烧烟气和硫酸厂烟气等。黄金氰化厂附近往往没有产生这类气体的工厂或车间，但采用精矿焙烧除硫、脱砷工艺的氰化厂可采用二氧化硫—空气氧化法处理含氰废水。

二氧化硫是一种易液化、有强烈刺激性气味的无色气体。分子量为 64.06，熔点 −72.7℃，沸点 −10.02℃，溶于水生成很不稳定的亚硫酸，25℃时二氧化硫在水中溶解度为 8.5%，水溶液中存在下列平衡：

$$SO_2 + H_2O \Longrightarrow H_2SO_3 \qquad (7-75)$$

$$H_2SO_3 \Longrightarrow H^+ + HSO_3^- \qquad (7-76)$$

$$HSO_3^- \Longrightarrow H^+ + SO_3^{2-} \qquad (7-77)$$

在 SO_2 和 H_2SO_3 分子中，由于硫为 +4 价，因此其既具有氧化性又具有还原性：

$$SO_2 + 2H_2S \Longrightarrow 3S + 2H_2O \qquad (7-78)$$

在二氧化硫—空气法中，SO_2 起氧化剂的作用（与氧协同作用），但其机理不详。而大部分 SO_2 和亚硫酸及其盐作为还原剂使用，如：

$$2AuCl_4^- + 3SO_2 + 6OH^- \Longrightarrow 2Au\downarrow + 3H_2SO_4 + 8Cl^- \qquad (7-79)$$

亚硫酸做氧化剂的电极电位如下：

$$H_2SO_3 + 4H^+ + 4e \longrightarrow S + 3H_2O \quad E^0 = 0.45V \qquad (7-80)$$

可见其氧化能力较弱，尤其在碱性条件下，亚硫酸盐具有很强的还原性：

$$SO_4^{2-} + H_2O + 2e \longrightarrow SO_3^{2-} + 2OH^- \qquad E^0 = -0.93V \qquad (7-81)$$

从以上两个电极反应看，如果说 H_2SO_3 还具有氧化性，那么 SO_3^{2-} 具有很强的还原性。尽管如此，要想把气体 SO_2 氧化成 SO_3，远不如把 SO_3^{2-} 氧化为 SO_4^{2-} 容易。

$$2SO_2 + O_2 \Longrightarrow 2SO_3 + 195.9kJ \qquad (7-82)$$

气体 SO_2 经提纯、压缩制得液体 SO_2，是一种无色透明有刺激性臭味的液体，0℃时比重1.43。液体 SO_2 用槽车或钢瓶装运，钢瓶标记为黑底黄色，钢瓶充气系数或容量为1.25kg/L，瓶嘴为铜制品，包装上应有明显的"有毒压缩气体"标志。搬运钢瓶时应轻取轻放，切勿激烈振荡，以免引起爆炸，钢瓶应储于低温（<35℃），通风良好的场所，防止日晒和靠近高温物体，遇有液体漏出时，应用大量水冲洗。气体 SO_2 大多数是工厂的副产物或废气，价格低，以此作为二氧化硫—空气法药剂的来源符合以废治废的原则。液体 SO_2 价格高达每吨千元，使处理成本上升，但能远距离运输。

7.3.1.2 固体药剂

含二氧化硫的药剂或者说能释放出 SO_2 或 SO_3^{2-} 的固体药剂，包括亚硫酸钠及焦亚硫酸钠。

A 亚硫酸钠

用氢氧化钠溶液吸收气体中的 SO_2，得到亚硫酸钠：

$$2NaOH + SO_2 \Longrightarrow Na_2SO_3 + H_2O \qquad (7-83)$$

亚硫酸钠又分为无水亚硫酸钠（俗称硫氧）和结晶亚硫酸钠，前者分子式为 Na_2SO_3，相对分子量126.04，含 SO_2 50.8%，后者分子式为 $Na_2SO_3 \cdot 7H_2O$，相对分子量252.15，含 SO_2 25.38%。无水亚硫酸钠为白色结晶粉末，比重2.633，溶于水，水溶液呈碱性；微溶于醇，不溶于液氯、氨。与空气接触易氧化成硫酸钠，遇高温则分解成硫化钠和硫酸钠，与强酸接触则分解成相应的盐类而放出 SO_2。一级品和二级品的纯度分别为97%、93%。结晶亚硫酸钠为无色单斜结晶或粉末，比重1.539。溶于甘油、水，微溶于醇。150℃失去结晶水变成无水物。在空气中逐渐氧化成硫酸盐，其工业品纯度（$Na_2SO_3 \cdot 7H_2O$）为60%，折算成 Na_2SO_3 的纯度为30%。

B 焦亚硫酸钠

焦亚硫酸钠也叫偏重亚硫酸钠、二硫五氧酸钠、重亚硫酸钠或重硫氧。分子式为 $Na_2S_2O_5$，相对分子量190.10，可用 NaOH 溶液吸收 SO_2 制得，白色或微黄色结晶形粉末或小结晶，带有强烈的 SO_2 气味，密度为1.4g/cm³，溶于水，不溶于醇，20℃和100℃时100mL水中溶解度分别为54g与81.7g。水溶液呈酸性，久置于空气中则氧化成硫酸盐，与酸接触，放出 SO_2，高于150℃分解出 SO_2。一级品、二级品纯度为含 SO_2 64%、61%。

以上固体 SO_2 药剂应储存于干燥、阴凉的库房中，运输中避免曝晒、雨淋，不可与酸类、氧化剂共储混运。容器必须密封，以防受潮。不可储于露天，对受潮的包装要分离出去并抓紧处理。失火时，可用水、砂扑灭。

7.3.1.3 自制二氧化硫气体

如果要采用二氧化硫—空气氧化法的氰化厂附近无 SO_2 烟气和价格合适的其他 SO_2 时，可自制 SO_2 气体，简单可行的办法是用硫黄制取 SO_2 气体。一台日生产200kg的二氧化硫气体发生器投资不到一万元，操作也十分简便，其成本仅为液体 SO_2 的四分之一，为含 SO_2 固体药剂价格的五分之一或更低。其化学反应如下：

$$S + O_2 \xrightarrow{\text{燃烧}} SO_2 \tag{7-84}$$

也可采用含硫矿物生产 SO_2，如氰渣、硫铁矿、石膏等，但设备复杂些。不过比购买 SO_2 药剂便宜得多。产生的 SO_2 气体经降温、除硫即可应用。可直接把气体通入废水中，一般需要给 SO_2 气体加压，使用罗茨鼓风机，电耗大，也可用水或碱溶液吸收二氧化硫气体，将二氧化硫以亚硫酸或亚硫酸盐的形式加入废水中，加入量容易控制，操作更稳定。

7.3.1.4 硫酸铜

常用的工业品硫酸铜带有五个结晶水，俗称五水硫酸铜、胆矾或蓝矾，分子式为 $CuSO_4 \cdot 5H_2O$，相对分子量为 249.5，蓝色透明三斜晶系晶体。在空气中放置时，表面风化变成白色粉末，在空气中慢慢加热至 150℃ 时变成无水盐，加热到 650℃ 放出 SO_3。五水硫酸铜相对密度 2.284，易溶于水，溶于甲醇（10℃ 时 15.6g/100mL），不溶于乙醇，在水中的溶解度为 0℃ 时 31.6g/100mL，100℃ 时为 203.3g/100mL。

水溶液呈酸性，加入氨则会生成深蓝色的铜氨离子 $Cu(NH_3)_4^{2+}$，硫酸铜水溶液有很强的腐蚀性，在铁制容器中很快还原为铜，铁转变为 Fe^{2+}，使容器损坏，因此必须有防腐措施。

7.3.2 反应原理

二氧化硫—空气氧化法去除氰化物的途径有三：一是降低废水 pH 值，使氰化物转变为 HCN，进而被参加反应的气体吹脱后逸入气相，随反应废气外排，在反应 pH 值 8~10 的范围，这部分占总氰化物的 2% 以下；二是被氧化生成氰酸盐，这部分占全部氰化物的 96% 以上；三是以沉淀物（如重金属和氰化物形成的难溶物）形式进入固相的氰化物，占全部氰化物的 2% 左右。在二氧化硫—空气氧化法处理含氰废水过程中，不仅涉及氰化物的反应，废水中其他物质如硫氰化物、重金属等也发生了反应，使废水的水质得到很大改善。

氰化物的氧化生成 CNO^-（包括游离氰化物和过渡金属络合的氰化物，不包括铁、钴氰络合物的氧化），严格地遵循下列总反应的化学计量原则：

$$CN^- + SO_2 + O_2 + H_2O \Longrightarrow CNO^- + H_2SO_4 \tag{7-85}$$

基于这一反应，氧化 1g CN^- 需 1.47g SO_2。溶液中的铜离子对氰化物的氧化反应具有催化作用，通常提金氰化废水中的铜离子已经足够。当铜离子浓度不够时，常常以硫酸铜溶液的形态加入。最佳作业 pH 值范围为 8~10，采用二氧化硫—空气氧化法处理硫代氰酸盐的动力学，在正常的作业条件下是缓慢的，通常只有不到 10% 的硫代氰酸盐被氧化。

该法对金属氰化物除去的顺序是：Zn > Fe > Ni > Cu。处理时用二氧化硫—空气作还原剂，将溶液中的铁氰络合物还原成 Fe^{2+}，生成不溶解的亚铁氰化金属络合物 $Me_2Fe(CN)_6$ 的形态沉淀析出（Me 代表 Cu、Zn、Ni）。残留的 Cu、Zn、Ni 在反应 pH 值下，以金属氢氧化物的形态除去。另外砷、锑等生成弱的氰化络合物，同样能在铁存在的情况下，通过氧化—沉淀除去。

7.3.2.1 氰化物氧化机理假说

二氧化硫—空气氧化法处理含氰废水要求反应 pH 值在 7.5～10 之间，在此条件下，如废水中含有 50mg/L 以上的铜或外加如此数量的铜盐，当空气和 SO_2 通入废水时，发生氰化物氧化生成氰酸盐的反应。

把发生氰化物氧化的 pH 值范围与 SO_2 在水中的化学平衡曲线进行比较，得出二氧化硫—空气氧化法 pH 值范围，正是 SO_2 在水中主要以 SO_3^{2-} 形式存在的 pH 值范围。这就意味着使氰化物氧化的不是 SO_2 而是 SO_3^{2-}。

另外，把二氧化硫—空气氧化法与过氧化氢氧化法的反应相比，发现两种方法均在 pH 值偏碱性的条件下操作，而且均使用铜盐做催化剂，只是后者不必充入空气。因此，设想二氧化硫—空气氧化法反应机理如下：

$$SO_2 + H_2O \Longrightarrow H_2SO_3 \tag{7-86}$$

$$H_2SO_3 \Longrightarrow 2H^+ + SO_3^{2-} \tag{7-87}$$

$$SO_3^{2-} + O_2 \Longrightarrow SO_4^{2-} + [O] \tag{7-88}$$

$$CN^- + [O] \Longrightarrow CNO^- \tag{7-89}$$

$$CNO^- + 2H_2O \Longrightarrow HCO_3^- + NH_3 \tag{7-90}$$

总反应式：

$$CN^- + O_2 + SO_3^{2-} + 2H_2O \Longrightarrow HCO_3^- + NH_3 + SO_4^{2-} \tag{7-91}$$

依上式计算，二氧化硫—空气法氧化除氰的加药比 $SO_2/CN^- = 2.47$（质量比），但实际上在 4～15 之间，而且随废水氰化物浓度的增高而降低。SO_3^{2-} 与氧反应生成活性氧 $[O]$，这种活性氧具有较强的氧化能力，但有效时间很短，生成的活性氧在有效时间内若未与 CN^- 相遇，会与 SO_3^{2-} 反应生成硫酸，就白白浪费掉了。如果向废水中加入过多的 SO_2 或废水中的 SO_3^{2-} 高时，必然使产生的活性氧与 SO_3^{2-} 生成硫酸的趋势增大，加药比就比理论加药比大。因此，在间歇反应时，一次加药的效果不如两次或多次小批量加药除氰效果好。

二氧化硫—空气氧化法的反应过程中，利用石灰作为 pH 值调节剂，钙离子会与 SO_3^{2-} 形成 $CaSO_3$，pH 值较低时，还会生成 $Ca(HSO_3)_2$。这些均可使 SO_3^{2-} 的浓度减小，在 SO_3^{2-} 消耗过程中，还会起补充（缓冲）作用：

$$CaSO_3 \Longrightarrow Ca^{2+} + SO_3^{2-} \tag{7-92}$$

$$Ca(HSO_3)_2 \Longrightarrow Ca^{2+} + 2HSO_3^- \tag{7-93}$$

$$HSO_3^- \Longrightarrow H^+ + SO_3^{2-} \tag{7-94}$$

由于化学平衡问题，为了使二氧化硫—空气氧化法除氰达到较低的残氰含量，反应后必须使 SO_3^{2-} 浓度保持一定值。

当废水中含有 50mg/L 以上的铜（以铜氰络合物形式也可）时，如果废水中氰化物含量较低，不必再加铜，废水中的 $Cu(CN)_2^-$、$Cu(CN)_3^{2-}$ 也会起到催化剂的作用。反应开始时，反应 pH 值降低到 7.5～10，一部分氰化物被氧化成氰酸盐进而水解生成氨。氰化物氧化使废水中的铜氰络合离子解离，生成 CuCN 沉淀，氨又使 CuCN 形成亚铜氨络合离子并在溶解氧的作用下转化为铜氨络合离子，铜氨络合离子又与废水中氰化物反应生成

CuCN，氨逸入气相，生成的 CuCN 再与 CNO^- 水解生成的氨发生反应：

$$CNO^- + 2H_2O \Longrightarrow HCO_3^- + NH_3 \tag{7-95}$$

$$CN^- + SO_3^{2-} + O_2 \Longrightarrow CNO^- + SO_4^{2-} \tag{7-96}$$

$$Cu(CN)_2^- \Longrightarrow CuCN + CN^- \tag{7-97}$$

$$CuCN + 2NH_3 \Longrightarrow Cu(NH_3)_2^+ + CN^- \tag{7-98}$$

$$4Cu(NH_3)_2^+ + 8NH_3 + O_2 + 2H_2O \Longrightarrow 4Cu(NH_3)_4^{2+} + 4OH^- \tag{7-99}$$

$$2Cu(NH_3)_4^{2+} + 4CN^- \Longrightarrow 2CuCN + 8NH_3 + (CN)_2 \tag{7-100}$$

$$(CN)_2 + 2OH^- \Longrightarrow CN^- + CNO^- + H_2O \tag{7-101}$$

在二氧化硫—空气氧化法处理前，废水中也含有一定数量由氰化物水解产生的氨，可保证铜的催化剂作用。当反应 pH 值低时，氨以 NH_4^+ 形式存在，反应速度也比较慢。但是，当反应 pH 值过高时，不利于 CNO^- 水解，却利于 NH_3 从液相逸出，故氨逸出使产生的平衡被打破，废水中氨浓度下降，反应速度也变慢。因此，氨的生成和铜氨络离子的生成都要求反应 pH 值在 7~8 范围，过高过低都会使反应减慢甚至停止。

7.3.2.2 重金属氰络物的分解顺序

二氧化硫—空气氧化法与氯氧化法不同，它不但能去除废水中的氰化物，还能去除铁和亚铁的氰络物。因此，废水的总氰化物去除率高，但不能去除硫氰化物。

废水中各种络合氰化物的去除顺序如下：

$$CN^- > Zn(CN)_4^{2-} > Fe(CN)_6^{4-} > Ni(CN)_4^{2-} > Cu(CN)_2^- > SCN^- \tag{7-102}$$

其中，$Fe(CN)_6^{4-}$ 是以重金属沉淀物形式除去的。例如：

$$2Zn^{2+} + Fe(CN)_6^{4-} \Longrightarrow Zn_2Fe(CN)_6 \downarrow \tag{7-103}$$

废水中如果有 $Fe(CN)_6^{3-}$，那么 $Fe(CN)_6^{3-}$ 先被 SO_3^{2-} 还原为 $Fe(CN)_6^{4-}$，然后被去除，这是二氧化硫—空气氧化法的最大优点。$Zn(CN)_4^{2-}$、$Ni(CN)_4^{2-}$ 先解离，氰离子被氧化，Zn^{2+}、Ni^{2+} 或与 $Fe(CN)_6^{4-}$ 生成沉淀物或在 $Fe(CN)_6^{4-}$ 不足时生成氢氧化物沉淀，达到了从废水中除去的目的。$Cu(CN)_2^-$ 解离后，氰化物和 Cu^+ 均被氧化，生成的 Cu^{2+} 形成氢氧化铜沉淀而除去，反应结束后，废水中仍然残留一部分氨，并与 Cu^{2+} 形成铜氨络合物 $Cu(NH_3)_4^{2+}$ 而存在于废水中，使废水中铜含量有时会超过废水排放标准，但其他重金属能达标。

7.3.2.3 硫氰化物的行为

废水中的硫氰化物据说可按下式氧化，但是研究表明，SCN^- 在除氰过程中无明显氧化迹象，在 pH 值偏低时可与 Cu^+ 生成难溶的 CuSCN 沉淀除去，但同时会使反应的催化剂铜离子浓度降低，不利于氧化反应的进行。因此，不能去除硫氰化物是二氧化硫—空气氧化法的一个缺点。废水中的其他还原性物质如 $S_2O_3^{2-}$ 也会在除氰过程中被氧化：

$$SCN^- + 4SO_2 + 4O_2 + 5H_2O \Longrightarrow CNO^- + 5H_2SO_4 \tag{7-104}$$

$$4S_2O_3^{2-} + 2SO_2 + 7O_2 + 6H_2O \Longrightarrow 4SO_3^{2-} + 6H_2SO_4 \tag{7-105}$$

7.3.3 工艺流程及设备

二氧化硫—空气氧化法处理含氰废水（矿浆）的原则工艺流程如图 7-8 所示。其主

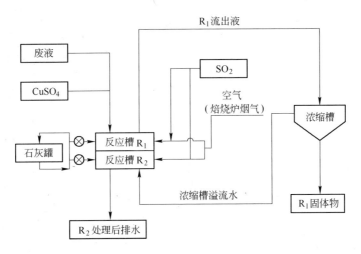

图 7 - 8 　SO_2—空气氧化法净化含氰污水工艺流程图

要工艺装置由铜盐溶液、石灰乳制备和计量装置、SO_2 制备和计量装置以及反应器构成，其中 SO_2 制备和计量装置根据采用的药剂形式不同而有较大差异。反应器为能充气和搅拌的类似于浮选槽的装置，除要求能使空气以微小气泡均匀分布于废水中，其他反应条件与氯氧化法所用反应器要求相同。反应器应密闭，防止 HCN 等气体污染操作环境，为提高处理效果，应该用几台反应器串联，与浮选机不同，反应槽可做得比浮选槽尺寸大，深度也有较大增加，因而处理能力比浮选机大得多。

7.3.3.1　二氧化硫制备与计量装置

采用含 SO_2 废气处理提金氰化废水时，如果废气含 SO_2 大于 2%，可直接加入到反应器中，只需配备计量仪表（转子流量计或孔板式流量计）。当废气压力不足时，可配备鼓风机加压。如果 SO_2 浓度低或浓度波动较大，最好先把 SO_2 吸收，以亚硫酸或盐的水溶液形式输送到反应槽。其最大优点是 SO_2 加量稳定，易控制。吸收 SO_2 的设备可以是吸收塔、文丘里管式吸收器。

使用含 SO_2 固体药剂时，只要把药剂溶于水制备成溶液通过计量加入反应槽即可，可配制 10% 溶液。制备槽应是防腐设备，如使用玻璃钢、碳钢涂 2~3 层环氧树脂、使用 PVC 槽或水泥槽。

当使用燃硫炉自制 SO_2 时，首先应冷却降温，使未反应的硫蒸气冷凝沉淀下来，由于产生的 SO_2 浓度较高，可直接加入反应槽，当然也可以先制成水溶液，再加入反应槽，这部分设备由于使用温度高，更应认真考虑防腐问题。

如使用液体 SO_2，其设备与使用液氯时相同。

7.3.3.2　铜催化剂制备、计量装置

先把铜盐（如 $CuSO_4 \cdot 5H_2O$）配成 10% 溶液。然后再经流量计计量后加入反应器。这部分设备的防腐尤为重要，10% $CuSO_4 \cdot 5H_2O$ 溶液对钢铁的腐蚀速度可达到 0.5cm/d。所以必须采用防腐设备，如使用玻璃钢、涂敷环氧树脂、PVC 等材料制造搅拌槽、管道、阀门。

7.3.3.3 石灰乳制备

使用石灰制乳的氰化厂较多。制乳工艺有两种，一种是连续加水，间歇加灰（每小时 1~2 次）。其缺点是石灰乳浓度波动大。另一种是采用两台制乳槽轮换作业，交替使用，虽然石灰乳浓度稳定，但操作不方便。而且这两种制乳工艺均要处理积累于制乳槽底部的灰渣，较为麻烦，也有采用球磨机与螺旋分级机联合制石灰乳的，虽效果好，但投资大，占地面积大，成本高。无论采用哪种制乳方法，加石灰乳的管线都容易产生堵塞，为此，有采用泵循环石灰乳进行加石灰乳作业的，虽解决了堵塞问题，但成本增加，投资增大。比较简单的办法是利用较高的流速（石灰乳管径小、管线短、弯头少且光滑），并用球阀调节流量，也可在石灰乳管线易堵处（阀门处等）加定时疏通装置，其介质可以是压力水也可是压缩空气，这种办法效果好，投资小。采用石灰乳调节 pH 值时，不必设中和槽，石灰乳与废水的混合位置可以设在废水进入反应槽前的管道中或反应槽内。石灰乳浓度一般为 10%~20%。当氰化物浓度不高，SO_2 耗量不太大时，可一次性加入石灰乳，以便于简化控制反应 pH 值的系统。

7.3.3.4 反应控制设备

目前国外采用 pH 值调节仪表控制石灰乳加量，国内均采用人工调节。国内外尚无有关自动检测处理效果的自动在线仪表，均靠人工分析处理后废水中氰化物含量的方法调节药剂的添加量，滞后情况比较严重。因此，常常发生因加药量不合适而造成处理效果变差的现象。为解决这个问题，可设较大的均合池，使废水氰化物浓度在短时间内波动较小。

7.3.3.5 二氧化硫—空气氧化法的二次污染

A 二氧化硫及亚硫酸盐

SO_2 是有毒气体，在二氧化硫—空气氧化法处理含氰废水过程中，要保证 SO_2 管线、阀门密封良好、不泄漏，如果采用充入 SO_2 气体进行反应的除氰工艺，要保证 SO_2 吸收完全并使用密封式反应器或半密封式反应器与引风机配合，把废气排走。保证车间及周围大气中 SO_2 含量小于 $15mg/m^3$。由于处理废水使用 SO_2 较少，而且在碱性条件下进行反应，这一点是可以保证的。工业实验结果表明，反应后废气中 SO_2 含量在 $2.56~10.24mg/m^3$，小于国家规定的车间卫生标准 $15mg/m^3$。

为了达到一定的氰化物去除效果，必须保证废水中亚硫酸盐（SO_3^{2-}、HSO_3^- 或 $CaSO_3$）浓度，因而排水的 COD 可能增加许多，超过国家规定的排放标准。不过，水中的亚硫酸盐很快会与空气反应氧化成硫酸盐。在尾矿库内的自然净化可使亚硫酸盐含量大大降低，废水 COD 一般会低于国家工业废水排放标准 $400mg/L$。

B 含氰沉淀物的再溶性

反应过程生成的重金属亚铁氰化物沉淀以及少量的 CuCN、$Zn(CN)_2$ 等将在尾矿库内沉淀下来。重金属的亚铁氰化物沉淀很稳定，加拿大国际镍金属公司在 pH 值 4~9 范围内所做的实验表明，这些沉淀物所含的氰化物并不会因时间的延长而有明显的溶出。这可能是 CN_T^- 浓度与 $Fe(CN)_6^{4-}$ 所形成的重金属沉淀物在 $CN^- < 0.5mg/L$ 时尚处于化学平衡状态所致。

C NH$_3$和HCN对大气环境的影响

废水处理过程中，必然会生成NH$_3$并逸入气相，但逸出气相的NH$_3$总量远小于氰酸盐全部水解产生的NH$_3$，这是因为氰酸盐在处理氰化物的有限反应时间里不能全部水解，而且生成的氨一部分会以NH$_4^+$形式存在于废水中，一部分以Cu(NH$_3$)$_4^{2+}$形式存在，故反应废气中NH$_3$浓度有限。另外，反应过程中HCN的挥发量占氰化物浓度的2%左右，废气中的HCN浓度可能会超过国家规定的工业卫生标准（0.3mg/m^3）。因此，废气必须外排，不得直接排到车间室内，可考虑安装风机把废气排到室外或采取其他措施。氨的浓度也和反应pH值及废水氰化物浓度有关，pH值越高，NH$_3$的挥发量越大。据实测，当废水中含氰化物400mg/L时，各反应槽排气总管NH$_3$浓度为20~25.3mg/m^3。

7.3.4 工艺特点

二氧化硫—空气氧化法是一种纯消耗性的处理含氰废水（浆）方法，无经济效益，因此，人们常常把这种方法与氯氧化法比较。

优点：二氧化硫—空气氧化法能把废水中总氰化物（CN$_T$）降低到0.5mg/L，而氯氧化法仅能把可释放氰化物降低到0.5mg/L；能去除亚铁氰化物和铁氰化物，废水中重金属的去除效果较好，在车间排放口除铜有时超标外其他重金属均达标；可处理废水，也可处理矿浆；所需设备为氰化厂常用设备，投资少，易于操作、管理和维护；工艺过程比较简单，可人工控制，也可自动控制，均可取得满意的处理效果；当催化剂适量时，反应速度较快，可在0.5~1.0h内完成反应；药剂来源广，对药剂质量要求不高，可利用企业的废气作为SO$_2$药剂来源；处理后废水组成简单，对受纳水体影响小，给废水循环使用创造了条件。既可间歇处理，又可连续处理；处理成本通常比氯氧化法低，尚可被矿山接受。

缺点：不能消除废水中的硫氰化物，处理含硫氰化物的废水时，废水残余毒性较大。车间排放口处铜离子有时超标，但尾矿库溢流水中铜离子不会超标。产生的氰酸钠水解慢，废水在尾矿库停留时间需长些，否则废水仍具有一定毒性。可能需要添加铜盐作催化剂，电耗高，一般是氯氧化法的3~5倍。

7.3.5 影响因素

二氧化硫—空气氧化法的影响因素主要包括反应pH值、催化剂添加量、二氧化硫添加量、充气量及空气弥散程度等。

7.3.5.1 反应pH值的影响

初始溶液pH值不同会影响氰化物的氧化还原电位。反应过程如果pH值过低，会逸出HCN和SO$_2$，氨以NH$_4^+$形式存在，导致氧化反应速度减慢，处理后废水中残氰含量高；理论上，溶液pH值较高有利于降低氰化物的氧化还原电位，但过高的pH值，不利于CNO$^-$水解，却有利于NH$_3$从液相逸出，反应速度减慢，残氰含量也高。因此，对反应pH值的控制要求严格，氨的生成和铜氨络离子的生成都要求反应pH值在7~8范围，过高过低都不利于反应的进行。

7.3.5.2 催化剂添加量的影响

废水中的含有的Cu(CN)$_2^-$、Cu(CN)$_3^{2-}$络离子及加入的二价铜离子对氧化反应均有催化作用，当废水中的铜含量超过 50mg/L 时，如果废水中氰化物含量较低，不需要再加入硫酸铜。另外，由于氰离子的氧化，$Cu(CN)_2^-$ 与 $Cu(CN)_3^{2-}$ 络离子解离后，Cu^+ 被氧化生成的 Cu^{2+} 可能会形成氢氧化铜沉淀或者与废水中的 $Fe(CN)_6^{4-}$ 形成复合沉淀。因此，铜催化剂的添加量随着废水中 CN^- 浓度的增加而应有所增加，一般以保持废水中铜浓度 50 ~ 150mg/L 为佳，当废水中 SCN^- 含量高时，加入量应有所增加。

7.3.5.3 二氧化硫添加量的影响

SO_2 的消耗与 CN^- 浓度有关，理论上 $SO_2/CN^- = 2.48$。为了达到较低的残氰含量，反应后必须使 SO_3^{2-} 浓度保持一定值，当废水氰化物含量低时，这个数量与除氰所需要的 SO_3^{2-} 相比大得多，因而 SO_2/CN^- 应维持较大值，当 $CN^- \leqslant 50mg/L$ 时，$SO_2/CN^- = 10 \sim 15$；当废水氰化物含量高时，该值与除氰所需的 SO_3^{2-} 相比就很小，因而 SO_2/CN^- 就可以保持较小值，当 $CN^- \geqslant 200mg/L$ 时，$SO_2/CN^- = 4 \sim 6$。因此，实际的 SO_2/CN^- 随废水中氰化物浓度的增加而降低，一般应高于理论计算值。

7.3.5.4 空气充气量的影响

反应所必需的氧是由空气提供的，充气量过高将降低氧在废水中的溶解度，降低氧化反应效率；过低将导致废水中溶解氧与 SO_2 形成硫酸根，从而降低氰化物的氧化还原电位和氧化反应效率。这就要求向废水（浆）中充入适量的空气，由于空气溶于废水是两相反应，受液膜传质速度控制，溶解速度很低，故空气应以微小气泡在整个反应过程中不断地充入废水中，比较理想的充气设备是慢速搅拌槽内设气体分布设备，当然也可用其他类型的充气设备，不过当处理矿浆时，有些充气方法受到限制，充气的方式与反应的电耗密切相关。

7.3.6 应用实例

（1）国内某氰化厂，其贫液先用酸化回收法处理，处理后的废水采用以焦亚硫酸钠为 SO_2 源的二氧化硫—空气氧化法处理。当反应 pH 值为 7 ~ 10，反应时间 1h，CN^- 浓度 60 ~ 80mg/L 时，硫酸铜的添加量 0.6kg/m³，焦亚硫酸钠添加量 1.2kg/m³，电耗为 4.7kW·h/m³。车间排放口 CN^- 浓度一般在 0.7mg/L 以下，最高不超过 2.0mg/L，总外排水 CN^- 浓度低于 0.5mg/L。

（2）1991 年新城金矿采用的焦亚硫酸钠—空气法除氰工艺投入运行，该方法利用 $SO_2 - O_2$ 混合气体做氧化剂，用二价铜做催化剂，控制在一定的 pH 值范围内使 CN^- 氧化为 CNO^-，CNO^- 再经水解生成 NH_3 及 HCO_3^-。二氧化硫以焦亚硫酸钠的形式加入，二价铜是以 $CuSO_4 \cdot 5H_2O$ 的形式加入，用石灰调节 pH 值至 8 ~ 9。酸化回收工艺二次发生废液自塔底自流进入 1 号沉淀池，而后自流进入 2 号、3 号沉淀池，在 3 个沉淀池中大部分硫氰化亚铜沉淀至池底。在 3 号沉淀池用泵吸取废水进入中和槽，与石灰乳中和使 pH 值升至 10 ~ 12，然后废水进入 1 号反应槽，在 1 号反应槽中加入浓度为 10% 的焦亚硫酸钠溶液和浓度为 10% 的硫酸铜溶液。主要工艺流程如图 7 - 9 所示。处理后废液含氰浓度从 0.5mg/L 降低到 0.2mg/L，含铜浓度从 0.92mg/L 降低到 0.2mg/L，均达到国家废水排放标准。

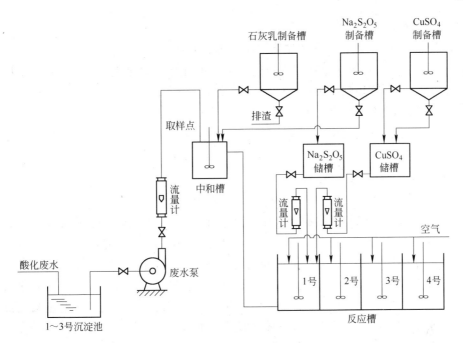

图 7 - 9　焦亚硫酸钠—空气法工艺流程图

7.4　臭氧氧化法

臭氧氧化法是利用空气或氧气在高压高频电荷通过电晕放电产生的臭氧，使氰化物、硫氰酸盐氧化的一种方法，可应用于低浓度含氰、硫氰酸盐外排废水的处理。

7.4.1　反应原理

7.4.1.1　臭氧的物化性质[1]

臭氧（O_3）是氧的同素异形体，由三个氧原子组成，3 个氧原子呈三角形排列，两个O—O 键长为 127pm ± 0.3pm。纯净的 O_3 常温常压下为淡蓝色气体，液态呈深蓝色，密度为 2.143kg/m³（0℃，101.325kPa），与空气的密度比为 1.657。浓度很低时有清新气味，浓度高时则有强烈的漂白粉味，有毒且有腐蚀性。在标准压力和温度下，臭氧在水中的溶解度比氧气大 10 倍，比空气大 25 倍。臭氧溶解的稳定性受水中所含杂质的影响较大，特别是有金属离子存在时，臭氧可迅速分解成氧气。臭氧在空气中的含量极低，故分压也极低，就会迫使水中的臭氧从水与空气的界面上逸出，使水中臭氧体积分数总是处于不断降低状态。在水中臭氧的分解反应如式（7-106）、式（7-107）所示：

$$O_3 + OH^- \Longrightarrow HO_2^- + O_2 \qquad (7-106)$$

$$O_3 + HO_2^- \Longrightarrow OH^- + 2O_2 \qquad (7-107)$$

臭氧很不稳定，在常温下即可分解为氧气。臭氧的氧化电位为 2.07V，是氧化能力仅次于 F_2 的一种强氧化剂。臭氧作为氧化剂、催化剂和精制剂应用于化工、石油、造纸、纺织和制药、香料等行业。臭氧的强氧化能力很容易打断烯烃、炔烃类有机物的碳链结合键，使其部分氧化后组合成新的化合物。臭氧之所以表现出强氧化性，是因为分子中的氧原子具有强烈的亲电子或亲质子性，臭氧分解产生的新生态氧原子也具有很高的氧化活性。

7.4.1.2 臭氧氧化除氰机理[16]

臭氧在水中易分解为氧，使溶解氧增加，不会残留有害成分。铜离子（Cu^{2+}）能起催化作用，它能加快 O_3 氧化氰离子和氰酸根离子的速度。当废水中含有 1mg/L Cu^{2+} 时，可以将除氰反应时间缩短到原来的 2/3～3/4。氰化氢、氰离子及锌、镉和铜等的氰络合物，以及硫代氰酸盐都能很容易地被破坏。

在碱性介质中，臭氧氧化还原电位为：

$$O_3 + 2OH^- \longrightarrow H_2O + 2O_2 + 2e \quad E^0 = 1.24V \tag{7-108}$$

CN^- 的氧化还原电位为：

$$CNO^- + H_2O + 2e \longrightarrow CN^- + 2OH^- \quad E^0 = -0.97V \tag{7-109}$$

臭氧在水溶液中可以和氰化物以两种途径进行反应：（1）臭氧分子与氰化物的直接反应；（2）部分臭氧分子分解后产生的自由基与氰化物的间接反应。臭氧在水中分解产生的强氧化性·OH 自由基作为氧化的中间产物，引发自由基链式氧化反应，同时在水溶液中可释放出原子氧参加反应，表现出很强的氧化性，能彻底氧化游离状态的氰化物。臭氧与氰化物反应可生成氰酸盐，生成的氰酸盐进一步水解后，分解为氮气与碳酸氢根。臭氧可以将废水中的硫氰酸盐转化为氰化物。反应式如下：

$$CN^- + O_3 = CNO^- + O_2 \tag{7-110}$$

$$2CNO^- + 3O_3 + H_2O = N_2 + 2HCO_3^- + 3O_2 \tag{7-111}$$

$$SCN^- + O_3 + H_2O = CN^- + H_2SO_4 \tag{7-112}$$

该方法可使氰化物降低到 0.2mg/L 以下，但不能破坏亚铁氰化物、铁氰化物。其基本原理与氯碱处理法基本相同，也按二段进行反应。但反应条件却与氯碱法有某些不同。第一段的反应产物为 CNO^-，CNO^- 的毒性大减，仅为 CN^- 的 1%。经第二段反应，可达到完全无害的程度，反应的最终产物是重碳酸盐（HCO_3）和氮（N_2），并释放出臭氧的还原产物 O_2，O_2 溶于水中能够起到改善水质的作用。

7.4.2 工艺流程

臭氧氧化法处理提金氰化废水的原则工艺流程如图 7-10 所示。主要包括臭氧发生系

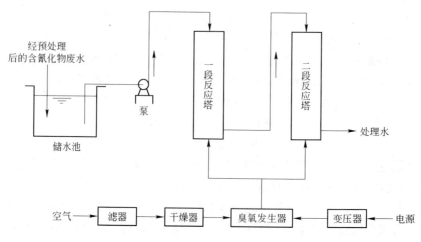

图 7-10 含氰废水臭氧氧化处理工艺流程

统、接触反应系统及尾气处理系统[3]。

7.4.2.1 臭氧发生系统

臭氧发生系统包括气体的预处理、臭氧发生器、供电设备、电气控制及检测设备等。根据目前的水平，O_3 的生产原料有空气、纯氧气、液氧三种。在 20 世纪 80 年代，生产中常使用干燥空气制取 O_3，获得的臭氧浓度一般在 1% ~ 3%，能耗较大。纯氧一般由变压吸附法或负压吸附法现场制取，通常用于臭氧应用规模较大的场合，液氧一般应用于中小规模（臭氧量低于 50kg/h）。随着臭氧发生技术的进步，原料气已逐渐向纯氧气方向转化，能耗也有大幅度降低。

进入臭氧发生器的空气，必须经过净化，除去空气中的杂质和水分。为防止润滑油污染空气堵塞干燥剂，宜采用无油润滑的空压机。从空压机出来的空气，经 $CaCl_2$ 盐水冷却液预冷，使空气温度降至 5 ~ 10℃，减少含湿量。经旋风分离器除去大颗粒杂质及一部分水分，再经瓷环过滤器去除细小杂质和水分，经硅胶干燥器及分子筛干燥器进一步去除水分，达到一定的干燥度。由于硅胶和分子筛会产生一定的粉尘，空气经过干燥后，需再次进行过滤。除瓷环和脱脂棉外，空气过滤器的填料也可以采用纱布、毛毡、活性面料和塑料泡沫等。干燥剂还可用活性氧化铝，干燥剂吸湿饱和后，必须活化再生，将吸附的水分解吸。

氧气在电子、原子能射线、等离子体和紫外线等的作用下将分解成氧原子，这种氧原子极不稳定，具有较高的能量，能很快与氧气结合成三个氧原子的臭氧。电解稀硫酸和高氯酸时，含氧基团向阳极聚集、分解、合成也能产生臭氧。

7.4.2.2 接触反应系统

通过一定方式使臭氧气体扩散到水中，并使之与水全面接触和完成预期反应，这一过程是通过臭氧接触反应设备来完成的。臭氧接触反应系统一般分为以纯氧或富氧空气为原料的闭路系统以及以空气或富氧空气为原料气的开路系统。开路系统将用过的废气排放掉，而闭路系统与之相反，废气又返回到臭氧制取设备，一般用两个内装分子筛的压力转换氮分离器交替工作来降低含氮量，高压时吸附氮气，低压时释放氮气。

臭氧接触氧化设备包括气液混合器，螺旋叶片管道混合器，臭氧接触氧化塔及接触氧化池。目前主要采用氧化接触塔，是臭氧发生器的重要辅助设备。臭氧氧化塔工作原理是：被处理污水经吸水泵提升加压后由塔上端的进水口进入，经塔的喷淋装置下流，而臭氧化气体自设置在塔底部的微孔扩散设备，扩散成微小气泡上升，气水逆流接触完成处理过程。处理水经塔底的出水口排出。通常情况下，空塔即能完成反应，但因被处理污水的水质复杂程度各有不同，所以塔内放置合适的、适量的填料，其主要作用是增强曝气能力，吸附污水悬浮物，提高传质反应效果。填料可采用鲍尔环、波纹板等，根据水质状况，也可添加特殊的催化氧化填料，增加氧化效果。氧化塔工作时产生的尾气经尾气管排出。臭氧氧化塔的选型参数主要取决于臭氧发生量、污水供应量、气水接触时间。

根据臭氧化空气与水的接触方式，臭氧接触反应设备分为气泡式、水膜式和水滴式三类。气泡式臭氧接触反应器是一种用于受化学反应控制的气液接触反应设备，目前是我国水处理中应用最多的一种。气泡越小，气液的接触面积越大，但对液体的搅动越小。根据反应器内产生气泡装置的不同，气泡式反应器可分为多孔扩散式、表面曝气式和塔板式三种。

塔板式反应器有筛板塔和泡罩塔，如图 7 - 11 所示。塔内设多层塔板，每层塔上设溢流堰和降液管，水在塔板上翻过溢流堰，经降液管流到下层塔板。塔板上开许多筛孔的称为筛板塔。上升的气流通过筛孔，被分散成细小的股流，在板上水层中形成气泡与水接触后逸出液面，然后再与上层液体接触。板上的溢流堰使板上水层维持一定深度，以便降液管出口淹没在液层中形成水封，防止气流沿降液管上升。运行时应维持一定的气流压力，以阻止污水经筛板下漏。塔板上的短管作为气流上升的通道，称为升气管。泡罩下部四周开有许多缝或孔，气流经升气管进入泡罩，然后通过泡罩上的缝或孔，分散成细小的气泡进入液层。运行时应控制气流压力，使泡罩形成水封，以防止气流从泡罩下沿翻出。泡罩塔不易发生液漏现象，气液负荷变化大时，也能保持稳定的吸收效率，不易堵塞，但构造复杂，造价高。

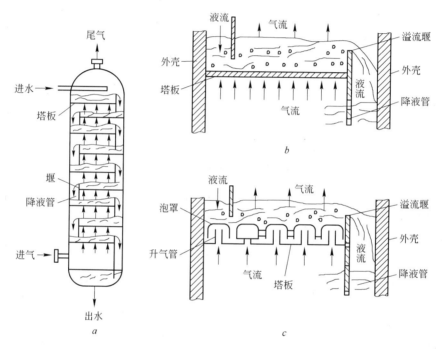

图 7-11　筛板塔和泡罩塔

a—板式吸收塔；b—筛板；c—泡罩

7.4.2.3　尾气处理系统

臭氧对生物体有破坏作用，吸入人体会对气管与肺部产生危害。当臭氧浓度大于 0.00001% 时，人们就能闻到异常的臭味，浓度超过 0.0001% 就无法忍受。而从臭氧接触反应器排出的尾气浓度一般为 0.05%～0.3%。尾气直接排放将对周围环境造成污染，危害健康，还会影响植物生长，甚至使树木和庄稼枯萎。因此要通过人为破坏的方法将接触反应设备中排放的剩余臭氧分解成对环境无害的氧气。

尾气的处理方法包括活性炭吸附法、化学吸收法、催化分解法和高温加热法等。目前多使用高温加热法和催化分解法。高温加热法：臭氧加热到 350℃ 时，其半衰期小于 0.04s，它在 1.5～2s 内便可 100% 分解。加热法的优点是安全可靠，维护简单，并可回收热能；缺点是增加了部分设备投资和运行能耗。催化分解法：它是利用催化剂对臭氧尾气进行分解破坏，目前使用的催化剂是以 MnO_2 为基质的填料。催化剂法的优点是设备投资和运行能耗比高温加热法低；缺点是处理效果受水质（如硫化物、卤素）、环境质量、尾气的含水率、催化剂的使用年限等因素影响，其安全稳定性比高温加热法差，且催化剂需要定期更换。

7.4.3 工艺特点

臭氧氧化分解法处理氰化废水的优点：臭氧可将氰化物氧化为氰酸盐，再氧化为二氧化碳和氮气，消除了 CN^- 毒性且无二次污染。同时，臭氧是一种很活泼的氧化剂，反应快，比常用的氯氧化处理含氰废水所需费用低。工艺简单、方便，无需药剂贩运，只需 1 台臭氧发生器，在整个反应过程中不增加其他污染物，污泥量少，且因增加了水中的溶解氧而使出水不易发臭。

缺点：成本极其昂贵、电耗高，臭氧发生器设备复杂、维修困难及适应性差，而且对铁、亚铁氰化物中的氰无氧化能力，只能把 $Fe(CN)_6^{4-}$ 氧化为 $Fe(CN)_6^{3-}$，因此当废水中含有 $Fe(CN)_6^{4-}$ 时，臭氧氧化法效果不理想[17]。

7.4.4 影响因素[3,18~20]

7.4.4.1 pH 值的影响

pH 值对臭氧的氧化效果有一定的影响，随着溶液 pH 值的增高，废水的 CN^- 去除率逐渐增大，但 pH 值增高，O_3 在水中的溶解度有所降低，O_3 的利用率降低。pH 值对氰化物处理效果的影响结果见表 7-5[19]。当溶液 pH 值超过 13 以后，去除率有所下降。综合考虑最佳的 pH 值范围是 7~12，但考虑到出水的 pH 值问题，实际操作 pH 值应控制在 9.0 以下。

表 7-5 pH 值对处理效果的影响

pH 值	臭氧投加量		氰化物/mg·L^{-1}		氰化物去除率/%
	mg	mg/L	氧化前	氧化后	
3	800.00	133.33	22.40	1.20	94.0
5	800.00	133.33	22.40	0.64	97.0
7	800.00	133.33	22.40	0.44	98.0
9	800.00	133.33	22.40	0.40	98.2
11	800.00	133.33	22.40	0.36	98.4
12	800.00	133.33	22.40	0.35	98.4
13	800.00	133.33	22.40	0.50	97.8

7.4.4.2 臭氧投加量的影响

在反应的第一阶段，将 1mg CN^- 转化为 CNO^-，需臭氧 1.84mg，而第二阶段将 CNO^- 转化为无害的 N_2 及 HCO_3^-，则 1mg CN^- 需臭氧 4.61mg。考虑到废水中还含有其他还原性物质与 CN^- 共存，O_3 的实际投加量一般高于理论值。臭氧投加量对处理效果的影响结果见表 7-6[19]。随着氧化反应时间的增加，臭氧投加量的增加，废水中氰化物的浓度迅速降低，当氰化物残余浓度下降到 3.56mg/L 后，下降速度减缓。当氧化反应时间达到 12min，臭氧投加量为 133.33mg/L 时，氰化物去除率可达到 98.1%，残余氰化物浓度为 0.43mg/L，达到了废水排放标准。

表7-6 臭氧投加量对处理效果的影响

氧化反应时间 /min	臭氧投加量		氰化物/mg·L^{-1}		氰化物 去除率/%
	mg	mg/L	氧化前	氧化后	
2	133.33	22.22	22.40	12.71	43.3
4	266.67	44.44	22.40	7.12	68.2
6	400.00	66.67	22.40	3.56	84.1
8	533.33	88.88	22.40	1.64	92.7
10	666.67	111.11	22.40	0.73	96.7
12	800.00	133.33	22.40	0.43	98.1
14	933.33	155.56	22.40	0.31	98.6

7.4.4.3 接触时间的影响

臭氧注入水中后，水为吸收剂，臭氧为吸收质，传质在气液两相间进行，同时臭氧与水中的杂质进行氧化反应，它不仅与相间的传质速率有关，还与化学反应速率有关。为了保证在反应器（塔）内好的气、液接触效果，提高臭氧的利用率，必须选择合适的接触反应时间。接触氧化时间过短，臭氧气泡在水中不能达到溶解平衡，处理效果不佳。研究表明，接触时间20min时，游离CN$^-$可去除99%。但金属氰络合物在20min内仅能够去除60%，因此，一般接触时间应介于45~60min之间。

7.4.4.4 催化剂的影响

臭氧催化氧化机理一般可分为两种：一种是臭氧在催化剂的作用下分解生成自由基；另一种是催化剂与O$_3$之间发生复杂的配位反应。与臭氧单独作为氧化剂相比，臭氧在催化剂的作用下形成的·OH与杂质的反应速率更高、氧化性更强。催化剂对处理效果的影响见表7-7。实际运行结果表明[19]，以铜离子作催化剂能够加快臭氧氧化氰化物的速度，尤其是反应初期效果更加明显。铜离子对O$_3$与CN$^-$的氧化反应具有催化作用，当废水中存在1mg/L左右铜离子的条件下，O$_3$对CN$^-$的氧化分解所需时间较正常情况可缩短1/4~1/3。

表7-7 催化剂对处理效果的影响

氧化反应时间 /min	臭氧投加量		氰化物/mg·L^{-1}		氧化物 去除率/%
	mg	mg/L	氧化前	氧化后	
2	133.33	22.22	22.40	11.44	48.9
4	266.67	44.44	22.40	6.35	71.7
6	400.00	66.67	22.40	3.13	86.0
8	533.33	88.88	22.40	1.27	94.3
10	666.67	111.11	22.40	0.48	97.9
12	800.00	133.33	22.40	0.36	98.4
14	933.33	155.56	22.40	0.28	98.8

7.4.5 应用实例

中国黄金集团夹皮沟黄金矿业有限公司采用臭氧氧化法，通过采取改变和控制氧化工艺条件和参数，有效实现单一方法对多种污染物质的深度氧化，研究开发了先进的气—液曝气和氧化反应分布装置，提高一次曝气率。处理后废水中总氰含量小于0.2mg/L、COD含量小于50mg/L，均低于相关排放标准；硫氰酸盐（SCN⁻）几乎被全部分解；总铁含量小于0.1mg/L；臭氧利用率达到95%以上；日稳定处理低浓度含氰、硫氰酸盐废液512m³（总氰、硫氰均为30mg/L以下）。该工艺方法生产营运成本低，实际消耗直接成本4.11元/m³（废水）。在氧化处理游离氰的同时，对硫氰酸盐、铁氰络合物及亚铁氰络合物的去除有其他方法无法比拟的优势，具有较高的推广应用价值。

7.5 生物化学法

氰化物是剧毒物质，但因其分子构成是微生物代谢生长过程中所需的两种主要营养成分，故含氰废水具有生化降解性[21]。在自然界中，某些藻类和细菌能够降解氰化物，有些微生物能利用氰化物、硫氰酸盐在它们细胞代谢过程中合成氨基酸等。人们从污水、土壤中分离微生物，并进行强化培养，使之用于水处理工艺。当废水中氰化物浓度较低时，利用能破坏氰化物的一种或几种微生物以氰化物和硫氰化物为碳源和氮源，将氰化物和硫氰化物氧化为 CO_2、氨和硫酸盐，或将氰化物水解成甲酰胺，同时重金属被细菌吸附而随生物膜脱落除去，这就是生物化学法。

7.5.1 氰化物降解菌

7.5.1.1 种类

近年来，随着科技的发展，国内外研究人员在氰化物降解菌的筛选和分离方面做了大量工作，筛选、分离出包括假单胞细菌（*Paucimobilis*）、荧光假单细菌（*Pseudomonas fluorescens* NCIMB11764）、诺卡氏菌（*Nocardia*）、木糖氧化产碱菌木糖氧化亚种PF3、恶臭假单胞菌（*Pseudomonas putida*）、施氏假单胞菌（*Pseudomonas stutzeri* AK61）、腐皮镰孢菌（*Fusarium solani*）、尖镰孢（*Fusarium axysporum* N－10）、短小芽孢杆菌（*Bacillus pumilus*）、隐球菌属（*Cryptococcus humicolus* MCN2）、产酸克雷伯氏菌（*Klebsiella oxytoca*）等20个属，共计50多种菌株[22]。

7.5.1.2 生理生化特性

不同的氰化物降解菌具有不同的生理生化特性。几种氰化物降解菌的生理生化特性见表7－8[23]。

表7－8 氰化物降解菌的生理生化特性

菌 种	碳 源	氮源	最适pH值	最适温度/℃
P. putida	CN^-	CN^-	7.5～9.5	25
P. fluorescens NCIMB11764	葡萄糖	CN^-	7	30
P. stutzeri AK61	葡萄糖	CN^-	7.5	30
O. Pumilus	CN^-	CN^-	7.4～10.5	30
A. xylosoxidans Subsp. denitrificans PF3	葡萄糖、蔗糖、乙酸盐	CN^-	7.5	25
F. oxysporum N－10	葡萄糖	TCN	7.2	30

菌　种	碳　源	氮源	最适 pH 值	最适温度/℃
C. humicolus MCN2	葡萄糖	CN⁻	7.5	25
K. oxytoca	葡萄糖	CN⁻	7	30
K. oxytoca	CN⁻	CN⁻	9.2 ~ 10.7	30
F. solani	葡萄糖	CN⁻	4.7	30

注：表中 TCN 为 $K_2Ni(CN)_4$。

从表 7 – 8 可以看出，除腐皮镰孢菌外，大多数菌株都属于有机营养型，生长环境为 pH 值中性或偏碱性，温度为中温。尖镰孢 N – 10 菌株和荧光假单胞菌 NCIMB11764 在好氧和厌氧条件下均可生长，腐皮镰孢菌在酸性、中性和偏碱性条件下均可生长，其他菌株只能生长于有氧条件下。

7.5.2　生物法处理的原理

微生物对氰化物降解的生物化学过程是比较复杂的，主要有以下四种途径：

（1）同基质的化学反应：当水中有氰化钠或氰化钾发生水解时，氢氰酸才在水中溶解。同时 CN⁻ 与葡萄糖发生反应形成葡萄糖酸，使氰离子浓度大大降低。

（2）生物吸附作用：微生物机体细胞外成分在吸附中起一定作用，但在去除氰化物全过程中吸附所占比重不到 15%。

（3）生物代谢作用：微生物可以以氰化物或硫氰化物为碳源和氮源。将氰化物和硫氰化物氧化为二氧化碳、氨和硫酸盐，或将氰化物水解成甲酰胺。

（4）脱除作用（Stripping）：通过微生物作用将 CN⁻ 分解为无害气体（CO_2 或 NO_2）逸出，这种机理在曝气型生物处理过程中起着重要作用。

在这四种途径中，生物代谢作用与脱除作用是主要的，90% 的氰化物是以这两种作用去除的。

当废水中氰化物浓度较低（ < 200mg/L ）时，某些厌氧或好氧微生物以氰化物和硫氰化物作为碳源和氮源，将其转化为 CO_2、氨和硫酸盐，或将硫氰化物水解成甲酰胺，有的微生物可以将硫氰酸盐和氨的氰化物氧化，同时随生物膜脱落以吸附作用去除重金属[24,25]。

生物法处理含氰废水分两个阶段：第一阶段是微生物（革兰氏杆菌）以氰化物、硫氰化物为碳源、氮源，将氰化物和硫氰化物分解成碳酸盐和氨，见式（7 – 113）和式（7 – 114）：

$$2CN^- + 4H_2O + O_2 \Longrightarrow 2HCO_3^- + 2NH_3 \qquad (7-113)$$

$$2SCN^- + 4H_2O + 5O_2 \Longrightarrow 2SO_4^{2-} + 2HCO_3^- + 2NH_3 \qquad (7-114)$$

其中微生物对金属氰化物的分解顺序是 Zn、Ni、Cu、Fe，对硫氰化物的分解与此类似，最佳 pH 值为 6.7 ~ 7.2。

第二阶段为硝化阶段，利用嗜氧自养细菌将 NH_3 分解，见式（7 – 115）和式（7 – 116）：

$$2NH_3 + 3O_2 \Longrightarrow 2NO_2^- + 2H^+ + 2H_2O \tag{7-115}$$

$$2NO_2^- + O_2 \Longrightarrow 2NO_3^- \tag{7-116}$$

经过以上两个阶段，氰化物和硫氰化物就会被分解成无毒物，从而达到处理的目的。

7.5.3 工艺流程

根据使用的设备和工艺，微生物法降解氰化物可分为活性污泥法、生物过滤法、生物接触法和生物流化床法。国内外利用生物化学法处理焦化、化肥厂含氰废水的报道较多。

传统活性污泥法处理废水的基本工艺流程如图 7-12 所示。废水和回流活性污泥从曝气池的首端进入，呈推流式至曝气池末端流出。活性污泥对有机物及氰离子的吸附、氧化和同化过程是在一个统一的曝气池内连续进行的。曝气池进口处有机物及氰离子浓度高，沿池长逐渐降低，需氧量也沿池长逐渐减少，当进水 BOD_5（五日生化需氧量）浓度较高时，进水端污泥处于对数增殖期，当进水 BOD_5 浓度较低时，则污泥处于停滞期。经 6~8h 曝气后，池末端污泥已进入内源呼吸期，这时污水中的 BOD_5 浓度很低，活性污泥微生物细胞内的储藏物质也将耗尽，BOD_5 去除率一般为 90%~95%，出水水质好。另外，进入内源呼吸期的活性污泥沉降性能好，易于在二沉池中进行固液分离，剩余活性污泥量约为处理水量的 1%~2%[3]。

图 7-12 普通活性污泥法工艺流程

接触氧化处理法是使某种填料浸没于水中，在填料表面和填料间的空隙生成膜状生物性污泥，废水与其接触从而得到净化。为了使净化进行的比较充分，必须使废水循环，反复与生物膜接触。由于填料和生物膜都浸没在废水中，因此必须进行强制性曝气充氧，曝气也兼行使废水循环的功能。鼓风曝气和机械曝气都可应用于本法。

生物接触氧化反应器是生物接触氧化工艺系统的核心装置。主要由池体、填料层、曝气系统、进水与出水系统以及排泥系统所组成。其基本构造如图 7-13 所示。

生物流化床反应器内，通常以粒径为 0.2~0.5mm 的微小颗粒作为载体填料。在填料表面固着主要由于微生物繁衍生育而形成的生物膜。生物流化床反应器内对有机物污染物的净化反应过程，可归纳为下列几个步骤：（1）底物从液相（废水）中转移到生物膜表面；（2）底物在生物膜内传递；（3）氧的扩散与传输；（4）在生物膜内进行底物的生化降解反应。生物膜存在着裂隙、孔穴、通道等构造，它们对底物的传质过程产生一定的影响。传统三相生物流化床工艺系统图如图 7-14 所示。

7.5.4 工艺特点[26]

生物法是处理工业废水比较有前途的方法之一，其技术关键是培养出能直接处理中质

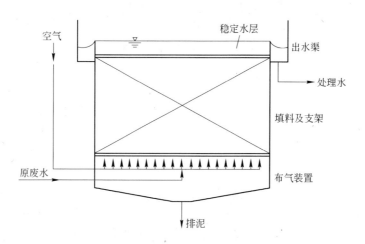

图 7-13　生物接触氧化反应器的基本构造

量浓度污水的优势菌种或新的工艺方法。

优点：生物法处理后的废水水质比较好，CN^-、SCN^-、CNO^-、NH_3、重金属及 $Fe(CN)_6^{4-}$ 均有较高的去除率，排水无毒，尤其是能彻底去除 SCN^-，是二氧化硫—空气法、过氧化氢氧化法、酸化回收法等无法做到的。另外其工艺简单、费用低、适用性强、去除效率高，无二次污染。

缺点：该法的适应性差，仅能处理极低浓度而且浓度波动小的含氰废水，故氰化厂废水应稀释数百倍才能处理，这就扩大了处理装置的处理规模，大大增加了基建投资；温度范围窄，寒冷地区必须有温室才能使用；只能处理澄清水，不能处理矿浆。

7.5.5　影响因素

影响氰的生物降解重要的因素有废水的 pH 值、温度、含氧量、处理时间、降氰菌接种量及营养物质组成等。

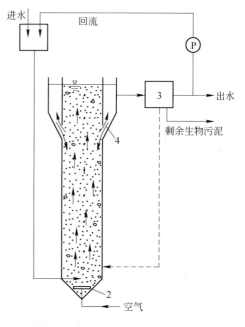

图 7-14　传统三相生物流化床工艺系统图
1—生物流化床反应器；2—曝气装置；
3—沉砂池；4—三相分离器

7.5.5.1　营养物质的影响

营养物质对微生物的作用有以下三个方面：一是提供合成细胞时所需要的物质；二是为细胞增长的生物合成反应提供能量；三是充当产能反应所释放电子的受氢体。氰化物的分子构成是微生物代谢生长过程中所需的两种主要营养成分，这也是其可被生化降解的原因。但由于氰化废水的组成成分较为单一，通常需要人工投加营养物质来保证微生物对碳、氮、磷三大营养要素的正常生理需求。

刘强等[27]对辽宁天利金业有限责任公司生物氧化提金厂经酸化处理后的含氰废水进

行了生物除氰条件实验。从吉林某尾矿库污泥中采集菌种，考察了葡萄糖投加量对生物降氰效果的影响，结果如图 7-15 所示。

从图 7-15 可知，培养基内含有葡萄糖时可以促进微生物对总氰的去除。一方面是由于细菌可以通过双磷酸己糖途径或单磷酸己糖途径将葡萄糖转化为丙酮酸，此过程不仅可以给微生物代谢提供能量，而且产生的丙酮酸可以为微生物代谢氰化物所需的酶系统提供原材料；另一方面还原性的葡萄糖能与氰化物形成氰醇，从而使氰化物的毒性大大降低，且易于为微生物的生长代谢所利用，所以加快了氰化物的降解。

牛肉膏可以提供给微生物碳水化合物、有机氮化物、无机盐类和水溶性维生素，因此也可作为微生物的营养物质。不同牛肉膏投加量对微生物去除总氰的影响结果如图 7-16 所示。随着投加量的增大，总氰去除率有所增加，但变化不大。

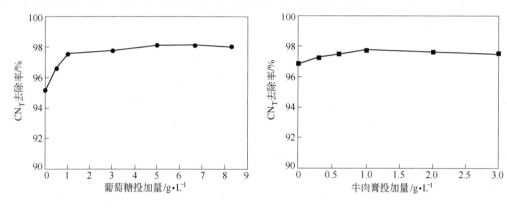

图 7-15 葡糖糖对总氰去除效果的影响　　图 7-16 牛肉膏投加量对总氰去除效果的影响

7.5.5.2　pH 值的影响

微生物的生化反应一般都在酶的催化作用下进行，而 pH 值是影响酶的活性最重要的因素之一，因此废水的 pH 值对生化过程有一定的影响。一般把废水的 pH 值维持在 6.5 ~ 8.5，此时，大多数细菌、藻类、放线菌和原生动物等都能正常生长繁殖。不同 pH 值下微生物对总氰去除率的影响结果如图 7-17 所示[27]。随着氰化废水 pH 值的增大，总氰的去除率有所降低，但降幅不大。pH 值会影响降氰酶的活性，也会使环境中营养物质的存在状态发生改变，从而影响新陈代谢。

7.5.5.3　温度的影响

温度是微生物重要的生存因子，主要影响细菌的生理代谢活动及降解酶的活性。在适宜温度范围内，微生物能正常的进行生长繁殖，随温度的升高，微生物的代谢速率和生长速率可相应提高。而过高或过低的温度都会对微生物生长产生影响。当温度太低，低于某一值时，可使原生质处于凝固状态，微生物的生长不能正常进行，这一温度为微生物生长的最低温度；而温度太高，超过某一温度值时，微生物的核酸、蛋白质和细胞其他成分会发生不可逆的变形作用，该温度为微生物生长的最高温度。不同微生物对温度的要求不同，同一微生物在生长的不同时期对温度的要求也会不同。氰化物降解菌主要为中温菌，其适宜温度范围为 25 ~ 30℃。最低温度为 20 ~ 25℃，最高温度为 35 ~ 40℃。温度对微生物降氰效果的影响实验结果如图 7-18 所示。随着温度的升高，微生物对氰化物的去除率逐渐提升，28℃后升幅减缓，此时总氰去除率已接近 100%。

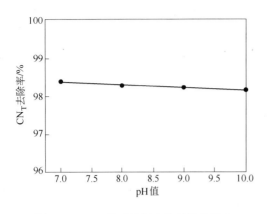

图 7 - 17　pH 值对总氰去除效果的影响　　　图 7 - 18　温度对总氰去除效果的影响

7.5.5.4　溶解氧的影响

氰的生物降解主要用的是好氧型微生物，O_2 作为好氧呼吸的最终电子受体，同时也参与不饱和脂肪酸等的生物合成。一般情况下，微生物只能利用溶解于水中的 O_2，即溶解氧。温度越高，氧的溶解度越低；大气压越高，氧在水中的溶解度越高。为了提供充足的氧，通常采用的方法是设置充氧设备，通过表面叶轮机械搅拌、鼓风曝气、压缩空气曝气或射流曝气等方式给废水中充氧。一般要求反应器中废水保持溶解氧浓度在 2 ~ 4mg/L。

7.5.5.5　处理时间的影响

不同处理时间对微生物去除总氰和 SCN^- 的影响实验结果如图 7 - 19 与图 7 - 20 所示[27]。随着处理时间的延长，总氰的去除率不断升高；62h 总氰的去除率可达到 99.6%，废水中总氰剩余质量浓度为 0.4 mg/L，达到国家排放标准。而硫氰根的去除效果不是很好，随时间延长，硫氰根去除率逐渐升高，但升幅较缓，50h 也不超过 50%。

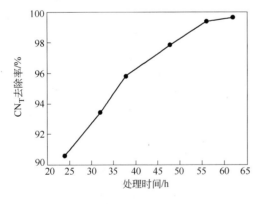

图 7 - 19　不同处理时间总氰的去除率

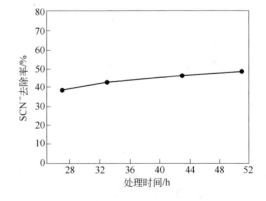

图 7 - 20　不同处理时间 SCN^- 的去除率

7.5.5.6　接种量的影响

接种量直接影响待处理水体中可用微生物的含量，接种量越大，溶液中细菌数量越多，总氰的去除率越高。不同接种量的微生物对废水中总氰去除率的影响实验结果如图 7 - 21 所示[27]。

7.5.6 应用实例

美国霍姆斯特克（Homestake）采矿公司采用的微生物氧化法是微生物用于破坏氰化物的主要成功实例。该公司使用假单细胞细菌（*Paucimobilis*）作为微生物催化剂，常温条件下使氰化物氧化分解，并可净化水中的重金属离子。脱除氰化物的生产实践分为两个阶段：第一阶段在旋转生物反应器（RBC）中除去氰化物和硫氰酸盐。这个阶段，CN^-转化为二氧化碳和氨，硫转化为硫酸根；所用微生物是含氰废水中原有的能耐高浓度氰

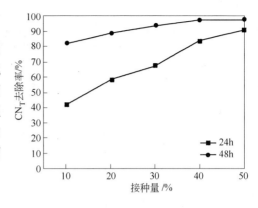

图7-21　接种量对总氰去除效果的影响

化物、硫代氰酸盐的假单胞菌。第二阶段为硝化阶段，为了使氨转变为亚硝酸盐，再变为硝酸盐。使用亚硝化杆菌和硝化杆菌，并加少量碳酸钠和磷酸盐。其主要工艺过程如下：矿井水与氰化水按1：10在混合槽中混合，混合槽中有搅拌装置；混合水进入旋转式生物反应器；补加空气以确保足够的溶解氧和加速微生物繁殖；使用澄清池和分离池，获得清洁的水。该法将硫氰酸盐、铁氰络合物几乎全部除去，总氰去除率达91%～99.5%，游离氰去除率达98%～100%，处理能力为13630L/min。利用假单胞菌处理含氰废水，能够得到含氰化物、硫氰酸盐、铁氰络合物、重金属、氨极低的净化水。该法与双氧水氧化法相比，操作成本降低29%，投资仅为双氧水氧化法的60%[28]。

7.6 研究现状与发展趋势

7.6.1 研究现状

福建紫金矿业股份有限公司黄金冶炼厂采用中和—碱氯—混凝沉降法联合工艺。碱氯氧化法中，采用石灰与漂白粉为原料，总氰的去除率可达到97.4%；混凝沉降法使用三种物质共同处理重金属，去除率达到98%以上，尤其对Cu离子和Zn离子去除率可达到100%。同时，采用该废水处理工艺，可去除废水中悬浮物。

金厂峪金矿于1991年成功开发了酸性氯化法除氰工艺及成套设备。碱性条件下氯以ClO^-形式存在，其氧化能力不如酸性条件下HClO强。酸性氯化法使氯在酸性溶液中水解后主要以HClO形式存在，能加速氧化提高次氯酸的利用率，从而达到了降低氯耗的目的。采用酸性氯化法，氧化能力强、除氰速度快、能连续处理、一次合格排放，大大缩短了处理时间，增加了处理量。处理过程操作简单，大大降低了劳动强度，便于管理。可避免跑氯气和氯化氰的现象，防止了车间空气污染。处理后废水中余氯低，同时解决了废液二次污染等问题[29]。

Parga等[30]在气体喷射水力旋流器（GSH）中用二氧化氯处理含氰废水，研究结果表明，二氧化氯在pH值为2～12时均能较彻底的处理废水中的游离氰。在高pH值下二氧化氯能处理铁氰络合物，在pH值为11.23时铁氰络合物的去除率达78.8%。施阳等[31]在有助剂焦磷酸钠存在时进行了用二氧化氯处理含铁氰化物废水的研究。在废水pH值

5 ~ 9，焦磷酸钠与铁氰化物摩尔比为 1.2 : 1，处理时间为 60min，二氧化氯加入量大于理论量 20% 的工艺条件下，处理后水中总氰化物含量在 0.5mg/L 以下。

山东黄金矿业（莱州）有限公司精炼厂将酸性氯化法和活性炭吸附法相结合，将排放废水氰化物含量降低到 0.04mg/L 以下，达标的废水可以循环使用。该酸性氯化法是利用在酸性环境下氯的强氧化性氧化氰化物使其分解成无毒物，其过程大致如下：将含氰废液 pH 值调为小于 1，加热升温后加入氯酸钠，反应产生氯气，氯气在酸性条件下将绝大部分氰化物氧化分解，氰化物含量降低到 0.5mg/L。因生成的氯化氰在酸性条件下分解缓慢，而且也不与有限浓度的氯进行完全氧化反应，于是将 pH 值调高到 8 ~ 9，CNCl 在 0.5h 内水解生成 CNO^-，CNO^- 再水解生成 NH_3 和 CO_2。在对含氰废水氧化处理之前，用捕集剂对氰离子捕捉后集中进行氧化破氰处理可有效提高效率[32]。

一般的臭氧氧化法不能除去铁氰络合物，为了能去除铁氰络合物，美国 Tinker 空气动力基地研制了臭氧氧化与紫外光解法联合工艺。梁志荣等研究了利用 O_3/UV 处理电镀含氰废水的各种操作条件，结果表明氰化物的去除率可达 99%。我国从 20 世纪 80 年代开始研究臭氧氧化法处理金矿含氰废水，但至今未在实际工程中推广应用，国外已用于处理含氰废水，但其工业应用还有限，其前景不如碱氯法[33]。

滕华妹等[34]采用两级碱性氯化法处理工艺对杭州西尔灵钟厂含氰废水进行处理，间隙法操作，手工控制投药量，原废水含氰浓度 59.8 ~ 141.1mg/L，平均为 84.6mg/L，分段调节 pH 值，采用自制的机械搅拌器搅拌，根据在实验室测得的氰化物浓度，分段计算投药量，废水处理取得很好的效果，排放废水中氰化物浓度均小于国家排放标准 0.5mg/L。

颜海波等[35]采用臭氧技术对电镀含氰废水进行处理，电镀含氰废水中的 CN^- 浓度在 30 ~ 36mg/L 之间，采用以臭氧为氧化剂的活性炭催化氧化技术处理后，CN^- 的出口浓度低于 0.5mg/L，去除率在 97.7% 以上。该处理系统实现了废水处理自动化，具有投资省、效果好、成本低、运行稳定等优点，且不会产生二次污染，值得推广应用。

Monteagudo[36]分别在 O_3、O_3/H_2O_2、O_3/UV 照射和 O_3/H_2O_2/UV 照射条件下处理含氰废水，得出这几种条件下反应都按照一级反应进行；O_3 处理的最佳 pH 值为 12，O_3/H_2O_2、O_3/UV 照射和 O_3/H_2O_2/UV 照射处理的最佳 pH 值为 9.5；O_3/H_2O_2 反应速度最快；在 UV 照射下废水的 COD 下降有明显提高。

M. D. Adjei 等[37]从土壤中分离出 *Burkholderia cepacia strain* C - 3 菌种，该菌种能够利用氰化钾、氰酸钾和硫氰酸钾作为碳源和氮源，对氰化钾的最大耐受限值高达 25mol/L。王翠红等[38]从曝气池活性污泥中分离筛选出高效降解 CN^- 的细菌能够在 6h 内降解 80% 以上 CN^-，8h 内可使 CN^- 由初始 30mg/L 降至 0.5mg/L 以下，达到《污水综合排放标准》（GB 8978—1996）一级排放标准。董新娇[39]从电镀废水及污泥中分离得到真菌，并进行纯化，得到相应的耐氰菌，其中耐力最强的可在 CN^- 2000mg/L 下生长。长春黄金研究院的研究人员[40]用氰降解菌处理经酸化预处理的含氰废水，结果表明反应温度为 10 ~ 30℃，接种量为 5% ~ 25%，pH 值为 6 ~ 10，CN^- 为 30 ~ 300mg/L，并向反应器内充气，反应 24h 后 CN^- 降至 0.5mg/L。

H. J. Gijzen 等[41]用上流式厌氧污泥床（UASB）处理氰化物废水时发现，没有经过驯化的污泥对 5mg/L 的氰化物有较高敏感性，但是当逐渐提高氰化物浓度进行驯化，当水力停留时间达到 12h 时，降解的氰化物最高浓度可达 125mg/L。当氰化物的有效容积负荷为 250g/（m³·d），去除率可达 91% ~ 93%。M. G. Campos 等[42]利用填料床反应器固定化尖孢镰刀菌和甲基杆菌进行氰化物和甲酰胺的生物降解实验，结果显示这两种化合物几乎被完全转化为无毒性的甲酸盐。该系统的转化效率可达到 95% 以上，最后出水的毒性也相对较低。

S. Sirianuntapiboon 等[43]利用 SBR（序批式活性污泥法）处理电镀含氰废水，系统的最佳 BOD₅ 和氰化物负荷分别控制在 0.40g/（m³·d），2.3g/（m³·d），COD$_{Cr}$、BOD₅、TKN（凯氏氮）和氰化物的最大去除率分别可达 77% ~ 81%、82% ~ 88%、46.9% ~ 51.1% 和 97% ~ 98.4%。

7.6.2 发展趋势

化学氧化法处理含氰废水，由于其作用效果明显，速度快，因此被广泛应用。碱性氯化法是相对比较成熟的方法，但过程会产生氯化氰二次污染物，对操作工人危害较大，而且药剂耗量大，长期使用设备腐蚀严重。过氧化氢法处理含氰废水设备和操作较复杂，投资较高，同时双氧水耗量大，且药剂价格昂贵，使它的应用前景受到一定的限制。臭氧氧化法的臭氧发生器成本高、设备维修困难，工业应用受到了一定限制。而二氧化硫—空气氧化法，工艺简单，设备不复杂，处理效果一般优于氯氧化法（不考虑硫氰化物的毒性），药剂来源比较广，尤其是在可产生焙烧 SO₂ 烟气的地区，可利用烟气处理含氰废水，达到以废治废的目的，该法成本低廉，是一种很有发展前途的新方法。生物法目前主要用于低浓度含氰废水的处理，且承受的负荷较小，从而限制了生物法处理含氰废水的推广和应用。随着基因工程、分子工程、分子生物学等技术的应用，生物技术的发展潜力已经凸显，我们应该充分利用自然界的微生物与植物的协同净化作用，并辅以物理或化学方法，寻找净化氰化物的有效途径，这对含氰废水的处理具有现实意义。

化学氧化法是以氧化破坏废水中的氰化物为目的，不利于高浓度的提金氰化废水中氰化物的综合利用，而且处理后废水中氰化物及金属离子很难达标。但是，作为二级或三级深度处理手段，与离子交换法、活性炭吸附法、电化学法等技术联合使用，化学氧化法是一种最佳选择。如果对其作用机理、工艺过程及设备结构等继续进行优化和完善，相信化学氧化法必将成为一种发展前景广阔的提金氰化废水处理技术，造福于人类。

参 考 文 献

[1] 李圭白，张杰. 水质工程学 [M]. 北京：中国建筑工业出版社，2005.

[2] 高大明. 碱性氯化法处理含氰废水 [J]. 黄金，1986，5：60 ~ 64.

[3] 张自杰. 废水处理理论与设计 [M]. 北京：中国建筑工业出版社，2002.

[4] 王秀全. 氯碱法处理低浓度含氰废水 [J]. 甘肃科技，2008，24（17）：29 ~ 30.

[5] 邱廷省，郝志伟，成先雄. 含氰废水处理技术评述与展望 [J]. 江西冶金，2002，22（3）：25 ~ 29.

[6] 高大明. 氰化物污染及其治理技术（续四）[J]. 黄金，1998，5（19）：57 ~ 59.

[7] 许永，邵立南，杨晓松. 碱性氯化法处理黄金氰化废水 [J]. 有色金属工程，2013，3（3）：38 ~ 40.

[8] 熊如意，乐美承. 碱性氯化法处理选矿含氰废水 [J]. 环境科学与技术，1998，3：28 ~ 30.

[9] 王夕亭. 过氧化氢法处理含氰污水的生产实践 [J]. 黄金, 1998, 19 (5): 48~51.

[10] 陈民友, 袁玲. 采用过氧化氢氧化法处理酸性含氰废水技术的研究 [J]. 黄金, 1998, 19 (3): 47~50.

[11] 李建勃, 蔡德耀, 刘书敏, 等. 含氰废水化学处理方法的研究进展及其应用 [J]. 环保技术, 2009, 4: 84~96.

[12] 梁达文. 含氰废水处理方法评价 [J]. 玉林师范学院学报 (自然科学版), 2004, 25 (3): 48~52.

[13] 周珉, 黄仕源, 瞿贤. 过氧化氢催化氧化法处理高浓度含氰废水研究 [J]. 工业用水与废水, 2013, 44 (5): 31~34.

[14] 黄仕源, 周珉, 王晓青, 等. 过氧化氢氧化法处理低浓度含氰废水的研究 [J]. 环境工程, 2013, 31 (增刊): 25~27.

[15] 路静, 唐谋生. 港口环境污染治理技术 [M]. 北京: 海洋出版社, 2007.

[16] 刘晓红, 陈民友, 徐克贤, 等. 臭氧氧化法处理尾矿浆中氰化物的研究 [J]. 黄金, 2005, 6 (26): 51~53.

[17] 陈芳芳, 张亦飞, 薛光. 黄金冶炼污染治理与废物资源化利用 [J]. 黄金科学技术, 2011, 19 (2): 67~73.

[18] 徐元勤, 张恒. 臭氧氧化处理氰化废水的实验研究 [J]. 辽宁化工, 2001, 30 (9): 373~374.

[19] 陈加豪, 蒋白懿, 李锐. 金矿含氰废水的臭氧氧化处理 [J]. 黄金学报, 2000, 2 (2): 100~101.

[20] 王长友, 祁金兵, 张玲玲, 等. 臭氧氧化法处理金矿氰化废水的实验研究 [J]. 辽宁化工, 2004, 33 (8): 446~447.

[21] 周敏悦. 生物氧化法处理高浓度含氨、含氰废水 [J]. 油气田环境保护, 2001, 11 (4): 31~34.

[22] 施永生, 朱友利, 龙滔, 等. 生物法处理含氰废水的研究进展 [J]. 给水排水, 2011, 37 (增刊): 278~281.

[23] 季军远, 王向东, 李昕, 等. 生物法处理含氰废水的进展 [J]. 化工环保, 2004, 24: 108~110.

[24] Li S H, Zheng B S, Zhu J M, et al. The Distribution and Natural Degradation of Cyanide in Goldmine Tailings and Polluted Soil in Arid and Semiarid Areas [J]. Environment Geology, 2005, 47 (8): 1150~1154.

[25] Akcil A, Mudder T. Microbial Destruction of Cyanide Wastes in Gold Mining: Process Review [J]. Biotechnology Letters, 2003, 25 (6): 445~450.

[26] 高大明. 氰化物污染及其治理技术 (续十) [J]. 黄金, 1998, 19 (11): 58~60.

[27] 刘强, 杨凤, 王秀美, 等. 微生物处理含氰废水的实验研究 [J]. 黄金, 2010, 31 (1): 47~50.

[28] 杨洪英, 杨立. 细菌冶金学 [M]. 北京: 化学工业出版社, 2006.

[29] 龚喜林, 屈伟华, 李勤, 等. 酸性液氰法除氰工业实践 [J]. 黄金, 1992, 13 (8): 51~56.

[30] Parga J R, Shukla S S, Carrillo Pedroza F R. Destruction of Cyanide Waste Solutions Using Chlorine Dioxide, Ozone and Titania Sol [J]. Waste Management, 2003, 23 (2): 183~191.

[31] 施阳, 蒋谦. 二氧化氯处理含铁氰化物废水的研究 [J]. 环境污染治理技术与设备, 2003, 4 (12): 56~58.

[32] 陈勇, 夏彬. 含氰废水的处理 [J]. 川化, 2012, 3: 28~31.

[33] 汪玲, 杨三明, 吴彪. 含氰废水氧化处理方法 [J]. 河北农业科学, 2009, 13 (12): 53~55.

[34] 滕华妹, 刘键. 含氰电镀废水的氯碱法处理 [J]. 江苏环境科技, 2001, 14 (3): 14~15.

[35] 颜海波, 孙兴富. 臭氧技术处理电镀含氰废水的应用 [J]. 中国科技信息, 2005, (21): 136.

[36] Monteagudo J M, Rodriguez L, Villasenor J. Advanced Oxidation Processes for Destruction of Cyanide from Thermoelectric Power Station Waste Waters [J]. Journal of Chemical Technology and Biotechnology, 2004, 79 (2): 117~125.

［37］Adjei M D, Ohta Y. Isolation and Characterization of a Cyanide-Utilizing Burkholderia Cepaciastrain ［J］. World Journal of Microbiology & Biotechnology, 1999, 15 (6): 699~704.

［38］王翠萍, 徐建红, 辛晓芸, 等. 降解氰化物的微生物的筛选 ［J］. 山西大学学报 (自然科学版), 1999, 22 (3): 278~282.

［39］董新娇. 解氰真菌的分离鉴定及培养条件研究 ［J］. 环境保护科学, 2002, 28 (5): 8~10.

［40］Park D, Sanglee D, Kim Y M, et al. Bioaugmentation of Cyanide-Degrading Microorganisms in a Full-Scale Cokes Wastewater Treatment Facility ［J］. Bioresource Technology, 2007, 99 (6): 2092~2096.

［41］Gijzen H J, Bernal E, Ferrer H. Cyanide Toxicity and Cyanide Degradation in Anaerobic Wastewater Treatment ［J］. Water Research, 2000, 34 (9): 2447~2454.

［42］Gampos M G, Pereira P, Roseiro J C, et al. Packed-bed Reactor for the Integrated Biodegradation of Cyanide and Formamide by Immobilised Fusarium Oxysporun CCMI876 and Meth Ylobacterium sp. RXM CCMI908 ［J］. Enzyme and Microbial Technology, 2006, 38 (6): 848~854.

［43］Sirianuntapiboon S, Chairattanawan K, Rarunroeng M. Biological Removal of Cyanide Compounds from Electroplating Wastewater (EPWW) by Sequencing Batch Reactor (SBR) System ［J］. Journal of Hazardous Material, 2008, 154 (123): 526~534.

8 电 化 学 法

电化学法是指在外加电场的作用下，在电化学反应器内，通过一系列氧化、还原、混凝、气浮等过程，使污染物在电极上发生直接电化学反应或间接电化学转化而从废水中减少或去除的方法。作为一种新型的水处理技术，电化学技术具有工艺简单、设备体积小、不会引起二次污染、可同时去除多种污染物、在水处理过程中不会引进其他污染物等优点，在水处理领域越来越受到人们的欢迎。

含氰废水的电化学处理就是利用电解槽内电极间外加的直流电使含氰废水中的 CN^- 和一些重金属离子发生电化学反应的过程。常见的电化学法有直接电解法、电解沉积法、电渗析法及电吸附法。

8.1 直接电解氧化法

直接电解氧化法是将氰化物直接吸附在电极表面，利用不溶性阳极的直接电解氧化作用，或阳极反应产物（如 Cl_2、ClO^-、O_2 等）的间接氧化作用来消除氰化废水中污染物的方法。阳极上一般为络合氰的离解反应，而阴极则主要是金属的沉积或者氢气的析出。直接电解法处理含氰污水出现于 20 世纪 70 年代末，多年来主要用于金属电镀工业中废液的处理。

8.1.1 基本原理

金属氰化物溶液的电化学处理主要包括氰化物的电氧化（阳极）和金属的电还原（阴极）。在以石墨为阳极、铁板为阴极的电解槽内，投加一定量的 NaCl（隔膜电解或无膜电解），阳极产生的 Cl_2 可将废水中的 CN^- 和络合物氧化成氰酸盐、N_2 及 CO_2。络合的金属氰离子在阴极得到还原，出现金属的沉淀或沉积，并释放出相应量的氰离子。氰离子在阳极经过电氧化被转化为氰酸盐，同时溶液中的硫氰酸盐被氧化为氰酸盐和硫酸盐。

往溶液中加入食盐后，可产生活性氯离子，如在常规的碱氯化法中一样，它能促使溶液中的氰化物和硫氰酸盐被氧化成氰酸盐。

在阴极，铜、锌等金属氰络合物分解析出金属，同时产生氢气：

$$Cu(CN)_4^{3-} + e \longrightarrow Cu + 4CN^- \quad E^0 = -1.15V \qquad (8-1)$$

$$Cu(CN)_3^{2-} + e \longrightarrow Cu + 3CN^- \quad E^0 = -1.09V \qquad (8-2)$$

$$Cu(CN)_2^- + e \longrightarrow Cu + 2CN^- \quad E^0 = -0.82V \qquad (8-3)$$

$$Zn(CN)_4^{2-} + 2e \longrightarrow Zn + 4CN^- \quad E^0 = -1.26V \qquad (8-4)$$

$$Zn(OH)_4^{2-} + 2e \longrightarrow Zn + 4OH^- \quad E^0 = -1.22V \qquad (8-5)$$

$$2H_2O + 2e \longrightarrow H_2 + 2OH^- \quad E^0 = -0.83V \qquad (8-6)$$

按照氧化作用机制的不同，阳极氧化可分为直接氧化和间接氧化两种方式[1]。在电化学直接氧化工艺中，氰离子首先吸附在电极表面，然后通过与电极之间的直接电子传递，使其发生降解。间接氧化就是利用电极表面产生的强氧化剂（如 H_2O_2、次氯酸、Fenton 试剂等），使氰离子被氧化降解。图 8-1 所示为直接氧化和间接氧化两种工艺的作用机理。

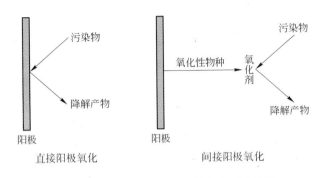

图 8-1 阳极直接氧化与间接氧化反应简图

在阳极，氰离子被分解成 CO_2 和 N_2。

$$CN^- + 2OH^- - 2e \longrightarrow CNO^- + H_2O \quad E^0 = -0.97V \quad (8-7)$$

$$2CNO^- + 4OH^- - 6e \longrightarrow 2CO_2 \uparrow + N_2 \uparrow + 2H_2O \quad E^0 = -0.76V \quad (8-8)$$

在溶液中，CNO^- 产生水解反应生成 NH_3：

$$CNO^- + 2H_2O \Longrightarrow NH_3 + HCO_3^- \quad (8-9)$$

加入氯化钠后，氯化钠不仅可以提高低浓度含氰废水的电导率，而且氯化钠作为电解质，电解时 Cl^- 可氧化成强氧化性物质 Cl_2 和 ClO^-，使 CN^- 氧化：

$$Cl_2 + CN^- + 2OH^- \Longrightarrow CNO^- + 2Cl^- + H_2O \quad (8-10)$$

$$2CNO^- + 3Cl_2 + 4OH^- \Longrightarrow 2CO_2 \uparrow + N_2 \uparrow + 6Cl^- + 2H_2O \quad (8-11)$$

8.1.2 影响因素

影响直接电解过程的因素主要有电极材料、槽电压和电解器结构、电流密度、pH 值、电解质种类及含量等。

8.1.2.1 电极材料的影响

电解氧化过程中，电极材料的选择是很重要的，常用的电极材料有铁、钛、铝、石墨、炭等。目前在生产应用中多以铁板为电极。若是电极材料选择不适当，不仅电解效率降低，而且电能消耗也会增加。李慧婷[2]研究表明，采用电化学氧化法处理低于 1000mg/L 的电镀含氰废水，当电流密度为 $50mA/cm^2$，处理液体积为 200mL，温度为 25℃时，分别以 Ti/PbO_2-F，$Ti/RuO_2-TiO_2-SnO_2$ 电极作为阳极，以 Fe、Pb、Ti、石墨等作为阴极，鼓气电解反应 3h。结果表明，采用 $Ti/RuO_2-TiO_2-SnO_2$ 作为阳极的处理效果要好于 Ti/PbO_2-F，COD 和氰离子的质量浓度分别为 159mg/L 和 14.76mg/L。而采用 Fe 阴极的效果要好于 Ti、Pb 及石墨，COD 和氰离子的质量浓度分别为 176mg/L 和 16.95mg/L。Cañizares 等[3]采用单室的流体电解槽处理浓度较低的含氰废水，阴极采用不锈钢阴极（AISI 304），阳极采用形稳阳极（DSA）、二氧化铅阳极（Pb/PbO_2）和掺硼金刚石阳极

（P-Si-BDD），结果如图 8-2 所示，达到 CN⁻ 最高分解效率所需电流密度最小的是掺硼金刚石阳极。可见，不同的阳极材料对氰化废水的电氧化处理过程有较大的影响。

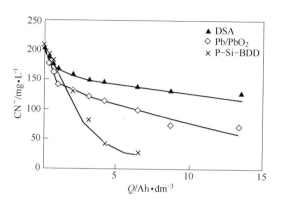

图 8-2　不同阳极时随着电流密度变化废水中氰化物浓度的变化

8.1.2.2　槽电压与极板间距的影响

电能的消耗与电压有关，槽电压的大小取决于废水的电导率和极板间距。一般废水电导率控制在 1200μS/cm 以下。对于电导率差的废水可加入食盐，以改善其导电性能，降低电解过程的电能消耗。极板间距过大，电解时间变长、槽电压增大，电耗增加。电极间距缩小，电耗降低，电解时间缩短。但极板间距过小会使电极的组件过多，安装、管理和维修都比较麻烦。方荣茂[4]采用电催化氧化法去除黄金冶炼废水中的氰化物和氨氮，研究认为减小极板间距，极板间的电场强度增大，带电离子的迁移速率增大，且电解过程产生的 Cl_2、HClO、ClO⁻ 等强氧化性物质扩散的距离缩短，从而提高了电解氧化过程中氰化物及氨氮的去除效率。研究结果如图 8-3、图 8-4 所示。

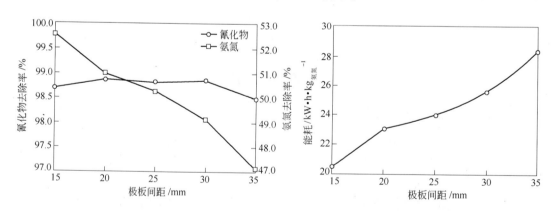

图 8-3　氰化物、氨氮去除率与极板间距的关系　　图 8-4　能耗与极板间距的关系

8.1.2.3　电流密度的影响

电流密度是指单位极板面积上通过的电流量，所需的阳极电流密度随废水的浓度而异。废水中的氰离子浓度较大时，可适当增大电流密度，反之亦然。当废水浓度一定时，电流密度过大，电压过高，将影响电极使用寿命；电流密度小时，电压降低，电耗量减

小，但反应速度缓慢，所需电解槽容积增大。姜力强等[5]使用电化学氧化法处理氰化镀铜漂洗废水中的氰根离子和亚铜离子，用矩形增强聚丙烯电解槽，以陶基二氧化铅电极棒作为阳极，不锈钢作为阴极。研究表明，电解过程中，二氧化铅阳极上的电流密度大小直接影响到除氰效率的大小，实验结果如图8-5所示。在前0.5h内，任一电流密度下除氰效率均可达到55%左右。电流密度越大，相同时间处理后溶液中的氰离子含量越低。在电解过程的不同阶段，要根据废水中含氰

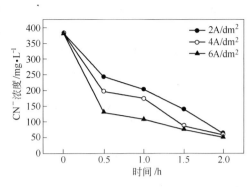

图8-5 不同电流密度下氰根浓度随时间的变化

浓度的变化，调整电流密度，以提高除氰效率。当含氰浓度为80mg/L时，合适的电流密度为1.2~3.0A/dm²；当含氰浓度为150mg/L时，合适的电流密度为3.4~6.0A/dm²；当含氰浓度为350mg/L时，合适的电流密度为5.0~8.0A/dm²。

8.1.2.4 pH值的影响

废水的pH值对于电解过程有着重要的影响。电解含氰废水的时候，pH值不能太低，要求在碱性条件下进行，以防止有毒气体氰化氢的挥发；但是，pH值也不能太高，太高会腐蚀电极，影响降解效率。一般情况下，pH值为10最好。姜力强等[5]研究认为，当含氰废水pH值从9到10变化时，OH^-离子的阳极放电几乎不进行，废水中CN^-分解较快，除氰效率显著。随着OH^-浓度增加，少量OH^-在阳极放电，使得参与CNO^-氧化分解的OH^-减少，除氰效率不再发生明显的变化。当pH>12.5，OH^-阳极放电占主导作用，除氰效率下降。加入NaCl后，除氰效率会逐渐上升，但随着反应的进行，氰离子减少逐渐趋于平缓。

8.1.2.5 电解质的影响

电解质浓度的增加，意味着溶液的导电能力增加，槽电压降低，电压效率提高；另外，电解过程会产生复杂的电化学反应，不同的电解质存在时会对电极反应产生一定的影响，例如存在Cl^-时，电解过程中会产生Cl_2、ClO^-；存在SO_3^{2-}和CO_3^{2-}时，在阳极会被氧化成硫酸盐或过碳酸盐，从而增加对废水中离子的氧化降解能力。国外研究[3]认为，掺硼金刚石阳极和PbO_2阳极可以在氯化物和硫酸盐为电解质的情况下氧化处理废水，而形稳阳极则不能氧化处理含有硫酸盐的含氰废水，必须在有氯离子存在的情况下，才可以分解废水中的氰化物。

8.1.3 工艺流程及设备

氰化废水的电解氧化操作过程可分为间歇式或连续式。电解氧化装置主要包括电源、电解槽和电极板。传统的电解法用铁板做阴极，石墨做阳极。钟超凡等[6]采用自制的陶基PbO_2代替石墨做阳极，较大幅度地提高了氰的去除效率。张红波[7]采用细粒膨胀石墨流态化阳极电解含氰量为80~90mg/L的废水，处理效果较筒形板状电极好，耗电量显著降低。电催化氧化装置示意图如图8-6所示。

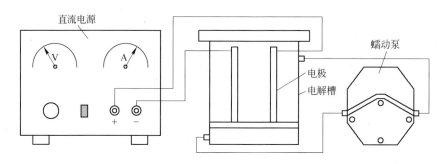

图 8-6　电催化氧化实验装置示意图

电解法处理废水的关键设备是电解槽。一般工业废水连续处理的电解槽多为矩形，按槽内的水流方式可分为回流式与翻腾式两种[8]（图 8-7）。回流式电解槽中多组阴、阳电极交替排列，构成许多折流式的水流通道。电极板与进水水流方向垂直，水流沿着极板间作折流运动，因此，水流的流线长、接触时间长、死角少、离子扩散与对流能力好，阳极钝化现象也较为缓慢。但这种槽型的施工检修以及更换极板比较困难。翻腾式电解槽槽中水流方向与极板面平行，水流在槽中极板间做上下翻腾流动。这种槽型电极利用率较高，施工、检修、更换极板都很方便。极板分组悬挂于槽中，极板（主要是阳极板）在电解消耗过程中不会引起变形，可避免极板与极板、极板与槽壁互相接触，从而减少了漏电现象，实际生产中采用较多。

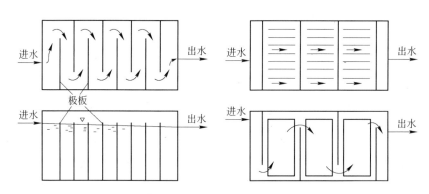

图 8-7　回流式电解槽（左）与翻腾式电解槽（右）

8.1.4　工艺特点

电解法的优点：电解过程中，废水中的氰化物可降解为二氧化碳和简单无机化合物，没有或很少产生二次污染；电解设备及操作方法一般比较简单，并且占地面积小，污泥量少而且能综合回收溶液中的有价金属。因为电化学过程一般在常温、常压下进行，能量效率较高；既可以采用单独方法处理，又可以与其他处理方法相结合，一般作为前处理方法。

电解法缺点：电能消耗大，处理时间长，操作运行费用较高；不适合低质量浓度含氰废水处理，常常用于高质量浓度含氰废水的处理；在处理金矿含氰废水时，常常因氰化物被破坏不能综合利用而受到限制。因此，一般作为碱性氯化法的前处理。

8.1.5 直接电解氧化工艺实践

姜力强等[5]用电解法在同一反应槽中同时去除氰化镀铜漂洗废水中的氰根离子和亚铜离子。用陶基二氧化铅作阳极，电解氧化 CN^-，用不锈钢板作阴极，电沉积铜，阳极与阴极面积比为 1:2，极距 3cm，温度 55℃，溶液 pH 值为 10.0~11.0，每立方米处理液中 NaCl 的含量为 0.5g。当阴极电流密度为 0.4A/dm² 时，经 2h 电解，废液中 CN^- 质量浓度可以从 385mg/L 降到 58mg/L，而 Cu 离子质量浓度从 450mg/L 降到 48mg/L。

庞文亮等[9]对固定床电极进行改进，采取填充两种电化学性能不同的导电填料的方法，得到了一种新型的互补型混合床阳极，这种新型混合床阳极在处理铜氰络合物电镀废水时，可以解决超电位分布的不均匀，从而降低了能耗，提高了电解效率，具有较好的氧化氰和回收金属铜的效果。处理含氰浓度较低的铜氰络合废水时，采用互补型混合床阳极的方法要比平板电极法、阴阳固定床电极法更经济，更有效。采用电解—氯化的方法比电解氧化的方法更有效。在初始浓度为 187mg/L，铜离子浓度为 50~70mg/L 时，最佳的操作条件为槽电压为 4.5V，电流密度为 1.27A/dm²，氯化钠的投加量为 4g/L，废水 pH 值为 10.0，停留时间 8.3min。电解过程能耗为 19.7kW·h/kg，CN^- 的去除率达到 91%。出水 Cu 离子浓度为 5mg/L，氰离子浓度达到工业废水排放标准。

8.2 电解沉积法

电解沉积法是指废水中的溶解性污染物通过阳极氧化或阴极还原后，生成不可溶沉淀物或从有毒的化合物变成无毒的物质，金属离子发生还原反应在阴极上发生重金属沉积。含有较高铜离子的提金氰化废水直接进入电解车间进行电解沉积，产出阴极铜，电解后液补充部分氰化钠后返回浸出。该工艺利用直接电解沉积回收溶液中的金属铜，消除了溶液返回浸出时过高铜离子的危害，另外将溶液中与铜络合的氰化物释放为游离氰化物，从而降低了浸出系统中氰化物的消耗，降低了生产成本，提高生产效率，增加了企业经济效益。

8.2.1 基本原理

提金氰化废水中一般均含有大量的铜氰络合物 $Cu(CN)_4^{3-}$ 或 $Cu(CN)_3^{2-}$ 以及锌氰络合物 $Zn(CN)_4^{2-}$。从热力学角度讲，只要控制溶液的 pH 值和阴极电位在 Cu 稳定区而不在 Zn 稳定区就可获得金属 Cu，若同时在 Cu 和 Zn 稳定区则可获得 Cu-Zn 合金。从平衡还原电位看，当 pH 值在 8.5~14.7 之间，$Cu(CN)_4^{3-}/Cu$ 和 $Zn(CN)_4^{2-}/Zn$ 平衡还原电位较接近（仅相差 0.13V），在阴极可获得 Cu-Zn 合金；在 pH 值小于 5.5 的区域，随着 pH 值的减小，$Cu(CN)_3^{2-}/Cu$ 和 $Zn(CN)_4^{2-}/Zn$ 平衡还原电位差值增大，在阴极获得粗铜的可能性增大。而从反应动力学角度来看，铜、锌和氢的析出顺序还取决于这些元素在阴极上析出时的过电位大小[10]。

电积过程在阴极上可能发生的反应有：

$$Cu(CN)_4^{3-} + e \longrightarrow Cu + 4CN^- \quad E^0 = -1.15V \qquad (8-12)$$

$$Cu(CN)_3^{2-} + e \longrightarrow Cu + 3CN^- \quad E^0 = -1.09V \qquad (8-13)$$

$$\mathrm{Zn(CN)_4^{2-}+2e \longrightarrow Zn+4CN^-} \quad E^0 = -1.26\mathrm{V} \quad (8-14)$$

$$\mathrm{Zn(OH)_4^{2-}+2e \longrightarrow Zn+4OH^-} \quad E^0 = -1.22\mathrm{V} \quad (8-15)$$

$$\mathrm{Cu(CN)_2^-+e \longrightarrow Cu+2CN^-} \quad E^0 = -0.82\mathrm{V} \quad (8-16)$$

$$\mathrm{2H_2O+2e \longrightarrow H_2+2OH^-} \quad E^0 = -0.83\mathrm{V} \quad (8-17)$$

而在阳极上可能的反应有:

$$\mathrm{4OH^--4e \longrightarrow O_2+2H_2O} \quad E^0 = 0.40\mathrm{V} \quad (8-18)$$

$$\mathrm{CN^-+2OH^--2e \longrightarrow CNO^-+2H_2O} \quad E^0 = -0.97\mathrm{V} \quad (8-19)$$

$$\mathrm{CNO^-+2OH^--3e \longrightarrow CO_2+1/2N_2+H_2O} \quad E^0 = -0.76\mathrm{V} \quad (8-20)$$

在碱性溶液中,虽然 $\mathrm{Cu(CN)_3^{2-}/Cu}$ 和 $\mathrm{Cu(CN)_4^{3-}/Cu}$ 的标准电极电位比 $\mathrm{Zn(CN)_4^{2-}/Zn}$ 的更正,但由于 $\mathrm{Cu(CN)_3^{2-}}$ ($k_{\text{不稳}} = 5.6 \times 10^{-28}$) 和 $\mathrm{Cu(CN)_4^{3-}}$ ($k_{\text{不稳}} = 5 \times 10^{-30}$) 比 $\mathrm{Zn(CN)_4^{2-}}$ ($k_{\text{不稳}} = 1.3 \times 10^{-17}$) 更稳定,在阴极上析出时过电位更大,致使铜与锌在阴极上的析出电位几乎相等,因此两者可同时在阴极上析出,产出黄铜。尽管氢的标准电位比铜、锌的更正,但氢在铜、锌上有很高的过电位,且当 $\mathrm{CN^-}$ 浓度较小时,铜、锌的过电位不大,故 $\mathrm{H_2}$ 不会大量析出。

在阳极上,由于 $\mathrm{CN^-}$ 被氧化的标准电位比析出 $\mathrm{O_2}$ 的标准电位更负,故难免会有少量 $\mathrm{CN^-}$ 被氧化,但当溶液中 $\mathrm{CN^-}$ 浓度较小时,阳极反应主要是放出 $\mathrm{O_2}$。随电积过程的进行,电积液中游离 $\mathrm{CN^-}$ 增多,在阴极上铜、锌的平衡还原电位变负,过电位增大,析出铜、锌逐渐变得困难,而析出 $\mathrm{H_2}$ 则变得相对容易些,即析出 $\mathrm{H_2}$ 逐渐增多,于是阴极电流效率逐渐下降;同时 $\mathrm{CN^-}$ 在阳极的氧化损失也逐渐增大。但若向电积液加酸酸化,同时向溶液中通入空气使 HCN 吹脱,脱除大部分游离 $\mathrm{CN^-}$ 后再进行电积,那么电积又可在较高的阴极电流效率下进行:

$$\mathrm{CN^-+H^+ \rule{1.5em}{0.4pt} HCN} \quad (8-21)$$

当酸过量时发生以下反应:

$$\mathrm{Cu(CN)_3^{2-}+2H^+ \rule{1.5em}{0.4pt} CuCN+2HCN} \quad (8-22)$$

$$\mathrm{Zn(CN)_4^{2-}+2H^+ \rule{1.5em}{0.4pt} Zn(CN)_2+2HCN} \quad (8-23)$$

为防止溶液中铜、锌的络离子转变成沉淀,加酸以刚出现少量沉淀时为止。然后再进行电积,阴极电流效率必然会有所回升, $\mathrm{CN^-}$ 在阳极的氧化损失也较小。电积—酸化法[10]正是基于这一原理,将电积液经过电积—部分酸化脱 $\mathrm{CN^-}$ 多次循环,从而实现了铜、锌和氰的综合回收。

8.2.2 影响因素

电沉积处理氰化废水时,阴极金属的回收率及电流效率与电流密度、游离氰浓度、初始铜离子浓度、电解液温度及电解液 pH 值等参数有着密切的关系。

8.2.2.1 电流密度的影响

电流密度对提高铜的回收率有很重要的作用。电流密度越高,还原出的铜就越多。但是,电流效率却随着电流密度增大而降低,由此引起电耗的增加。因此,应该通过计算铜价格及能耗成本,根据两者的平衡来确定合适电流密度值。Pombo 等人[11]研究认为,含氰废水电解处理过程中,在低电流密度下,电解反应在阳极形成了铜的氧化物薄膜,而且这种薄膜对氰化物的氧化反应具有催化作用。Lidia 等人[12]用 Ti/Pt 做阳极的电解反应器中，对稀浓度的漂洗废水中氰化物电解氧化，对铜在阴极上沉积回收。结果同样表明，在碱性条件下直接电解氧化可以导致在阳极上形成电催化膜，一种铜（Ⅰ）或（Ⅱ）的氧化物薄膜。

王庆生等人[13]对提金贫液进行萃取—反萃—电积，用直接电沉积的方法，回收其中的铜、锌和氰化物，研究结果见表 8-1，当金属离子在低电流密度时，没有氢气析出，电流效率比较高，但电沉积率却较低，当随着电流密度的增大，氢气开始析出，电流效率随之下降，但电沉积率却较高，这是由于阴极极化，电流大造成能耗高，经济效益不高。

表 8-1　不同电流强度时的电流效率及电沉积率

编号	电解废液/g·L⁻¹		电解尾液/g·L⁻¹		电流密度 /mA·cm⁻²	电流效率 /%	电沉积率 /%
	Cu	Zn	Cu	Zn			
A 液	37.48		10.41		100	23	72.2
	37.48		13.003		55	34.4	65.3
	37.48		15.27		25	74.9	40.7
B 液	41.99	5.82	20.67	0.31	90	27.4	56.2
	41.99	5.82	21.23	0.31	60	38.4	54.9
	41.99	5.82	26.03	0.31	25	80	44.5

8.2.2.2　游离氰浓度的影响

阴极电流效率随溶液中游离 CN^- 浓度增大而显著减小。胡湖生[10]研究认为，当游离 CN^- 浓度增大时，铜氰络合物更难解离，$Cu(CN)_3^{2-}/Cu$ 的还原电位减小，过电位增大，不利于铜的析出，因此阴极上析出的 H_2 增多，电流效率下降。实验结果见表 8-2[13]，随着游离氰浓度的增加，电流效率也随之下降，当初始游离氰浓度调整为 100g/L 时，电沉积就无法进行了。因此，为了实际生产过程保持较高的电流效率，可以通过调整电解时间来对电解液中游离氰浓度加以控制。

表 8-2　不同初始游离氰浓度时的电流效率

编号	电解原液/g·L⁻¹	电解尾液/g·L⁻¹	初始的游离/g·L⁻¹	电流效率/%
	Cu	Cu	氰	
A 液	37.48	26.06	17.51	32
	37.48	25.33	15.07	34
	37.48	23.25	13.91	37
	37.48	21.51	11.56	45
B 液	41.99	20.67	24.23	38.4
	41.99	21.23	21.71	50.5
	41.99	26.03	20.03	66.1
	41.99	25.28	17.55	71.5

8.2.2.3　初始铜离子浓度的影响

王碧侠等人[14]采用电积法从含铜氰化尾液中回收铜，研究了初始铜质量浓度对铜回收率及电流效率的影响，结果如图 8-8 所示。由图可以看出，铜的回收率及电流效率都随着溶液中铜浓度降低而减少。其主要原因是当铜浓度降低时，铜氰络合物还原的电极电位变得更负，因此金属铜的沉积很难进行，而此时 H_2 的析出变得非常容易，从而会引起电流效率的下降。

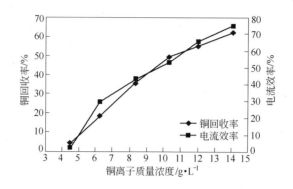

图 8-8 初始铜浓度对铜回收率（*CR*）及电流效率（*CE*）的影响

8.2.2.4 溶液温度的影响

电解液温度对铜的回收率和电流效率都有很大的影响，两者均随着温度的升高而增加。Pombo[11] 等人认为，用电沉积处理氰化废水时，温度的升高提高了 Cu（Ⅰ）/Cu 的平衡电位，降低了铜氰络合物的标准生成常数，有利于铜的沉积。从表 8-3 中可以得到，铜的回收率和电流效率都随着温度的升高而增加。首先，铜氰络合离子还原为金属铜的电极反应电极电位随温度的升高而增大，这有利于金属的还原；其次，溶液温度从 25℃升高到 50℃，对阴极反应有去极化作用，这使得铜的沉积速率有很大提高。然而，电积过程溶液的温度不能太高，一方面，由于蒸发会造成水的损失，另一方面氢析出的超电压会随着溶液温度的升高而降低，这将使氢的析出反应更容易进行。

表 8-3 溶液温度对铜回收率（*CR*）及电流效率（*CE*）的影响

温度/℃	*CR*/%	*CE*/%
25	55.68	63.04
30	59.90	67.82
35	63.38	71.76
40	65.53	74.20
45	67.94	76.92
50	68.77	77.86

8.2.2.5 溶液 pH 值的影响

溶液 pH 值的变化不仅会引起阴极上沉积物成分的变化，而且会引起电解液中游离氰浓度的相应变化（$H^+ + CN^- = HCN$），从而引起阴极电流效率的变化。胡湖生[10] 研究得到，当 pH > 11.5 时，阴极电流效率随 pH 值增加而增加，这是因为 pH 值增加 $Zn(CN)_4^{2-}$ 逐渐转化为易放电的 ZnO_2^{2-}，且 pH 值变化引起的这种作用超过了游离氰浓度的作用。当 pH≤11.5 时，随 pH 值减小阴极电流效率显著增大，这是因为 CN^- 离子浓度减小的缘故。

另外，溶液的 pH 值变化会显著改变阴极析出合金的成分。阴极合金含铜量随 pH 值减小而显著增加。当溶液 pH > 13 时电极表面得到锌基合金，pH < 13 时则得黄铜。在 pH = 7、溶液温度 43.5℃条件下从阴极可得到含铜 98.6% 的粗铜。

8.2.3　工艺流程及设备

一套完整的电解沉积处理单元有三个主要部分：电解槽、整流器与抽送电动机。如图 8 - 9 所示[15]，一个电解槽内安置有交错排列的阳极与阴极板，这些阳极与阴极板均连接到各自的汇流排，然后汇流排接到电源。电解槽内可以加装水流均分器或空气注射器，以改善槽内水流循环状况。在运作时，施加在电极的电压，促使溶解的金属与其他带正电的离子往阳极移动，并附着于阳极表面。当阳极表面金属沉积增厚时，沉积速率也减缓；直到金属沉积将近停滞，将阳极从电解槽内取出，以便现场回用或回收处理。通常的情况下，收回的金属成分与原料品质相近，可以直接回到制成镀槽使用。操作时，溶液中有金属因化学还原而沉积于阳极表面，溶液中其他物质，则因电压而在阴极上发生氧化作用；如果有氰化物，先会氧化成氰酸盐，然后进而氧化成二氧化碳与氮气。

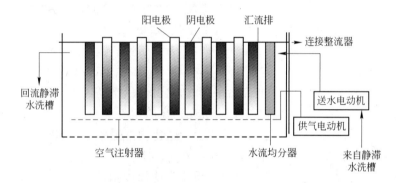

图 8 - 9　一套电解沉积系统的横截面

8.2.4　工艺特点

对于含铜、锌的氰化提金废液而言，采用电积法不仅可以回收铜、锌金属，而且同时可释放出部分游离氰，使得电积后液可以直接循环利用，降低了生产成本。但是，由于电积过程电积液中的游离氰含量不断增多，铜、锌在阴极上的过电位不断增大，H_2 的析出会逐渐增多，于是阴极电流效率逐渐下降，增加电耗。另外，该法对低浓度的含氰废水效率较差。

8.2.5　应用实例

北京清华大学核能技术设计研究院[16]采用电积—部分酸化法处理由金矿贫液产出的高浓度铜氰反萃液，通过定期部分酸化除去并回收电积过程产生的游离 CN⁻ 离子，使阴极的电流效率显著提高，从而既得到了金属铜，也酸化回收了氰。电积过程采用隔膜电积，即采用阳离子交换膜将游离氰和金属氰络合物与阳极隔离，以避免氰在阳极的氧化损失，电积残液可以返回氰化浸出工序循环使用。工艺流程如图 8 - 10 所示。研究结果表

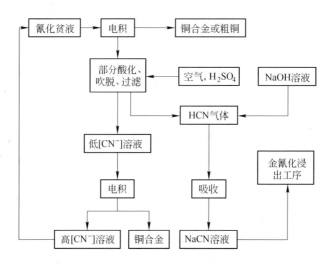

图 8 - 10 电积—酸化法流程示意图

明，在溶液温度为 $30 \sim 50\,℃$，pH = 8 ~ 12，电流密度为 $8 \sim 50\,mA/cm^2$ 条件下电积，每批 2000mL 氰化溶液经过 38h 循环电积后，铜浓度从 30.0g/L 降至 4.0g/L，从阴极可得到 6.5g 含铜 41% 的铜锌合金和 35.5g 含铜 67% ~ 87% 的黄铜。铜的总回收率为 99.0%，氰的总回收率为 90%。

西安建筑科技大学贵金属工程研究所采用电解沉积法对陈耳金矿冶炼厂三批锌粉还原后的氰化尾液进行降铜再生氰化物的实验研究。在给定实验条件下，可使溶液中铜由 12g/L 降到 5g/L 以下，电流效率达到 80% 以上，氰化物再生率也达 80% 以上。使用特制添加剂时，电流效率和氰化物再生率可提高 10% ~ 20%，产品铜的质量可达到国家二号电铜标准。王碧侠等人[14]分别以钛板及石墨板作为阴极和阳极材料，对来自于某金矿的铜质量浓度为 12.40g/L、锌 33.30mg/L、金 1.90mg/L 的氰化尾液在 50℃ 下电积 8h，电流密度取 75mA/cm²，溶液循环速度取 30mL/min，金属的总回收率可达到 68.15%。阴极产物中铜的质量分数为 99.87%，达到国家二号铜的标准，总的电能消耗为 2938kW·h/t，电积后液再配加一定量的新鲜氰化物溶液可以返回浸金过程。

王庆生等人[17]在国内首次采用萃取电积法处理氰化浸金贫液新工艺，进行半工业实验。以 N_{235} 为萃取剂，碱为反萃剂，采用萃取、反萃取和电沉积工艺从碱性氰化废液中提取铜、锌和氰化钠。电沉积采用循环流动式电解，以石墨为阳极，钛板为阴极，负载反萃液在电解槽作单一循环，调节电流密度，在钛板上沉积铜锌金属。金属总浓度控制在 25 ~ 55g/L 之间，直流电源在 1.9 ~ 2.1V 范围，阴极电流密度为 60A/m² 左右，极间距 35mm，经过 20h 电解后，可以得到铜锌合金。铜、锌的总回收率均可达 95% 以上，一次电沉积所得的铜纯度达到 99%。

8.3 电渗析技术

电渗析（ED）技术是将阴、阳离子交换膜交替排列于正负电极之间，并用特制的隔板将其隔开，组成除盐淡化和浓缩两个系统，利用离子交换膜的选择透过性，以实现对溶液浓缩、淡化、精制和提纯的一种膜分离技术。它是 20 世纪 50 年代发展起来的一种新技术，最初用于海水淡化，现在广泛用于化工、轻工、冶金、造纸、医药产业，尤以制备纯水和在环境保护中处理"三废"最受重视，例如用于酸碱回收、电镀废液处理以及从工业废水中回收有用物质等[18]。

8.3.1 反应原理

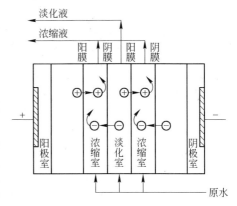

图 8 – 11 电渗析技术原理

电渗析是在直流电场作用下，以电位差为推动力，利用阴阳离子交换膜对溶液中溶质和溶剂分离的一种物理化学过程。原理如图 8 – 11 所示[19]，当原水通入接通电源的电渗析器进行除盐（包含脱氰），阴离子如 CN^-、SO_4^{2-} 等向正极迁移，阳离子如 Na^+、Cu^{2+} 等向负极迁移，并发生电解氧化反应，由于电渗析器内设置了多组交替排列的阴、阳离子交换膜，阳膜允许阴离子通过，阴膜允许阳离子通过。这样就形成了除去离子区间（淡水室）和浓聚离子区间（浓水室，在电极区域则称极水室），由淡水室引出的淡水即为除盐脱氰的水。其电极反应为：

阳极：

$$CN^- + 2OH^- \longrightarrow CNO^- + H_2O + 2e \quad E^0 = -0.97V \qquad (8-24)$$

$$2CNO^- + 4OH^- \longrightarrow 2CO_2 + N_2 + 2H_2O + 6e \quad E^0 = -0.76V \qquad (8-25)$$

$$CNO^- + 2H_2O =\!=\!= NH_4^+ + CO_3^{2-} \qquad (8-26)$$

阴极：

$$M^{n+} + ne \longrightarrow M \qquad (8-27)$$

8.3.2 电渗析工艺及装置

电渗析装置由隔板、膜堆、电极、夹紧装置等主要部件组成，如图 8 – 12 所示[20]，其中膜堆是由交替排列的浓、淡室隔板和阴、阳离子交换膜所组成，是电渗析装置的主要部件。极区包括电极、极水框和保护室，用以供给直流电，通入和引出极水，排出电极反应产物，从而保证电渗析器的正常工作。夹紧装置是用来夹紧电极、极室和交替排列的膜以及隔板的装置，其作用是使电渗析装置在运行过程中不致产生内渗外漏的现象。

8.3.2.1 离子交换膜

离子交换膜是一种含离子基团的、对溶液里的离子具有选择透过能力的高分子膜，其基本构造和离子交换树脂相同。因为一般在应用时主要是利用它的离子选择透过性，所以也称为离子选择透过性膜。离子交换膜按功能及结构的不同，可分为阳离子交换膜、阴离子交换膜、两性交换膜、镶嵌离子交换膜、聚电解质复合物膜五种类型。阳离子交换膜固定基团带负电，形成负电荷垒，阻挡水中阴离子通过；阴离子交换膜固定基团带正电，形成正电荷垒，阻挡水中阳离子的通过。

离子交换膜分均相膜和非均相膜两类，可采用高分子的加工成型方法制造。均相膜先用高分子材料如丁苯橡胶、纤维素衍生物、聚四氟乙烯、聚三氟氯乙烯、聚偏二氟乙烯、

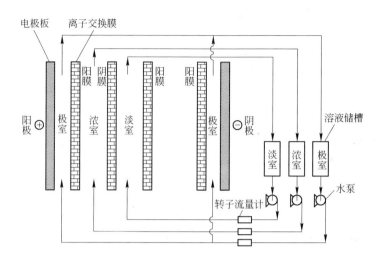

图 8 - 12　电渗析设备结构

聚丙烯腈等制成膜，然后引入单体如苯乙烯、甲基丙烯酸甲酯等，在膜内聚合成高分子，再通过化学反应，引入所需的功能基团。均相膜也可以通过单体如甲醛、苯酚、苯酚磺酸等直接聚合得到。非均相膜用粒度为 200 ~ 400 目的离子交换树脂和寻常成膜性高分子材料，如聚乙烯、聚氯乙烯、聚乙烯醇、氟橡胶等充分混合后加工成膜。无论是均相膜还是非均相膜，在空气中都会失水干燥而变脆或破裂，故必须保存在水中。

8.3.2.2　隔板

隔板是放在阴、阳膜之间，起支撑和分隔阴、阳膜的作用，避免膜面重叠而"短路"。可以作为水流通道，并构成浓、淡两室。最后它能保证水流分布均匀，使流体产生湍流，减少滞留层的厚度，强化离子扩散，以提高除盐效率和降低电能消耗。根据水流在隔板中的流动状况，可将隔板分为有回路隔板和无回路隔板两种。目前国内实用的电渗析隔板，规格有 400mm × 800mm、400mm × 1600mm、800mm × 1600mm 等，在一定的水流速度下，再配以相应的离子交换膜，杂质离子脱除率可达到 80% ~ 95%。

8.3.2.3　电极

电极是用来连接直流电源的，而直流电源又是电渗析除去杂质离子的推动力，所以电极是电渗析反应器的主要部件之一，它直接影响杂质离子的脱除效果和反应器的运行周期。电极结构主要采用板状、丝状、网状、栅状等几种形式，有利于水的流动并能尽快地排出气体，以消除气泡效应并降低槽电压[21]。

8.3.3　工艺特点

电渗析过程无相变，不发生化学反应，仅利用电能使水中的离子发生迁移，能量消耗低；可以同时对电解质水溶液起淡化、浓缩、分离、提纯作用，工艺过程洁净，药剂耗量少，污染环境小；装置设计与系统应用灵活，操作维修方便；原水回收率较高，一般能达到 65% ~ 80%；预处理简便，设备经久耐用。不足之处在于运行过程中易发生浓差极化而产生结垢；由于离子的水合作用和形成双电层，在直流电场作用下，水分子也可从淡化室向浓缩室迁移；有时由于工作条件不良，会强迫水电离为氢离子和氢氧根离子，它们可透过交换膜进入浓缩室[22]。

8.3.4 影响因素

李海波等[23]采用电渗析技术处理浮选后金精矿的氰化浸出液，研究考察了温度、电渗析时间、操作电压等对脱金率、脱氰率的影响。在电压为10V、温度为20℃及操作时间20min的条件下，一段电渗析脱金率可达70%以上，三段脱金率可达99%，淡化液氰根浓度小于0.5mg/L，料液中铜、金具有同向迁移性，淡化液中氰化物浓度同时降低。

8.3.4.1 温度的影响

温度太高，水的黏滞性下降，水中离子的扩散加快，离子交换膜及溶液的电导率上升，有利于离子迁移和透过离子交换膜，从而提高电流密度，降低消耗和处理费用，但温度升至40～50℃时，阴离子交换膜易分解，聚氯乙烯隔板也易变形；水温太低，离子交换膜容易损坏。因此，电渗析器进水的水温一般应保持在5～40℃范围内[24]。温度对高品位含金贵液脱金率及脱氰率的影响结果见表8-4。在10～60℃范围内，随着溶液温度的上升，脱氰率呈现出先增后减的趋势。

表8-4 温度与脱金率、脱氰率的关系

温度/℃	淡化液金品位/mg·L⁻¹	淡化液氰根浓度/g·L⁻¹	脱金率/%	脱氰率/%
12.5	0.67	0.09	78.4	76.9
23.0	0.39	0.05	87.4	87.2
30.0	0.30	0.04	90.3	89.7
42.5	0.45	0.03	85.5	92.3
53.5	0.29	0.04	90.6	89.7
58.5	0.38	0.04	87.7	89.7

8.3.4.2 时间的影响

电渗析过程中，由于离子迁移产生电流，一段时间后，离子正向迁移速度与逆向迁移速度平衡，电渗析速率趋于定值，因此最佳电渗析时间可由电流值变化来确定。对于高品位含金贵液，渗析时间超过15～20min后，电流值趋于稳定，且稳定在一个较低值，持续操作，电流值微弱下降，主要是由于伴随发生的电沉积作用的结果。实验结果如图8-13所示。

8.3.4.3 操作电压的影响

理论上电渗析电压应服从极限电流密度，其最高值可稍高于极限电流对应的电压值。实验结果如图8-14所示，电压在5～10V之间时，脱金率与脱氰率均随电压的增高而增大，当电压大于10V时，脱金率与脱氰率变化不大。当电压超过极限电压后，水会发生电解，产生H^+和OH^-，这样不仅消耗电能，而且参与离子的迁移行为，使得脱金率与脱氰率不随电压升高而显著增加。

8.3.4.4 pH值的影响

为防止氰化物以HCN的形式挥发污染环境，并保证金溶解的推动力最大，黄金生产过程中pH值一般控制在10～11之间。采用电渗析技术处理提金氰化废水时，溶液的pH

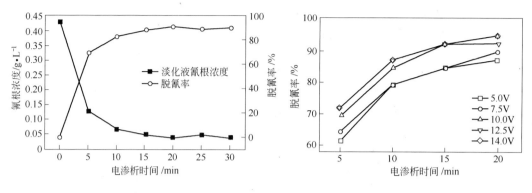

图 8-13 电渗析时间与淡化液   图 8-14 电压与脱氰率的关系
　　氰根浓度及脱氰率的关系

值变化与电渗析的处理效果没有必然的联系[24]，如图 8-15 所示。

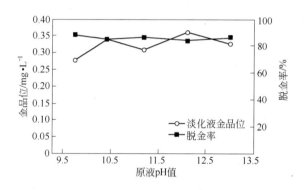

图 8-15　pH 值对电渗析效果的影响

8.3.5　应用实例

报道称某实验用的贫液含 NaCN 540mg/L，当电耗为 3kW·h/m³ 时，产出的淡化水中 NaCN 脱除率大于 90%。淡化水量占处理贫液总量的 75%，返回氰化作业过程中使用。浓水占贫液总量的 25%，含 NaCN 达 2090mg/L，与贫液相比富集 3.9 倍。浓水采用酸化脱氰技术，蒸残液中残 NaCN 浓度低于 50mg/L，CN⁻ 回收率大于 93%。浓水中的 Au、Cu、Zn 等氰络阴离子释出 CN⁻ 后生成硫酸盐富集于蒸残液中，加石灰使它们水解生成氢氧化物和 CaSO₄ 一起沉淀。然后采用氯化物浸出沉淀中的全部金属，再分离提纯。

天津化学试剂二厂[25] 曾对氰化亚铜和氰化锌生产过程中排放的氰根浓度为 10~15mg/kg 的洗涤废水，经一级电渗析处理后，淡化液氰化物浓度降低到 0.5mg/kg 以下，可直接排放，浓缩液氰化物浓度提高到 30~50mg/kg，经二、三级处理后达 120~140mg/kg，可返回流程再利用。

哈尔滨建筑工程学院对氰化镀镉产生的含氰废液做了一定研究[26]，在一定条件下经电渗析处理后，浓缩液含盐量可从 409mg/L 提高到 1097mg/L，淡化液含盐量从 412mg/L 下降为 27.61mg/L，脱盐率达到 89% 以上，三段电渗析可获得 99% 的脱金率和小于

0.02mg/L 的淡化液金品位指标，氰浓度达排放标准。

8.4　电吸附技术

电吸附水处理技术是近年发展起来的一种新型水处理技术，已经广泛应用于水的除盐、去硬、淡化及饮用水深度处理、电镀废水处理等领域[27]。将所要处理的废水在两块或多块并联的电极中间流过，若在两电极或多电极间施加低于废水中所要去除化合物的分解电压的电压时，电极板上分别充满正电荷和负电荷，此时形成了一个电场。溶液中的粒子在电场的作用下进行迁移，阳离子朝着电流的方向移向带负电荷的极板，阴离子朝着与电流相反的方向移向带正电荷的极板，平衡了极板上的电荷，并且使废水中的杂质离子在极板上浓缩富集，从而降低极板中间废液离子浓度，实现废水净化。

电吸附过程是一种非法拉第过程，过程中仅包含有离子的迁移，并不涉及电子得失，因此所需能量仅用于给吸附在电极溶液界面上的双电层充电，并使电子迁移。所需的电压也很低，所以消耗的电能很少，而且它通过电脱附原位再生使用过的吸附剂，避免采用热再生法，进一步节约了能耗，与传统的水处理技术相比具有明显的优势[28]。

8.4.1　反应原理

电吸附处理含氰废水时，废水中的离子在极板上富集后形成的是一个双电层，电极的作用就是提供电荷形成电场，促使离子在电场的作用下做迁移运动，电极与溶液界面间的电荷大小由所加电压决定。当去掉电压或将电压反接后，被吸附到电极周围的离子就又会被释放到水溶液中，这样电吸附电极就得到了再生，设备操作简便，原理简单[29]。电吸附正是利用这样的原理，不仅实现了废水的综合处理，同时又使电极不断再生后反复利用。电吸附水处理技术原理图如图 8-16 所示。

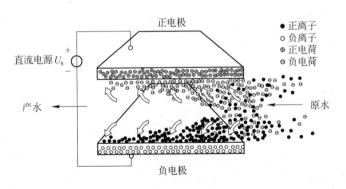

图 8-16　电吸附工作过程示意图

西安建筑科技大学贵金属工程研究所提出了以煤基活性炭电极为阴阳极，采用电吸附技术综合处理提金氰化废水的方法。研究表明，提金氰化废水的电吸附过程可分为两个阶段，第一阶段，在直流电场的作用下，溶液中的各种阴离子产生定向运动，逐渐向阳极富集。此时，在阳极上，由于 CN^-/CNO^-，CNO^-/CO_2，N_2 的标准电位（分别为 $-0.97V$ 和 $-0.76V$）比 OH^-/H_2 的标准电位（0.40V）更负，因此可能会有少量 CN^- 被氧化，但由于溶液中 CN^- 浓度很小，此时阳极反应以析出氧气为主。由于外加电压较低，阴极上并没有金属离子析出，主要以水的分解为主。可能涉及的电极反应如下：

$$4OH^- - 4e \longrightarrow O_2 + 2H_2O \qquad E^0 = -0.40V \qquad (8-28)$$

$$CN^- + 2OH^- - 2e \longrightarrow CNO^- + H_2O \qquad E^0 = -0.97V \qquad (8-29)$$

$$CNO^- + 2OH^- - 3e \longrightarrow CO_2 + 1/2N_2 + H_2O \qquad E^0 = -0.76V \qquad (8-30)$$

阴极反应：

$$Cu(CN)_3^{2-} + e \longrightarrow Cu + 3CN^- \qquad E^0 = -1.09V \qquad (8-31)$$

$$Zn(CN)_4^{2-} + 2e \longrightarrow Zn + 4CN^- \qquad E^0 = -1.26V \qquad (8-32)$$

$$Zn(OH)_4^{2-} + 2e \longrightarrow Zn + 4OH^- \qquad E^0 = -1.22V \qquad (8-33)$$

$$2H_2O + 2e \longrightarrow H_2 + 2OH^- \qquad E^0 = -0.83V \qquad (8-34)$$

第二阶段，主要是阳极的吸附作用和沉淀反应。由于阳极为多孔的煤基材料，具有很大的比表面积和良好的吸附性能，溶液中定向移动的游离氰根 CN^-、SCN^-、铜氰络合物 $Cu(CN)_4^{3-}$ 或 $Cu(CN)_3^{2-}$、锌氰络合物 $Zn(CN)_4^{2-}$ 会有部分吸附于极板表面，阳极板的能谱分析结果很好的证明了这一点。同时，由于电场作用引起的离子定向移动，导致阳极附近离子浓度增大，阳极反应导致局部氢离子增加，这时，溶液中浓度较大的硫氰根与铜氰络离子将会发生式（8-37）的反应，形成硫氰化亚铜的白色沉淀：

$$Cu(CN)_3^{2-} + 2H^+ =\!=\!= CuCN \downarrow + 2HCN \qquad (8-35)$$

$$Zn(CN)_4^{2-} + 2H^+ =\!=\!= Zn(CN)_2 \downarrow + 2HCN \qquad (8-36)$$

$$CuCN + SCN^- + H^+ =\!=\!= HCN \uparrow + CuSCN \downarrow \qquad (8-37)$$

电吸附后的溶液进行固液分离，会得到比较纯净的硫氰化亚铜产品，此时溶液中的铜、锌及硫氰根离子浓度降低，可直接返回浸出系统。

8.4.2 电极材料

吸附剂材料的选择和电极的制备成型过程是电吸附技术实际应用的关键。为了能吸附大量带电粒子，吸附剂必须拥有足够大的比表面积，尽可能多的提供双电层。因此采用的吸附剂往往是多孔碳材料，如活性炭、活性炭纤维、碳气凝胶、碳纳米管等[30]。

8.4.2.1 活性炭电极

活性炭是水处理中应用最为广泛的吸附剂，有活性炭粉末和活性炭颗粒两种产品形态，具有生产简单、成本低等优点。以煤为原料，通过加入一定特性的黏结剂和一定用量的导电剂在一定压力条件下压制而成的活性炭电极材料即煤基电极材料以其原料储量丰富、价格低廉、性能优良等得到了广泛的关注，并且已经成功实现了商业化。

煤基活性炭电极材料在电场环境中与溶液界面处产生双电层电容效应，利用双电层储存电能。电极材料的比表面积是决定其电容性能的重要参数，一般认为比表面积越大，电极材料的储能性能也越大。张传祥等[31]以太西无烟煤为原料、KOH 为活化剂制备高比表面积的活性炭，结果表明，在碱炭比为 4:1、800℃ 条件下活化 1h 制备的活性炭比表面积达 3059m^2/g，总孔容为 1166cm^3/g，中孔率 63%。该活性炭在 3mol/L KOH 电解液中的比电容为 322F/g，大电流密度下充放电时的比电容保持率高，漏电流仅有 0.106mA，是理想的超级电容器电极材料。

电极材料的性能是决定电吸附技术能耗高低、去离子效果好坏以及处理周期长短等指标的决定性因素。煤基电极材料形成的双电层电容器具有非常高的功率密度，通常可以达到 2kW/kg，是一般蓄电池的 100 倍以上，可以在短时间内输出几千安的电流。煤基电极电容器在充放电过程中一般发生可逆的电化学反应，并不会像普通电池那样发生活性反应导致膜脱落等的寿命终止现象，煤基电容器的理论循环次数为无穷大，实际工作中一般可达 100000 次[32]。煤基电容器的充电可以在几十秒内完成，而一般电池需要几个小时的时间才能完成，相比可知其充放电速度快效率高。煤基电容器来源广，成本低，与其他电容器相比可谓是一种绿色能源，越来越多的吸引着人们的眼球。近年来，煤基电极材料的研制成为人们开发储能元件研究的热点。

8.4.2.2 活性炭纤维电极

活性炭纤维有高比表面积和较大的吸附容量，并且活性炭纤维制品种类众多，有毛毡（无纺布）、纸片、蜂窝状物、织物、杂乱的短纤维和纤维束等形状，因为可以直接剪成合适的尺寸做电极片，使得活性炭纤维作为电吸附电极更简单方便，易于实现[30]。Oh 等[33]和 Ahn 等[34]用活性炭纤维布（活性炭布）做电极处理 NaCl 溶液（活性炭布为日本 Kuraray 公司生产）。实验中用 1mol/L 的 KOH 和 HNO_3 溶液对活性炭布进行改性，在 1.5V 的电压下处理电导率为 2000μS/cm 和 6000μS/cm 的 NaCl 溶液。

8.4.2.3 碳纳米管电极

碳纳米管具有特殊的中空结构、大的比表面积、低电阻率和很高的稳定性，广泛应用于电池材料、储氢材料、平面显示器材料、化学传感器材料和超大容量电容器材料等领域[30]。Wang 等[35]制备出了直径为 30nm、长度为几微米的碳纳米管，并用 HNO_3 浸泡以去除催化剂 Ni 粒子，再和聚四氟乙烯按质量比 95 : 5 混合制成电极，将电极压在 0.8mm 厚的钛网上做工作电极，在不同电压下对不同初始浓度的 NaCl 溶液进行了吸附研究。

8.4.3 工艺特点

电吸附技术处理废水的特点是水利用率高，一般情况下可达到 75% 以上，经过特殊工艺组合，可达到 85%；无二次污染；对颗粒污染物要求不高；电极材料使用寿命长，正常使用一般在 8 年以上，避免了因更换核心部件而使运行成本提高；操作及维护简便；运行成本低；属于常压，低电压操作，一般操作压力为 0.2 ~ 0.3MPa，电压为 1.5 ~ 2V，耗能比较低。

8.4.4 影响因素

西安建筑科技大学宋永辉等利用电吸附技术对某黄金冶炼厂的提金氰化废水进行了处理，由于废水中铜离子浓度与硫氰根离子浓度极高，因此首先采用硫酸锌沉淀进行了预处理，贫液与沉淀后液的主要组成见表 8-5。

表 8-5 贫液与沉淀后液的主要组成 (mg/L)

样品	$CN_T/g \cdot L^{-1}$	CN^-	Cu	Fe	Zn	Au	$SCN^-/g \cdot L^{-1}$
贫液	5.32	186.25	3380	170	370	0.34	9.795
沉淀后液	0.677	1.06	476.8	0	756.0	0.34	9.420

8.4.4.1 电吸附电压的影响

电场是实现电吸附的外在动力，也是电吸附效率好坏的关键因素之一。根据电化学理论，电压的大小与电极双电层厚度有一定的内在联系，电压的改变会导致出水电导率下降梯度和最低值的改变[36]。随着电压的逐渐增大，溶液中 CN_T、Cu、SCN^- 离子浓度逐渐减小，而 CN^- 由于本身含量就很小基本没有多大变化，锌离子浓度有所降低，但变化幅度不是太大。煤基电极虽然导电性比较好，但是由于孔隙率较高，因此颗粒间的接触位点有限，电阻较大，极板附近电压较低。外加电压在电极与溶液表面形成了双电层，根据 Gouy – Chapman 双电层理论[32]，电压增大会导致双电层压缩，减弱了微孔及部分中孔内的双电层叠加效应，电容增大，由于电极表面自由电子形成的电荷密度增大，溶液中更多的电解质离子被吸附，因此 CN_T、Cu、SCN^- 离子浓度逐渐减小，如图 8 – 17 所示。

8.4.4.2 电吸附时间的影响

如图 8 – 18 所示，当施加电压时，在初始阶段电容充电，大量的带电离子被吸附到双电层中，因此吸附速率也就相对较快。随着电容的充电完成，吸附双电层逐渐达到饱和状态，此时吸附速率逐渐减小，溶液中离子浓度不再发生明显变化。反应时间越长，可保证足够的时间使得离子向双电层迁移而被吸附，离子去除率越大。5h 以前溶液中各离子浓度变化比较大，随时间的延长 CN_T、Cu、Zn、SCN^- 离子浓度逐渐减小，5h 以后各离子浓度不再发生明显变化。

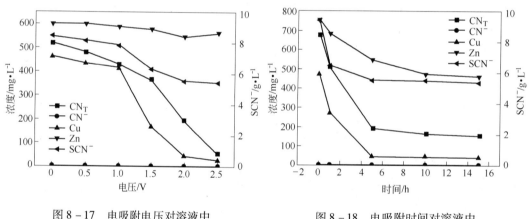

图 8 – 17　电吸附电压对溶液中　　　　图 8 – 18　电吸附时间对溶液中
　　　各离子浓度的影响　　　　　　　　　　离子浓度的影响

对不同时间得到的阳极板形貌及其负载物质进行 SEM – EDS 分析表征，结果如图 8 – 19 所示。沉淀物的 XRD 分析结果如图 8 – 20 所示，XRD 分析吸附后沉淀组分如图 8 – 20 所示。

随着电吸附时间的延长，电极表面负载的白色物质明显增多且分布更加均匀。能谱分析结果表明，吸附时间越长，此时表征 C、S、Cu、Zn 元素的峰值逐渐增加，说明 SCN^-、铜氰络合物 $Cu(CN)_4^{3-}$ 或 $Cu(CN)_2^{3-}$、锌氰络合物 $Zn(CN)_4^{2-}$ 等在阳极表面的负载量逐渐增大。

由图 8 – 20 的分析结果可以看出，沉淀物的主要成分为硫氰化亚铜，随着电吸附时间的延长，沉淀组分并未发生明显的变化。由于沉淀并未出现于极板表面，而是主要集中在

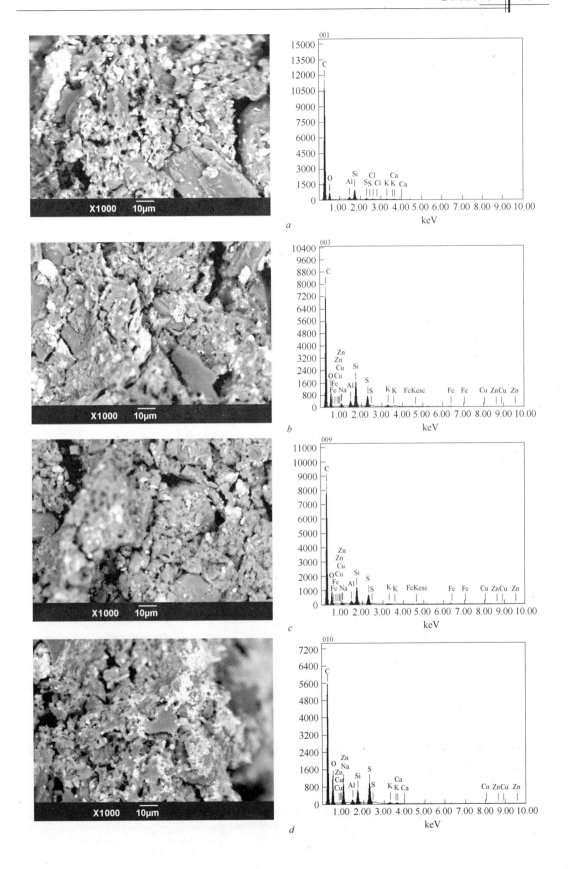

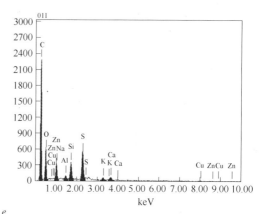

e

图 8 - 19　不同时间电吸附后电极片 SEM - EDS 分析

a—电吸附前；b—1h；c—5h；d—10h；e—15h

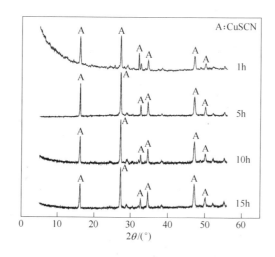

图 8 - 20　XRD 分析吸附后沉淀组分

靠近阳极的区域，因此这可能是由于溶液中阴离子在外加电场的作用下发生定向移动，逐渐富集于阳极表面的结果。溶液为弱酸性且铜氰络离子与硫氰根的浓度较高，在电场作用下，离子不断在电极表面浓缩和聚集，这样局部离子浓度增加，铜氰络离子与硫氰根就会发生沉淀反应，形成硫氰化亚铜的白色沉淀，从而使溶液中的硫氰根、总氰与铜氰络合离子浓度显著降低。

8.4.4.3　极板间距对电吸附效果的影响

电极在有直流电压的情况下会产生具有一定吸附能力的双电层，电极上双电层的厚度与电极间距也有较大关系。电极间距过小可能会导致水流不畅的问题，而过大的间距又使得电场作用小。不同极板间距时电吸附后溶液各组分分析结果见表 8 - 6。

如表 8 - 6 所示，随着极板间距的逐渐增大，溶液中 CN_T、Cu、Zn、SCN^- 离子浓度逐渐增大。电极间距为 3mm 和 5mm 时离子去除率最大，极板间距越大，离子去除率越小，但变化幅度不是太大，这说明电极间距越小，双电层的厚度越大，离子迁移到双电层的距离缩短，表现为吸附速率加快，但是过短的电极间距不利于水流流动，还可能导致电极短路，增加电耗。

表 8-6 不同极板间距时电吸附后溶液各组分分析

间距 /mm	CN_T /mg·L^{-1}	去除率 /%	Cu /mg·L^{-1}	去除率 /%	Zn /mg·L^{-1}	去除率 /%	SCN$^-$ /g·L^{-1}	去除率 /%
3	154	77.22	36.43	92.42	465.5	38.43	4.74	49.68
5	167	75.33	40.52	91.56	479.1	36.63	5.08	46.07
8	203	70.09	68.58	85.64	509.5	32.61	5.94	36.94
10	228	66.33	96.07	79.97	534.8	29.26	6.53	30.68
13	253	62.62	139.69	70.71	581.8	23.04	7.44	21.02

8.4.4.4 溶液体积对电吸附效果的影响

不同溶液体积下电吸附后溶液各组分分析结果见表 8-7。

表 8-7 不同体积下电吸附后溶液各组分分析

体积 /mL	CN_T /mg·L^{-1}	去除率 /%	Cu /mg·L^{-1}	去除率 /%	Zn /mg·L^{-1}	去除率 /%	SCN$^-$ /g·L^{-1}	去除率 /%
30	154	77.25	37.43	92.15	460.9	39.03	4.87	48.30
50	167	75.33	40.52	91.50	479.1	36.63	5.08	46.07
80	181	73.26	42.15	91.16	512.4	32.22	5.36	43.10
120	193	71.49	44.7	90.63	545.8	27.80	5.524	41.36
160	231	65.88	61.69	87.06	587.4	22.30	6.01	36.20

由表 8-7 的数据可以得出，随着溶液体积的逐渐增大，溶液中 CN_T、Cu、Zn、SCN$^-$ 离子浓度均逐渐增大，但变化幅度不是太大。理论分析表明，电极吸附能力与溶液体积有关，一般而言，溶液体积越大，吸附量越大，但是电极片上的吸附饱和也越快，影响了其吸附效率。

8.4.4.5 电极片对电吸附效果的影响

电吸附过程中，电极材料的选择至关重要，也是决定电吸附效率好坏的关键因素之一。理论上比表面积越大，中孔率越高，抗极化能力越强的电极材料，吸附效率越高。而不同条件下制备的电极片中孔率、比表面积不同，因而需要对不同方法下制备的煤基电极材料对电吸附的影响进行进一步的考察。

8.4.5 应用实例

西安建筑科技大学宋永辉等提出了利用低变质粉煤（长焰煤、弱黏煤、不黏煤）通过成型热解的方法制备新型煤基电极材料，并采用电吸附技术进行提金氰化废水的综合回收的方法（专利申请号：201410014314.7）。初步实验结果表明，氰化废水中铜的去除率可达到95.63%，铁的去除率为100%，硫氰根的去除率达到80.96%，游离氰的去除率为98.2%。

西安建筑科技大学贵金属工程研究所吴春辰等人研究表明，当外加电压为2.0V、极板间距1cm、吸附时间为5h时，溶液中铜、总氰、锌和硫氰酸根的去除率分别达90.63%、71.49%、28.65%、41.35%。电吸附过程产生的絮状沉淀物中硫氰酸铜含量在90%以上，同时阳极板上出现了铜与锌的富集，说明电吸附过程存在溶液中离子的定向迁移与富集沉淀的共同作用。

8.5 研究现状与发展趋势

8.5.1 研究现状

近年来电化学处理废水的技术得到了飞速发展，给废水处理带来了新的活力，并使处理技术发生了变革。对电化学处理废水技术，尤其是处理提金氰化废水的技术，还有许多问题需要人们去探索，其关键在于新工艺、新材料和新型电极的研究开发。因此，对于电化学法处理氰化废水的研究应集中在以下几个方面：首先，应加快研制新型膜材料以及电催化性能好、抗腐蚀能力强的电极材料；其次是加强新型电化学处理技术作用机理的探究，使电化学处理方法发生质的飞跃；最后是加强电化学方法与其他技术之间的结合，例如把电化学与声、光、磁技术相结合，把超声电化学与三维电极电化学相结合，拓宽电化学应用领域，使之更加广泛地应用于工业含氰废水处理[37]。

在电解处理氰化废水的最新技术中，常采用一种新型的流态化电极，这种电极和普通的石墨电极相比，具有很多优点。采用膨胀石墨做阳极，由于氧在石墨上析出的超电势较高，而氯气在石墨上析出的超电势较低，因此，不利于 OH^- 在阳极上的放电而有利于 Cl^- 放电及 CN^- 的氧化。而采用流态化三维电极时，电极反应在膨胀石墨颗粒表面进行，加上废水的循环流动和膨胀石墨颗粒的频繁碰撞，所以液体、石墨颗粒间的传质速度加快，浓差极化和电化学极化现象显著减小。一般含氰废水电解处理装置为翻腾式或回流式电解槽，均以铁为阴极，石墨为阳极，电极形式为平板式。由于平板电极的表面积较小，槽体占地面积大，电流效率低，能耗大。20世纪60年代末出现了这种新型的三维电极——流态化电极，它是在流动的液体和导电颗粒中插入一集流器而构成的电极。由于流态化颗粒可提供很大的表面积，加上液体的流动和颗粒间的频繁碰撞，使浓差极化和电化学极化现象大为减少。采用这种电极，可以获得较高的表观电流密度。据报道[38]，日本出现了一种半导体床，即在阴极和阳极之间充填以碳粒，以克服稀溶液较高的电阻。通电以后，氰化物很快即被分解，含氰浓度为6000mg/L的溶液，仅仅用30min即可处理完毕。研究认为，极板间充填的碳粒形状以直径为2~3mm，长约7mm左右的圆柱形较好。碳粒充填电解槽如图8-21所示。

曹志斌[1]设计了一种新型的三维电极反应器，如图8-22所示，阳极采用钛基涂层的（形稳阳极）DSA电极（Dimensional Stalde Anode），用铁网作为阴极，用3mm柱状活性炭作为粒子电极，并通过压缩泵及曝气装置起到曝气作用，制作出三维电极反应器。这种反应器在处理甲基橙及氨氮废水时，由于电极的表面积较二维平板电极有较大幅度的提

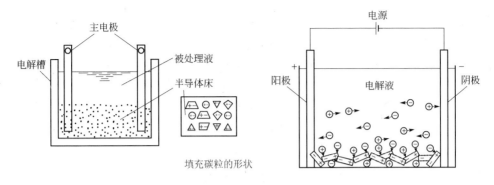

图 8-21 碳粒充填电解槽示意图

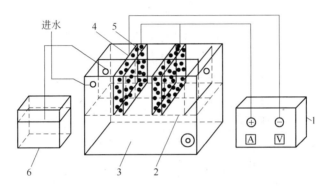

图 8-22 超声协同三维电极动态装置示意图
1—电源；2—反应室；3—超声发生器；4—阳极；5—阴极；6—出水槽

高，降解效果有显著的提高。与二维电极相比，甲基橙去除率提高了 86.4%，氨氮去除率提高了 45.3%。

张红波、徐仲榆[39]采用细粒膨胀石墨颗粒作为流态化阳极，采用石墨棒作为阴极，电解处理含氰量 80～90mg/L 的含氰废水。当处理条件为 pH 值 9～10、废水流量为 42～45L/h、槽电流为 2～3A、NaCl 加入量为 1.5～3.0g/L 时，使用细粒膨胀石墨流态化电极要比用筒形板状电极除氰速率提高约 1.7 倍，去除单位重量氰化物的耗电量减少约 63%。

陈浚等人[21]在实验室用电渗析技术处理蓄电池厂的含铅废水，最佳工作电流密度约为 3A/cm²，最佳物料流量 300L/h，最佳浓、淡水的进料浓度比为 1∶2。实验结果表明，利用电渗析处理含铅废水，铅的脱除率大于 80%，最终电流效率大于 80%，最终耗电量仅为 1.5kW/m³，最终出水电导率在 50μS/cm 以下，因此证实了用电渗析法处理蓄电池厂的含铅废水，并作为纯水生产的主要工艺具有可行性。

孙奇娜等[40]研究了载钛活性炭电吸附去除水中 Cr（Ⅵ）。实验结果表明，当 Cr（Ⅵ）的初始质量浓度为 20mg/L，施加 1.2V 的电压电吸附处理 3h 后，水质满足国家排放标准，并且经 4 次电脱附再生后电吸附率仍保持在 81.2%。

为了去除工业废水中的有害成分，陈榕等[41]研究了活性炭毡对 SCN⁻ 的电吸附行为。实验结果表明，正极化使得 SCN⁻ 的吸附率提高，而负极化可以使被吸附的大部分 SCN⁻ 脱附；在 pH 值为 3 时，SCN⁻ 表现出最高的吸附容量。

8.5.2 发展趋势

电化学处理氰化废水技术不像离子交换法那样在再生的过程中耗费大量的酸碱溶液，导致产生的废液对环境造成污染，也不会像反渗透处理那样需要较大的工作电压，这样既节约了成本，又减少了二次污染。同时，电极材料反复循环利用次数能达数十万次，使用寿命较长，可以避免经常更换电极所带来的麻烦。因此，这也是电化学新型水处理技术得以良好发展的重要前提与主要动力。随着科学技术的不断发展，制膜技术的不断改进及制膜成本的不断降低，新型电处理设备的制造水平会大大提高，制造成本会大大地降低，同时会满足现代化工业越来越高的分离要求[42]。

但是，电化学处理含氰废水过程中会产生一些有毒气体，如 HCN，因此要加强通风措施加以吹脱。并且电化学处理法的设备费用较高，而且要消耗大量的电力，每去除 1g 氰离子，大致耗电 0.2kW·h。同时，在处理高浓度含氰废水时，电化学方法的效果良好，但对低浓度废水处理则效果欠佳，如欲使废水中的氰化物含量降至 0.5mg/L 以下，需时过长，一般需数日甚至十数日。所以，对高浓度含氰废水处理，采用两级处理法为宜，即以电化学处理法为一级处理技术，使废水中氰化物从数万 mg/L 降至 1000mg/L 以下，以氯碱处理法作为第二级处理技术，使废水中的各项指标达到排放要求。

总之，电化学技术在处理废水，尤其是提金氰化废水领域具有广泛的潜力，无论是从理论上还是实践上，都显示出其他方法不能比拟的优势，相信通过广大的化学、冶金、化工和环境工作者的共同努力，其应用前景会更加广阔。

参 考 文 献

[1] 曹志斌. 三维电极反应器的设计及应用研究 [D]. 南京：南京航空航天大学，2009：1~67.

[2] 李慧婷，林海波，孙丽美. 电化学氧化法处理含氰电镀废水的研究 [J]. Electroplating & Pollution Control, 2013, 33 (3)：42~43.

[3] Cañizares P, Díaz M. Electrochemical Treatment of Diluted Cyanide Aqueous Wastes [J]. Journal of Chemical Technology & Biotechnology, 2005, 80 (5)：565~573.

[4] 方荣茂，廖小山，廖斌. 电催化氧化法去除黄金冶炼废水中氰化物和氨氮试验研究 [J]. 黄金，2013, 34 (4)：63~66.

[5] 姜力强，郑精武，刘昊，等. 电解法处理含氰含铜废水工艺研究 [J]. 水处理技术，2004, 30 (3)：153~156.

[6] 钟超凡，邓建成，童珏，等. 含氰废水除铅方法研究 (I) 二氧化铅阳极电解 [J]. 湘潭大学自然科学学报，1994, 16 (1)：77~81.

[7] 张红波，徐仲榆，莫孝文. 流态化电极电解法处理含氰废水 [J]. 化工环保，1995, 15 (4)：224~227.

[8] 郑书忠. 工业水处理技术及化学品 [M]. 北京：化学工业出版社，2010：245~247.

[9] 庞文亮，胡冠民. 互补型混合床阳极处理铜氰络合物废水的试验研究 [J]. Elentuoplating & Pollution Control, 1989, 9 (6)：18~22.

[10] 胡湖生，杨明德，党杰，等. 从高铜氰溶液中电积铜和锌 [J]. 化工冶金，2000, 3 (21)：257~262.

[11] Pombo, F R, Bourdot A J. Copper Removal from Diluted Cyanide Wastewater by Electrolysis [J]. Environmental Progress & Sustainable Energy, 2013, 1 (32): 52 ~ 59.

[12] Szpyrkowicz L, Zilio-Grandi F. Copper Electrodeposition and Oxidation of Complex Cyanide from Wastewater in an Electrochemical Reactor with a Ti/Pt Anode [J]. Applied Chemistry, 2000, 39: 2132 ~ 2139.

[13] 王庆生, 黄秉和, 张煊, 等. 用电解法从富集氰化废液中回收铜的研究 [J]. 环境科学研究, 1998, 6 (11): 30 ~ 33.

[14] 王碧侠, 兰新哲, 宋永辉. 用电积法从氰化提金尾液中回收铜的工艺实验研究 [J]. 黄金, 2008, 6 (29): 45 ~ 48.

[15] 苏赛赛, 李艳静, 岳秀萍, 等. 电沉积法处理电解锌漂洗废水的动力学研究 [J]. 环境工程, 2011, (29): 29 ~ 31.

[16] 胡湖生, 杨明德, 党杰, 等. 从含氰废水中回收铜以及相应的废水处置方法: 中国, 200610169698.5 [P]. 2007 – 08 – 01.

[17] 王庆生, 黄秉和, 李捍东. 胺萃取电积法从含氰废液中回收铜锌半工业试验 [J]. 环境科学研究, 1999, 2 (12): 45 ~ 49.

[18] 李长海, 党小建, 张雅潇. 电渗析技术及其应用 [J]. 电力科技与环保, 2012, 28 (4): 27 ~ 30.

[19] 周军, 叶长明, 徐骊蛟, 等. 电渗析技术在工业废水处理中应用的研究 [J]. 节能与环保, 2007, (7): 33 ~ 37.

[20] 庞洁. 电渗析法处理含酚废水 [D]. 北京: 北京化工大学, 2010.

[21] 陈浚. 电渗析法处理含铅废水的研究 [D]. 浙江: 浙江工业大学, 2004.

[22] Marder L, Bernardes A M, Ferreira J Z. Cadmium Electroplating Wastewater Treatment Using a Laboratory-scale Electrodialysis System [J]. Separation and Purification Technology, 2004, (37): 247 ~ 255.

[23] 李海波, 李东梧, 郑洪君, 等. 电渗析法处理含金贵液的研究 [J]. 化学工程, 2003, 31 (2): 46 ~ 50.

[24] 刘国信, 刘录声. 膜法分离技术及其应用 [M]. 北京: 中国环境科学出版社, 1991.

[25] 吴振杰. 应用均相离子交换膜电渗析技术处理含氰化物工业废水 [J]. 化学学报, 1980, 34 (2): 19 ~ 25.

[26] 哈尔滨建筑工程学院. 电渗析技术资料选编: 氰化镀镉废水实验 [M]. 北京: 中国建筑工业出版社, 1997.

[27] 陈兆林, 宋存义, 孙晓慰. 电吸附除盐技术的研究与应用进展 [J]. 工业水处理, 2011, 31 (4): 11 ~ 14.

[28] Mayne P J, Slackleton R. Adsorption on Packed Bed Electrodes [J]. JAPPI Electrochem, 1985, 15 (3): 745 ~ 754.

[29] 尹广军, 陈福明. 电容去离子研究进展 [J]. 水处理技术, 2003, 29 (2): 63 ~ 65.

[30] 段小月, 常立民, 刘伟. 电吸附技术的新进展 [J]. 化工环保, 2010, 30 (1): 38 ~ 42.

[31] 张传祥, 张睿, 成果, 等. 煤基活性炭电极材料的制备及电化学性能 [J]. 煤炭学报, 2009, 34 (2): 252 ~ 256.

[32] 范丽, 周艳伟, 杨卫身. 炭材料用作电吸附剂的研究与进展 [J]. 新型炭材料, 2004, 19 (2): 145 ~ 149.

[33] Oh H J, Lee H J, Ahn H J, et al. Nanoporous Activated Carbon Cloth for Capacitive Deionization of Aqueous Solution [J]. Thin Solid Films, 2006, 15: 220 ~ 225.

[34] Ahn H J, Lee J H, Jeong Y S, et al. Nanostruc – tured Carbon Cloth Electrode for Desalination from Aqueous Solutions [J]. Mater Sci Eng A, 2007, 449 ~ 451: 841 ~ 845.

［35］Wang Shuo，Wang Dazhi，Ji Lijun，et al. Equilibrium and Kinetic Studies on the Removal of NaCl from A-queous Solutions by Electrosorption on Carbon Nanotube Electrodes ［J］. Sep Purif Technol，2007，58：12～16.

［36］蒋文举，金燕，朱晓帆，等. 活性炭材料的活化与改性 ［J］. 环境污染治理技术与设备，2002，3（12）：25～27.

［37］张成光，缪娟，符德学，等. 电化学法处理废水的研究进展 ［J］. 河南化工，2006，23（6）：1～4.

［38］吕品芳. 电解法处理含氰废水 ［J］. 建筑技术通讯（给水排水），1975，3：45.

［39］张红波，徐仲榆，莫孝文，等. 流态化电极电解法处理含氰废水 ［J］. 化工环保，1995，15：224～227.

［40］孙奇娜，盛义平. 载钛活性炭电吸附去除 Cr（Ⅵ）的研究 ［J］. 环境工程学报，2007，2：59～63.

［41］陈榕，胡熙恩. 电化学极化对活性炭纤维吸附 SCN⁻的影响 ［J］. 清华大学学报（自然科学版），2006，46（2）：893～896.

［42］吕建国，张明霞，索超. 电渗析技术的研究进展 ［J］. 甘肃科技，2010，26（18）：85～88.

9 其 他 方 法

9.1 自然降解法

自然降解法是将含氰废水排至尾矿库,靠稀释、生物降解、氧化、挥发、吸收沉淀及阳光曝晒分解等自然发生的物理、化学和生物作用,使氰化物分解、重金属离子沉淀、污水得到净化的一种处理方法。

9.1.1 反应原理

自然降解法是一个复杂的物理化学、光化学、生物化学共同作用的过程。反应过程的关键是氰化氢的挥发和金属氰络合物的化学离解,废水从空气中吸收 CO_2 来降低 pH 值,铁氰络合物主要依靠紫外线辐射进行光分解。李社红等研究表明,河水中氰化物的自净主要依赖于稀释和自然降解,短距离内稀释是主要的自净手段,只有流经较长距离后,自然降解才发挥明显作用[1,2]。

自然降解法处理氰化废水的过程,包括了曝气、光化学反应、共沉淀和生物分解四个步骤。

9.1.1.1 曝气

含氰废水与大气接触,大气中的 SO_2、NO_x、CO_2 就会被废水吸收,使废水 pH 值下降:

$$CO_2 + OH^- \longrightarrow HCO_3^- \tag{9-1}$$

$$SO_2 + OH^- \longrightarrow HSO_3^- \tag{9-2}$$

随着废水 pH 值的下降,废水中的氰化物趋于形成 HCN:

$$CN^- + H^+ \longrightarrow HCN(aq) \tag{9-3}$$

由于空气中 HCN 含量极微,废水中的 HCN 将倾向于全部逸入大气中。曝气过程中,空气中的氧不断地溶于废水中,其传质速率也受液相扩散阻力的影响,表层溶解氧浓度高,底部浓度低,溶解氧进入液相后,与氰化物发生氧化反应:

$$4Cu(CN)_2^- + O_2 + 6H_2O + 4H^+ \longrightarrow 4Cu(OH)_2\downarrow + 8HCN \tag{9-4}$$

$$2CN^- + O_2 \longrightarrow 2CNO^- \tag{9-5}$$

$$CNO^- + 2H_2O \longrightarrow CO_3^{2-} + NH_4^+ \tag{9-6}$$

含氰废水在尾矿库内,还会发生水解反应,生成甲酸铵,废水温度越高,反应速度越快:

$$HCN + 2H_2O \longrightarrow HCOONH_4 \tag{9-7}$$

这些反应的总和就是曝气的效果,为了提高曝气效果,必须提高废水温度,废水与空气的接触表面积,增大水体的搅动程度,这样才能保证 HCN 迅速逸入空气,而氧迅速溶解于废水中并和氰化物反应。但是,曝气法受季节、地域的影响较大。

9.1.1.2 光化学反应

废水中的各种氰化物在阳光紫外线的照射下,发生如下反应:

$$4Fe(CN)_6^{4-} + O_2 + 2H_2O \Longrightarrow 4Fe(CN)_6^{3-} + 4OH^- \tag{9-8}$$

$$Fe(CN)_6^{4-} + 3H_2O \longrightarrow Fe(OH)_3\downarrow + 3HCN + 3CN^- + e \tag{9-9}$$

亚铁氰化物和铁氰化物在光照下分解出游离氰化物，文献介绍在 3~5h 的光照时间里，60%~70% 的铁氰化物分解、80%~90% 的亚铁氰化物分解。由于分解出的氰化物不会很快地被氧化，因而会造成水体氰化物含量增高，这就是地表水水质指标中要求用总氰浓度的原因之一。

分解出的游离氰化物不断地被氧化，水解以及逸入空气中，达到了降低废水中氰化物浓度的目的。逸入空气中的 HCN，在阳光紫外线作用下，与氧发生反应。光化学反应与气温和光照强度有关，因此，夏季除氰效果远比冬季好。与氧反应的过程如下：

$$2HCN + O_2 \Longrightarrow 2HCNO \tag{9-10}$$

9.1.1.3 共沉淀作用

废水中亚铁氰化物还会形成 $Zn_2Fe(CN)_6$、$Pb_2Fe(CN)_6$ 之类的沉淀，与 $Cu(OH)_2$、$Fe(OH)_3$、$CaCO_3$、$CaSO_4$ 等凝聚在一起，沉于水底从而达到了去除重金属和氰化物的效果，沉淀效果受 pH 值和废水组成的制约，pH 值低时效果好。

9.1.1.4 生物化学反应

当尾矿库废水氰化物浓度很低时，废水中的破坏氰化物的微生物将逐渐繁殖起来，并以氰化物为碳、氮源，把氰化物分解成碳酸盐和硝酸盐。生物化学作用受废水组成和温度影响，如果氰化物浓度高达 100mg/L，那么微生物就会中毒死亡，如果温度低于 10℃，则微生物不能繁殖，生化反应也不能进行。

9.1.2 工艺流程

采用自然降解法处理含氰废水时，废水依次通过沉砂池、沉淀池和水解酸化池物化过程预处理后，除去其中部分无机物及重金属离子，减少负荷。在厌氧塘进行一级处理，使废水中一些难降解的金属氰络合物被厌氧菌分解成小分子无机物。随后进入兼性塘进行二级处理，在光照、曝气、微生物、具有净水作用的水生动植物等因素的综合作用下，进一步将有毒氰化物转化为无毒物质。出水可用于芦苇荡、农田灌溉、鱼塘、土地处理系统等，即三级处理，使废水在进一步净化的同时产生一定经济效益，实现废水资源化。好氧曝气塘与兼性曝气塘示意图如图 9-1 所示。

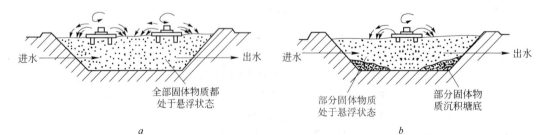

图 9-1 好氧曝气塘与兼性曝气塘

a—好氧曝气塘；*b*—兼性曝气塘

兼性塘的塘深通常为 1.0 ~ 2.0m。塘内存在三个区域，塘的最上层，阳光能透入，为好氧层，该层藻类光合作用旺盛，释出氧多，故此层水中的溶解氧充足，好氧微生物对有机物进行代谢与生物降解。塘的中层，阳光不能透入，溶解氧不足，兼性微生物占优势。塘的底部，厌氧微生物占优势，对沉淀于塘底的底泥进行厌氧发酵——酸性发酵与甲烷发酵。兼性塘内的生化反应原理如图 9-2 及图 9-3 所示[3]。

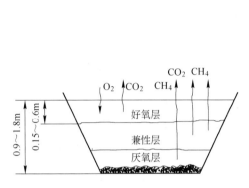

图 9-2 兼性塘内的三个区域

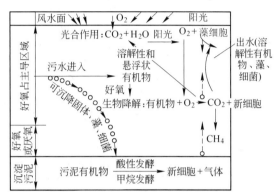

图 9-3 兼性生物塘内的生化反应

9.1.3 工艺特点

优点：该法具有投资少、运行费用低等优点，不需任何机械设备，不添加任何药剂即可达到处理目的。但需要有足够表面积的自然降解池，一般废水在降解池中滞留两年左右，绝大部分氰化物可除去。与其他方法配合，既可作为一级处理方法也可作为二级处理方法，可灵活使用，无二次污染。

缺点：对尾矿库要求高，必须不渗漏，汇水面积要大。受季节、气候影响大，在寒冷地区效果差，排放水难以达到排放标准，尤其是对铁氰络合物难于奏效。目前该方法仍被广泛采用，但由于土地紧张、水源短缺等原因，正逐渐被化学处理法所取代。有时可将自然降解法作为前处理或后处理过程，尚需辅以化学处理，以确保氰化物排放达标[4]。

9.1.4 影响因素

自然净化法的效果受地理位置（南方、北方、高原、平原）、天气（阴、晴、气温、风力）、尾矿库（汇水面积、水深、水流速度）、微生物、废水 pH 值、组成（氰化物浓度、重金属浓度）等诸多因素的影响，因此处理效果不是很稳定。如果进入尾矿库的废水中氰化物浓度低（<10mg/L）、废水在尾矿库停留时间长，排水有可能达标。大部分氰化厂把尾矿库作为二级处理设施，然而近年来，由于氰化物处理费用增高，一些氰化厂正探索用尾矿库作为氰化废水的一级处理设施。

9.1.4.1 废水温度的影响

废水温度高，HCN 蒸气分压高，有利于 HCN 逸出，而且水温高，水的黏度小，液膜阻力减小。同时，温度能直接影响细菌和藻类的生命活动，对生物化学作用效果有很大的影响。好氧菌能在 10 ~ 40℃ 的范围内生存和代谢，最佳温度范围是 25 ~ 35℃。藻类正常的存活温度范围是 5~40℃，最佳生长温度为 30~35℃。厌氧菌的存活温度范围是 15~60℃，33℃和53℃左右最适宜。尾矿库的主要热源为太阳辐射，另一可能热源为进水。

9.1.4.2 风力的影响

尾矿库上方风力大，水的搅动剧烈，气—液接触面积增大，酸性气体和 HCN 在气相扩散速度加快，水体内 HCN 的液相扩散也加快，酸性气体与水的反应加快。

9.1.4.3 尾矿库汇水特性的影响

尾矿库汇水面积大，水层浅，使单位体积废水与空气接触表面增大，风力对水体的搅动效果增大，有利于 HCN 的逸出和酸性气体的吸收。HCN 全部从水中逸出需要较长时间，其原理与酸化吹脱相似。实验表明，在 1m 深的水层条件下，其表层氰化物浓度 0.5mg/L 时，其底层氰化物浓度还可达 15mg/L，可见 HCN 逸出的难度。

9.1.4.4 废水组成的影响

当废水中重金属浓度高时，HCN 的形成和逸出由于受络合物解离平衡的限制，速度明显变慢。如果氰化物浓度高达 100mg/L，那么微生物就会中毒死亡。同时由于工业废水通常元素组成单一，应注意适时添加营养物质，以保证尾矿库内微生物正常的生理活动。

9.1.4.5 废水 pH 值的影响

废水 pH 值低，有利于重金属氰络合物的解离和 HCN 的形成。沉淀效果受 pH 值和废水组成的制约，pH 值低时效果好。

9.1.5 应用实例

加拿大北安大略某金矿的尾矿库从 1987 年的 23.3 英亩（约 94292m²）扩大到 1988 年的 43.9 英亩（约 177657m²），而库的深度则相应减少，结果尾矿库排出水中的残余氰根浓度从 6.1mg/L 减少到 0.1mg/L，铜离子浓度从 3.1mg/L 降至 0.2mg/L。我国某浮选—氰化—锌粉置换工艺装置，其贫液用酸化回收法处理后，残氰在 5~20mg/L，经浮选废水（浆）稀释后，氰化物含量在 0.5~2mg/L，进入尾矿库自然净化，外排水 CN⁻ 低于 0.5mg/L。

某全泥氰化—炭浆厂，尾矿库建在有较厚（2~5m）黄土层的自然沟内。该地区干燥少雨，年蒸发水量大于降雨量，故尾矿库无排水。氰化物在尾矿库内自然净化，在尾矿浆排放相反方向的水域中，氰化物浓度已经降低到 0.1mg/L 以下。水中生存着大量的蚤类水生物，春秋两季，成群的野鸭在库中栖息，达几周之久。

9.2 膜分离法

膜分离是指利用膜的选择透过性能将离子或分子或某些微粒从水中分离出来的过程。用膜分离溶液时，使溶质通过膜的方法称为渗析，使溶剂通过膜的方法称为渗透。根据溶质或溶剂透过膜的推动力和膜种类不同，膜分离法通常可以分为电渗析、反渗透、超滤及微滤。而膜技术主要有气膜法和液膜法两种。

膜分离法处理提金氰化废水是指利用疏水性材料制成只允许小分子 CN⁻ 通过的膜材料来分离溶液中的 CN⁻，膜的另一侧则以 NaOH 溶液吸收，达到提纯、富集、分离的目的。采用膜技术分离、浓缩氰化废水中的氰化物，既可以回收废水中的氰化物和贵重金属，提高企业经济效益和竞争力，又可以减少污染，确保环境安全。

9.2.1 液态膜法

液膜分离又称为液膜萃取，液膜分离系统的外相、膜相和内相，分别对应于萃取系统的料液、萃取剂和反萃剂。液膜分离时三相共存，相当于萃取和反萃取的操作在同一装置中进行，而且相当于萃取剂的接受液用量很少。液膜法是美籍华人黎念之博士首先提出的，目前已广泛应用在水处理、化工、环保等各个领域。工业上已成功地用于含酚废水的处理，用于含氰废水的处理还处在实验阶段。

9.2.1.1 除氰原理

液膜法除氰采用水包油或油包水体系，乳化液膜一般由溶剂、载体表面活性剂组成，内水相为 NaOH 溶液，外水相为待处理的含氰废水。处理时先将废水酸化至 pH 值小于 4，氰化物转化为 HCN，滤去沉淀后加入乳化液膜搅拌，HCN 通过液膜进入内水相与 NaOH 反应生成不溶于油膜的 NaCN，不能返回外水相，从而达到从废水中除氰并在内水相中以 NaCN 形式富集的目的。经高压静电破乳后，油水即可分离，油相可连续使用，水相就是 NaCN。从而净化了废水并使氰化物得到回收[5]。

9.2.1.2 工艺流程

液膜法除氰工艺主要包含制乳、萃取和破乳三个工序，其基本工艺流程如图 9-4 所示。

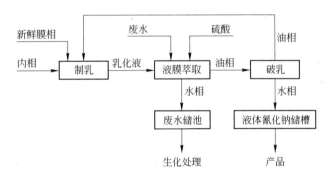

图 9-4　液膜法除氰工艺流程图[6]

A　制乳工序

将混配好的表面活性剂、有机溶剂、添加剂（油相）加入到油相计量槽中，再将配好的一定浓度的氢氧化钠溶液（水相）从液碱储槽放入到碱计量槽中，油、碱计量槽按比例分别打开排放阀门，放入到乳化机中，待两相溶液加完后关闭阀门，合上乳化机电闸，油、水两相在高速剪切 30min 后，制乳过程结束，即制成油包水型乳化液，将此乳液泵入到乳液计量槽中待用。

B　萃取工序

分别打开萃取釜计量进水阀门，将废水储池的废水通过真空管同时打到萃取釜中，然后打开乳液计量槽阀门，分别把乳化液放入到两釜中（两釜为并联式），待乳化液加入完毕，关上阀门，开启萃取釜搅拌，在此过程中加入硫酸至溶液 pH 值为 4~6，反应

20min，停止搅拌，静止分层，待溶液分上下两层，下层为水相，进入废水储池中待进一步生化处理。上层为油相，进入油相储槽中，待破乳用。

C 破乳工序

将油相储槽中的萃取液放入到间歇式破乳器中，开动搅拌，保持破乳均匀。破乳后，泵入分相槽中，待静止分层后，分油、水两层，下层为水相，即氰化钠溶液，排放氰化钠液体储槽作为产品出售，上层为油相，排入回用油储槽中，可返回制乳系统循环使用。

9.2.1.3 工艺特点

液膜法处理含氰废水具有效率高、速度快、选择性好的优点。但其处理成本高，投资大，电耗大，只适用于浓度较低、呈游离态存在的含氰废水的处理[7]。

9.2.1.4 影响因素[8]

A 表面活性剂的影响

表面活性剂能影响液膜的稳定性，它对 HCN 通过液膜的迁移渗透速率有一定的影响。表面活性剂的浓度越高，乳状液膜越稳定，但液膜的黏度增大，反而不利于破乳。李玉萍等用 L113A、ENJ3029 作表面活性剂时液膜稳定性强，HCN 的回收率分别为 99.51% 和 99.45%；两者混合时回收率更高且制成的液膜非常稳定，不易破损。

B 外相 pH 值的影响

外相 pH 值决定渗透物的存在状态，在一定 pH 值下，渗透物能与液膜中的载体形成配合物而进入液膜相，从而产生良好分离效果，不调 pH 值时，外水相中 CN⁻ 仅部分转化为分子型氰化物，传质不完全，分离效果差。

C 温度的影响

温度对液膜分离效果的影响比较复杂。温度的变化将引起整个液膜分离体系物化性能的变化。温度升高，膜相黏度减小，挥发性增大，膜的稳定性降低，并使得分配比减小，不利于提取。另外，温度对溶质在膜相和外相边界层的扩散、内相化学反应均有不同程度的影响。通常在 15 ~ 36℃ 环境温度下操作，较为适宜。

D 内相试剂的影响

氢氰酸是极弱的酸，在酸性溶液中氰化物几乎全部以 HCN 状态存在。外相水溶液中氰化物以 HCN 分子形式透过液膜迁入内相，与内相中的 NaOH 在瞬间发生不可逆化学反应：

$$HCH + NaOH \Longrightarrow NaCN + H_2O \tag{9-11}$$

HCN 与内相 NaOH 溶液发生中和反应，生成了不溶于有机相的 NaCN（非渗透物），NaCN 完全电离成 CN⁻ 和 Na⁺，这样使内相的 CN⁻ 不能反向透过液膜迁入外相而是富集浓缩在内相中，从而将 CN⁻ 以 NaCN 形式富集在内相中。

E R_{oi} 与 R_{ew} 的影响

R_{oi} 为表面活性剂的油膜体积（V_o）与内相试剂体积（V_i）之比，称为油内比；R_{ew} 为液膜乳液体积（V_e）与料液体积（V_w）之比，即乳水比。它们对液膜的稳定性及传质速率有不同的影响。R_{oi} 增大时，液膜逐渐变厚从而使液膜稳定性增加，但渗透速率降低；而 R_{ew} 愈大，分离效果越好，但乳液消耗多，成本高。

F 混合强度的影响

用混合强度即搅拌转速（包括制乳转速、传质转速）来考察液膜的稳定性。制乳时搅拌转速越大内相液滴分散越细，乳状液膜也越稳定。传质转速主要通过影响分散在外相中乳状液球的直径、改变传质面积大小来影响传质速率。

G 液体石蜡影响用量

在以煤油为溶剂的液膜体系中，通常加入一定量的液体石蜡，用来增加膜相的黏度，提高液膜的稳定性。液体石蜡用量增大，液膜黏度也增加、稳定性增强，但是 HCN 的回收率下降，并且破乳操作困难。

9.2.1.5 应用实例

金美芳等[9]在山东莱州仓上金矿建立规模为 $10 \sim 20m^3/d$ 的液膜法处理含氰废水装置，进行半工业化实验。废水经二级处理后，除氰率达 99% 以上，排水中 CN^- 浓度低于 $0.5mg/L$，达到排放标准。江苏某化工厂采用乳状液膜法处理农药生产中产生的含氰废水，原废水氰根浓度为 $800 \sim 900mg/L$，pH 值为 $9 \sim 10$。处理系统采用间歇操作工艺，处理能力为 36t/d，乳水比例为 1 : 15，萃取时间为 0.5h，处理周期为 2h。运行资料表明，处理出水氰根浓度小于 $2mg/L$，去除率高于 99.8%，而且提高了废水的可生化性，解决了高浓度、高毒性含氰废水的治理难题[10]。

9.2.2 气态膜法

气态膜吸收法（Gas Membrane Absorption Process，GMAP）是 20 世纪 80 年代兴起的一种新型膜分离技术，由于膜组件是疏水性的，当膜两侧都是水溶液时，膜孔中仍充满空气，因此称为气态膜，又称膜蒸馏法（Osmotic Distillation，OD）。由于具有能耗低、不改变物质形态以及可实现资源的综合回收等优点，该法在从液体中分离挥发性物质方面表现出良好的应用前景，近年来得到了迅速发展。

9.2.2.1 除氰原理

一般认为，气态膜吸收法可分为三个阶段，首先溶液中的挥发性物质以气态分子的形式，在蒸气压的推动下穿过气液界面进入膜孔中，进入膜孔后挥发性物质扩散至膜组件另一侧的气液界面，最后挥发性物质在蒸气压的推动下穿过另一侧气液界面进入溶液中。

采用 GMAP 去除废水中的氰化物时，首先利用氢氰酸的易挥发性，将废水 pH 值调至酸性，然后废水通过疏水性高分子纤维管膜，HCN 以气体的形式通过膜孔，与膜另一侧的 NaOH 吸收液中的 NaOH 发生中和反应生成不可逆向扩散的 NaCN，HCN 从而被吸收分离。由于膜的疏水性，水以及其他不易挥发的物质则仍保留在废水中，HCN 通过膜而被碱液吸收的传质过程如图 9-5 所示。

挥发性的 HCN 从膜左侧溶液以气体形式扩散通过气液界面进入膜孔，气态 HCN 在膜孔内空气介质

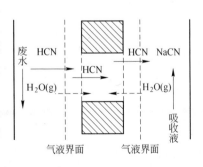

图 9-5 气态膜处理氰化物
原理示意图[11]

中扩散至膜另一侧的气液界面，气态 HCN 穿过气液界面后进入吸收液并与 NaOH 发生如下反应：反应生成不挥发的 NaCN 进入吸收液被吸收液带走，HCN 因此而被吸收分离。

$$HCN + NaOH \xrightarrow{\quad\quad} NaCN + H_2O \tag{9-12}$$

HCN 通过膜并被吸收液所吸收的动力来自于膜两侧溶液中存在着的 HCN 浓度差，实质是存在的蒸气压差，因此符合亨利定律。HCN 在膜吸收过程中的总传质阻力 $1/K$ 可用双膜理论（Double Films）和阻力串联模式（Resistance Inseries）来分析讨论。总传质阻力可用如下方程表示：

$$\frac{1}{K} = \frac{1}{K_f} + \frac{1}{m_c K_m} + \frac{1}{K_s} \tag{9-13}$$

式中，K、$1/K$ 分别为总传质系数和总传质阻力；K_m、$1/K_m$ 分别为纤维膜的传质系数和纤维膜的传质阻力；K_f、$1/K_f$ 分别为废水侧传质系数和废水侧传质阻力；K_s、$1/K_s$ 分别为吸收液侧传质系数和吸收液侧传质阻力；m_c 为 HCN 在液相和气相间的分配系数。

由于 HCN 与 NaOH 的反应是酸碱中和反应，属于瞬间反应，$1/K_s$ 可忽略不计；膜的阻力主要是来自膜孔内的空气阻力，由于空气扩散阻力很小，趋近于零，$1/(m_c K_m)$ 也可忽略不计。因此，$1/K$ 近似等于 $1/K_f$。这表明 HCN 在膜吸收过程中的总传质阻力主要来自于废水侧液膜阻力。值得注意的是，当膜组件两侧的溶液浓度差较大时，引起膜两侧溶液的水活度差，造成膜两侧的气液界面上的水蒸气压差也变大，从而推动水分子以蒸汽的形式从浓度低的一侧向浓度较高的一侧迁移，最终造成膜两侧液体体积的变化。

充气膜吸收（GFMA）工艺是一种新的含氰废水处理方法。该工艺采用 NaOH 溶液回收氰化物，在这个过程中，充满空气的疏水膜孔将含有氰化物的废水和高 pH 值的吸收液分隔开，水溶液不能渗透到膜孔中，但氰化溶液中的氰化物（HCN）可以转移到接收液中（图 9-6）。研究表明，使用该工艺处理含氰废水 10min 后氰化物回收率大于 90%，平均氰化物转化速率达 0.01 kg/(m² · h)；pH 值、进水流速和 Cu^{2+} 浓度是影响处理效果的主要因素[12]。

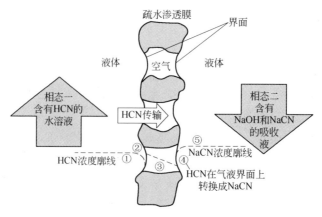

图 9-6　充气膜吸收法（GFMA）工艺原理[13]

9.2.2.2 工艺流程

GMAP 去除并回收氰化废水中的氰化物的基本工艺流程如图 9 - 7 所示。首先，废水经过微滤后去除大部分颗粒悬浮物部分胶体物质。在废水池中用稀硫酸将其 pH 值调至酸性后，再通过蠕动泵以一定的流速进入中空纤维膜的管程，最后再流回废水槽，如此反复循环。另一侧吸收液槽中加入一定量的配制好的一定浓度的氢氧化钠溶液作为吸收液，通过蠕动泵以一定流速进入膜组件的壳程，最后再流回吸收液槽，如此反复循环，直至废水中氰化物浓度不再降低。运行过程中对废水和吸收液定时取样，废水侧与吸收液侧同时运行，同时结束。

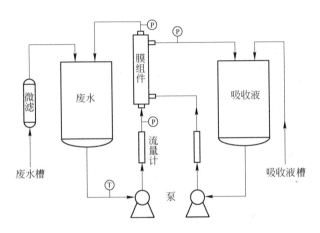

图 9 - 7　小试工艺流程图[11]

9.2.2.3 工艺特点

气膜法处理氰化废水具有能耗低，处理效果好，工艺简单，占地面积小，无污染等优点；但其缺点为设备不够完善，膜的耐污能力和再生能力差，仅适用于氰呈游离态存在的含氰废水。

9.2.2.4 影响因素[11]

A　pH 值的影响

氰化废水中的易释放氰化物一般以 HCN 和 CN⁻ 两种形式存在。当废水的 pH 值小于 9.31 时溶液中分子态的 HCN 为主要形式。研究表明，当废水 pH 值分别为 7.6 和 5.0 时，废水中分别有 98.09% 和 99.99% 的氰化物以 HCN 形式存在。废水 pH 值越低，分子态的 HCN 比例越高，HCN 的蒸气压越大，HCN 就越容易通过气态膜而被碱液吸收生成 NaCN。pH 值对除氰效果的影响实验结果如图 9 - 8 所示。当废水的 pH 值从 7.6 降低至 5.0，经过 120min 的膜吸收处理，初始浓度为 1301.9mg/L 的氰化废水，氰化物去除率可从 58.0% 提高至 64.6%。

B　流速的影响

HCN 在膜吸收过程中的总传质阻力包括废水侧液膜阻力、纤维管膜的阻力和吸收液侧液膜阻力，其中起主导作用的是废水侧的液膜阻力。Shen 等认为改变流速可以改变液膜的厚度，从而影响 HCN 的传质阻力。随着废水流速的增加，废水侧的液膜厚度减小，从而缩短 HCN 的扩散距离，HCN 的传质系数增大，有利于 HCN 从液相中扩散进入膜孔，加快 HCN 的去除速度。流速对除氰效果的影响实验结果如图 9-9 所示。当废水的流速为 7.4cm/s 和 14.1cm/s 时，实验前期流速为 14.1cm/s 时氰化物浓度下降速率较快，但 45min 后氰化物的浓度基本没有变化，经过 120min 的膜吸收处理，氰化物的总体去除率分别为 58.0% 和 58.1%。

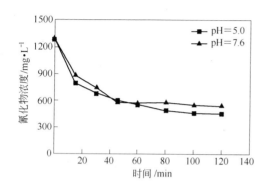

图 9-8　pH 值对氰化物去除的影响

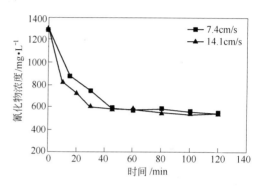

图 9-9　废水流速对氰化物去除的影响

C　温度的影响

气态膜法吸收氰化物的主要阻力来源于废水侧的液膜阻力，而溶液中挥发性物质的扩散系数与溶液的温度有一定的关联。温度升高会降低溶液的黏度，此时 HCN 的扩散系数会随之升高，导致其传质系数增加。因此，提高温度有利于去除废水中的氰化物。温度对除氰效果的影响实验结果如图9-10所示。当废水温度由 18℃升高到 40℃时，废水中氰化物的浓度有所下降，总体去除率由 41.8% 提高到 46.0%。

D　吸收液浓度的影响

NaOH 与 HCN 的反应属于酸碱中和反应，反应十分迅速。因此，理论上只要吸

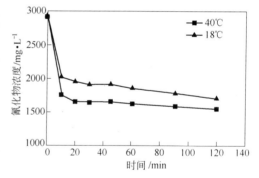

图 9-10　运行温度对氰化物去除的影响

收液中有剩余 NaOH，就会继续吸收 HCN 而不会影响氰化物的去除。随着吸收液浓度的提高，微孔膜边界层内的 OH⁻ 相对过量，使 HCN 分子能够迅速与其反应生成 NaOH 进入吸收液。因此，在实践中适当提高吸收液 NaOH 浓度，有利于提高膜吸收去除氰化物的效率，但是浓度过高时，会导致吸收液黏度增加，不利于生成物质（NaCN）向吸收液主体的扩散。此外，吸收液浓度过高，也会造成废水侧水的饱和蒸气压高于吸收液侧的饱和蒸气压，使废水侧中的水分子以气态形式向吸收液迁移，发生伴生渗透蒸馏。

9.3　溶剂萃取法

溶剂萃取法是一种分离技术，可分为固相萃取和液相萃取两种，主要用于物质的分离

和提纯，具有装置简单、操作容易的特点，既能用来分离、提纯大量物质，更适合于微量或痕量物质的分离、富集，广泛应用于分析化学、原子能、冶金、电子、环境保护、生物化学和医药等领域。

含氰废水的溶剂萃取法是一种液—液萃取法，是利用废水中各组分在两种互不相溶的溶剂中分配系数的不同而达到分离目的的方法。其主要是利用一种胺类萃取剂萃取液中的金属元素，而游离的氰则留在萃余液中，负载有机相用 NaOH 溶液反萃，重新生成有机胺类萃取剂。萃取处理后的水相返回系统，以利用其中的氰，实现贫液全循环。这样不仅解决了贫液中杂质离子对浸金指标的影响，而且达到了污水零排放的目的，彻底根治了外排废液对环境的污染。

9.3.1　除氰原理

有机胺作为萃取剂在氰化液中萃取金属离子时，首先要进行有机胺的酸化，使其形成胺盐。以叔胺为例进行说明，化学方程式中分子、离子式的注角 O 指有机相，aq 为水溶液：

$$2R_3N_{(O)} + H_2SO_{4(aq)} =\!=\!= (R_3NH)_2SO_{4(O)} \tag{9-14}$$

然后，胺盐中的 SO_4^{2-} 基团与水中的金属络阴离子进行离子交换反应，使被萃取的金属元素进入有机相。化学反应如下：

$$n(R_3NH)_2SO_{4(O)} + X^{n-}_{(aq)} =\!=\!= (R_3NH)_nX_{(O)} + nSO_{4(aq)}^{2-} \tag{9-15}$$

式中，X^{n-} 主要指 $Cu(CN)_2^-$、$Cu(CN)_3^{2-}$、$Cu(CN)_4^{3-}$ 及 $Zn(CN)_4^{2-}$ 等金属氰络离子。

萃取了金属的有机相用碱溶液进行反萃取，被萃入有机相的金属离子又返回水相中，通过萃取—反萃取使金属元素得到分离、富集和纯化，为随后的深加工奠定了基础：

$$(R_3NH)_nX_{(O)} + nOH^-_{(aq)} =\!=\!= nR_3N_{(O)} + nH_2O + X^{n-}_{(aq)} \tag{9-16}$$

9.3.2　工艺流程

胺萃取法处理含氰废水的主要工艺流程如图 9-11 所示。

9.3.3　工艺特点

溶剂萃取法具有分离效果好、有机溶剂基本不损失、几乎没有废液排放、不污染环境、占地面积小、操作简单、劳动条件好等优点。但该法中用的萃取剂价格昂贵，费用较高。采用溶剂萃取法处理含氰废水，回收其中的有用金属，并回收废水中的氰化物，但该法只适用于高浓度含氰废水的处理。

9.3.4　影响因素[14]

9.3.4.1　预处理有机相对萃取的影响

有机相叔胺是一种弱碱性萃取剂，在萃取时，有机相必须先与酸液接触，进行质子化，见化学方程式（9-14）。在相比 $O/A = 1$，用浓度 20% N_{235} 萃取剂在不同酸度下，测定铜的分配比，随酸度的增大而出现一峰值，但在高酸度下，大量 H_2SO_4 又被优先萃取，使前述化学方程式（9-15）平衡向左移动，则铜的分配比下降，起到了反萃取的作用。由图9-12可见，N₂₃₅萃取铜的最佳酸度在0.5~1mol/L。

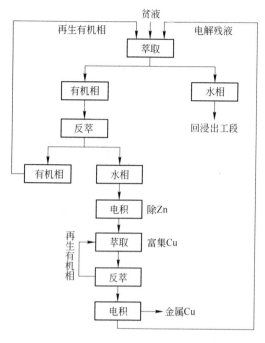

图9-11 有机胺萃取工艺流程[14]

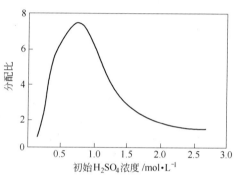

图9-12 有机相酸化对铜分配比的影响

9.3.4.2 相接触时间对萃取的影响

萃取过程中，萃取剂流量一定时，萃取时间越长，收率越高。萃取刚开始时，由于溶剂与溶质未达到良好接触，收率较低。随着萃取时间的加长，传质达到某种程度，则萃取速率增大，直到达到最大值之后，由于待分离组分的减少，传质动力降低而使萃取速率降低。取20% N₂₃₅有机相溶液和含铜废液各一定体积，取相比$O/A = 0.5$，在不同相接触时间下，所得结果如图9-13所示，铜的萃取率逐渐增大，当两相混合3min后，萃取过程达到平衡。

9.3.4.3 温度对萃取的影响

温度对萃取效果的影响较为复杂，可以从两个方面来考虑：一方面，在一定压力

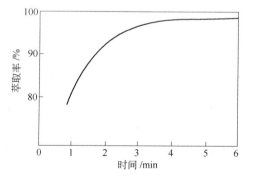

图9-13 两相混合时间对铜萃取的影响

下，升高温度使得萃取剂的分子间距增大，分子间作用力减小，密度降低，溶解能力相应下降；另一方面，在一定压力下，升高温度被萃取物的挥发性增强，分子的热运动加快，分子间缔合的机会增加，从而使溶解能力增大。通过实验，在相比$O/A = 1$的情况下，在10~25℃范围内，测定不同温度下铜的分配比，见表9-1和图9-14。

表 9 - 1 不同温度对铜的分配比的影响

分配比	温度/℃			
	10	15	20	25
D	6.6	9.23	13.33	18.85
$\lg D$	0.82	0.96	1.13	1.28
$0.878 \times 10^{-2} \times \frac{1}{T}$	8.8	5.8	4.4	3.5

由表 9 - 1 和图 9 - 14 看出，铜的分配比随温度上升而增加，分配比的对数与绝对温度的倒数成一直线，说明反应符合热力学定律，由克劳修斯 - 克拉贝龙方程式，即：

$$\ln D = \frac{\Delta H}{RT} + C \qquad (9 - 17)$$

计算出铜的反应热（ΔH）为负值，说明 N_{235} 萃取铜为吸热反应，提高温度对反应有利，但影响不显著，在常温下就可以满足反应的要求。

9.3.4.4 相比对萃取的影响

以 20% N_{235} 作为萃取剂，分别进行了铜、锌分配比的测定、最大负荷能力的计算以及相比对萃取率的影响实验，结果见表 9 - 2 和图 9 - 15。改变不同相比可以改变萃取过程中有机萃取剂的相对浓度，同时伴随着萃取平衡 pH 值的变化，随着相比的增加，铜的萃取率急剧下降。这主要是由铜的分配比及萃取剂最大容量所决定的，而 Zn 在相比 O/A 较大时仍能保持较高萃取率。

表 9 - 2 萃取过程中铜、锌的参数

元 素	分配比 D	最大负荷能力/$g \cdot L^{-1}$
Cu	7.4	0.424
Zn	76	0.65

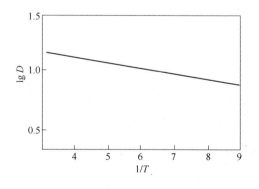

图 9 - 14 N_{235} 萃取铜的 $\lg D$—$1/T$ 关系图

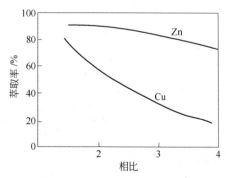

图 9 - 15 不同相比萃取铜、锌的曲线

9.3.4.5 平衡 pH 值对萃取的影响

对于大多数可被胺类萃取剂萃取的金属离子来说，其分配比将随着水相中酸度的增加而增加，并且不同性质的无机酸对分配比也不尽相同。由式（9 - 14）与式（9 - 16）可

以看出，在溶剂萃取过程中生成的硫酸胺盐是一种具有活性的阴离子交换萃取剂，其稳定性受平衡 pH 值的影响很大。同时，形成的萃合物同样受到 pH 值的影响。

图 9 - 16 所示为平衡 pH 值对铜、铁、锌的萃取曲线，当 pH 值升高时，金属的萃取率逐渐下降；另外，萃取率与金属络合离子的价态有一定的关系，负价态越大则对萃取率的影响越显著，平衡 pH 值应控制在 6 左右。但是，pH 值太低，溶液中的游离氰将会转化为氰化氢逸出。

9.3.4.6 反萃取碱度对萃取的影响

将达到萃取平衡后的有机相，分别取浓度为 1.0mol/L、1.25mol/L、2.50mol/L、3.50mol/L、4.0mol/L 的 NaOH 溶液，在相比 $O/A = 3.5$ 下反萃取，得出水相中铜的浓度随碱度而变化的曲线（图 9 - 17）。由图 9 - 17 可知，有机相用 2.5mol/L NaOH 反萃取为最佳值。

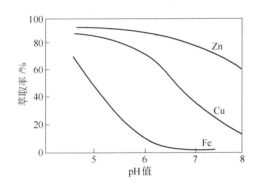

图 9 - 16 平衡 pH 值对铜、锌、铁萃取曲线

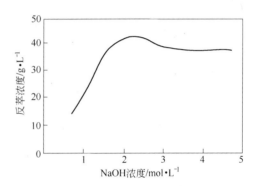

图 9 - 17 反萃液碱浓度与反萃液铜浓度的关系

9.3.4.7 萃取级数的确定

采用多级逆流萃取，可以获得较高的有机相金属浓度和较高的回收率，由于连续逆流萃取具有一定的经济优越性，所以这种操作形式更适合于工业规模化生产。

分级逆流萃取根据克雷姆塞（Kremser）方程式，即：

$$q_A = \frac{E_A - 1}{E_A^{n+1} - 1} \tag{9 - 18}$$

式中，q_A 为经过 n 级逆流萃取后萃余液中易萃组分 A 的萃余分数，$1 - q_A$ 即为萃取分数；E 为萃取因素，$E = D \times R$；D 为某金属离子的分配比；R 为某金属离子的溶液相比；n 为萃取级数。

由克雷姆塞方程式导出萃取级数 n 的计算式，即：

$$n = \frac{\lg(E_A + q_A - 1) - \lg q_A}{\lg E_A} - 1 \tag{9 - 19}$$

9.3.5 应用实例

王庆生等在萃取和电解实验室实验的基础上，与山东某冶炼厂合作，设计了日处理含氰废液 0.5t 规模的装置，用叔胺（代号 N_{235}）为萃取剂，碱为反萃取剂，采用萃取—反萃—电积 3 个过程，实现了从碱性氰化废液中提取铜、锌的半工业实验，实验结果表明，铜、锌的总回收率均达到 95% 以上，一次电沉积所得的铜的纯度达到 99%，萃取后及电沉积后的氰化物可以回用[15]。

9.3.6 研究现状

1997 年清华大学核研院研究开发出了溶剂萃取法处理氰化贫液的新工艺并达到了工业应用的规模[16]。在山东莱州黄金冶炼厂和广东某金矿成功运行。其原理是利用一种胺类萃取剂萃取贫液（Cu 5.3g/L、Zn 1.7g/L、总氰 14g/L）中的有害元素 Cu、Zn 等，而游离氰则留在萃余液中，负载有机相用 NaOH 溶液反萃。处理后的水相（即萃余液，含Cu 0.12g/L、Zn 0.02g/L、游离氰 4.9g/L），返回氰化浸金系统，以利用其中的氰和实现贫液全循环。这样不仅解决了贫液中杂质离子对浸金指标的影响，而且达到污水零排放的目的，彻底根除了外排废液对环境的污染。

被浓缩的 Cu、Zn 和部分络合氰的反萃液的体积只为原贫液的 1/6，可采用酸化法处理。清华大学采用电积—部分酸化法处理回收得到金属 Cu、Cu – Zn 合金和 NaCN 溶液，NaCN 溶液再返回氰化浸金系统使用，这就避免了传统酸化法中部分氰损失在沉淀中。该工艺的特点是：萃取设备占地面积小，能实现操作自动化；与之配套的电积—部分酸化法或酸化法设备只需较小的处理能力，因此整个处理设备投资和占地面积较小。

F. Xie 与 D. Dreisinger[17,18] 分别用改性的胺类萃取剂 LIX 7820 与胍类萃取剂 LIX 7950 对含铜的氰化物废液进行了萃取研究，有效回收了废液中的铜氰化物。

9.4 氰化废水处理新技术

9.4.1 辐照降解技术[12]

辐照降解技术是一种新的高效清洁的废水处理技术。该方法利用电子束与介质中的水发生作用，产生一系列自由基、离子、水合电子及离子基等具有极高的化学反应活性的物质，这些物质能与污染物发生作用，从而使其降解。该方法具有能同时处理众多难降解、高毒性污染物，适应性广泛，不产生二次污染，安全可靠等优点，存在的主要问题是自由基与有机物反应的选择性差，易受自由基消耗剂的影响，所需剂量一般较大，能耗大。电子束辐照处理含硫氰酸溶液的研究结果表明，对于初始硫氰酸浓度为 500mg/L、pH 值为7 和 12 的溶液，当辐照剂量从 60kGy 增加至 550kGy 时，硫氰酸（转化成硫酸盐）的转化率为 47.1% ~84.5% 和 26.9% ~67.7%。在 550kGy 辐照剂量条件下，pH 值为 7 和 12 的溶液硫氰酸最高分解率分别达到 98.61% 和 99.46%。

杨明德等结合辐照法与化学沉淀法（即化学沉淀 γ 射线辐照法）用于含氰废水的处理。该方法首先采用化学沉淀法（向含氰废水中加入锌盐）沉淀回收大部分氰化物，再用 γ 射线降解残留的氰化物使废水达标排放。既可回收氰化物和金属，又可使废水达到排放标准，具有处理效率高、可同时处理多种有毒污染物和不产生二次污染等优点。

9.4.2 人工湿地法[12]

人工湿地法是一种新型的生态污水处理技术，主要通过自然生态系统中的物理、化学和生物三者的协同作用达到净化污水的目的，其基本方式有推流式、回流式、阶梯进水式和综合式，组合方式有单一式、串联式、并联式和综合式等。在使用人工湿地处理矿山废水时，一般应选择种植耐受性能好的植被品种，如香蒲、灯心草和宽叶香蒲等。Alvarez等[19]开展了实验室和现场湿地被动系统治理氰化物渗滤液的研究，通过在实验室以不同规模、不同种类的被动系统（好氧和厌氧）作为独立单元进行废水处理研究，同时以不同的反应器基质和流速进行检测研究，并在半工业规模系统中设计和建设好氧和厌氧单元，进行长达 9 个月的监测。结果表明，基于人工湿地的废水被动处理系统能够解毒氰化物废水，除去了大约 21.6% 的溶解氰化物和 98% 的 Cu，该方法运行成本低，对环境友好。

人工湿地法具有投资少、能耗低、易于维护以及能改善和美化生态环境等诸多优点，但也存在占地面积大、处理周期长和容易受气候影响的缺点。

9.4.3 湿式空气氧化法和超临界水氧化法[20]

湿式空气氧化法和超临界水氧化法原理都是以氧作为氧化剂，在高温、高压下处理高质量浓度含氰污水。国外已有污水处理厂，仅美国就有 5 个厂家采用湿式空气氧化法处理丙烯腈废水。国内的研究起步较晚，有人对湿式空气氧化法进行研究，选择了温度、压力等 5 个主要因素进行正交实验，结果表明温度是主要的影响因素，其次是反应时间、pH值等。

超临界水氧化法是一种新兴的处理含氰污水技术。该技术首先由 Modell 提出，在常规方法不能完全清除或难以彻底氧化的污染物方面具有突出的优势。该方法对有毒物质的去除率高达 99.99% 以上，反应器结构简单、体积小，适用范围广，产物清洁不需要进一步处理，可实现自热而不需外界供热。但是，在高温、高压条件下，对设备材质要求严格。在中国，基础研究主要始于 20 世纪 90 年代后期，有许多研究报道。

由于超临界水氧化技术存在的不足，如催化剂问题和高温、高压耐腐蚀问题以及无机盐沉淀问题等，因此这类方法对设备要求苛刻，一次性投资较大，电耗高，但优点是氧化彻底，无二次污染，可以达到国家排放标准，对环境友好，是处理技术追求的理想目标。由于技术问题没解决，目前该方法还没有推广，关键技术问题解决后，将有巨大的应用前景。

9.4.4 高压水解法[20]

高压水解法是在高温、高压下，CN^- 与水反应生成无毒害的氨及碳酸盐，过渡金属的盐类能起到催化反应的作用。该方法安全、有效，处理质量浓度范围广、效果好、无二次污染，操作简单、运行稳定，但这种方法需要高温、高压特殊设备，而且操作运行费用较高，影响了应用推广。加拿大在 20 世纪 80 年代初建立了加温、加压水解工业化装置，现正在进行反应器结构和运行的优化完善。实际操作中，一般控制反应温度在 170～180℃ 范围，压力控制在 0.9MPa 左右，反应的 pH 值控制在 10.5 左右。国内对含氰废水加压水解法研究不多，报道甚少。曾有人研究了常压回流条件下氰化物水解反应动力学；也曾有人进行了含氰废水的除氰率与压力、温度、溶液 pH 值等影响因素的条件实验研究。

9.4.5 植物修复技术

植物修复技术是以植物忍耐和超量积累某种或某些化学元素的理论为基础,利用植物体及其共生的微生物体系来清除污染物,达到净化环境的一门技术,具有环境友好、费用低廉、功效长久等优点。

于晓章等[21,22]用自行设计的生物反应器来观察黄豆和玉米对氰化物污染土壤的原位修复的可能性。实验结果表明,植物对氰化物污染的土壤原位修复方法是一种可行的和有效的选择。随后又比较了3种不同杨柳科植物对氰化物污染的修复潜力,结果表明垂柳在72h内将水溶液中97.8%氰化物去除,其次为苏柳108h内将94.0%氰化物去除,意大利杨在120h内将71.4%氰化物去除。Ebel M. 等人[23]采用凤眼莲植物修复氰化物,经过植物毒性测试,以植物呼吸率为测试终点,明确氰化物对凤眼莲的半数致死剂量(LC50)为13mg/L。野外小型湿地实验发现在高浓度氰化物废水中驯化过的凤眼莲对降解氰化物的效率显著提高了。通过^{14}C标记的氰化物(10mg/L)实验发现即使是剪枝(分株)繁殖的凤眼莲也能有效地降解氰化物。放射性同位素实验发现氰分子中的C和N原子经过植物代谢合成天冬酰胺,这样就将含有毒性的氰化物转化为无毒产物[24]。

世界范围内由于金矿开采导致的污染事故都与使用氰化法提金技术相关,氰化物是该类废水的处理重点。植物修复技术特别适用于那些以小企业开发为主的金矿开采区,为了避免化学法处理废水产生的高成本,可以采用植物修复技术取代现有处理工艺。

9.5 结语

随着我国国民经济的稳定发展的需要,今后黄金发展战略将会逐步向矿产资源相对丰富,但生态环境相当脆弱的中、西部及沿海流域等环境敏感区域转移,同时黄金资源开发已从易处理资源向含砷、硫及复杂金属的难处理金矿资源领域转移。氰化提金技术的普及和黄金开发战略导向会引发黄金工业所特有的含氰、砷及重金属的废水,在黄金开发的局部地区加剧环境污染,并有可能从陆地蔓延到近海水域,从地表水延伸到地下水,从一般污染物扩展到有毒、有害持久性难降解污染物,形成点源与面源污染共存、各种新旧污染和二次污染的复合态势。由此,提金氰化废水的综合处理是氰化提金工业发展的一个重要任务。

目前,中国在提金氰化废水处理技术及工艺方法领域已达到了世界较先进水平,特别是氰化物的氧化破坏技术和氰化物全循环再利用技术已经开始在工业生产中推广应用。在河北、辽宁、河南等地区的炭浆厂多采用碱氯法,吉林、河北、河南等地区主要采用漂白粉法和自然降解法处理堆浸场的氰化废液,二氧化硫法、酸化法已经在山东实现了工业应用。但是,实践过程中发现,各种工艺仍然不是很完善,还有待于根据提金方法和工艺的差异、废水组成的差异等进一步改进和优化。同时应该加强氰化废水处理过程中的基础理论及关键设备的研究,并在此基础上进一步研究开发新型处理技术及多种工艺的联合技术,如氧化破坏法与活性炭吸附法相结合、臭氧氧化法与过氧化氢氧化法相结合、超声波氧化法及紫外线氧化法相结合等,推动我国黄金行业的技术创新和科技进步,真正实现清洁生产、节能减排及资源综合利用的目标。

对于中、高质量浓度的提金氰化废水和简单氰化物废水,应首选氰化物回收工艺,如酸化回收法、萃取法、两步沉淀法等，残液可继续进行深度氧化处理。而中、低质量浓度的提金氰化废水可选择湿式氧化法、超临界水氧化法等，也可采用氧化破坏法与活性炭吸附法、离子交换法等组合工艺。在废水较清、悬浮物和盐分较少的情况下，考虑用离子交换法、膜分离技术等，处理后的水尽可能返回到生产工艺中循环使用，减少废水排放量。含氰质量浓度在 10mg/L 以下的废水，可以采用生物处理法和自然净化法的组合工艺，必须保证达到国家污水排放标准要求后再排放。

综上所述，提金氰化废水的处理应从清洁生产和可持续发展的原则出发，因地制宜，充分结合企业实际情况以及提金工艺与废水的组成、性质的差别，选择合适的处理工艺，尽可能回收氰化物和有价金属，达到资源循环利用、减排、少排或者不排有毒污染物的目标。

参 考 文 献

[1] 李社红，郑宝山. 金矿废水中氰化物的自然降解及其环境影响 [J]. 环境科学，2000，21 (3)：110 ~ 112.

[2] 郑道敏，方善伦，李嘉. 含氰废水处理方法 [J]. 无机盐工业，2002，34 (4)：16 ~ 18.

[3] 张自杰. 废水处理理论与设计 [M]. 北京：中国建筑工业出版社，2002.

[4] 任小军，李彦锋，赵光辉，等. 工业含氰废水处理研究进展工业水处理 [J]. 2009，29 (8)：1 ~ 5.

[5] 姜喜文. 液膜法处理含氰选矿废水 [J]. 甘肃有色金属，1992，(4)：41 ~ 44.

[6] 姜勇，金相德，程迪. 液膜分离法处理含氰废水中试研究 [C] //2003 年中国化工学会无机盐学术年会，2003：302 ~ 303.

[7] 吴先昌，陈银霞. 膜技术处理氰化废水的应用 [J]. 中国环保产业，2006，(5)：34 ~ 36.

[8] 苗莹，昝心，陈腾. 乳化液膜法分离含氰废水 [J]. 中国科技博览，2014，(1)：440.

[9] 金美芳，温铁军，林立，等. 液膜法从金矿贫液中除氰及回收氰化钠的小型工业化试验 [J]. 膜科学与技术，1994，14 (4)：16 ~ 28.

[10] 戴猷元，秦炜，张瑾. 耦合技术与萃取过程强化 [M]. 北京：化学工业出版社，2010.

[11] 刘海洋. 气态膜吸收法处理丙烯腈废水中的氰化物和氨氮 [D]. 长沙：湖南大学，2010.

[12] 黄爱华. 提金含氰废水处理工艺研究现状及发展趋势分析 [J]. 黄金科学技术，2014，22 (2)：83 ~ 89.

[13] Estay H, Ortiz M, Romero J. A Novel Process Based on Gas Filled Membrane Absorption to Recover Cyanide in Gold Mining [J]. Hydrometallurgy, 2013, (134 ~ 135)：166 ~ 176.

[14] 王庆生，黄秉和. 胺萃取法处理含氰废水工艺的研究 [J]. 环境科学研究，1998，11 (4)：9 ~ 12.

[15] 王庆生，黄秉和，李捍东. 胺萃取电积法从含氰废液中回收铜锌半工业试验 [J]. 环境科学研究，1999，12 (2)：45 ~ 49.

[16] 顾桂松，胡湖生，杨明德. 含氰废水的处理技术最近进展 [J]. 环境保护，2001，(2)：16 ~ 19.

[17] Xie F, David Dreisinger. Copper Solvent Extraction from Waste Cyanide Solution with LIX 7820 [J]. Solvent Extraction and Ion Exchange, 2009, 27 (4)：459 ~ 473.

[18] Xie F, David Dreisinger. Recovery of Copper Cyanide from Waste Cyanide Solution by LIX 7950 [J]. Minerals Engineering, 2009, 22 (2)：190 ~ 195.

[19] Alvarez R, Ordonez A, Loredo J, et al. Wetland – based Passive Treatment Systems for Gold Ore Process-

ing Effluents Containing Residual Cyanide, Metalsand Nitrogen Specie［J］. Environmental Science：Processes Impact, 2013, 15：2115～2124.

［20］薛文平, 薛福德, 姜莉莉, 等. 含氰废水处理方法的进展与评述［J］. 黄金, 2008, 29 (4)：45～50.

［21］于晓章, Trapp Stefan. 氰化物污染的植物修复可行性研究［J］. 生态科学, 2004, 23 (2)：97～100.

［22］于晓章, 彭晓英, 周朴华. 杨柳科植物对氰化物污染修复潜力的比较研究［J］. 湖南农业大学学报, 2006, 32 (1)：81～85.

［23］Ebel M, Evangelou M W H, Schaeffer A. Cyanide Phytoremediation by Water Hyacinths (Eichhornia Crassipes)［J］. Chemosphere, 2007, 66 (5)：816～823.

［24］Andreas Schaeffer, 陈忠礼, Mathias Ebel, 等. 植物在修复、固定和重建水生、陆生生态系统中的应用［J］. 重庆师范大学学报 (自然科学版), 2012, 29 (3)：1～3.